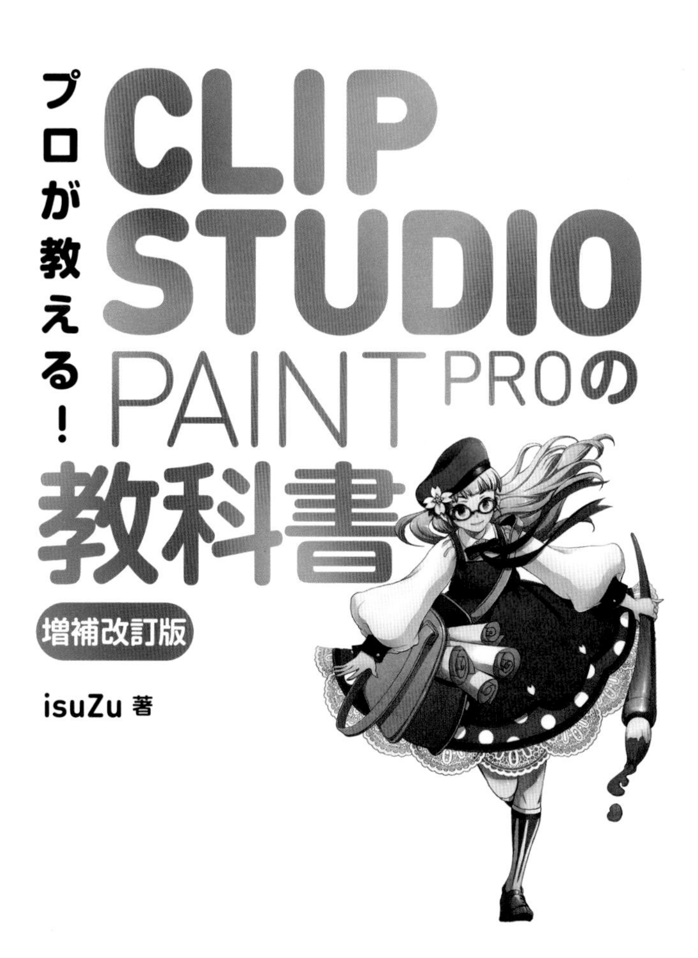

プロが教える！ CLIP STUDIO PAINT PROの教科書

増補改訂版

isuZu 著

技術評論社

メイキング完成データのダウンロード

本書の7章と8章で解説しているメイキングの完成データは、以下のサポートページからダウンロードできます。ダウンロードページではパスワードを求められますので、索引（P.284）の「か行」にある【カスタムサブツールの作成】のページ数を入力してください。

本書サポートページ

https://gihyo.jp/book/2022/978-4-297-13134-0/support/

※ファイル形式は、CLIP STUDIO FORMAT形式（拡張子：clip）です。
※ご利用のPCには、CLIP STUDIO PAINT PRO／EXのいずれかがインストールされている必要があります。
※本データは、本書の学習目的においてのみご利用いただけます。

注意書き

●本書に記載された内容は、情報の提供のみを目的としています。したがって、本書を用いた運用は、必ずお客様自身の責任と判断によって行ってください。これらの情報の運用の結果について、著者および技術評論社はいかなる責任も負いません。

●本書記載の情報は、2022年9月現在のものです。製品やサービスは改良、バージョンアップされる場合があり、本書での説明とは機能内容や画面図などが異なってしまうこともあり得ます。あらかじめご了承ください。

●本書は手順の動作を以下の環境で確認しています。ご利用時には、一部内容が異なることがあります。あらかじめご了承ください。
パソコンのOS：Windows 10

以上の注意事項をご承諾いただいた上で、本書をご利用願います。これらの注意事項をお読みいただかずに、お問い合わせいただいても、技術評論社は対応しかねます。あらかじめご承知おきください。

はじめに

私は普段、カードイラストやキャラクターデザイン、背景などの仕事をしています。私がデジタルではじめて絵を描いたのは高校生の頃、あれから20年近くが経ちました。当時はまだアナログで描く人が圧倒的に多く、デジタルイラストに関する本も少なかったので手探り状態で描いていたことを覚えています。しかし今や、デジタルで絵を描くのが当たり前の時代になりました。

そんな中、お絵かきソフトの主流になりはじめているのが、本書でご紹介している CLIP STUDIO PAINT です。CLIP STUDIO PAINT は値段が手ごろなのにもかかわらず、「絵を描くこと」に必要な機能が非常に充実しており、プロ・アマ問わず利用できる高性能さを備えています。

ただ、あまりの機能の多さに、長年デジタルイラストを描いてきた私でもカスタマイズから使い慣れるまでに時間が必要でした。おそらくデジタルイラストをはじめて描く人にとって、1から覚えるのはもっと大変なんだろうなと思います。

そこで本書は、全機能を紹介するのではなく、「CLIP STUDIO PAINT でこの機能を押さえておけばお絵かきができる」というスタンスで執筆しました。これからお絵かきをはじめてみたい方、今までアナログで描いていたがデジタルで描いてみたい方、別ソフトで描いていたが CLIP STUDIO PAINT を触ってみたい方たちにとって、この本がデジタルイラストに触れる第一歩になれればいいなと思っています。

isuZu

CONTENTS

CLIP STUDIO PAINTとは? ………… 012

ペンタブレットの基本 ………… 014

デジタルイラストを描くコツ ………… 016

Chapter 1 CLIP STUDIO PAINTの基本

1-1 CLIP STUDIO PAINTの起動と終了 ………… 018
CLIP STUDIO PAINTを起動する／CLIP STUDIO PAINTを終了する

1-2 CLIP STUDIO PAINTの画面構成 ………… 020
CLIP STUDIO PAINTの画面構成

1-3 新規キャンバスを作成する ………… 022
新規キャンバスを作成する／キャンバスサイズ設定のポイント／ピクセルと解像度について知っておく

1-4 キャンバスの表示を拡大／縮小／スクロールする ………… 024
[ナビゲーター]パレットとは?／キャンバスを拡大／縮小表示する／キャンバスの表示位置を変える

1-5 キャンバスの表示を回転／反転する ………… 026
キャンバスを回転表示する／キャンバスを反転表示する

1-6 キャンバスのサイズや向きを変更する ………… 028
キャンバスのサイズを変更する／キャンバスの解像度を変更する／キャンバスの向きを変更する

1-7 キャンバスを保存する ………… 030
キャンバスを保存する／キャンバスを別名で保存する

1-8 イラストを描く前に環境を整える ………… 032
ワークスペースをカスタマイズする／ワークスペースを登録する／切り替える／ショートカットキーを設定する／ペンタブレットのボタンを設定する／ブラシ全体の筆圧を設定する

1-9 イラストを画像ファイルとして書き出す ………… 037
ファイルとして書き出す／ファイルの画像形式を知る

1-10 イラストを印刷する ………… 039
イラストを印刷する

Column RGB、CMYKとは? ………… 040

Chapter 2

「下描き」をする ～レイヤーと描画の基本

2-1 まずはレイヤーを知る ………… 042

レイヤーとは?／レイヤーを使うと何が便利?

2-2 レイヤーの種類と用途を知る ………… 044

ラスターレイヤーとは?／ベクターレイヤーとは?／グラデーションレイヤーとは?／べた塗りレイヤーとは?／色調補正レイヤーとは?／テキストレイヤーとは?

2-3 新しいレイヤーを作成する ～ラスターレイヤー ………… 048

[レイヤー]パレットを確認する／ラスターレイヤーを作成／削除する

2-4 レイヤーの基本操作を知る ………… 050

レイヤーを選択する／レイヤー単位でイラストを移動する／レイヤーの順番を入れ替える／レイヤーを複製する／レイヤーを転写する／レイヤーを結合する／フォルダーでレイヤーを整理する

2-5 鉛筆ツールで線を描く ………… 055

[鉛筆]ツールの特徴／[鉛筆]ツールの使い方

2-6 線の太さや濃さを変更する ………… 056

線の太さを変更する／線の濃さを変更する

2-7 消しゴムでイラストを消す ………… 058

[消しゴム]ツールの種類／消しゴムでイラストを消す

2-8 操作を取り消す／やり直す ………… 060

操作を取り消す／操作をやり直す／[ヒストリー]パレットで操作を取り消す／やり直す

2-9 紙に描いた下絵を読み込む ………… 062

スキャナで下絵を読み込む／下絵のゴミを取る

2-10 下描きを下描きレイヤーに設定する ………… 066

下描きレイヤーとは?／下描きレイヤーに設定する

2-11 下描きの色や不透明度を変更する ………… 067

レイヤーカラーを変更する／レイヤーの不透明度を変更する

Chapter 3

「線画」をする ～ブラシの基本と選択範囲

3-1 ペンツールで線を描く ………… 070

[ペン]ツールの特徴／[ペン]ツールの使い方

3-2 線の不透明度を設定する ………… 071

線の不透明度を設定する

3-3 線の入り抜きを設定する …… 072
線の入り抜きを設定する

3-4 線の滑らかさを設定する …… 073
アンチエイリアスとは?／アンチエイリアスを設定する

3-5 手ブレ補正を設定する …… 074
手ブレ補正を設定する

3-6 ペンごとに筆圧を設定する …… 075
ペンの筆圧を設定する

3-7 選択範囲を知る …… 076
選択範囲とは?／選択範囲を使うと何ができる?

3-8 選択範囲を指定する …… 078
[選択範囲]ツールの種類と使い方／選択範囲を追加／削除する／
レイヤーの描画部分を選択範囲として取得する

3-9 イラストの一部を移動する …… 082
イラストの一部を移動する

3-10 イラストの一部を切り取る／コピーする …… 083
イラストの一部を切り取る／イラストの一部をコピーする

3-11 イラストの一部を削除する …… 084
選択範囲の内を削除する／選択範囲の外を削除する

3-12 イラストの一部の色を変える／加工する …… 085
部分的に色を変える／部分的に加工する

3-13 不要な部分を非表示にする ～マスク …… 086
マスクとは?／選択範囲からマスクを作成する／マスクの範囲を編集する／マスクの範囲を見えるようにする／
マスクを表示／非表示にする／マスクをレイヤーに適用する／マスクを削除する

3-14 選択範囲を保存する／呼び出す …… 090
選択範囲を保存して呼び出す

3-15 イラストを変形して調整する …… 091
イラストを拡大／縮小する／イラストを回転する／イラストを反転する／変形する際のポイント

3-16 ベクターレイヤーを作成する …… 095
ベクターレイヤーを作成する

3-17 ベクター線の制御点を操作する …… 096
ベクター線の制御点を動かす／制御点を追加／削除する

3-18 ベクター線の形を調整する …… 098
ベクター線をつまんで調整する／ベクター線を描き直す／離れたベクター線をつなぐ

3-19 ベクター線の幅を調整する …… 100
ベクター線の幅を変更する／ベクター線の幅を描き直す

3-20 ベクター線の描画を変更する …… 101
ベクター線を別のブラシの描画にする

3-21 ベクター線を消去する …… 102
ベクター線を消去する

3-22 ベクターレイヤーをラスターレイヤーに変換する …………………… 103
ラスターレイヤーに変換する

Column [サブツール詳細] パレットについて ………………………… 104

Chapter 4 「下塗り」をする ～色の選択と塗りつぶし

4-1 色を選択する① ～[カラーサークル] パレット …………………… 106
色を選択する際の基本／[カラーサークル] パレットから色を選択する

4-2 色を選択する② ～[カラースライダー] パレット ………………… 107
[カラースライダー] パレットから色を選択する

4-3 色をスポイトで採取する ………………………………………… 108
[スポイト] ツールで色を採取する

4-4 近似色や中間色を選択する……………………………………… 109
[近似色] パレットを使って色を選択する／[中間色] パレットを使って色を選択する

4-5 色を混ぜて好きな色をつくる ～[色混ぜ] パレット …………… 110
[色混ぜ] パレットで色をつくる

4-6 過去に使用した色を再選択する ………………………………… 112
[カラーヒストリー] パレットから色を選択する

4-7 よく使う色を登録しておく ……………………………………… 113
[カラーセット] パレットに色を登録する

4-8 ほかのイラストや画像から色を採取する ………………………… 114
[サブビュー] パレットとは?／ほかのイラストから色を採取する

4-9 指定した領域を塗りつぶす ……………………………………… 116
[塗りつぶし] ツールで塗りつぶす／[塗りつぶし] ツールを使いこなす

4-10 ほかのレイヤーを参照して塗りつぶす …………………………… 120
[他レイヤーを参照] ツールとは?／ほかのレイヤーを参照して塗りつぶす／参照しないレイヤーを指定する

4-11 塗り残した部分を塗る …………………………………………… 124
囲んだ範囲を塗る／ブラシで選択した範囲を塗る

4-12 塗る範囲を自動で指定する ……………………………………… 126
範囲を自動で選択する

4-13 同系色から選択範囲を指定する ………………………………… 127
同系色を選択する

4-14 塗る範囲をブラシで指定する ～クイックマスク………………… 128
クイックマスクとは?／[選択範囲をストック] とクイックマスクとの違い／ブラシや消しゴムで範囲を選択する

4-15 選択範囲をぼかす ………………………………………………… 130
選択範囲をぼかす

Chapter 5 「本塗り」をする ～各種ブラシと色塗りツール

5-1 線からはみ出さずに塗る① ～透明ピクセルをロック …… 132
[透明ピクセルをロック]とは?／[透明ピクセルをロック]を使って塗る

5-2 線からはみ出さずに塗る② ～クリッピング …… 133
クリッピングとは?／クリッピングと[透明ピクセルをロック]の違い／クリッピングを使って塗る

5-3 水彩ツールで色を塗る …… 135
[水彩]ツールの特徴／[水彩]ツールの使い方

5-4 厚塗りツールで色を塗る …… 136
[厚塗り]ツールの特徴／[厚塗り]ツールの使い方

5-5 墨ツールで色を塗る …… 137
[墨]ツールの特徴／[墨]ツールの使い方

5-6 マーカーで色を塗る …… 138
[マーカー]ツールの特徴／[マーカー]ツールの使い方

5-7 パステルで色を塗る …… 139
[パステル]ツールの特徴／[パステル]ツールの使い方

5-8 エアブラシで色を塗る …… 140
[エアブラシ]ツールの特徴／[エアブラシ]ツールの使い方

5-9 グラデーションで塗る …… 141
[グラデーション]ツールの種類／グラデーションを作成する／グラデーションの色を変更／追加する／グラデーションの形状を変更する／オリジナルのグラデーションを登録する

Column グラデーションレイヤーの使い方 …… 145

5-10 自由な形のグラデーションで塗る …… 146
[等高線塗り]ツールとは?／[等高線塗り]ツールでグラデーションを作成する／[等高線塗り]ツールを使いこなす

5-11 色を周囲の色となじませる …… 148
[色混ぜ]ツールで色をなじませる／[色混ぜ]ツールの種類

5-12 色調補正レイヤーで全体の明るさを調整する …… 150
色調補正レイヤーの利点／色調補正レイヤーで明るさとコントラストを調整する

5-13 色調補正レイヤーで部分的に色を調整する …… 152
色調補正レイヤーで部分的に色を調整する

5-14 色調補正レイヤーを特定のレイヤーやフォルダーに適用する …… 153
色調補正レイヤーを特定のレイヤーだけに適用する／色調補正レイヤーをフォルダー内だけに適用する

5-15 合成モードを使う …… 155
合成モードとは?／レイヤーの合成モードを変更する／ブラシの合成モードを変更する／レイヤーを合成するときの注意点／合成モードの使用例一覧

5-16 合成モードで影や光を塗り足す …… 160
キャライラストに影と光を追加する

5-17 合成モードとテクスチャで物の質感を出す …… 161
テクスチャを配置する／マスクでテクスチャの表示部分を指定する／合成モードを変更して最終調整する

5-18 ゆがみツールで完成イラストを調整する …… 164
[ゆがみ]ツールとは?／[ゆがみ]ツールで目を大きくする

Column [素材]パレットについて …… 166

Chapter 6

便利な機能を使いこなす

6-1 よく使う操作をまとめる ～[クイックアクセス]パレット …… 168
[クイックアクセス]パレットとは?／ボタンを追加／整理する／ボタンの表示方法を切り替える／新しいセットを作成する

6-2 よく使う操作を自動化する …… 172
操作を自動化する／オートアクションを編集する

6-3 3D素材を作画の参考にする [人物編] …… 174
3D素材とは?／3D素材の種類／人物モデルを配置する／ポーズをカスタマイズする／カメラや3D素材の位置をカスタマイズする

6-4 3D素材を作画の参考にする [背景編] …… 178
アタリに使える3Dプリミティブ／背景のアタリを作成する／天球画像を背景に使う

6-5 図形ツールを使いこなす …… 181
[図形]ツールとは?／[図形]ツールを使用する

6-6 定規ツールを使いこなす …… 184
[定規]ツールとは?／[定規]ツールを使用する／定規を編集／削除する

6-7 対称定規で「レース模様」を作成する …… 186
「レース模様」を作成する

6-8 デコレーションツールを使う …… 188
[デコレーション]ツールとは?／[デコレーション]ツールの分類とカスタマイズ

6-9 オリジナルのブラシを作成する …… 190
オリジナルのブラシ／消しゴムをつくるには?／ブラシの素材を描いてオリジナルブラシを作成する／画像を使ってオリジナルブラシを作成する

6-10 図形ツールを消しゴムとして使う …… 195
図形を透明色で描く

6-11 デュアルブラシを使う …… 196
デュアルブラシの特徴／オリジナルのデュアルブラシを作成する

6-12 テキストを作成する …… 198
テキストを作成する／テキストを編集する

6-13 メッシュ変形を使いこなす …… 201
メッシュ変形でTシャツに文字を貼り付ける

6-14 イラストやテキストをフチ取りする …… 202
イラストやテキストをフチ取りする／フチだけを別レイヤーに描く

6-15 フィルターを利用する …… 204
フィルターとは?／フィルターをかける

6-16 CMYK形式で書き出す …… 205
印刷用データをCMYK形式で書き出す

6-17 CMYKカラーで色味を確認する …… 206
CMYKカラーでプレビューする

6-18 別のファイルにイラストをコピーする …… 207
別ファイルにイラストをコピーする

6-19 スマホを外部パレットとして使う　～コンパニオンモード …… 208
コンパニオンモードのオススメの使い方／スマホとPCを連携する

6-20 メイキング動画をタイムラプスで書き出す …… 210
描画シーンを記録する

Chapter 7 実践!「人物」メイキング

「お絵かき少女」　～アイデア出しから仕上げまで …… 214

準備編 環境をカスタマイズする …… 212
7-1-1 ラフ／アイデアを描き出す …… 216
7-1-2 下描きを描く …… 218
7-1-3 線画を描く …… 220
7-1-4 下塗り①：ベースを塗る …… 224
7-1-5 下塗り②：色を決める …… 228
7-1-6 本塗り：濃淡を付ける …… 232
7-1-7 残りのパーツを作成する …… 236
7-1-8 仕上げ …… 240

Chapter 8

実践!「背景」メイキング

「青空の広がる風景」 ～線画を使わずに描く ……………244

8-1-1 ラフを描く …………………… 246
8-1-2 雲を描く …………………… 248
8-1-3 草原と道を描く …………… 250
8-1-4 手前の長い草を描く ………… 254
8-1-5 花などの残りの部分を描く …… 256
8-1-6 仕上げ …………………… 259

「夕暮れの高層ビル」 ～ベクターレイヤーとパース定規で描く ……………260

8-2-1 パースの基本とラフ …………… 262
8-2-2 パース定規を配置する ………… 264
8-2-3 ビル外枠の線画を描く ………… 266
8-2-4 右側の窓を描く ……………… 268
8-2-5 左側の窓を描く ……………… 272
8-2-6 空と木々を描く ……………… 274
8-2-7 ビルを塗る …………………… 278

著者オススメのショートカットキー ………………… 282
INDEX ………………………………… 284

CLIP STUDIO PAINTとは？

CLIP STUDIO PAINTはセルシス社製のペイントソフトで、イラストレーターやマンガ家などの多くのクリエイターに使われています。まずは、CLIP STUDIO PAINTの基本を押さえておきましょう。

何ができるの？

CLIP STUDIO PAINTは、イラスト・マンガなどの「絵を描くこと」を主軸にしたお絵かき用ソフトです。さまざまなテイストが表現できる多彩なブラシ、より絵を描きやすくするための豊富な機能、自分好みに設定できるカスタマイズ力など、これ1本でイラスト・マンガ制作時に必要な機能がすべて揃っています。

どんな種類があるの？

CLIP STUDIO PAINTには、PROとEXの2種類があります。イラスト用途であれば、値段がリーズナブルなPROで十分機能が充実しているため、PROを購入すれば問題ないでしょう。なお、本書ではPROをベースに解説しています。具体的な機能の比較は公式サイト「https://www.clipstudio.net/ja/lineup」をご確認ください。

CLIP STUDIO PAINT PRO	プロでも問題なく使えるほど機能が充実している。そのほか、動くイラストやマンガ制作にも対応。値段がお手頃なので、CLIP STUDIO PAINT 初心者にオススメ。
CLIP STUDIO PAINT EX	PRO よりも値段が高いが、PRO の全機能に加えて、マンガ制作用の便利な機能やプロ向けアニメ制作機能も搭載している。本格的なマンガ制作や同人誌制作、アニメ制作をしたい人にオススメ。

どんな特徴があるの？

CLIP STUDIO PAINTには、お絵かきに便利な機能や素材が豊富に用意されています。ここでは、その中でも特徴的なものをご紹介します。

ブラシの表現が自由自在！

鉛筆、ペン、チョーク、水彩、厚塗り、スタンプなど、さまざまな表現ができるブラシが用意されています。さらに、ブラシの形や設定項目をカスタマイズすることで、独自のオリジナルブラシを作成することもできます。

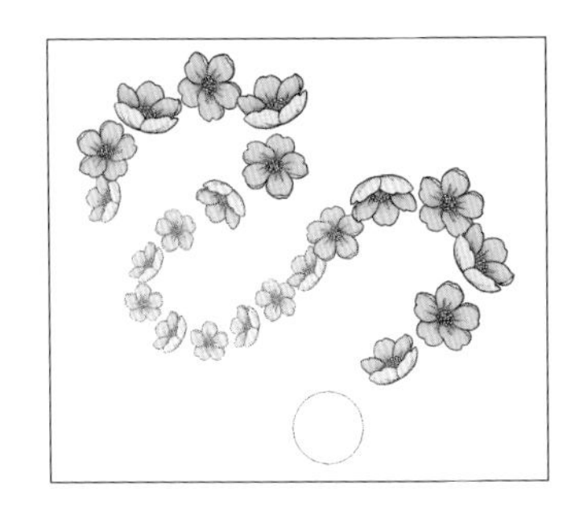

デジタル特有の機能が便利！

パーツの複製や加工処理、自由な変形、レイヤーによるイラストの階層管理、塗りつぶし……といった、デジタルでしかできない機能や、作業をよりスムーズに進めることができる機能がたくさん用意されています。

豊富な素材が使える！

作画の参考に使えるデッサン人形／小物／基本図形／背景の3D素材、テクスチャや小物イラストなど、たくさんの素材が用意されています。自分でも素材が登録できたり、ほかのユーザーが作った素材をダウンロードして使えるサービスもあります。

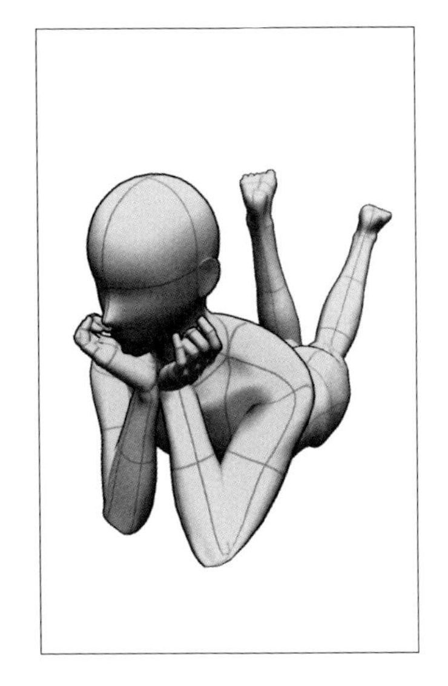

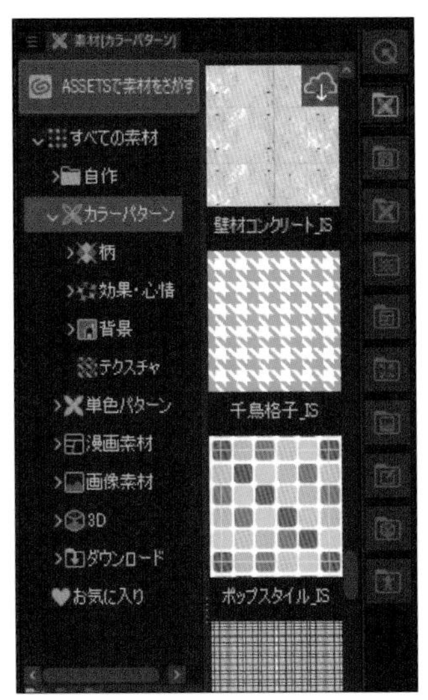

ペンタブレットの基本

CLIP STUDIO PAINTで絵を描くにはペンタブレットを使うのが基本です。ここでは、ペンタブレットの種類から基本の使い方までを解説します。

ペンタブレットの種類

ペンタブレットには「液晶タブレット」と「板タブレット」の2種類があり、それぞれにメリット／デメリットがあります。

液晶タブレット（通称：液タブ）

液晶パネルに専用のペンで直接描いていくため、紙と近い感覚で描画することができます。思ったところに線が引きやすく、板タブレットに比べて比較的すぐ慣れやすいのが最大の利点です。板タブレットに比べて高価なのがネックでしたが、最近は低価格なものも販売されるようになってきました。ただし、描き心地が紙とはどうしても違ってくるので、購入する前に試し描きするのがオススメです。

Wacom Cintiq 13HD DTK-1301

板タブレット（通称：板タブ）

ディスプレイの画面を見ながら、手元は板タブレット上で専用のペンを動かして描いていきます。手元を見ながら描くアナログとは感覚が異なるため、慣れるまでに時間が必要です。しかし、液晶タブレットに比べて比較的価格が安いので、お試し感覚で手を出しやすいのが強みの1つです。そのほかに手元で絵が隠れなかったり、軽いので移動させやすい、板の上に紙を貼って自分の好みの描き心地にできるなどの利点もあり、昔からプロアマ問わず利用されています。

Wacom Intuos Pro PTH-660

ペンタブレットのサイズを決めるポイント

液晶タブレットも板タブレットも、大きいサイズになればなるほど描画範囲が広がるため、一般的に描きやすくなります。ですがその分価格が高くなり、作業スペースも圧迫してしまいます。タブレットを購入する際は、値段や描き心地だけでなく、作業スペースのことも考慮してサイズを決めましょう。

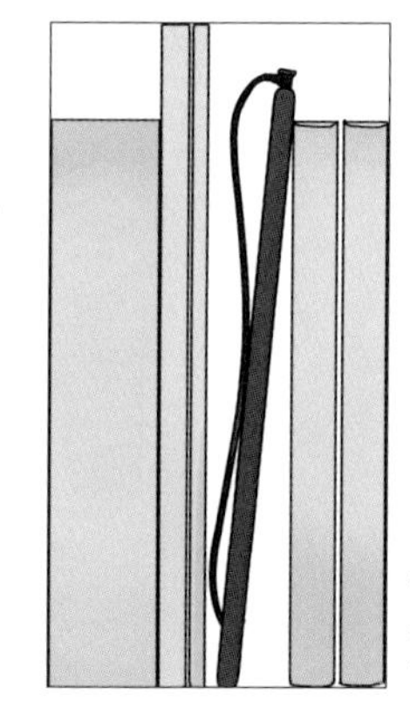

板タブレットは大きくても軽めなので、壁などの隙間に立てかけておくこともできる

ペンの持ち方

タブレットのペンも、基本的に通常のペンの持ち方と同じです。ただし、タブレットの場合はペン横にあるサイドスイッチもよく利用するので、親指や人差し指をボタンがすぐ押せる位置に持っていくのがポイントです。なお、メーカーや種類によりボタン数や設定が異なる場合があります。

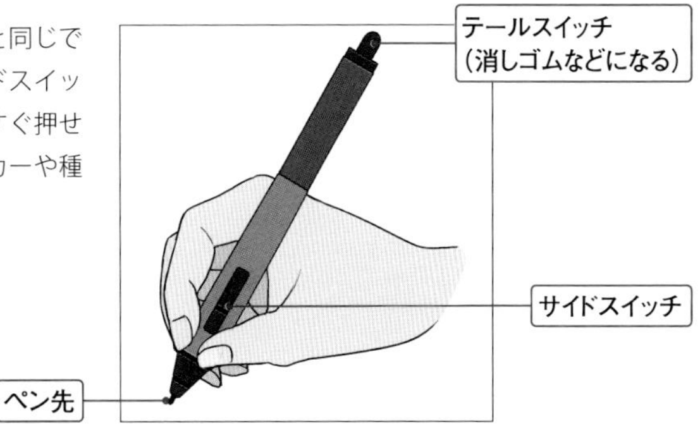

ペンタブレットの基本操作

タブレットは、タブレット面の上をペン先でたたいたり動かしたりすることで、マウスのドラッグやクリックと同様の操作を行うことができます。

ポインターを動かす

タブレット面の上でペンを少し浮かせた状態で移動させると、動かした方向へポインターが移動します。

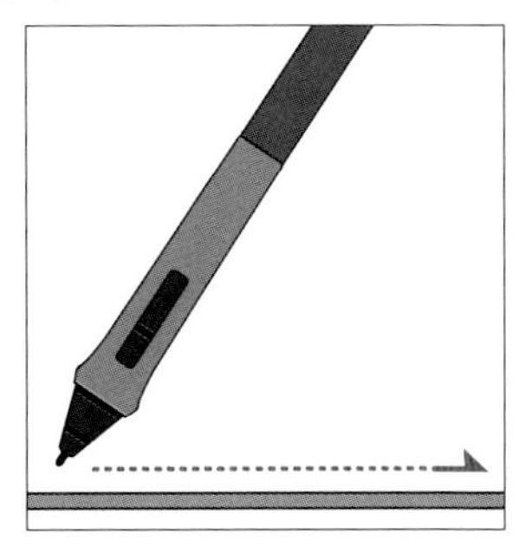

ドラッグ

タブレット面にペン先を付けたまま移動すると「ドラッグ」。ドラッグしたあとでペン先を離すと「ドラッグ＆ドロップ」になります。タブレットで描く際もこの動作を行います。

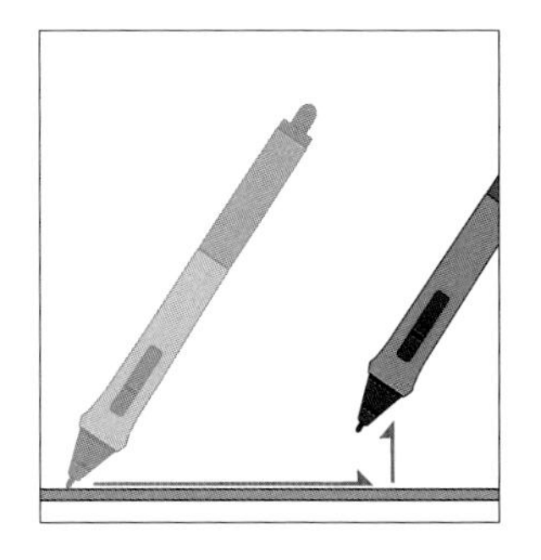

クリック

タブレット面の上を1回たたきます。

ダブルクリック

タブレット面の上で、同じ場所を素早く2回たたきます。

右クリック

少しペン先を浮かせた状態で、ペンのサイドスイッチいずれかを押すと右クリックになります。右クリックは、機種によってボタンの割り当てが異なることが多いです。タブレットのドライバ設定から確認／変更を行ってください（→P.35）。

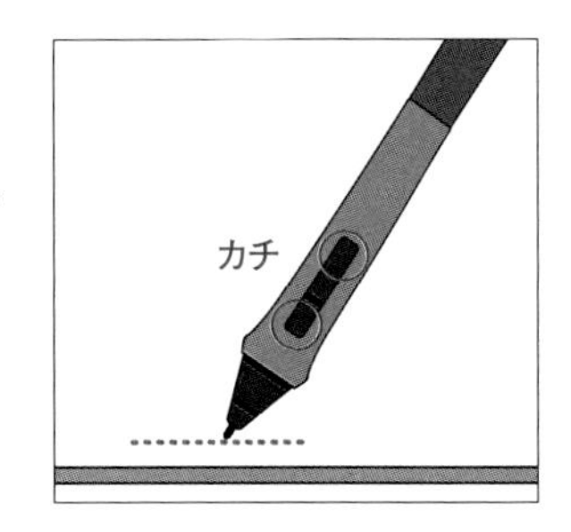

デジタルイラストを描くコツ

デジタルイラストにはじめて挑戦する方は、最初のうちはアナログとの違いに戸惑うかもしれません。デジタルイラストを描くにもコツがあるので、ここでは押さえておいたほうがよいコツをいくつかご紹介します。

線は一気に描く

細かな部分は指先の動きだけで大丈夫ですが、長めの線は手首やひじを軸にして一気に描くほうが綺麗な線が描けます。描いた線が気に入らない場合、[やり直し]（Ctrl＋Z）→線を一気に引く、を繰り返して納得のいく線を完成させます。やり直しが簡単にできるのも、デジタルの利点です。

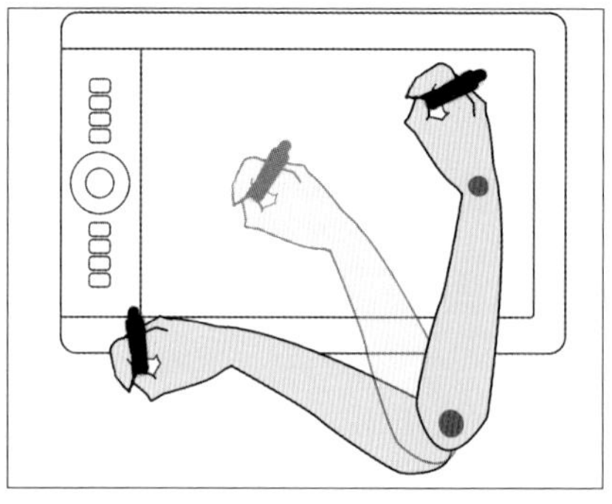

手首や肘を軸にして一気に線を描くと、長く綺麗な線が描ける

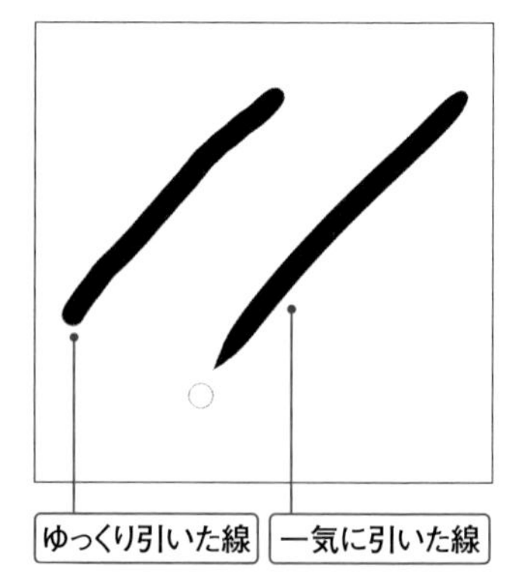

画面を回転させながら描く

線には人それぞれ描きやすい方向が存在します。CLIP STUDIO PAINTでは画面表示を回転／反転させることができるので、描きにくい方向の線が出てきた場合は、画面を描きやすい角度にしてから描きましょう。

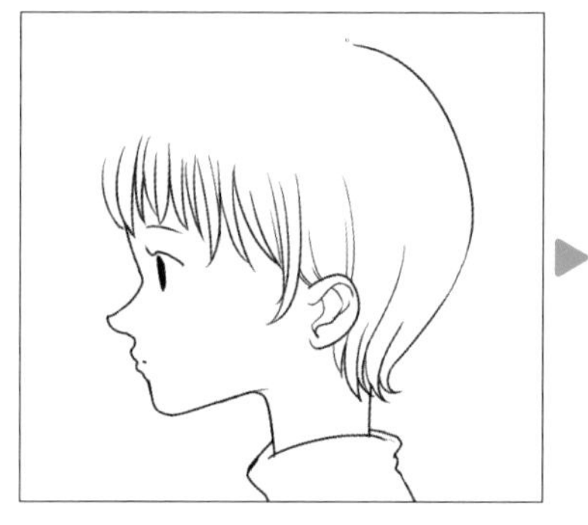

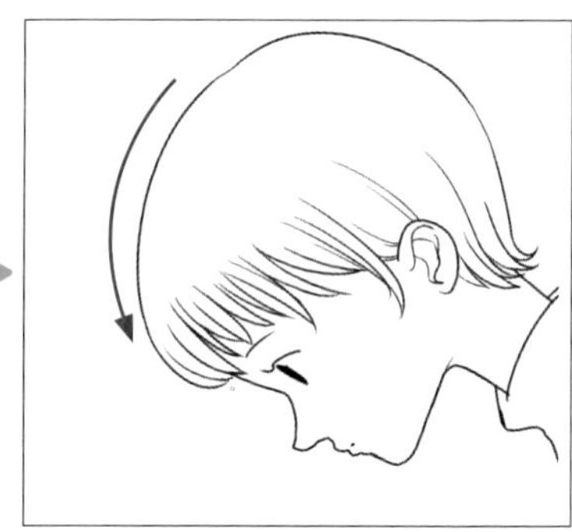

上から下が描きやすいので画面を回転させて描く

一度描いてから、あとで余分な部分を消す

例えば髪の毛などは、線をつなげて描くよりも、一度線と線を交差させてから無駄な部分を削除したほうが、交差部分がシャープになります。また、余分な部分を非表示にすることもできるマスク（→P.86）という便利な機能もあります。

続けてギザギザに描くと先が丸くなる

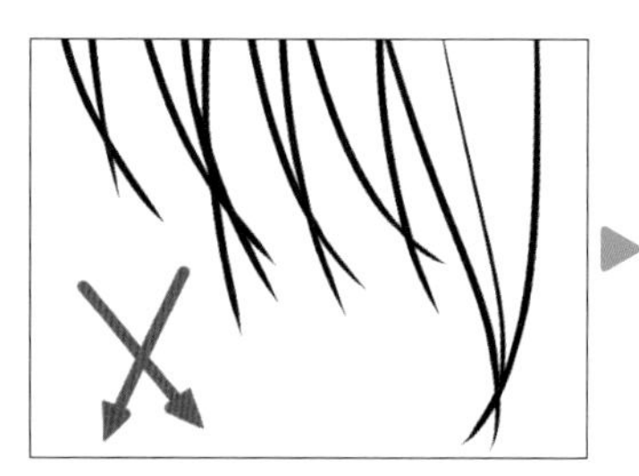

別々の線を交差させて描いてから無駄な部分を削除すると、先がシャープになる

Chapter 1

CLIP STUDIO PAINTの基本

1-1 CLIP STUDIO PAINTの起動と終了
1-2 CLIP STUDIO PAINTの画面構成
1-3 新規キャンバスを作成する
1-4 キャンバスの表示を拡大／縮小／スクロールする
1-5 キャンバスの表示を回転／反転する
1-6 キャンバスのサイズや向きを変更する
1-7 キャンバスを保存する
1-8 イラストを描く前に環境を整える
1-9 イラストを画像ファイルとして書き出す
1-10 イラストを印刷する

Chapter 1-1

CLIP STUDIO PAINTの起動と終了

CLIP STUDIO PAINTは、専用のクリエイター支援ソフトであるCLIP STUDIOを起動し、そこを経由してソフトの起動を行います。

CLIP STUDIO PAINT を起動する

1 CLIP STUDIOを起動する

CLIP STUDIO PAINTをインストール後、デスクトップに表示されるCLIP STUDIOのショートカットアイコンをダブルクリックします。

> **MEMO**
> デスクトップにアイコンがない場合は、Windowsキーを押して、そのまま「clip」や「clip studio」と入力して、アプリ選択状態でEnterキーを押します。

2 ［PAINT］を選択する

CLIP STUDIOが起動するので、画面左上にある［PAINT］を選択します。

> **MEMO**
> CLIP STUDIOは、セルシスが提供するクリエイターをサポートするための専用ソフトです。ソフトの起動や使い方ページへの誘導、最新の更新情報の提供、ソフト内で使える素材のダウンロードなどを行えます。

3 CLIP STUDIO PAINTが起動した

CLIP STUDIO PAINTが起動しました。

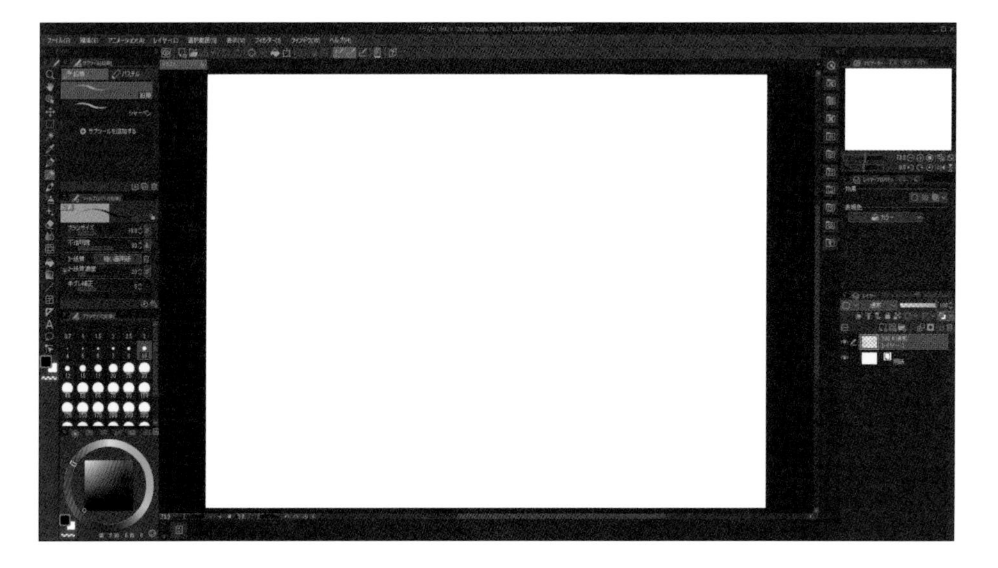

CLIP STUDIO PAINT を終了する

1 [×]を選択する

画面右上の［×］を選択します。

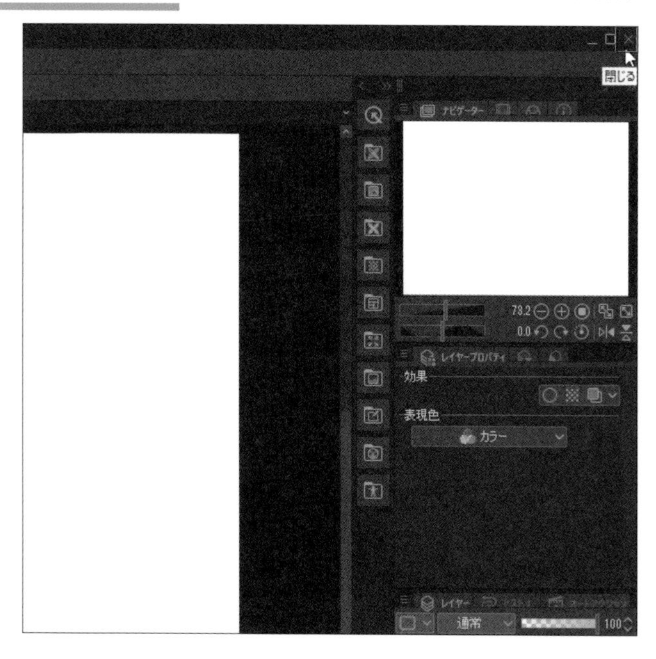

2 CLIP STUDIO PAINTが終了した

CLIP STUDIO PAINTが終了しました。

POINT ソフト終了時に警告が出たときは？

CLIP STUDIO PAINT を終了する際、「(キャンバス名) は変更されています。保存しますか？」という警告が出ることがあります。これはすでに開いているキャンバス内で、変更があるにもかかわらず保存がされていない場合に表示されます。変更を保存したい場合は、［保存］を選択しましょう。

Chapter 1-2

CLIP STUDIO PAINTの画面構成

CLIP STUDIO PAINTを起動したら、画面に何が表示されているかを知っておきましょう。ここでは、初回起動時の画面で紹介します。

CLIP STUDIO PAINT の画面構成

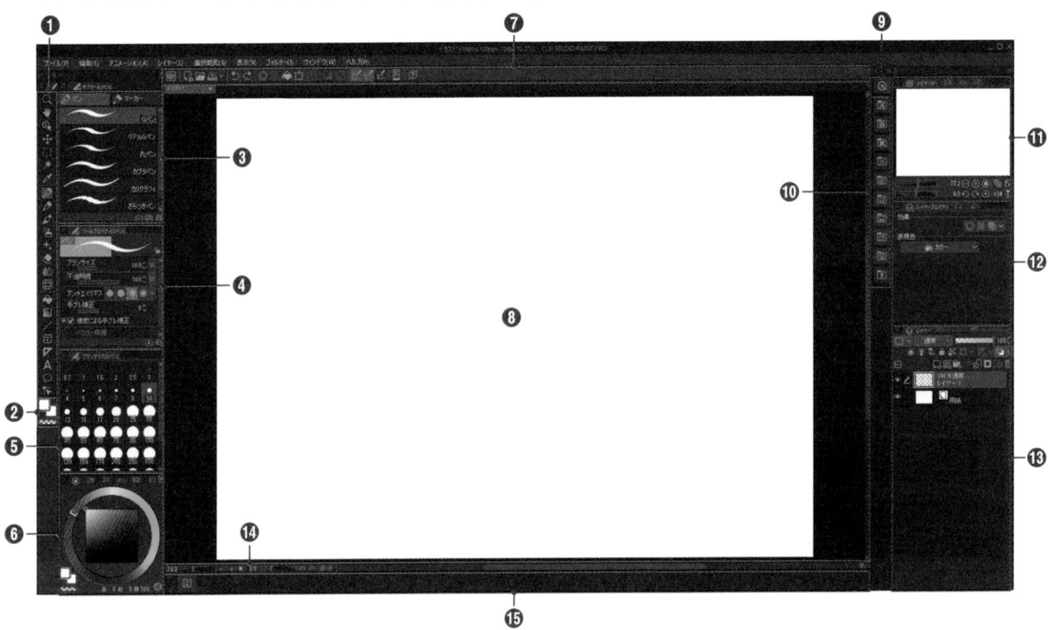

❶[ツール] パレット	ブラシや消しゴム、定規など、イラストを描く上で使用するさまざまな道具を選択することができます。
❷カラーアイコン	ペンやブラシの描画色です。色の切り替えも可能です（→P.106）。
❸[サブツール] パレット	[ツール] パレットで選択した各ツールの種類を切り替えることができます。
❹[ツールプロパティ] パレット	[サブツール] パレットで選択したツールの、基本的な設定変更が行えます（→P.57）。
❺[ブラシサイズ] パレット	選択しているツールの、ブラシの太さを変更できます（→P.56）。
❻カラー系パレット	描画する色の選択や登録ができます。全部で7種類あり、タブや■から切り替え可能です（→P.106, 107, 109～113）。
❼コマンドバー	新規作成や保存、消去、やり直しなどの、よく使う操作が登録されています（→P.21）。
❽キャンバスウィンドウ	イラストを描く用紙の部分です。白の枠内が絵を描いていくキャンバスで、周囲のグレー部分には描画できません（→P.22）。
❾[クイックアクセス] パレット	メニューコマンド・オートアクション・サブツール・描画色など登録し、登録した機能を素早く実行することができます（→P.168）。
❿[素材] パレット	イラストに使用できる素材を管理するパレットです（→P.166）。
⓫[ナビゲーター] パレット	拡大／縮小表示、反転／回転表示など、キャンバスの表示に関する操作が行えます（→P.24）。
⓬[レイヤープロパティ] パレット	[レイヤー] パレットで選択したレイヤーに対して、さまざまな効果を付けることができます。また選択中のレイヤーで使用可能なツールやサブツールの候補を表示し、切り替えることもできます（→P.63, 67, 202）。
⓭[レイヤー] パレット	イラストを描く際に使用するレイヤーの操作ができます（→P.48）。
⓮キャンバスコントロール	キャンバス画面の拡大／縮小／回転など、表示をコントロールできます。
⓯[タイムライン] パレット	アニメーションを作成する際に使用するパレットです。本書では使用しません。

コマンドバー

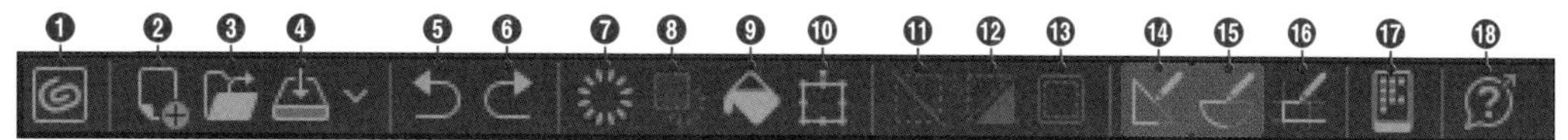

❶CLIP STUDIOを起動	CLIP STUDIOを起動します（→P.18）。
❷新規	キャンバスの新規作成ができます（→P.22）。
❸開く	保存したイラストや画像などを開きます。
❹保存	現在作業中のイラストを、保存することができます（→P.30）。また、右にある☑から開いているイラストを閉じることができます。
❺取り消し	操作を1つ前の状態に戻します（→P.60）。
❻やり直し	取り消した操作をやり直します（→P.60）。
❼消去	レイヤーに描かれた内容を消去します。選択範囲がある場合、その範囲内の内容を消去します（→P.84）。
❽選択範囲外を消去	選択範囲の外側に描かれた内容を消去します（→P.84）。
❾塗りつぶし	描画色で塗りつぶします。選択範囲がある場合、その範囲内を塗りつぶします（→P.116）。
❿拡大・縮小・回転	イラストを拡大／縮小／回転して変形します。選択範囲がある場合、その範囲内の内容を変形します（→P.91）。
⓫選択を解除	選択範囲を解除します。
⓬選択範囲を反転	選択範囲を反転します。
⓭選択範囲の境界線を表示	選択範囲を示す破線の表示／非表示を切り替えます。
⓮定規にスナップ	定規へのスナップを設定します。ONにすると定規に沿って描画できます（→P.185）。
⓯特殊定規にスナップ	特殊定規へのスナップを設定します。ONにすると特殊定規に沿って描画できます（→P.185）。
⓰グリッドにスナップ	パース定規などのグリッドへのスナップを設定します。ONにするとグリッドに沿って描画ができます（→P.267, 268）。
⓱スマートフォンを接続	PC版とスマホ版のCLIP STUDIO PAINTを連携するための、「コンパニオンモード」のQRコードを表示します（→P.208）。
⓲CLIP STUDIO PAINTサポート	ブラウザが起動し、CLIP STUDIOのサポートページが開きます。

POINT コマンドバーの項目は編集可能

コマンドバーの項目は、［ファイル］メニュー→［コマンドバー設定］で、項目の追加や削除、順序の変更などが行えます。

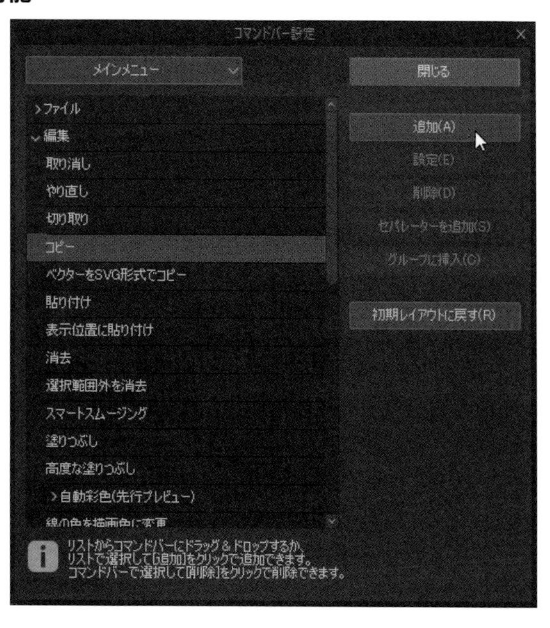

Chapter

1-3 新規キャンバスを作成する

用紙となるキャンバスを作成していきます。CLIP STUDIO PAINTではA4やB5などの印刷規格サイズやハガキのほかに、横長や縦長などのオリジナルのサイズを作成することもできます。

新規キャンバスを作成する

1 新規キャンバス作成画面を開く

［ファイル］メニュー→［新規］を選択すると、新規キャンバス作成画面が表示されます。

2 キャンバスの設定を行う

今回は「縦A4サイズ：印刷用カラー」にしたいので、図のように設定します。設定が完了したら［OK］を選択します。

MEMO

用紙設定は、［プリセット］の右の［保存］から好きな名称で登録できます。登録すると、［プリセット］から同じ設定の用紙を簡単に呼び出せるようになります。

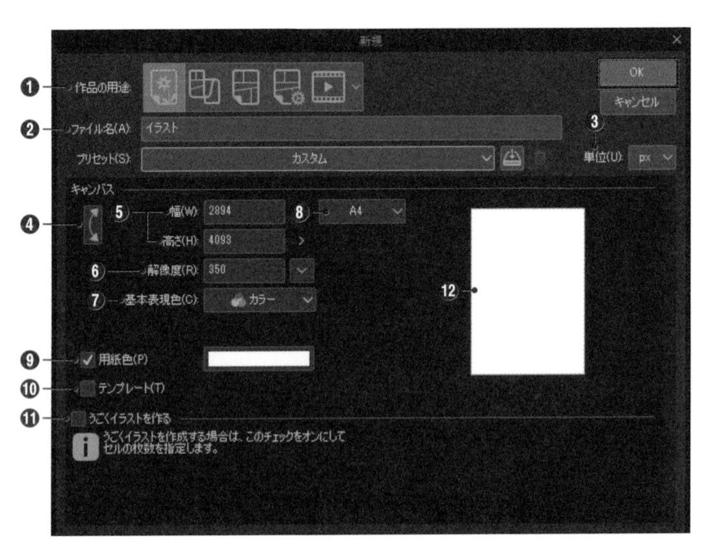

❶作品の用途	イラスト／漫画／動画など、用途ごとのキャンバスを選択できます。今回は［イラスト］を指定します。
❷ファイル名	任意の名前を入力します。
❸単位	［幅／高さ］の単位を設定します。今回は［px］にします。
❹幅／高さの入れ替え	幅／高さの数値を入れ替えることができます。今回は縦長なので選択して数値を入れ替えます。
❺幅／高さ	キャンバスサイズを数値で設定できます。［用紙の規格］を選択すると、サイズが自動的に反映されます。
❻解像度	解像度を設定します。今回はのメニューから［350dpi］を選択します。
❼基本表現色	カラー／グレー／モノクロを選択できます。今回は［カラー］のままにします。
❽用紙の規格	用紙のサイズです。必ず［解像度］を設定したあとに設定します。今回は［A4］を選択します。
❾用紙色	チェックを入れて横のカラー部分を選択すると、初期の用紙色を変更できます。チェックを外すと透明になります。今回は白のままにします。
❿テンプレート	チェックを入れるとテンプレートを選択できます。主に漫画作業などで、決まったレイヤーやフォルダー構成がある場面で使用します。今回はチェックを外します。
⓫うごくイラストを作る	簡易アニメーションを作成するときの設定です。今回はチェックを外します。
⓬プレビュー画面	設定した項目がプレビュー表示されます。原稿が間違っていないか確認します。

キャンバスサイズ設定のポイント

キャンバスサイズは、最終的な出力サイズに合わせて設定します。このとき、まずは解像度から決定するのがポイントです。例えば、印刷用カラーで出力するなら「350dpi」、Web／PC上でしか使わないなら「72dpi」という具合です。そのあとで［用紙の規格］を選択すれば、解像度に合わせたピクセル数に自動的に変更されます。

なお、低解像度で作成したものをあとから高解像度に変更すると、画像が引き延ばされて粗くなってしまいます。ですが逆の場合は劣化しないので、印刷物でないイラストを描く際でもいったん「350dpi」で作成し、あとから解像度を落とすという方法がオススメです。

解像度の数値は大きいほどよいということはなく、あまり大きくしても人間の目には違いが分からなかったり、ファイルサイズが増えてパソコンの処理に負荷が掛かったりします。用途ごとにある程度の目安があるので、右の表を参考に設定してみてください。

●用途ごとの解像度の目安

印刷用カラー	300～350dpi
印刷用グレー／モノクロ	600dpi
Web／PC上で使用	72dpi

ピクセルと解像度について知っておく

ピクセルについて

デジタル画像は小さい四角が集まってできており、その最小単位のことを「1px（pixel、ピクセル）」といいます。例えば「縦：20px×横：30px」の画像は、縦に20個、横に30個のピクセルの四角が並んでいる画像になります。ピクセル数が多くなるとキャンバスサイズが大きくなります。

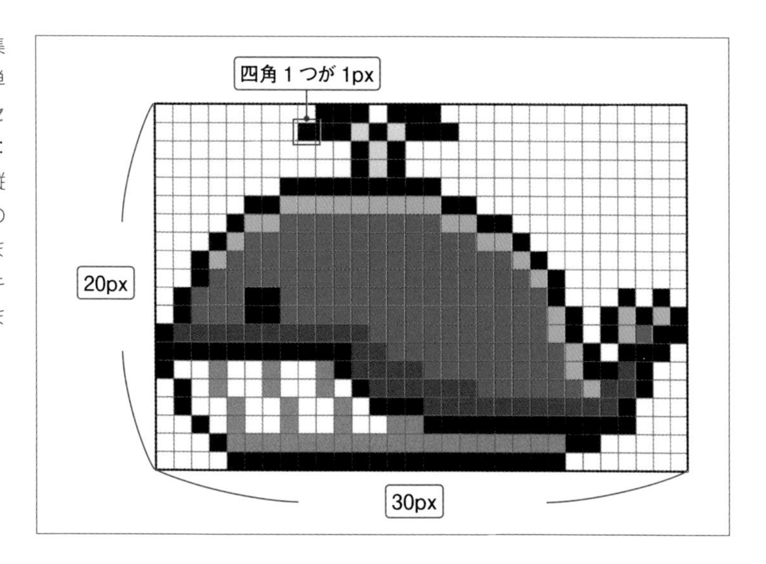

解像度について

解像度は「dpi（dots per inch）」という単位で表記されます。これは印刷する際に使われる数値で、「1インチ（25.4mm）の幅に、いくつのドット（≒ピクセル）が並ぶか」を表します。数値が大きいほど高精細に印刷でき、これを設定することによって、紙の大きさに対してどれくらいのピクセル数が必要かが決まります。例えば高画質でカラー印刷する際、A4用サイズでは「4093px×2894px 350dpi」、ハガキサイズでは「2039px×1378px 350dpi」くらいが必要です。このように、高画質で印刷する場合は解像度だけでなくピクセル数も連動して上げる必要があるのです。ただし、上記「キャンバスサイズ設定のポイント」の方法で設定すれば自動でピクセル数が計算されるので、あまり意識する必要はありません。

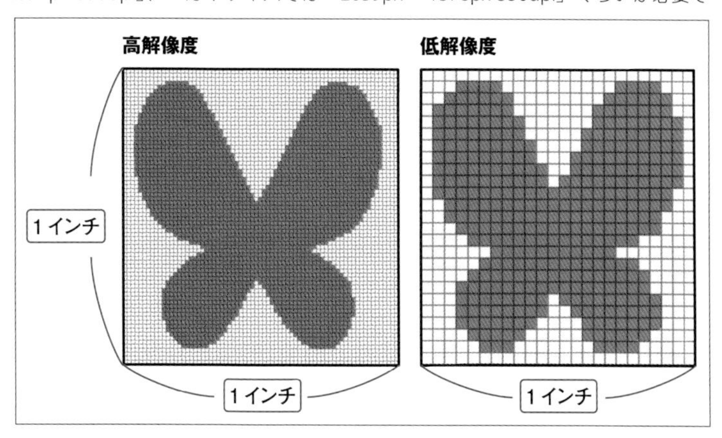

Chapter 1-4

キャンバスの表示を拡大／縮小／スクロールする

アナログで用紙を動かしながら描くように、デジタルでもキャンバスを動かしたり、表示の拡大／縮小などを頻繁に行います。CLIP STUDIO PAINTでは［ナビゲーター］パレットを使って簡単に表示を切り替えることができます。

［ナビゲーター］パレットとは？

［ナビゲーター］パレットでは、キャンバスの拡大／縮小表示や反転／回転表示、スクロールなどの操作をすることができます。拡大表示すれば細かい部分をアップで描画でき、縮小表示すれば全体のバランスを確認できます。

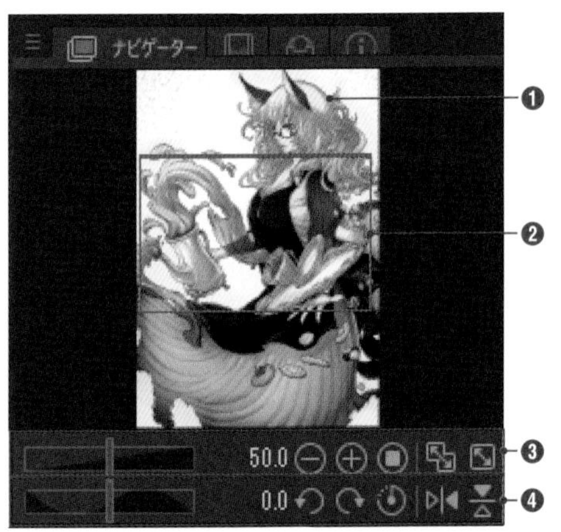

❶イメージプレビュー	キャンバス全体が常に表示されます。
❷赤枠	拡大表示やドラッグした際に表示されます。枠内をドラッグもしくはクリックすることで、キャンバスの表示位置を変更できます。赤枠内の領域は、キャンバスウィンドウの表示領域とリンクしています。
❸拡大／縮小エリア	自分の好きな拡大／縮小率で表示させたり、100%表示にしたりすることができます。
❹回転／反転エリア	キャンバスを回転／反転表示することができます。

キャンバスを拡大／縮小表示する

1 キャンバスを拡大表示する

［ナビゲーター］パレットの［ズームイン］⊕を選択すると、キャンバスが拡大表示されます。繰り返し選択することでさらに拡大します。

2 縮小表示する

［ナビゲーター］パレットの［ズームアウト］⊖を選択すると、キャンバスが縮小表示されます。繰り返し選択することでさらに縮小します。

MEMO

ボタン横にあるスライダーを左右に動かしたり、数値をクリックすれば、ボタンよりも表示倍率を細かく調整できます。

POINT 拡大／縮小はショートカットが便利

拡大／縮小表示の切り替えはショートカットキーを利用して、すぐ切り替えできるようにする人が多いです。［表示］メニュー→［ズームイン］／［ズームアウト］を使いますが、初期設定ではショートカットのボタン数が多いため、簡単に切り替えられるように任意のショートカットキーに変更すると便利です（→ P.34）。

3 全体表示する

［ナビゲーター］パレットの［全体表示］ を選択すると、ウィンドウサイズに合わせてキャンバス全体が収まるように表示されます。

MEMO
［100%］ を選択すれば、キャンバスが100%で表示されます。

キャンバスの表示位置を変える

1 ドラッグして表示位置を変える

［ナビゲーター］パレットのイメージプレビュー内をドラッグします。すると、キャンバスがドラッグした方向にスクロールされます。

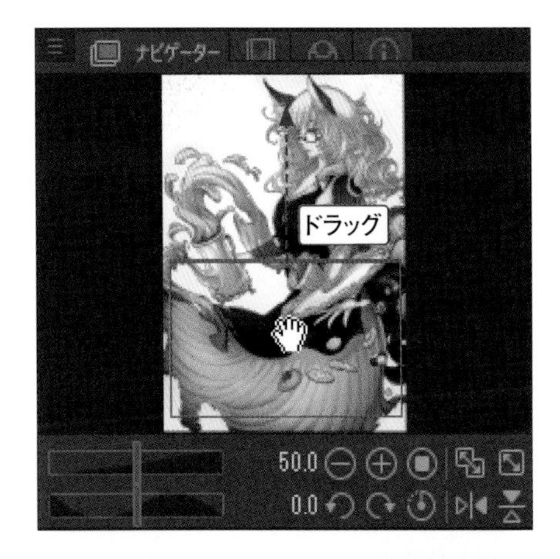

2 表示位置を一気に変える

［ズームイン］ を選択して表示をアップにすると、赤枠が表示されます。この赤枠の外をクリックすると、キャンバスの表示位置がその位置に一瞬で移動します。

POINT ［手のひら］ツールとショートカットキーで素早く画面移動

［ツール］パレットの［移動］→［手のひら］ツールを選択し、キャンバス上でドラッグすると、ドラッグした方向に表示をスクロールすることができます。この機能を使うときは、ショートカットを使うと非常に便利です。Spaceキーを押すと、キーを押している間だけ［手のひら］ツールに切り替わり、キーを離すと切り替える前のツールに戻ります。これを利用して、描く→Spaceキーを押して画面をスクロール→描く、といった作業を簡単に行えます。

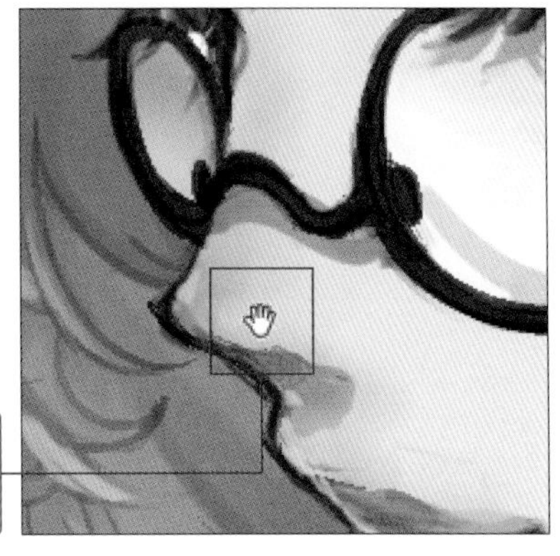

Chapter 1-5

キャンバスの表示を回転／反転する

［ナビゲーター］パレットではキャンバスを回転／反転表示することも可能です。キャンバスを回転することで角度のついた線を描きやすくしたり、反転することで画像のズレを確認したりできます。

キャンバスを回転表示する

1 キャンバスを右回転表示する

［ナビゲーター］パレットの［右回転］を選択すると、キャンバスが時計回りに傾きます。繰り返し選択することでさらに右回転します。

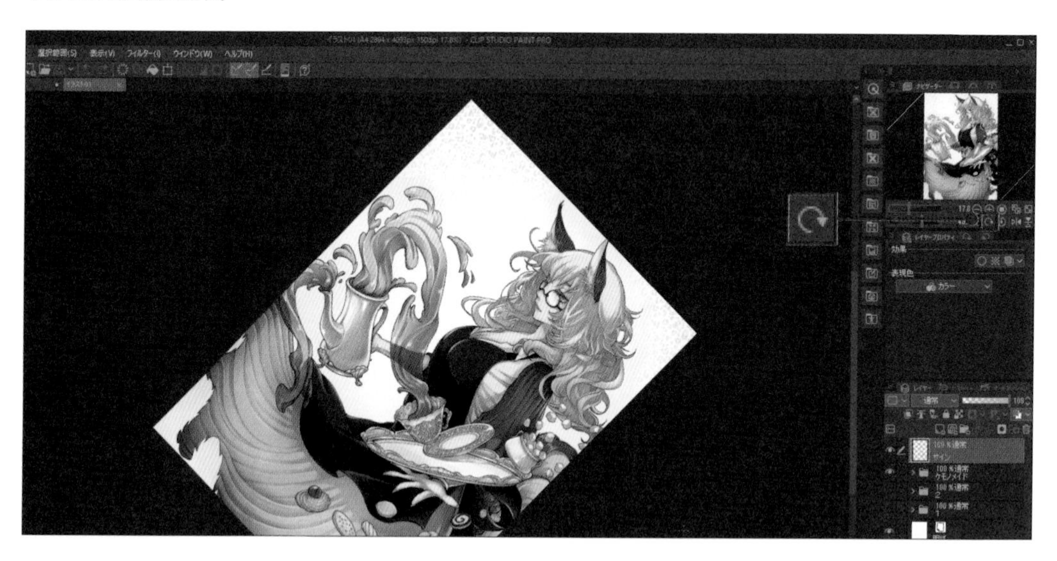

2 キャンバスを左回転表示する

［ナビゲーター］パレットの［左回転］を選択すると、キャンバスが反時計回りに傾きます。繰り返し選択することでさらに左回転します。

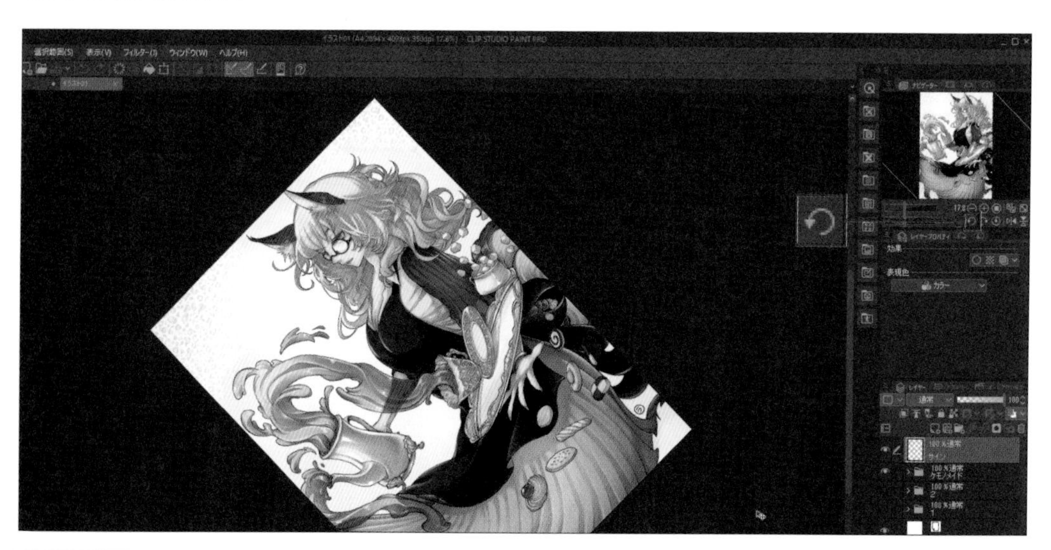

MEMO

ボタン横にあるスライダーを左右に動かしたり、数値をクリックしたりすれば、ボタンよりも表示角度を細かく調整できます。

3 回転表示をリセットする

［ナビゲーター］パレットの［回転をリセット］を選択すると、キャンバスの角度がリセットされます。

キャンバスを反転表示する

1 キャンバスを左右反転表示する

［ナビゲーター］パレットの［左右反転］を選択すると、キャンバスが左右反転して表示されます。もう一度選択することで元に戻ります。

2 キャンバスを上下反転表示する

［ナビゲーター］パレットの［上下反転］を選択すると、キャンバスが上下反転して表示されます。もう一度選択することで元に戻ります。

> **MEMO**
> ［ナビゲーター］パレットでの操作はあくまでも表示の仕方を変えているだけなので、実際の画像は何も変化がありません。実際に画像を変形する場合はP.91を参照してください。

> **POINT ショートカットキーで回転／反転表示する**
> 回転表示と左右反転表示は絵を描く上で頻繁に使用するため、ショートカットを利用する人が多いです。回転はRキーで［回転］ツールに切り替えることができ、ドラッグで回転させます。左右反転表示は初期設定ではキーが登録されていないため、［ショートカットキー設定］で任意のキーを登録します（→ P.34）。

Chapter 1-6

キャンバスのサイズや向きを変更する

CLIP STUDIO PAINTではキャンバスのサイズや解像度を変更したり、向きを変えたりすることができます。この変更はキャンバスを作成したあとでも、いつでも変更が可能です。

キャンバスのサイズを変更する

1 [キャンバスサイズを変更]を選択する

[編集] メニュー→ [キャンバスサイズを変更] を選択し、[キャンバスサイズを変更] 画面を表示します。この画面を表示している間は、キャンバスにハンドルが付いた枠が表示されます。

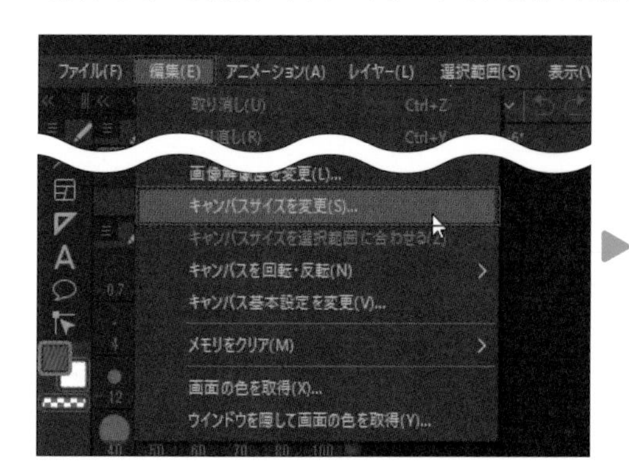

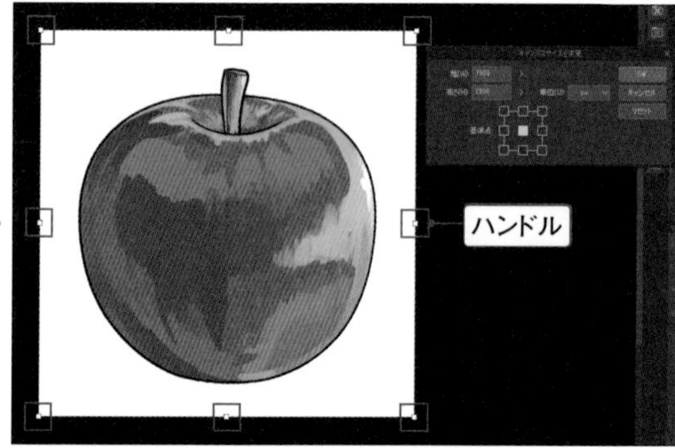

2 ハンドルを使ってサイズを変更する

ハンドルをドラッグすると枠を伸縮でき、枠内をドラッグすると枠全体を動かすことができます。枠外の暗い部分が非表示になる範囲で、枠を元のサイズより大きくすると、枠を広げた分の余白が追加されます。

MEMO

Shift キーを押しながら伸縮させれば、縦横の比率を維持することが可能です。また、幅と高さの数値を入力してキャンバスサイズを変更することもできます。

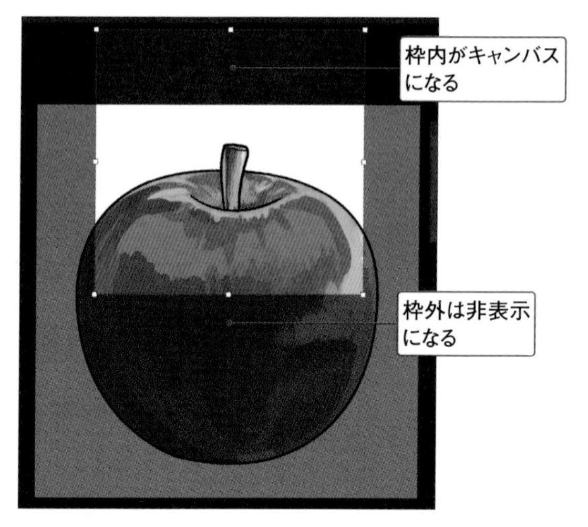

3 キャンバスサイズが変更される

[OK] を選択すると、キャンバス内の描画内容はそのままの大きさで、キャンバスサイズだけが変更されます。

キャンバスの解像度を変更する

1 ［画像解像度を変更］を選択する

今回はWeb用に出力することを想定して、解像度を下げることでキャンバスサイズ（ファイルサイズ）を小さくします。［編集］メニュー→［画像解像度を変更］を選択し、［画像解像度を変更］画面を表示します。

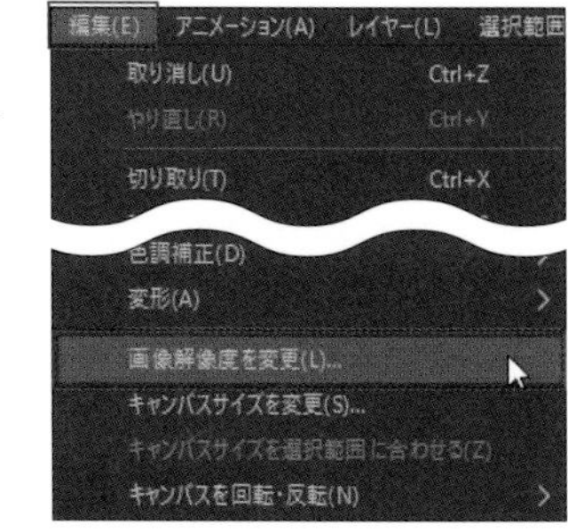

2 解像度を変更する

［解像度］の［350］の数値を、横の☑から［72dpi］に変更します。すると、解像度に合わせてキャンバスサイズも自動的に変更されます。もし自分の好きなサイズにしたい場合は、幅か高さに直接数値を入力することも可能です。変更が完了したら［OK］を選択します。

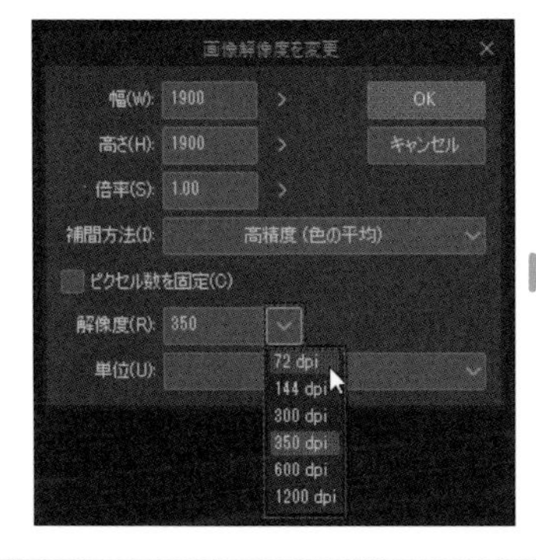

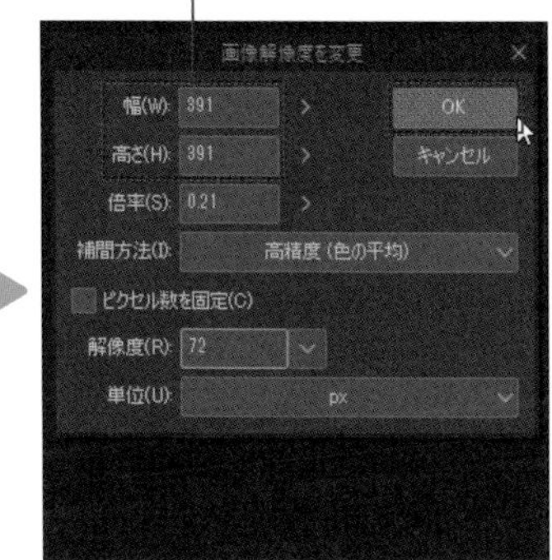

MEMO ［ピクセル数を固定］にチェックを入れると解像度だけを変更できます。ただし、この場合はピクセル数が変わらないのでファイルサイズも小さくなりません。

3 解像度に合わせてサイズが変更される

キャンバスサイズとイラストの大きさが一緒に変更されます。

MEMO 低解像度の画像を高解像度にすると、画像を引き伸ばした粗い画像になります。そのため、高解像度の画像を低解像度に変更することはあっても、逆は劣化するので基本的に行いません。

タイトルバーでサイズが確認できる

キャンバスの向きを変更する

1 キャンバスを回転／反転させる

［編集］メニュー→［キャンバスを回転・反転］にある各メニューを選択すれば、キャンバスを90度や180度回転させたり、上下左右反転させたりすることができます。

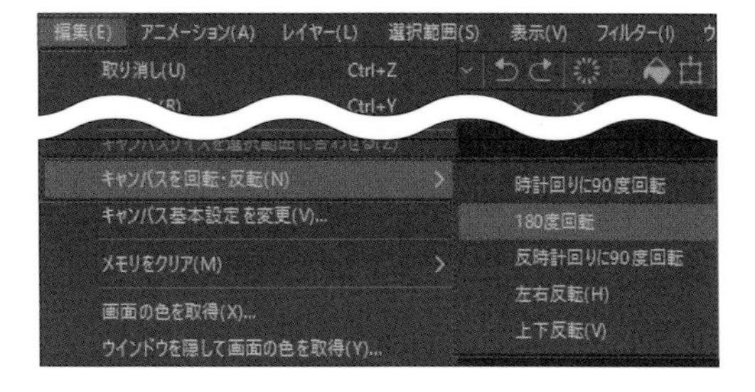

Chapter

1-7 キャンバスを保存する

予期せぬソフトの終了などのためにも、データを保存することはとても大切です。2、3時間作業したデータが一瞬で消えてしまわないように、こまめに保存するようにしましょう。

キャンバスを保存する

1 ［保存］を選択する

新規キャンバスを作成後にはじめてファイルを保存する場合、ファイルの保存先を指定する必要があります。［ファイル］メニュー→［保存］を選択します。

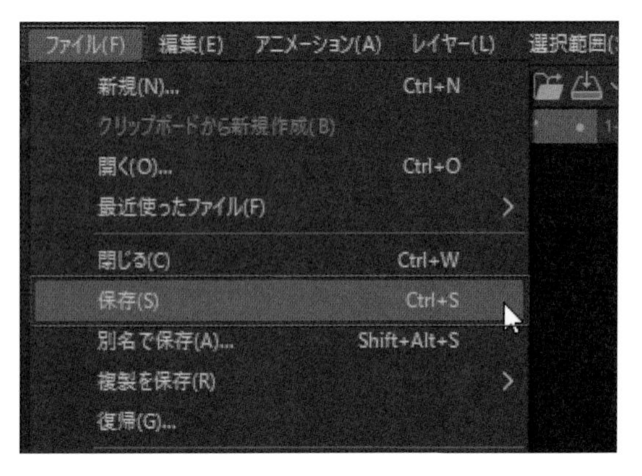

MEMO

キャンバスウィンドウの上部にあるタブには、保存時のキャンバス名が表示されています。その横にある■または■を選択することでファイルを閉じることができます。

2 保存先とファイル名を指定する

ファイルの保存先を指定し、［ファイル名］に任意の名前を付けて［保存］を選択します。ファイルの種類は［CLIP STUDIO FORMAT］のままにしてください。

3 ファイルが保存される

指定した保存先にファイルが作成されます。以降、手順1の方法で保存すると、自動的にこのファイルに上書き保存されます。

MEMO

保存した「(ファイル名) .clip」のファイルをダブルクリックすると、自動的にCLIP STUDIO PAINT上にそのファイルが開かれます。

POINT 保存にはショートカットキーを利用する

保存操作はこまめに行うため、ショートカットキーである Ctrl ＋ S キーを使う人が多いです。保存タイミングは人それぞれですが、線を描いて一息ついた瞬間に保存するくらいの癖を付けておくことをオススメします。

キャンバスを別名で保存する

1 ［別名で保存］を選択する

すでに保存したファイルを、別のファイルとして保存することもできます。［ファイル］メニュー→［別名で保存］を選択します。

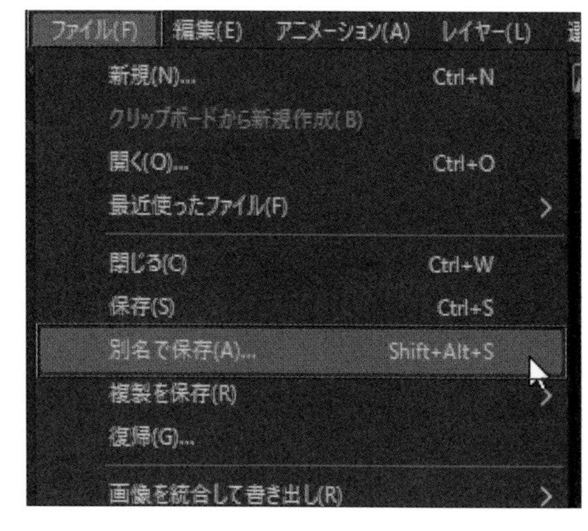

2 保存先とファイル名を指定する

保存先を指定し、［ファイル名］に任意の名前を付けて［保存］を選択します。すると、別のファイルとして保存されます。以降［保存］を選択すると、この別ファイルに上書きされます。

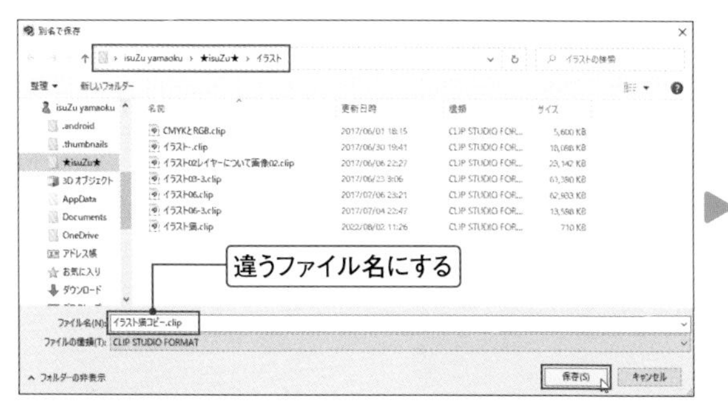

POINT 自動バックアップから復元する

CLIP STUDIO PAINTでは、データを保存したときに自動的にファイルのバックアップを作成する機能があります。バックアップファイルは、［ドキュメント］フォルダー内の［CELSYS］→［CLIPStudioPaintData］フォルダーに保存されていきます。トラブルで作業中のファイルが壊れたときや、2、3回前の作業データに戻したいときなどに利用できます。

［DocumentBackup］フォルダー	上書き保存時のバックアップデータが保存されています。ただし、保存してから一定の時間が経たなければバックアップは作成されません。
［InitialBackup］フォルダー	ファイルを開いて一度目の上書き保存時に、そのファイルの初期状態のバックアップデータが保存されます。
［RecoveryBackup］フォルダー	キャンバスの復元情報が一定時間おきに保存されます。CLIP STUDIO PAINTが異常終了した際、次の起動時にキャンバスを自動的に復元します。

Chapter
1-8 イラストを描く前に環境を整える

作業環境をカスタマイズしておくことで、イラストを描く作業をより効率化できます。初期設定の状態でも十分作業しやすい環境になっていますが、自分に合わせてよりよい環境に整えることをオススメします。

ワークスペースをカスタマイズする

1 パレットを非表示にする

各パレットの左上にある［メニュー表示］を選択すると、そのパレットに関連するメニューが表示されます。［（対象のパレット名）を隠す］を選択すると、パレットが非表示になります。

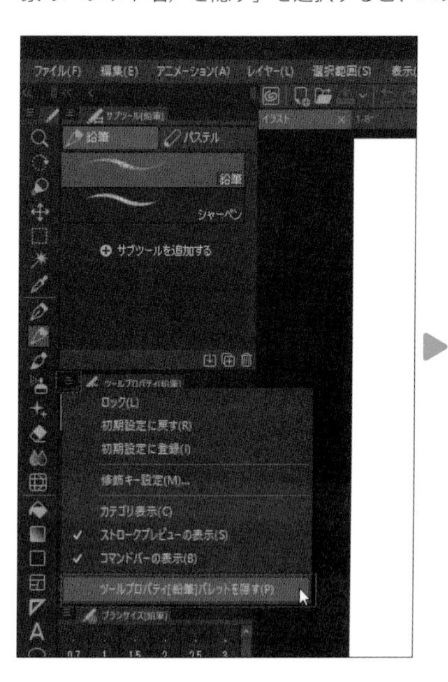

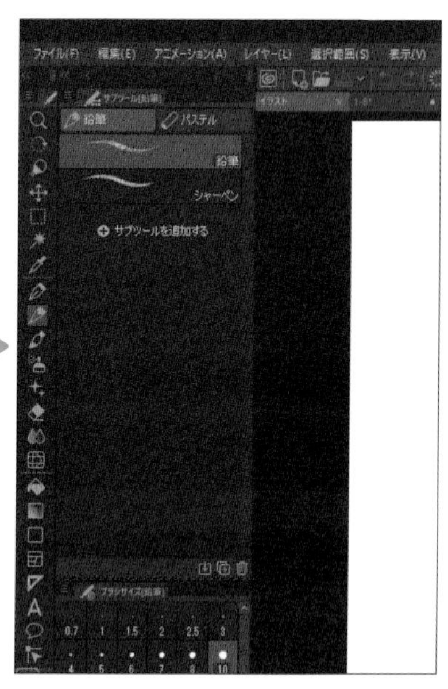

2 パレットを表示する

［ウィンドウ］メニューから、各パレットの表示／非表示を選択できます。対象のパレットを選択してチェックを入れると、パレットが再表示されます。

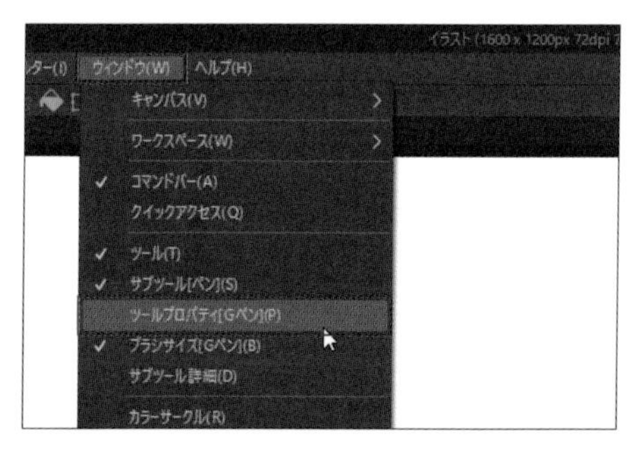

MEMO
パレットエリアの上部にあるやを選択すると、その列にあるパレットをまとめて折りたたんだり、縮小表示することができます。また、Tabキーを押すと、すべてのパレットが一括で折りたたまれます。

3 パレットを切り離す／格納する

各パレットの上部にあるタブをドラッグすると、パレットが切り離されて単体になります。また、切り離したパレットをパレットどうしの隙間やタブの間に移動すると、その枠内に収納することができます。なお、Ctrlキーを押しながらパレットを動かすと、枠内に格納されずに配置できます。

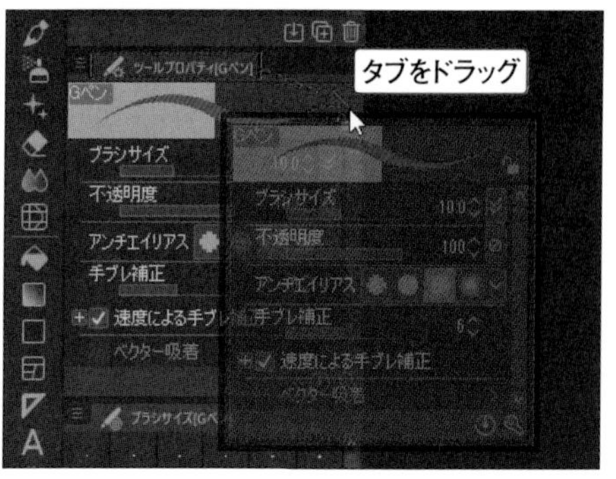

MEMO
パレットを初期配置に戻したい場合は、＜ウィンドウ＞メニュー→＜ワークスペース＞→＜基本レイアウトに戻す＞を選択します。

4 各ツールの配置を変更する

［ツール］パレットの各ツールや［サブツール］パレットのタブ、中にある各ツールは、ドラッグして順番を入れ替えることができます。また、［サブツール］パレット内のツールを［ツール］パレットや［サブツール］パレットの別タブに移動する、といったことも行えます。

MEMO 著者オススメのカスタマイズ方法は、P.212で解説しています。

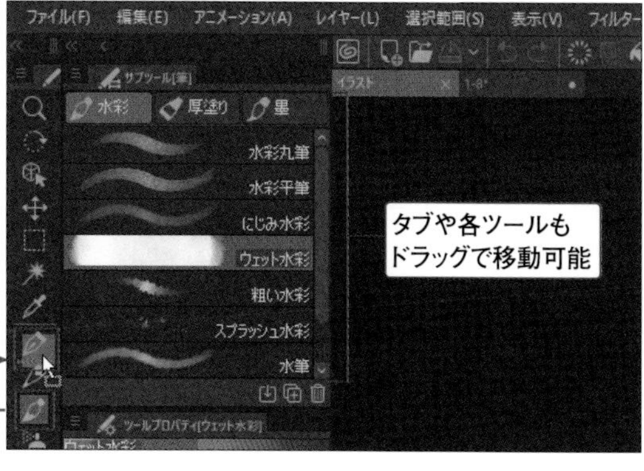

ワークスペースを登録する／切り替える

1 ワークスペースを登録する

カスタマイズしたワークスペースは、登録しておくことができます。［ウィンドウ］メニュー→［ワークスペース］→［ワークスペースを登録］を選択し、任意の名前を付けて［OK］を選択すると、現在の配置を登録できます。

MEMO 「イラスト用」、「漫画用」のように、作業内容に合わせて複数登録してもよいでしょう。

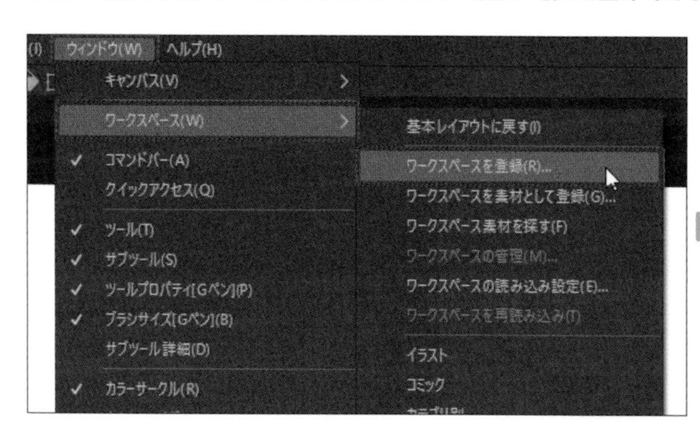

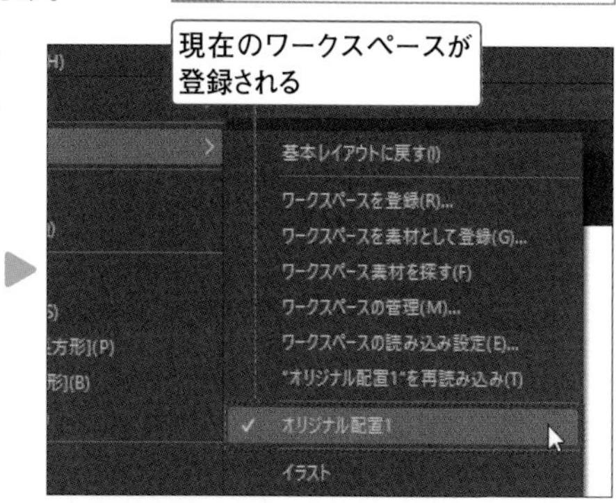

2 ワークスペースを切り替える

複数のワークスペースを登録している場合は、［ウィンドウ］メニュー→［ワークスペース］→［(ワークスペース名)］を選択すれば配置が切り替わります。

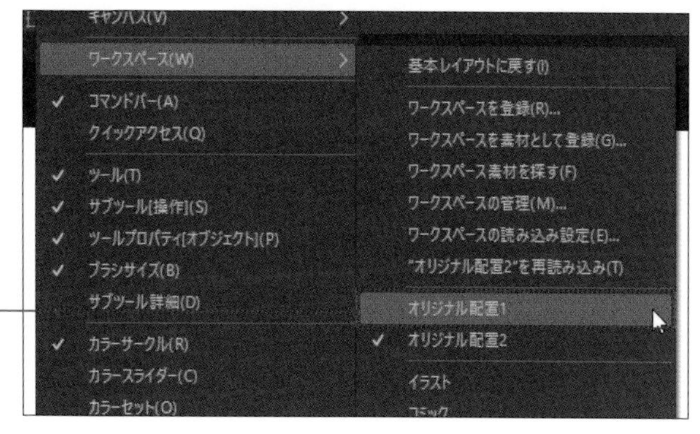

3 ワークスペースを登録時の状態に戻す

ツール配置などを変更後、再度ワークスペースを登録時の状態に戻すには、［ウィンドウ］メニュー→［ワークスペース］→［(ワークスペース名) を再読み込み］を選択します。

MEMO ［ウィンドウ］メニュー→［ワークスペース］→［ワークスペースの管理］で、登録したワークスペースの名前変更や削除が行えます。

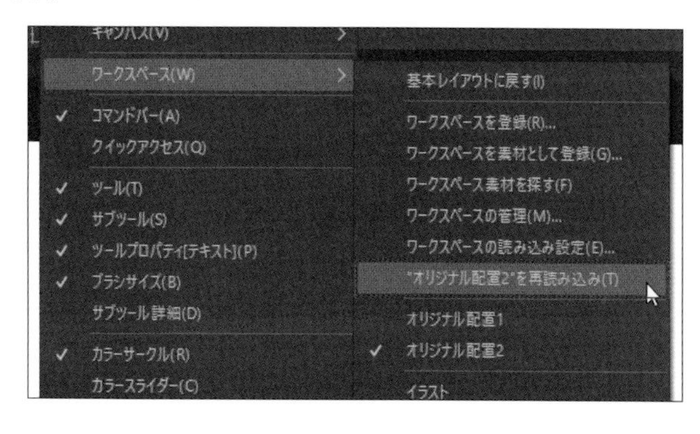

ショートカットキーを設定する

1 ショートカットキーを確認する

［ツール］パレットの一部は、ツールのアイコン上にポインターを重ねるとツール名とショートカットキーが表示されます。またメニューから選択できる機能は、項目の横にショートカットキーが表示されています。

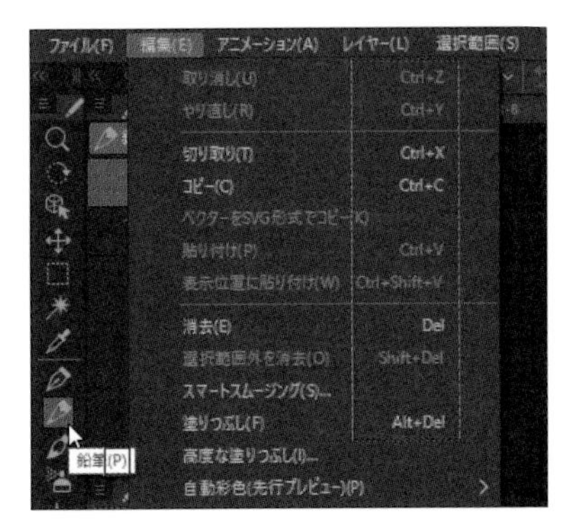

MEMO 各ツールはショートカットキーを使うと素早く切り替えられます。頻繁に行う操作では、できるだけショートカットキーを使うように心がけましょう。

2 ［ショートカットキー設定］を選択する

特定のキーに動作を割り当てたいときや変更したいときは、ショートカットキーをそれぞれ個別に設定していきます。［ファイル］メニュー→［ショートカットキー設定］を選択します。

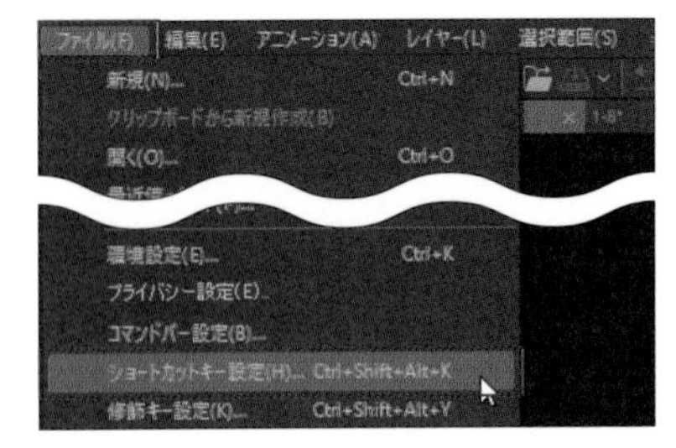

3 設定する対象の項目を検索する

まず［設定領域］を切り替え、下のツリーから変更したい項目を探します。設定したい項目が見つかったら選択し、［ショートカットを編集］を選択します。

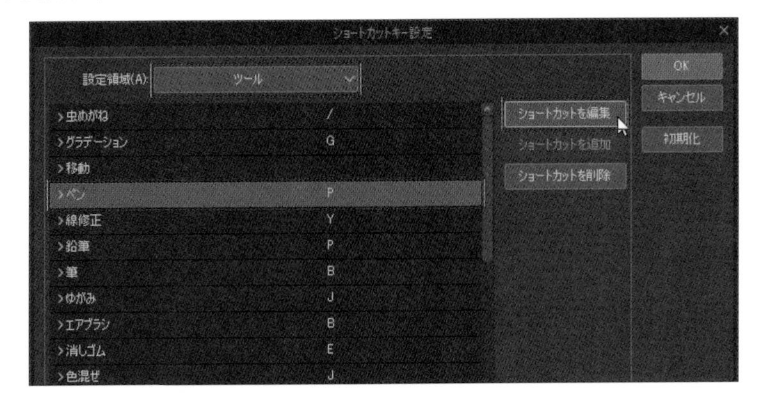

4 設定するキーを入力する

項目の右側が編集可能状態になります。その状態でキーボードから設定したいキーを押してEnterキーを押せば、ショートカットキーを登録できます。

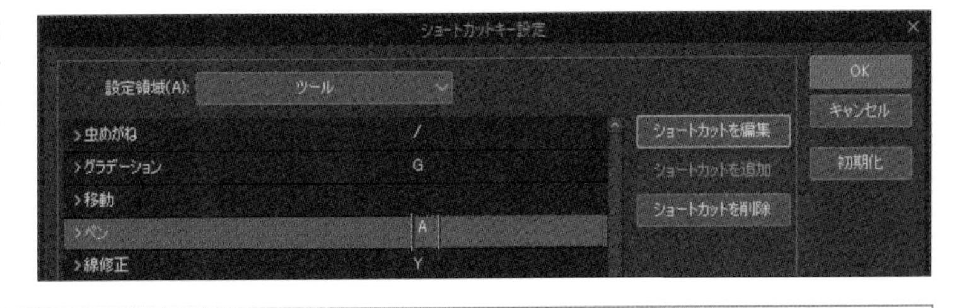

MEMO 変更したキーがすでに別で割り当てられている場合、「キーを繰り返し押すことで項目が順番に切り替わる場合」と、「元々設定されていた方のキーを削除して変更する場合」があります。削除して変更する場合は、元のキーと入れ替えるかどうかの警告が表示されます。

POINT 覚えておいたほうがよいショートカット

ショートカットはブラシ、消しゴム、コピーなど自分が普段よく使うものをメインに覚えていくのがオススメです。付録（→ P.282）に覚えたほうがよいオススメのショートカットをまとめているので参考にしてください。

ペンタブレットのボタンを設定する

1 ペンのボタンを設定する

ワコム社製のタブレットの場合、Windowsキーを押して、そのまま「ワコム」と入力して［ワコムタブレットのプロパティ］を選択状態でEnterキーを押します。表示された画面で設定を行います。ここでは、サイドスイッチの下側を［右ボタンクリック］に設定しています。

MEMO ペンの設定方法はメーカーによって異なります。詳しくはメーカーのホームページを確認してください。

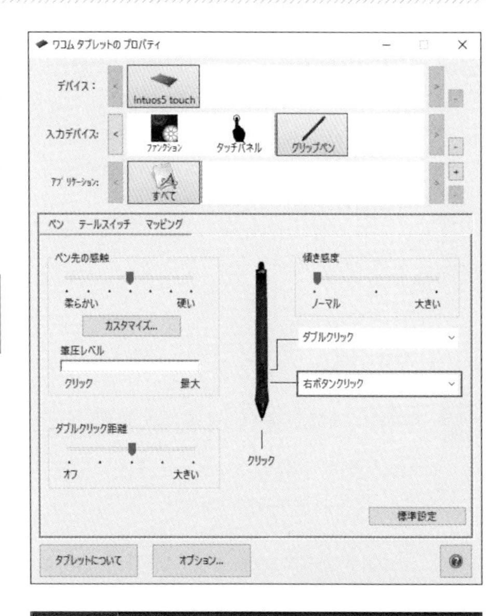

2 ［修飾キー設定］画面を開く

CLIP STUDIO PAINTで［ファイル］メニュー→［修飾キー設定］を選択すると、［修飾キー設定］画面が開きます。

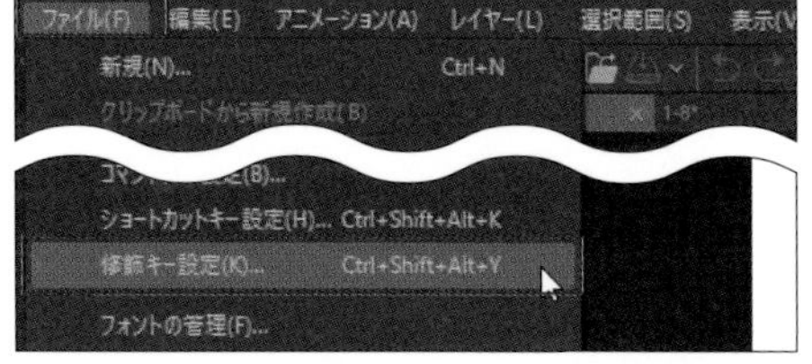

3 キーを押したときの動作を設定する

［共通の設定］を選択します。この画面では、キーを押したときの動作や右クリック時の動作を設定できます。リストから設定したい項目を探し、☑を選択して動作を選択したら、［OK］を選択します。今回は［右クリック］時の動作を［ブラシサイズを変更］に変更しています。

MEMO ［共通の設定］を選択すると、使用中のツールにかかわらず、共通の動作を設定できます。［ツールの処理別の設定］を選択すると、特定のサブツールを使用中だけに機能する動作を設定できます。

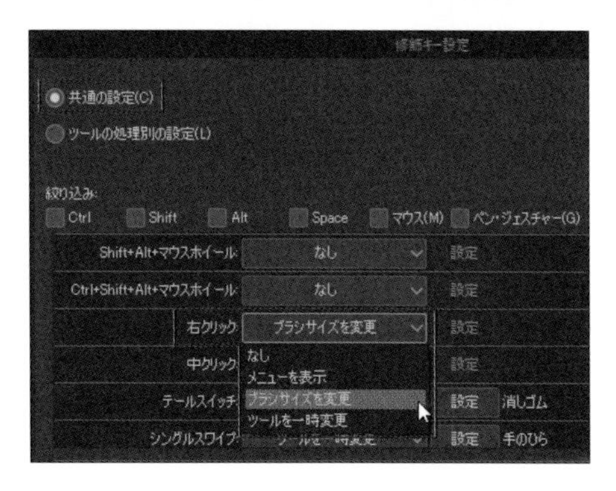

4 ボタンの動作を確認する

設定が完了したら、実際にボタン設定が反映されているか、ボタンを押して確認しましょう。ここでは、サイドスイッチ下側を押しながらドラッグすることで、ブラシサイズが変更されます。

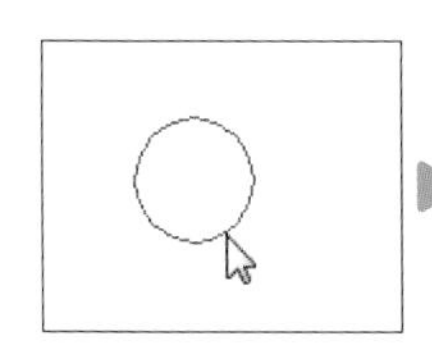
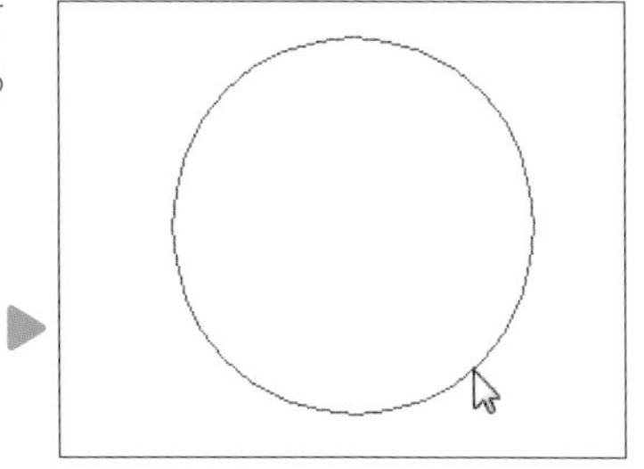

POINT ［ダブルクリック］の動作は設定できない

ペンによってはタブレット側のサイドスイッチの設定が［ダブルクリック］になっている場合がありますが、［修飾キー設定］では［ダブルクリック］の動作を設定できません。あらかじめタブレット側で別の機能に割り当てるなどしてから、［修飾キー設定］で動作を設定するようにしましょう。

ブラシ全体の筆圧を設定する

1 ［筆圧検知レベルの調節］を選択する

ペンを押さえる力加減は人によって異なるため、自分に合わせた筆圧に設定するとよいでしょう。［ファイル］メニュー→［筆圧検知レベルの調節］を選択して、［筆圧の調整］画面を表示します。

MEMO ［筆圧検知レベルの調節］はキャンバスを開いていないと選択できません。

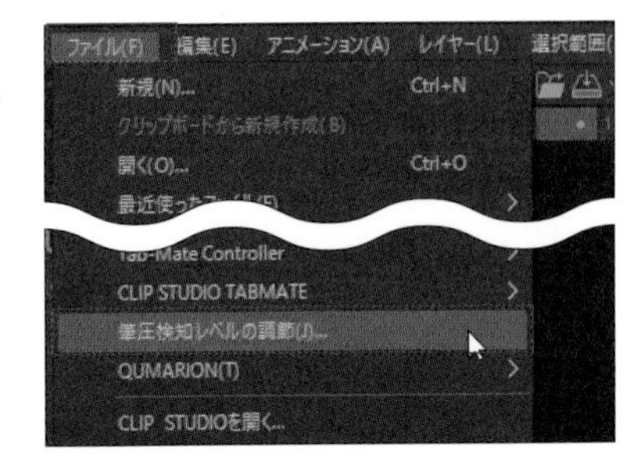

2 キャンバスに描いて自動調整する

キャンバスの好きな場所に、強弱を意識した線を描きます。次に、［調整結果を確認］を選択します。

MEMO ここで調整しているのは、すべてのブラシに影響する筆圧検知レベルです。個別のペンごとに調整することも可能です（→P.75）。

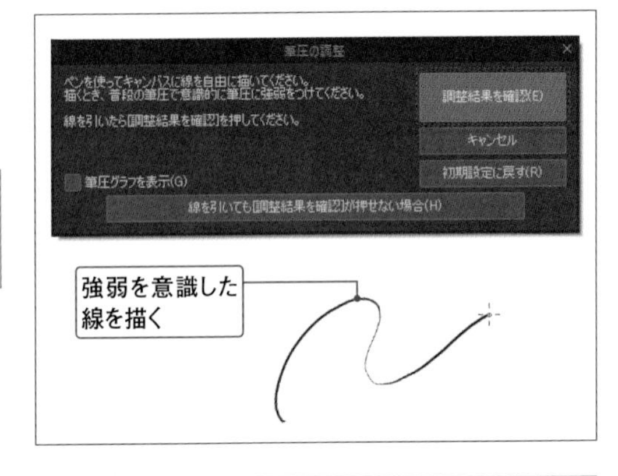

3 試し描きして微調整する

キャンバスに何度か試し描きして、必要に応じて［もっと硬く］もしくは［もっと柔らかく］で微調整します。最後に［完了］を押せば、筆圧調整が完了です。

MEMO ［筆圧グラフを表示］にチェックを入れれば、筆圧の状態をグラフで確認／変更可能です。

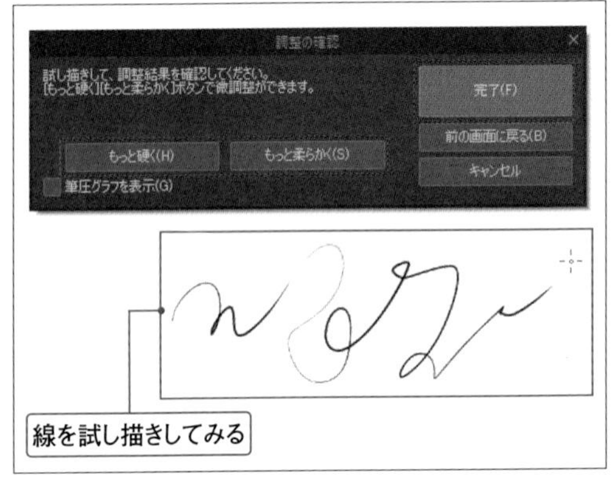

POINT ［環境設定］画面について

［ファイル］メニュー→［環境設定］では、ウィンドウやポインターなどの見た目、メモリなどのパフォーマンス、単位の設定などを変更できます。初期の段階で触ることはあまりありませんが、どんな項目があるのかを確認しておくとよいでしょう。

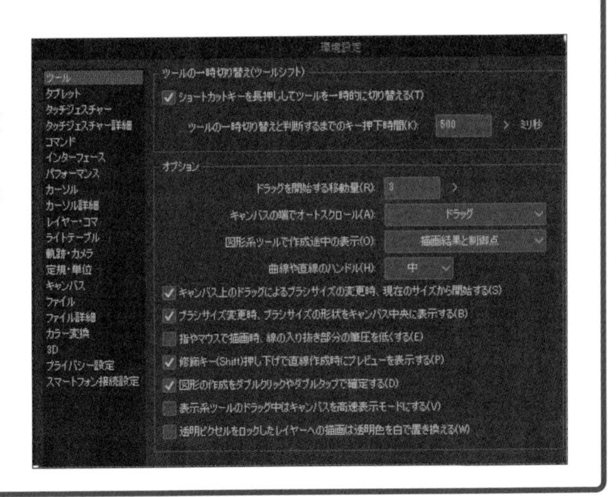

Chapter 1-9

イラストを画像ファイルとして書き出す

CLIP STUDIO PAINTで描いたイラストは、jpgやpng形式で画像ファイルとして書き出すことができます。また、Photoshopで引き続き作業を行いたい場合に、psd形式で書き出すことも可能です。

ファイルとして書き出す

1 ［画像を統合して書き出し］を使って出力する

イラストを1枚の画像として出力する場合、基本的に［画像を統合して書き出し］を使用します。［ファイル］メニュー→［画像を統合して書き出し］を選択すると、さまざまな形式が表示されます。ここでは［.jpg（JPEG）］を選択します。

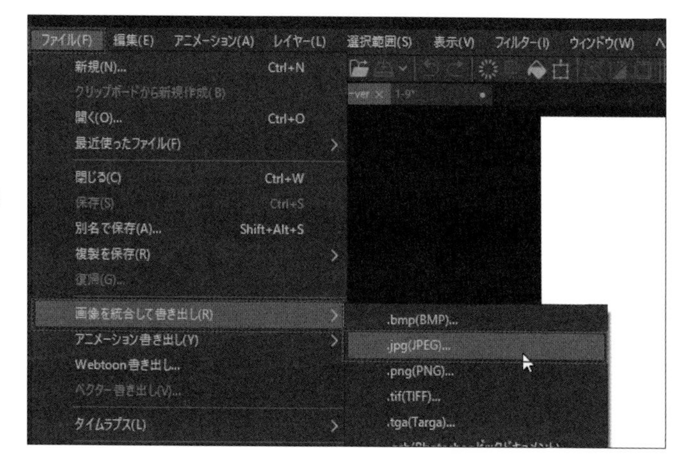

2 ファイル名と保存先を指定する

保存指定画面が出てくるので、任意の名前を付けてファイルの保存先を指定し、［保存］を選択します。

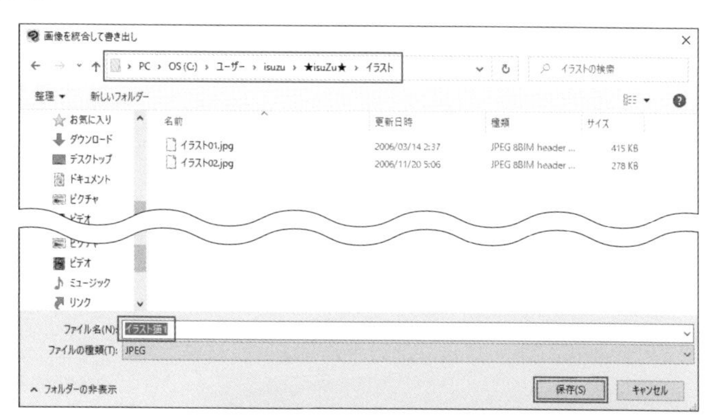

3 書き出し内容を設定する

次に表示される画面では、出力時の画質やサイズなどを指定できます。基本的にそのままの設定で問題ありませんが、画質やサイズを落としたい場合は［JPEG設定］や［出力サイズ］を変更します。［出力時にレンダリング結果をプレビューする］にチェックがあることを確認し、［OK］を選択します。

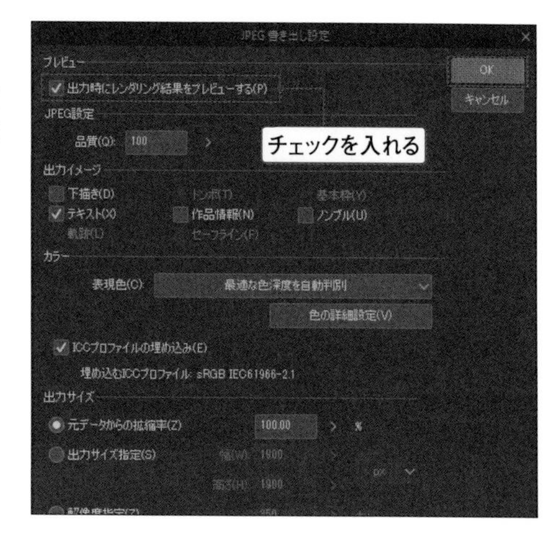

4 出力イメージを確認する

［書き出しプレビュー］画面が表示され、出力結果のプレビューとファイルサイズが表示されます。画質やファイルサイズに問題がなければ、［OK］を選択します。

5 画像が出力される

指定した保存先にjpg画像が保存されます。

ファイルの画像形式を知る

CLIP STUDIO PAINTでは、イラストをさまざまな画像形式で保存することができます。画像形式の基本を知り、データの使用用途によって出力する形式を使い分けましょう。

●よく使われる画像形式

ファイル形式	説明
.bmp（BMP）	圧縮処理をせずに保存できる形式です。基本的に何度保存をしても画像の劣化が発生しませんが、データ容量がかなり大きくなります。
.jpg（JPEG）	最も一般的な画像形式で、写真などのフルカラー画像やWeb用途に幅広く使用されます。画像の劣化を極力出さないように圧縮されるので、データ容量を抑えられるのが特徴です。ただし、編集を行うたびに画像がどんどん劣化するので、最終データとして書き出す際に使用しましょう。
.png（PNG）	Webでよく使用される形式です。jpg形式と違い、繰り返し編集しても画像が劣化しないほか、透過画像を扱えるのが特徴です。ただし、写真などのフルカラー画像をpngで保存するとファイルサイズが大きくなるため、pngはイラストやロゴ、画像を透過したい場合などに使われます。

POINT psd形式で出力する際の注意点

psd形式はPhotoshop用のファイル形式です。CLIP STUDIO PAINTのレイヤー（→P.42）やフォルダーの状態を維持して、データを保存できます。ただし、［画像を統合して書き出し］から出力するとレイヤーが1つにまとめられてしまうため、［ファイル］メニュー→［複製を保存］→［.psd（Photoshopドキュメント）］から保存するようにしましょう。

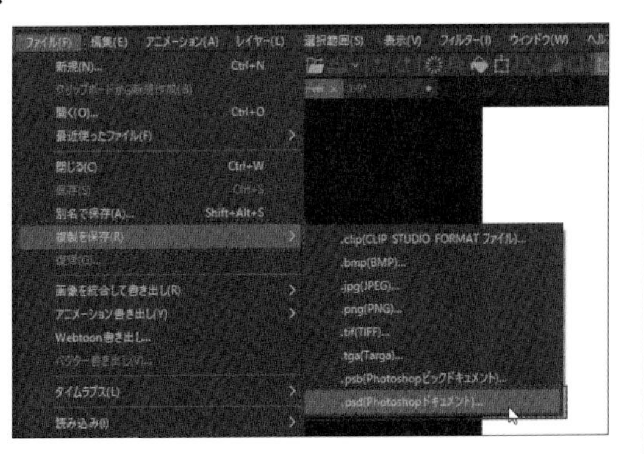

Chapter 1-10 イラストを印刷する

プリンターが接続されていればCLIP STUDIO PAINTから印刷をすることができます。基本的に印刷設定はプリンター側で行いますが、CLIP STUDIO PAINTでもいくつか設定を行うことができます。

イラストを印刷する

1 [印刷設定]画面を開く

印刷する前に印刷設定を変更します。[ファイル] メニュー→ [印刷設定] から [印刷設定] 画面を表示します。

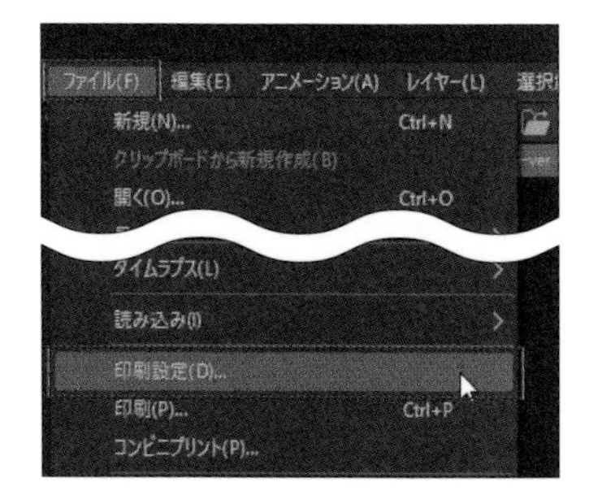

2 印刷の設定を行う

基本的にはそのままの設定で問題ありませんが、[印刷サイズ] や [出力イメージ]、[カラー] が問題ないかをチェックしておきましょう。[出力時にレンダリング結果をプレビューする] にチェックがあることを確認し、[印刷実行] を選択します。

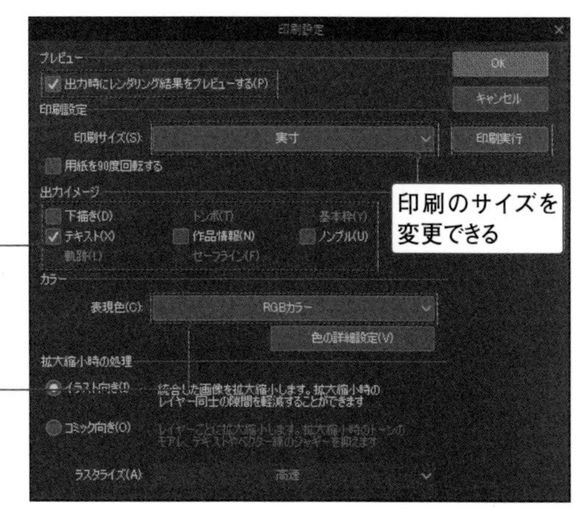

3 プリンターを選択して印刷する

[印刷] の設定画面が開きます。印刷を行うプリンターを選択し、必要に応じて [プロパティ] からそのほかの設定を行い、[OK] を選択します。[印刷プレビュー] 画面でプレビューを確認し、問題なければ [OK] を選択して印刷を開始します。

MEMO 綺麗な画質で印刷するためには高い解像度とピクセル数が必要です（→P.23）。

POINT イメージ通りの色で印刷したい場合は CMYK カラー環境で見る

実際に印刷すると、ディスプレイで見えていた色と印刷した色がまったく違う場合があります。これはプリンターやディスプレイの性質だけでなく、ディスプレイで表現できる色が印刷では表現しきれないために起こります。CMYK カラーは印刷したときに表現できる色幅なので、自分のイメージに近い色で印刷したい場合は CMYK カラーの表示環境で作業しましょう（→ P.206）。

Column RGB、CMYKとは？

RGB、CMYKとは「色の表現方法」のことです。それぞれ色を表現するしくみが異なり、これによって表現できる色幅も変わってくるので注意が必要です。ここでは、RGBとCMYKの基本について知りましょう。

RGBとは？

RGBとは「レッド＝Red、グリーン＝Green、ブルー＝Blue」の頭文字をとったもので、この三つの原色を混ぜることで色を表現します。一般的に、パソコンやテレビなどの**ディスプレイ**で使用されています。ディスプレイなどは色が表示されていない「黒」が標準の状態で、そこにRGBの三原色を混ぜていくことで明るい色（白）に近づけていきます。

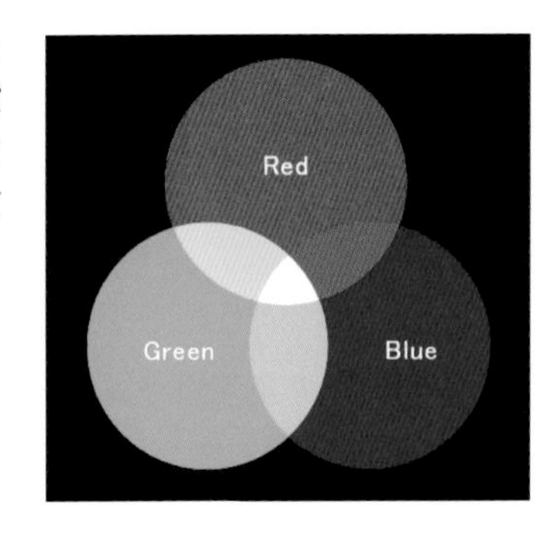

CMYKとは？

CMYKは、RGBと反対に「白」の状態に色を混ぜていくことで暗い色（黒）に近づけていく表現方法です。原色には「シアン＝Cyan、マゼンタ＝Magenta、イエロー＝Yellow」を使いますが、この三色を混ぜても「真っ黒」にはならないため、黒「Key plate（キー・プレート）」を加えた四色を使用します。一般的に**カラー印刷**で用いられます。

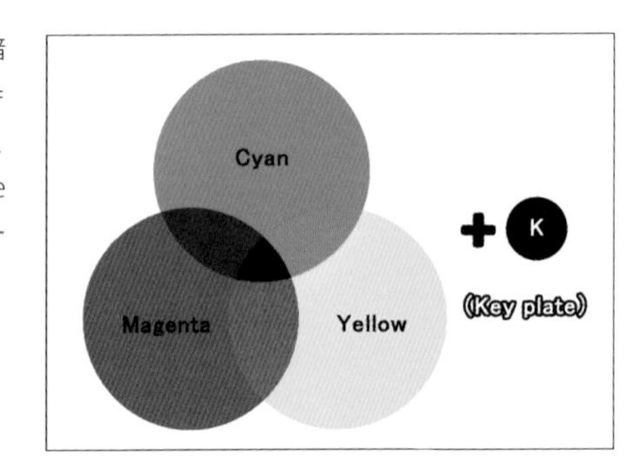

POINT RGBとCMYKによる色の変化

RGBはディスプレイなどでライトを発光して色を表現しており、CMYKは紙にインクをのせて色を表現します。そのため、この2つの色の表現方法はまったく異なっており、ディスプレイで見えている色（RGB）とプリンターで印刷したときの色（CMYK）に差が出てしまいます。原色の数を考えるとCMYKのほうが表現できる色幅が広そうですが、実際にはRGBからCMYKに変換すると発光色などがくすむなど、CMYK、つまりインクで表現できる色の幅のほうが狭くなっています。イラストを印刷する際は、これらの現象について注意しておきましょう。

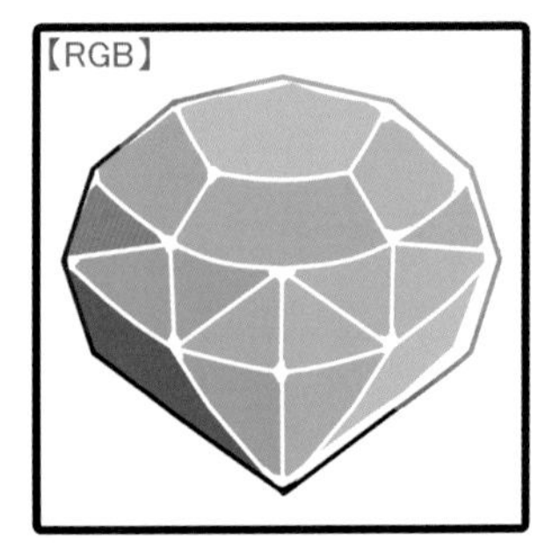

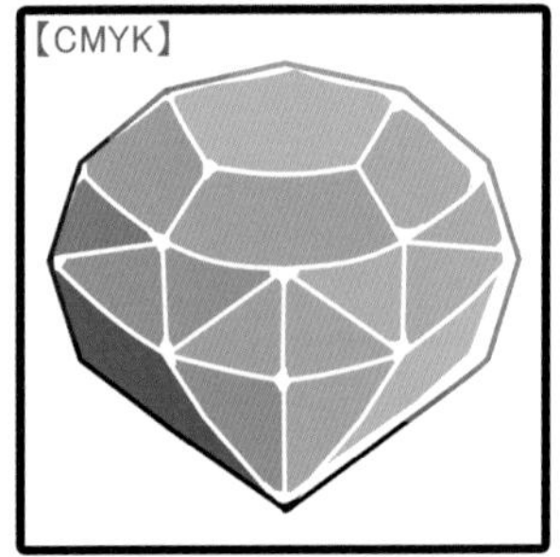

RGBで明るく見える色も、CMYKで色落ちする（図はイメージ色）

Chapter 2

「下描き」をする
～レイヤーと描画の基本

2-1 まずはレイヤーを知る
2-2 レイヤーの種類と用途を知る
2-3 新しいレイヤーを作成する　～ラスターレイヤー
2-4 レイヤーの基本操作を知る
2-5 鉛筆ツールで線を描く
2-6 線の太さや濃さを変更する
2-7 消しゴムでイラストを消す
2-8 操作を取り消す／やり直す
2-9 紙に描いた下絵を読み込む
2-10 下描きを下描きレイヤーに設定する
2-11 下描きの色や不透明度を変更する

Chapter 2-1 まずはレイヤーを知る

デジタルでイラストを描く上で、レイヤーは非常に関わりの深い基本的なツールです。便利な機能がたくさんあり、使いこなせばさまざまな作業を効率的に行うことができます。ここではレイヤーの基本を学んでいきましょう。

レイヤーとは？

レイヤーとは「層」や「階層」という意味で、その言葉の通り透明のシートを何層も重ね合わせて1枚のイラストとして表示する機能です。アニメで使われる「セル画」のイメージが分かりやすいかもしれません。実際に画像で見ると以下のようになります。

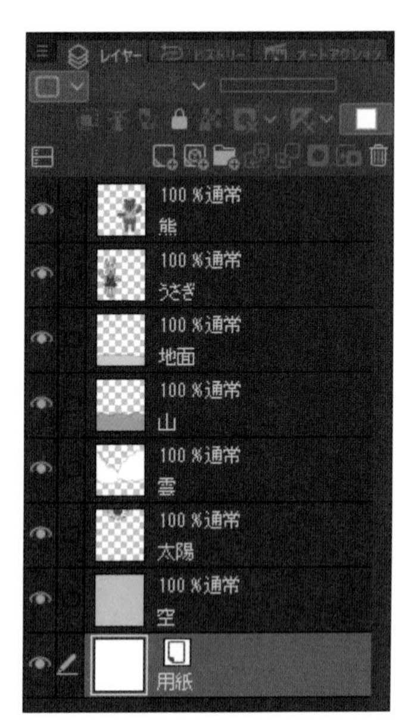

［レイヤー］パレットの状態

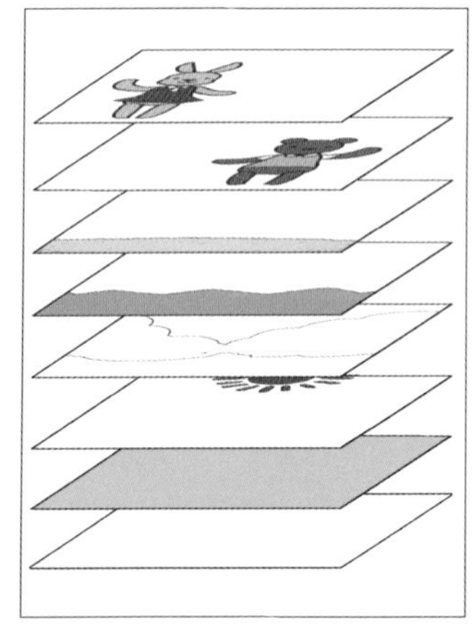

透明のシートが重なっているイメージ

シートを上から見た図。上の階層のイラストが手前に表示される

1枚の絵で何枚のレイヤーを使うのが一般的？

1枚の絵を描く際に、何枚のレイヤーを使って描いていくかは人それぞれです。1〜10枚で描く人もいれば、100〜200枚近いレイヤーで描く人もいます。レイヤーごとにパーツを細かく分ければ編集は楽になりますが、ファイル容量が多くなって動作が重くなったり、レイヤーの管理が大変になったりします。このあたりは絵の描き方やPCスペックにより変わるため、描きながら自分にちょうどよいレイヤー数を見つけていきましょう。

1枚レイヤーで描く人

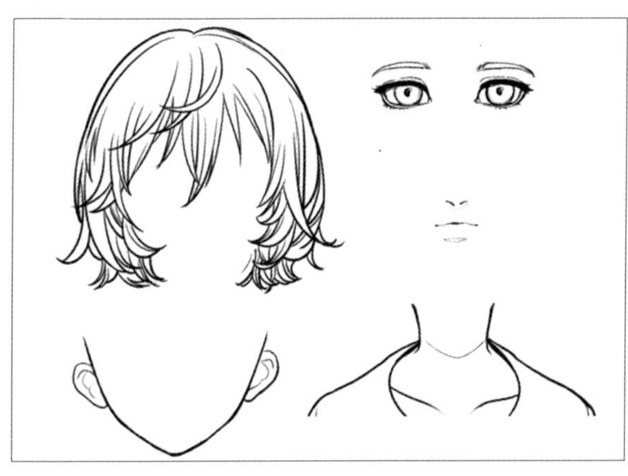

細かくパーツを分けて描く人

レイヤーを使うと何が便利？

レイヤーを使うと色んなことが可能になります。ここではそのうちのいくつかをご紹介します。

ほかのパーツに影響を与えずに描き直しができる

レイヤーはそれぞれ独立しているので、消しゴムやペンを使ってもほかのレイヤーには影響がありません。そのため、ほかのレイヤーと重なっている部分も気楽に描き直しができます。

消しゴムで消してもほかのレイヤーに描かれた部分は消えない

パーツの変形や移動が簡単に行える

レイヤーを分けて描いた一部のパーツだけを拡大／縮小したり、移動したり、色を変えたりすることができます。

うさぎのレイヤーを縮小した場合

うさぎのレイヤーの色を変更した場合

パーツの複製ができる

レイヤーは何枚でも複製することが可能です。例えば数珠を1粒描いたあと、何枚か複製して並べるとパールのネックレスが簡単に描けます。このように、流用による作業の効率化や、手を加える前の画像のバックアップにも利用することができます。

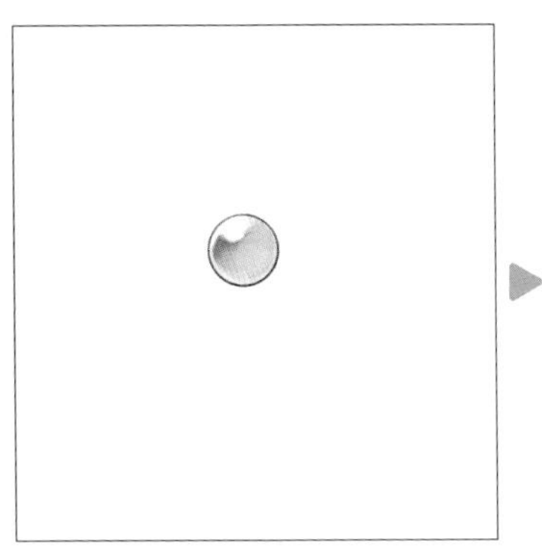

1つのパーツを複製して描ける

パーツの削除や結合ができる

レイヤーごとに削除や結合が可能です。そのため、不要になったパーツを一気に削除したり、多くなりすぎて管理が大変になったレイヤーをまとめたりすることができます。

芝生のレイヤーだけを削除した場合

Chapter 2-2

レイヤーの種類と用途を知る

CLIP STUDIO PAINTにはレイヤーの種類がたくさんあります。それぞれに使用用途や特徴があるので、ここでは絵を描く際によく使われるレイヤーをご紹介します。

ラスターレイヤーとは？

ブラシなどで描いていくための基本の描画用レイヤーです。ラスターレイヤーはドットの集まりで描画されます。描く／消す／塗るなど、絵を描く機能にほとんど制限がなく、色の変化を表現しやすいため、自分が思った通りの直感的な作業を行えます。新規キャンバスを作成後にどの描画レイヤーで描くか迷った場合は、このラスターレイヤーを選ぶとよいでしょう（→P.48）。

ラスターレイヤーの表示

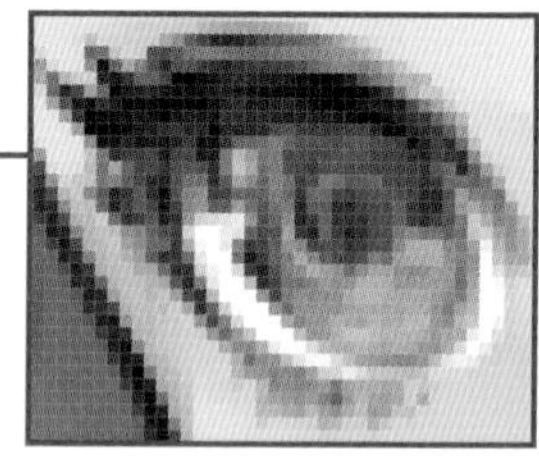

ラスターレイヤーはドットの集まりで構成される

ラスターレイヤーのメリット

❶ 複雑な描画が可能

ラスターレイヤーは、色を混ぜたり塗り重ねたり、消しゴムを使って線の形を整えたりするような直感的な作業が得意

❷ 使う機能にほとんど制限がない

[グラデーション]ツールや[塗りつぶし]ツール、[フィルタ] 機能など、基本的にどの機能でも使える

ラスターレイヤーのデメリット

❶ 拡大すると画像が粗くなる

ラスターレイヤーはドットの集まりのため、[変形] 機能で大きく拡大するとギザギザした粗いドットが目立つようになる。拡大変形には注意が必要

❷ 描画したあとの修正が難しい

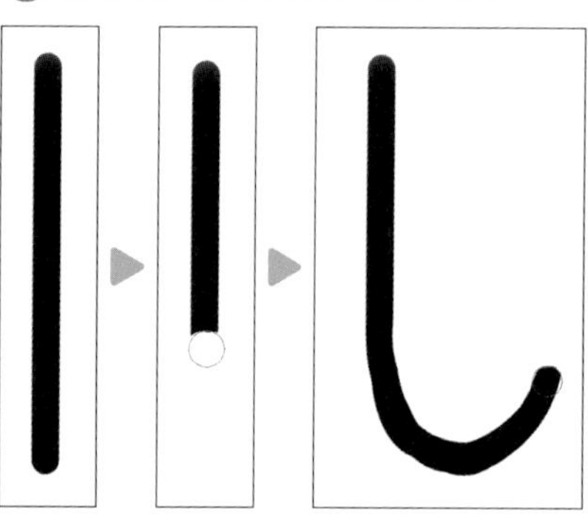

線を描いたあとに線の一部を動かしたい場合などは、修正に手間がかかったり、1 から描き直したりする必要がある

ベクターレイヤーとは？

ベクターレイヤーも描画用のレイヤーですが、ラスターレイヤーとは違い、制御点と呼ばれるポイントを使って線を数学的に記録するのが特徴です。そのため、色混ぜなどの複雑な描画には向いていませんが、描画したあとでも制御点を使って再編集できるので線画を描くのに適しています(→P.95)。なお、ベクターレイヤーでは［塗りつぶし］ツールなど、一部の機能を使用することができません。

ベクターレイヤーの表示

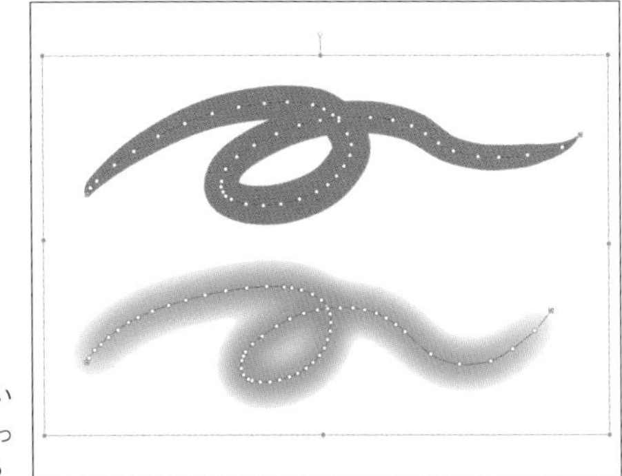
ベクターレイヤーで描いた線は、制御点によって数学的に記録される

ベクターレイヤーのメリット

❶ 拡大しても劣化しない

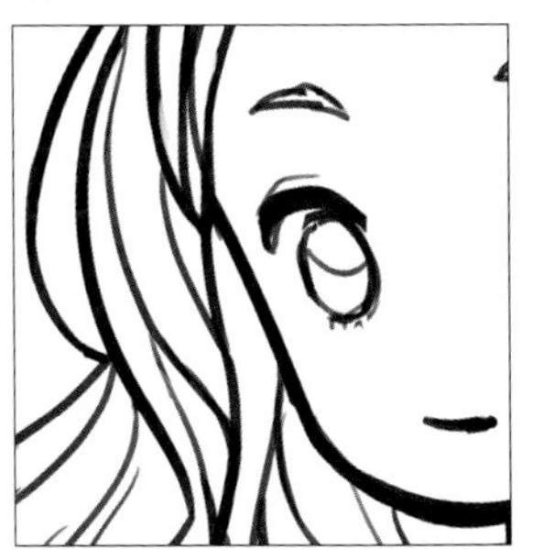
イラストを拡大しても、記録されている数値で再描画するため、ラスターレイヤーのようにギザギザしたドットが発生しない

❷ 線を便利に消去／編集できる

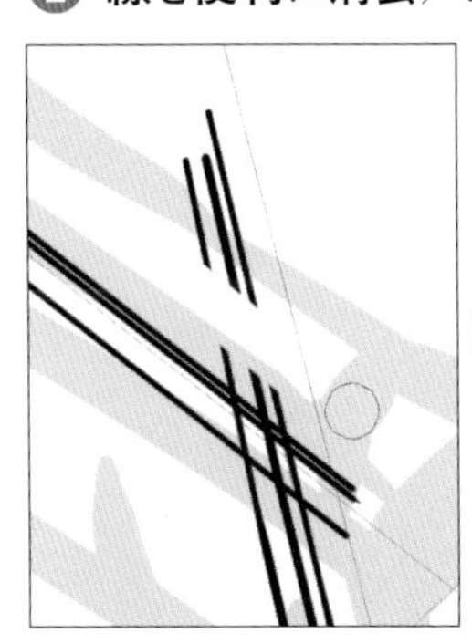
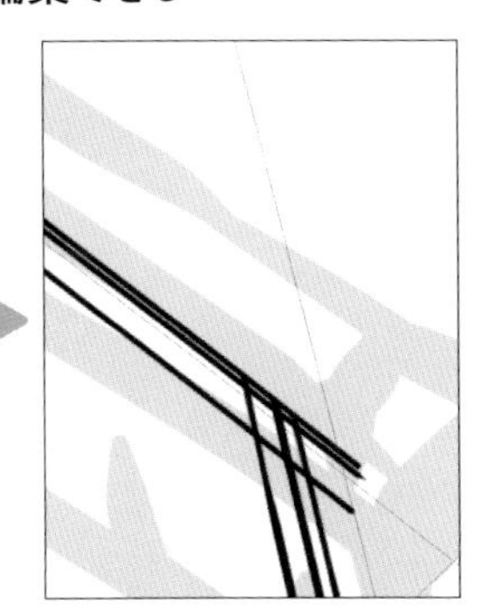
線の交点までを一気に消す、1 本だけ丸ごと削除するなどの消去機能が充実している。また、あとから線の太さを変えたり、カーブの方向を変えたりと、線の再編集も容易

ベクターレイヤーのデメリット

❶ 線が消しづらい

消しゴムを使うと変に削られたり、線が丸々消えたりと特殊な消え方になることが多い。ラスターレイヤーのように狙った場所を消すには慣れが必要

❷ 複雑な色の描写に向いていない

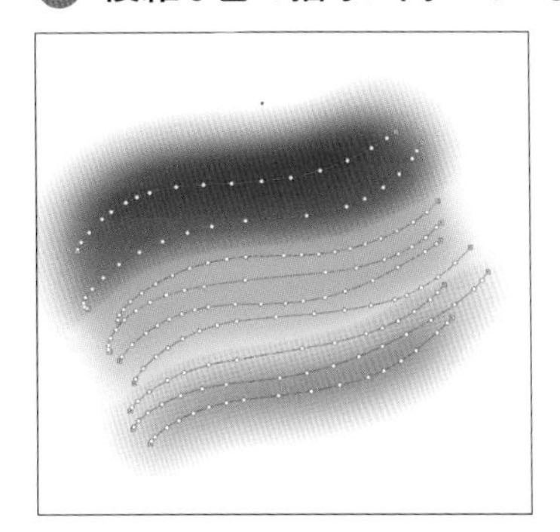
色を混ぜる／重ねるなどの複雑な描画はベクターレイヤーでも可能だが、色と色が混ぜにくく、制御点によって修正がやりづらくなる

POINT ラスターレイヤーとベクターレイヤーの使い分け

基本的にはラスターレイヤーのみで制作することが多いです。ただし、ベクターレイヤーは癖があるものの操作を覚えるととても便利なので、線画はベクターレイヤーで描いて塗りはラスターレイヤーで行うなど、絵の工程や内容によって使い分けるのもよいでしょう。

グラデーションレイヤーとは？

［レイヤー］パレットの［メニュー表示］ → ［新規レイヤー］ → ［グラデーション］を選択するとグラデーションレイヤーが作成され、キャンバスにグラデーションを作成することができます。グラデーションの方向や色は、あとから変更することも可能です（→P.145）。

MEMO
グラデーションは［グラデーション］ツールを使っても作成することができます（→P.141）。

グラデーションレイヤーの表示

グラデーションを作成できる

べた塗りレイヤーとは？

［レイヤー］パレットの［メニュー表示］ → ［新規レイヤー］ → ［べた塗り］でべた塗りレイヤーが作成され、任意の色にキャンバスをべた塗りすることができます。あとから色の変更が可能です。

MEMO
［塗りつぶし］ツール使っても、べた塗りレイヤーと同じようにキャンバスをべた塗りすることができます（→P.116）。

べた塗りレイヤーの表示

べた塗りを作成できる

色調補正レイヤーとは？

［レイヤー］パレットの［メニュー表示］ → ［新規色調補正レイヤー］内には、画像の明るさやコントラスト、色などを変更できる色調補正レイヤーが入っています。これもあとから変更が可能です（→P.151）。

MEMO
［編集］メニュー→［色調補正］にあるメニューでも、同じように色などを変えることができます。

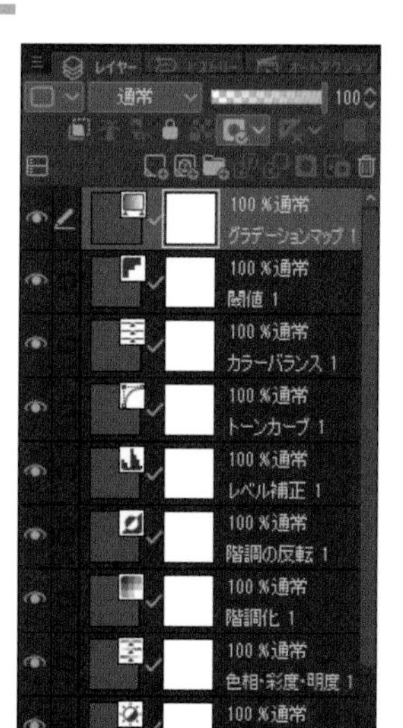

色調補正レイヤーの表示

画像の色などを変更できる

テキストレイヤーとは？

［ツール］パレットの［テキスト］→［テキスト］ツールを選択し、キャンバス上をクリックすると作成されるレイヤーです（→P.198）。

テキストレイヤーの表示

テキストを作成できる

POINT レイヤーのさまざまな機能

ここまではレイヤーの種類をご紹介しましたが、レイヤーにはレイヤー本体に設定することで使える、［レイヤーマスク］や［定規］という機能もあります。

レイヤーマスク（マスク）

レイヤーに描かれている内容の一部を非表示にすることができる機能です。あとから表示領域を変更することも可能です（→P.86）。

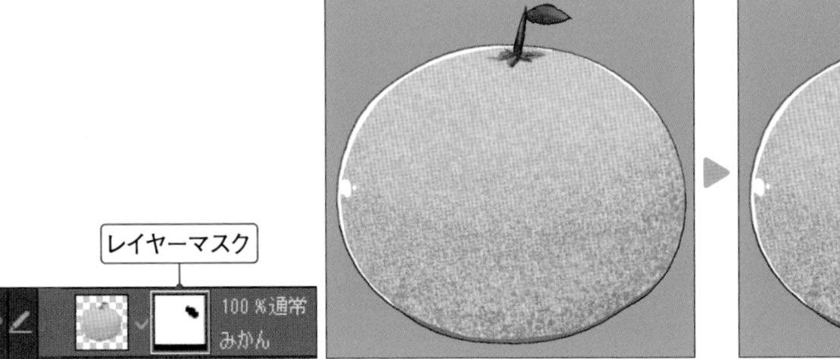

定規

［ツール］パレットの［定規］→［定規作成］タブにある各ツールを使って定規を作成すると生成されるレイヤーです。定規を描いたあとに上からブラシで描くと、定規に吸着しながら描画することができます（→P.184）。

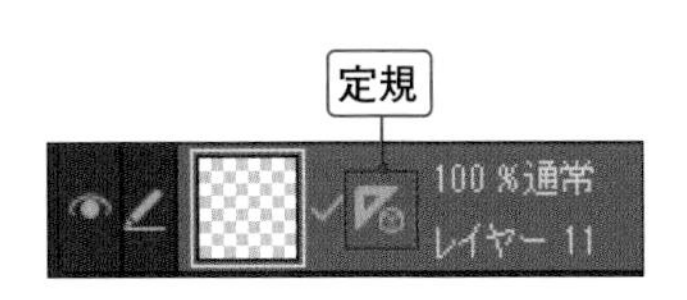

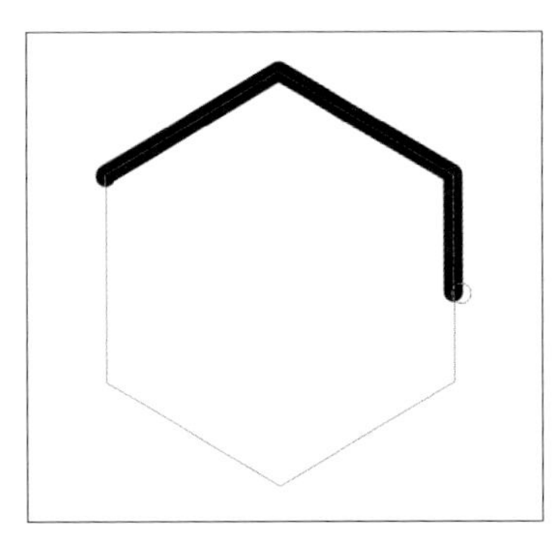

定規の上からブラシで描くと、定規に吸着しながら線が描ける

Chapter 2-3

新しいレイヤーを作成する ～ラスターレイヤー

レイヤーを扱うには[レイヤー]パレットが操作の起点になります。ここでは、[レイヤー]パレットの画面の見方と、ラスターレイヤーの作成方法を解説します。

[レイヤー] パレットを確認する

[レイヤー] パレットでは、レイヤーの状態や順番を一覧で確認することができ、レイヤーに対するさまざまな操作を行うことができます。なお、[レイヤー] パレットの横幅を狭くするとアイコンの一部が非表示になります。

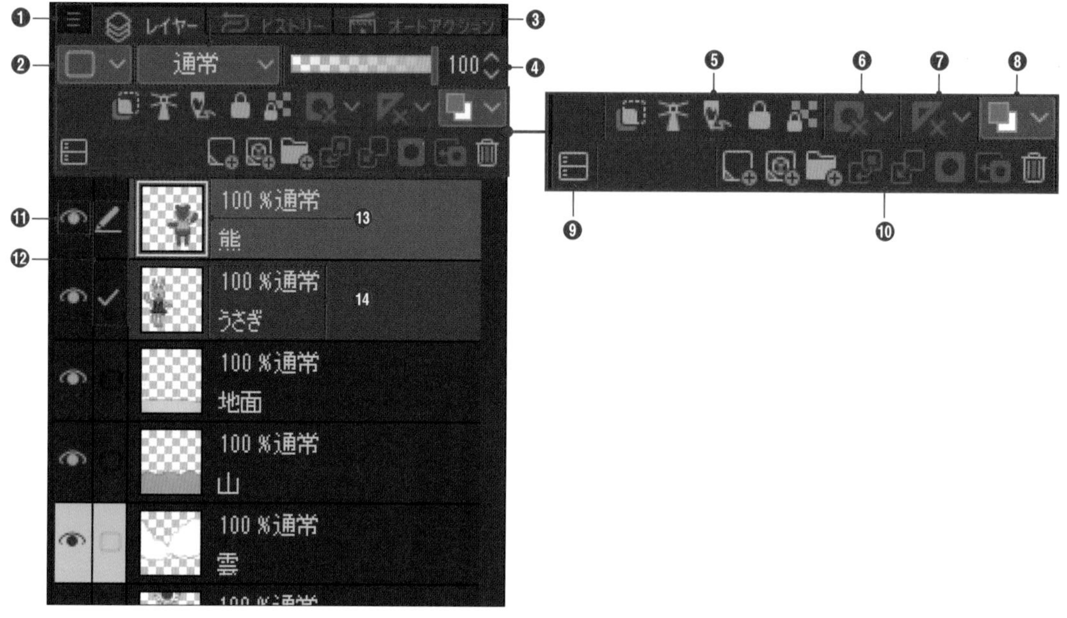

❶メニュー表示	レイヤーに関するさまざまな機能がまとめられています。
❷パレットカラーを変更	選択中のレイヤーに色の印を付けることができます。
❸合成モード	レイヤーの合成モードを変更します（→P.155）。
❹不透明度	レイヤーの不透明度を調整します（→P.68）。
❺レイヤーの設定変更エリア	レイヤーをクリッピングしたり、下描きレイヤーやロック状態にしたりすることができます。
❻マスクを有効化	レイヤーマスクの有効／無効を切り替えたり、マスクの範囲をキャンバス上で見えるようにすることができます（→P.88）。
❼定規の表示範囲を設定	定規を表示する対象のレイヤーを設定します（→P.184）。
❽レイヤーカラーを変更	選択中のレイヤーのレイヤーカラーを変更します（→P.67）。
❾レイヤーを2ペインで表示	[レイヤー] パレットの表示を2つに分割します。レイヤー数が増えた際などに使用します。
❿新規作成／削除エリア	レイヤーの新規作成や削除のほか、レイヤーの転写、結合、マスク設定などを行うことができます。
⓫レイヤー表示／非表示	このエリアを選択するとレイヤーの表示／非表示を切り替えることができます。表示中はが表示されます。
⓬レイヤー描画可／描画不可	編集対象となるレイヤーにが表示されます。レイヤーを複数選択すると、編集中のレイヤー以外にはが表示されます。
⓭レイヤーサムネイル	レイヤーの描画内容がプレビュー表示されます。選択するとレイヤーが編集の対象になります。
⓮レイヤー名欄	レイヤーの不透明度や合成モード、名称などが表示されます。

ラスターレイヤーを作成／削除する

1 ［新規ラスターレイヤー］を選択する

［レイヤー］パレットの［新規ラスターレイヤー］を選択すると、選択していたレイヤーの上に［新規ラスターレイヤー］が作成されます。また、編集対象が［新規ラスターレイヤー］に切り替わります。

2 レイヤー名を変更する

新規作成したレイヤーの名前部分をダブルクリックすると、名前を変更することができます。

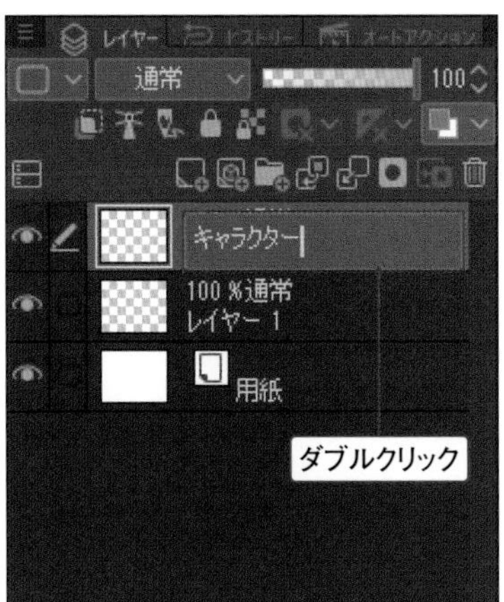

3 レイヤーを削除する

削除したいレイヤーを選択し、そのまま［レイヤーを削除］にドラッグするとレイヤーを削除できます。レイヤーを複数選択してまとめて削除することも可能です（→P.50）。

MEMO
レイヤーを選択して［レイヤーを削除］を選択することでも、レイヤーを削除できます。

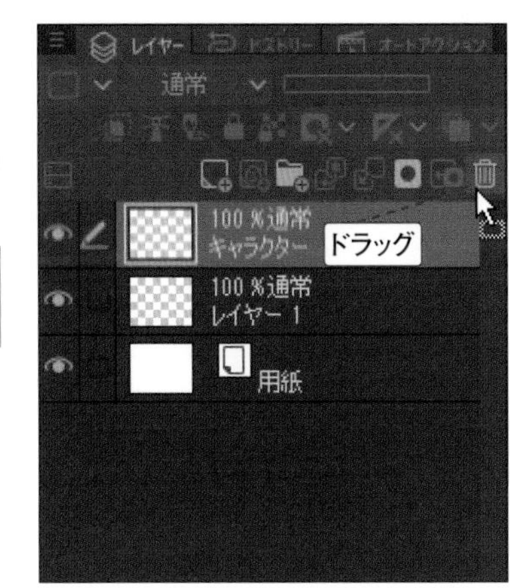

POINT 「透明」は格子模様で表現される

作成したレイヤーのサムネイルには、白とグレーの格子模様が表示されています。これは「透明」であることを意味します。本来キャンバスにもこの透明の格子模様が表示されていますが、通常、新規キャンバスを作成すると1色で塗りつぶされた［用紙］レイヤーが配置されるため確認できません。［レイヤー］パレットの［用紙］レイヤーのを選択して非表示にすれば、透明な部分が表示されます。

Chapter

2-4 レイヤーの基本操作を知る

レイヤーの順序変更や結合、レイヤーに描かれた内容の移動や複製など、レイヤーを操作することによって、アナログでは簡単にできないことが手軽に行えます。ここではレイヤーの基本的な操作をご紹介します。

レイヤーを選択する

1 レイヤーを1つ選択する

［レイヤー］パレットでレイヤーをクリックすると、選択した状態になります。編集対象のレイヤーは色が変わり、が表示されるのが目印です。どのような操作も選択レイヤーを対象に行われるので、まず描く前にレイヤーを選択しましょう。

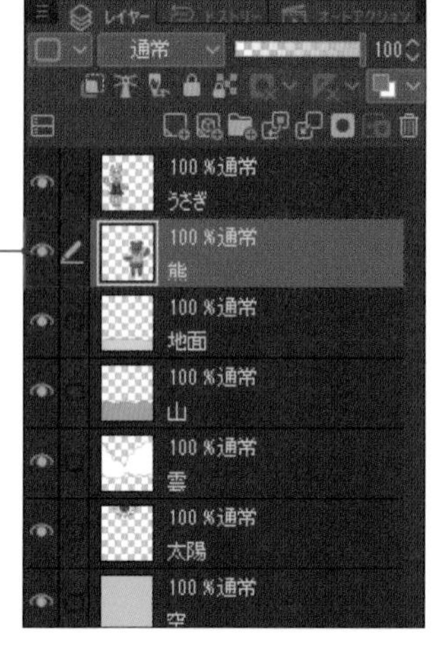

2 レイヤーをまとめて選択する

1つのレイヤーを選択している状態で、別レイヤーを[Shift]キーを押しながらクリックすると、その間のレイヤーがすべて選択されます。

MEMO
複数選択しても編集対象レイヤーは1つなので、線を描いてもその線が描かれるのは■が付いたレイヤーのみになります。

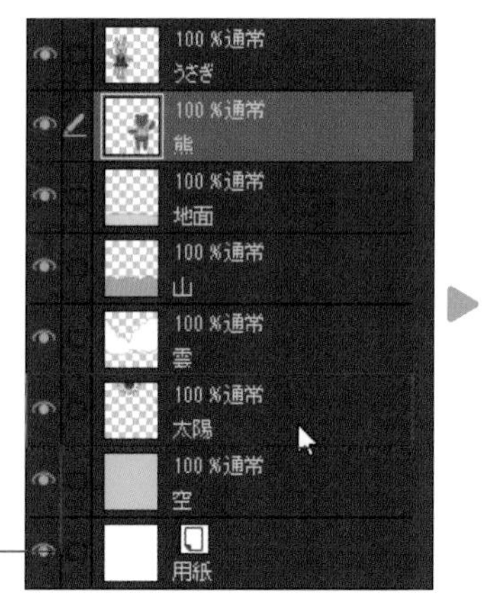

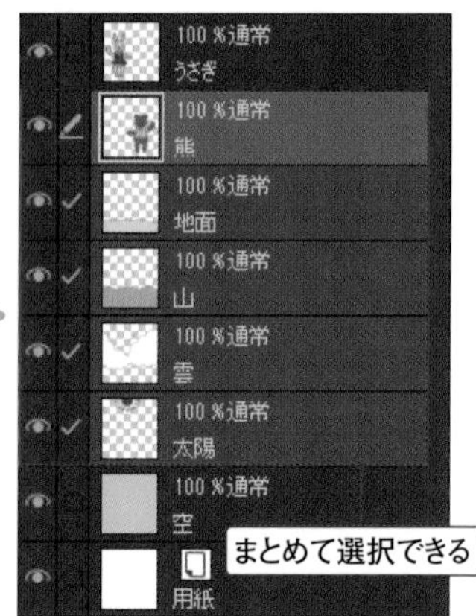

3 離れた位置のレイヤーを選択する

レイヤーサムネイルの左にある枠内をクリックすると、離れた位置のレイヤーをそれぞれ選択することができます。

MEMO
[Ctrl]キーを押しながらほかのレイヤーをクリックしても、複数選択が可能です。

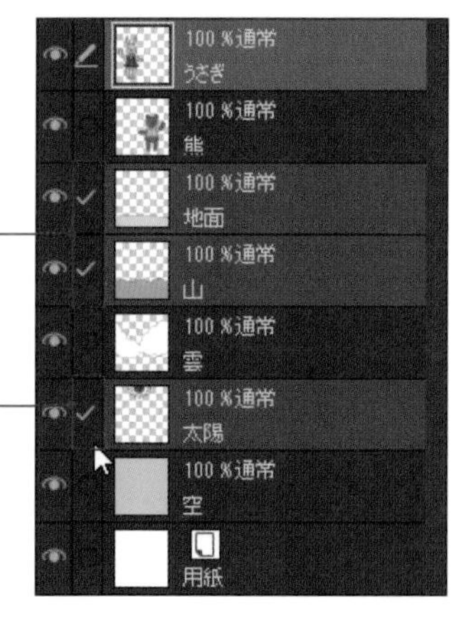

レイヤー単位でイラストを移動する

1 ［レイヤー移動］ツールを使って移動する

動かしたいイラストが描かれているレイヤーを選択します。［ツール］パレットの［レイヤー移動］→［レイヤー移動］ツールを選択し、キャンバス上でイラストを好きな方向にドラッグするとイラストを動かすことができます。

MEMO
レイヤーを複数選択しておくと、選択中のレイヤーのイラストがまとめて移動します。

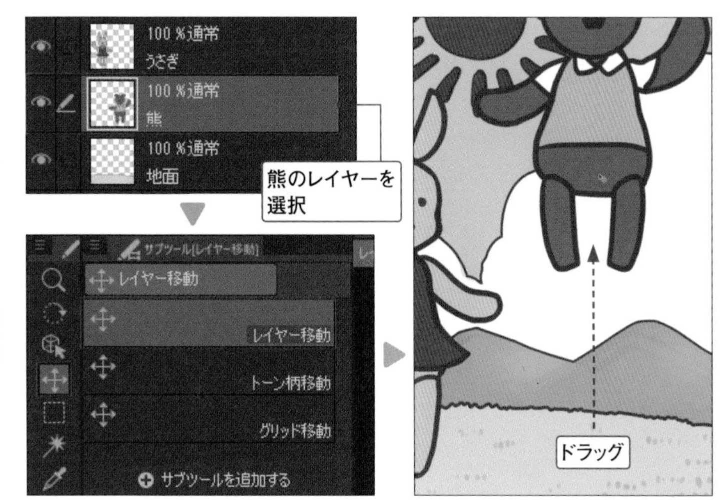

2 イラストの位置を細かく調整する

Shift キーを押しながらドラッグすると、決まった方向にだけ移動することができます。また、キーボードの十字キーを押すと、細かい単位で移動することができます。

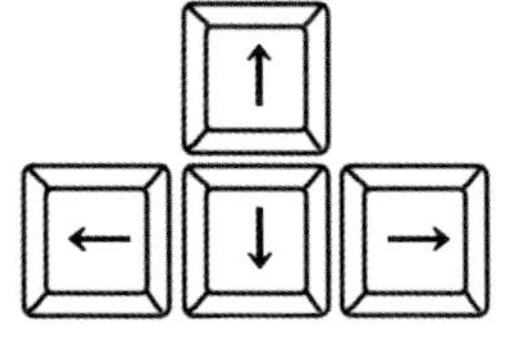

細かく移動できる

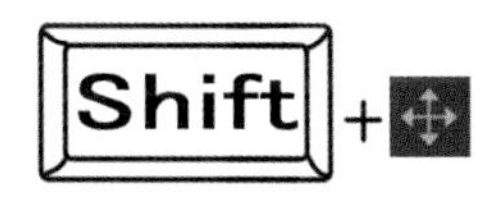

一定の方向に移動できる

レイヤーの順番を入れ替える

1 レイヤーをドラッグする

順番を変更したいレイヤーを選択し、移動させたい位置にドラッグします。移動中、移動位置には赤い線が表示されます。

MEMO
レイヤーを複数選択してからドラッグすると、レイヤーをまとめて並べ替えることができます。

2 レイヤーの順番が入れ替わる

レイヤーの重ね順が変更されます。

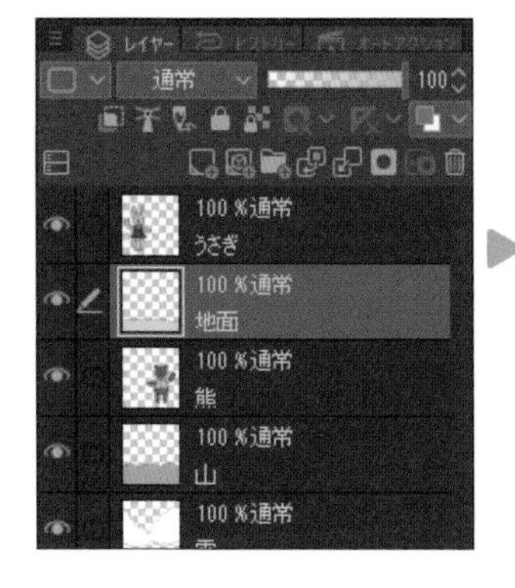

地面のレイヤーが熊より上の位置になる

レイヤーを複製する

1 [レイヤーを複製]を選択する

複製したいレイヤーを選択し、[レイヤー]パレットの[メニュー表示]→[レイヤーを複製]を選択します。

MEMO
レイヤーを複数選択していれば、選択しているレイヤーの複製をまとめて作成することができます。

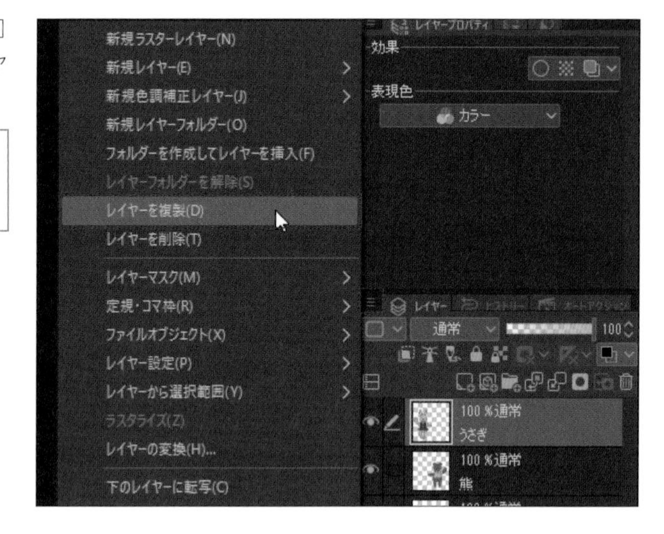

2 レイヤーが複製される

選択していたレイヤーの上に、同じ内容のレイヤーが新規作成されます。また、編集中のレイヤーもこのレイヤーに切り替わります。

MEMO
Alt キーを押しながら、レイヤーを上下どちらかにドラッグしても複製できます。

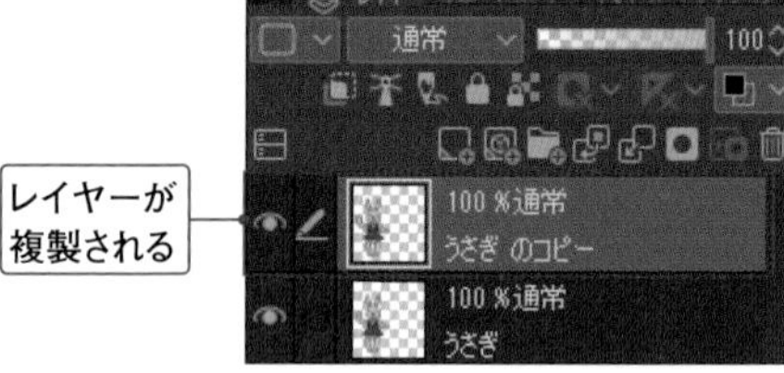

レイヤーを転写する

1 レイヤーを転写する

[レイヤー]パレットの[下のレイヤーに転写]を選択すると、選択中のレイヤーに描かれた画像をその下のレイヤーに転写できます。このとき、下のレイヤーにすでに何か描かれている場合、画像が混ざってしまうので注意してください。

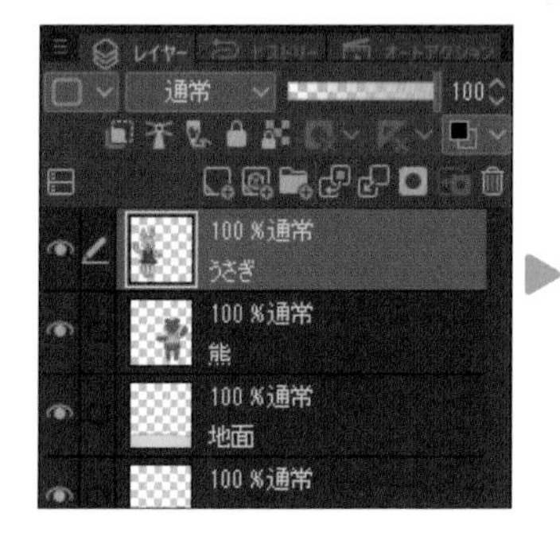

POINT レイヤーをロックする

[レイヤー]パレットの[レイヤーをロック]を選択することで、レイヤーの状態をロックすることができます。ロック中は描画や削除などの処理が一切できなくなります。もう一度選択することでロックが解除されます。

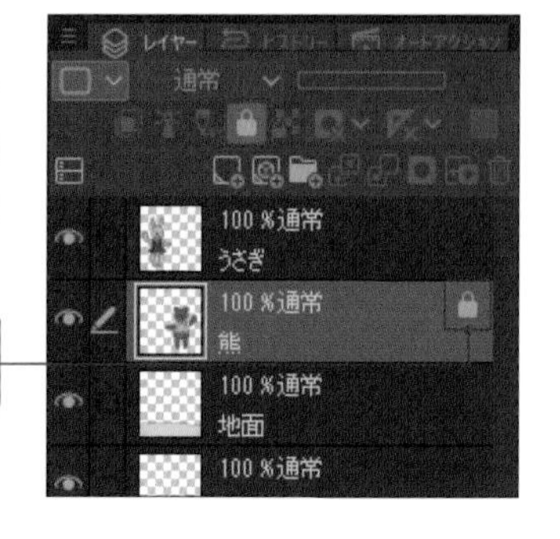

レイヤーを結合する

1 下のレイヤーと結合する

レイヤーを選択した状態で［レイヤー］パレットの［下のレイヤーと結合］を選択すると、選択中のレイヤーは削除され、下のレイヤーにまとめられます。

MEMO レイヤーどうしを結合することで、無駄なレイヤーの整理などが行えます。

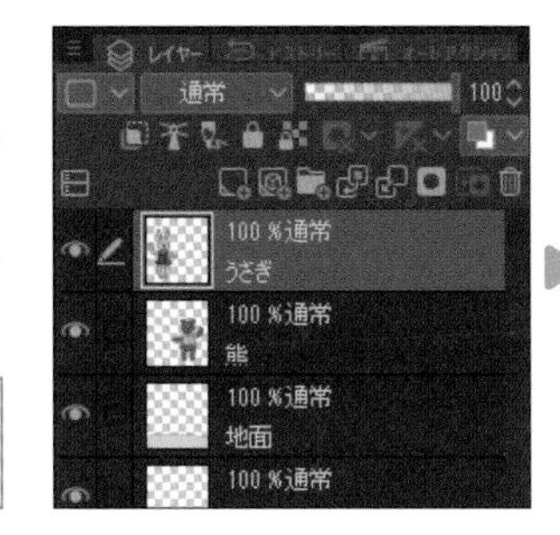

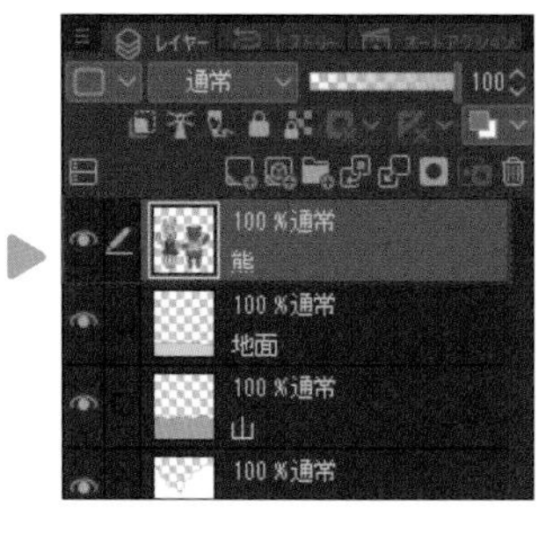

2 複数選択したレイヤーを結合する

レイヤーを複数選択している状態で、［レイヤー］パレットの［メニュー表示］→［選択中のレイヤーを結合］を選択すると、まとめて1枚のレイヤーに結合することができます。

MEMO 非表示のレイヤーは非表示のまま結合されるので注意しましょう。

3 表示されているレイヤーを結合する

［レイヤー］パレットの［メニュー表示］→［表示レイヤーを結合］を選択すると、の付いているレイヤーを1枚に結合することができます。

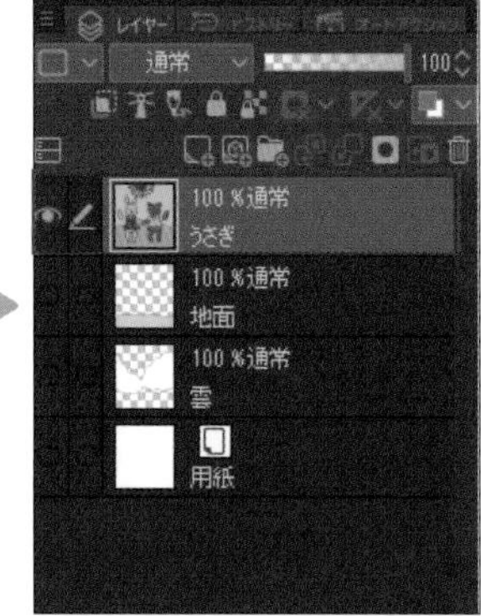

MEMO 選択しているレイヤーが表示されていないと、［表示レイヤーを結合］を選択することができません。

POINT 画像を結合するときの注意点

レイヤーを結合する際に別の種類のレイヤーがあったり、［表示レイヤーを結合］で結合すると、レイヤーがラスターレイヤーに変換されます。ベクターレイヤーやテキストレイヤーなどを結合する際は注意しましょう。

フォルダーでレイヤーを整理する

1 フォルダーを作成する

［レイヤー］パレットの［新規レイヤーフォルダー］を選択すると、フォルダーが作成されます。

> **MEMO**
> フォルダーは折りたためるため、増えすぎたレイヤーを格納したり、「線画用フォルダー」「塗り用フォルダー」といった工程ごとにまとめたりと、レイヤーの整理や管理に利用します。

作成される

2 フォルダーにレイヤーを格納する

格納したいレイヤーをフォルダーの上にドラッグすると、レイヤーがフォルダーに格納されます。

> **MEMO**
> フォルダーにあるレイヤーの間にレイヤーを移動しても、フォルダーに格納できます。

3 フォルダー名を変更する

フォルダー名の上をダブルクリックすると、フォルダーの名称を変更することができます。

> **MEMO**
> フォルダーを選択して、［レイヤーを削除］を選択するとフォルダーを削除できます。

POINT フォルダーにフォルダーを入れることも可能

フォルダーにはレイヤーだけでなく、フォルダーを格納することもできます。これによって例えば、「キャラクター」のフォルダー内に「熊」フォルダーと「うさぎ」フォルダーを入れる、といった細かいグループ分けが可能です。

Chapter 2-5 鉛筆ツールで線を描く

CLIP STUDIO PAINTにはたくさんの種類のブラシが用意されています。それぞれに特徴があるため、作業工程やテイストに合わせて自分に合ったブラシを見つけていきましょう。今回は[鉛筆]ツールをご紹介します。

[鉛筆] ツールの特徴

[鉛筆] には鉛筆やシャーペンに似せた質感のブラシが多く格納されています。[ペン] ツールほど強く主張せず、鉛筆のようにかすれたような質感や、重ねることで濃度が濃くなるようなタッチで描画することができます。

鉛筆

シャーペン

[鉛筆] ツールの使い方

1 [鉛筆]ツールを選択する

今回は [ツール] パレットの [鉛筆] → [鉛筆] タブ→ [鉛筆] を選択します。

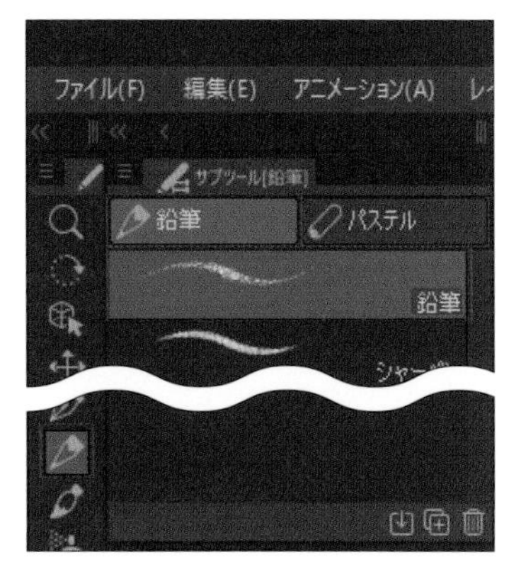

MEMO

[鉛筆] ツールはショートカットキーのPキーで切り替え可能です。よく使うブラシには、P.34の方法で自分の好きなキーを設定するとよいでしょう。

2 描画色を決定して描く

[ツール] パレットの下にある [カラーアイコン] から描画色を確認できます (→P.106)。今回は初期設定の黒のままで、実際に線を描いてみます。

カラーアイコン

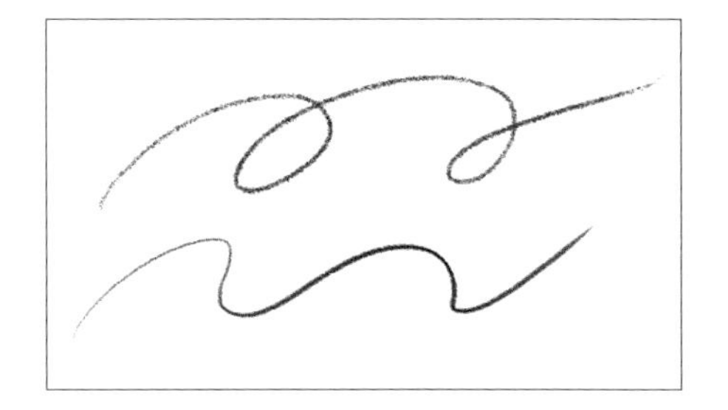

Chapter 2-6

線の太さや濃さを変更する

CLIP STUDIO PAINTの各ブラシは、それぞれ設定を変更してさまざまな形にカスタマイズすることができます。ここでは、ブラシの太さと濃度の変更方法を紹介します。

線の太さを変更する

1 [鉛筆]ツールを選択する

今回は［ツール］パレットの［鉛筆］→［鉛筆］タブ→［シャーペン］を選択します。

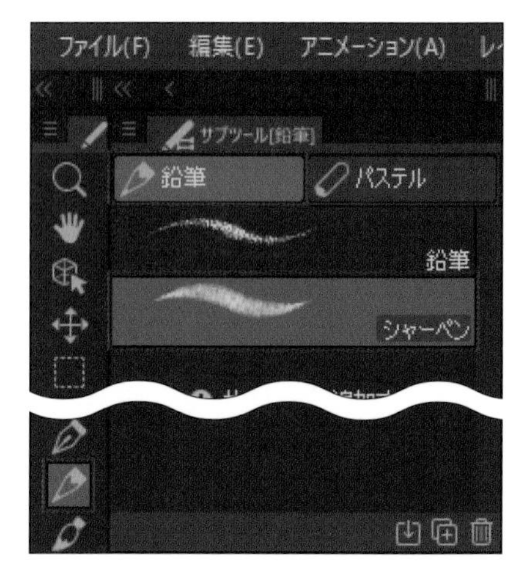

2 [ブラシサイズ]パレットからサイズを変更する

［ブラシサイズ］パレットから好きなサイズを選択します。今回は大きくするため［30］を選択します。

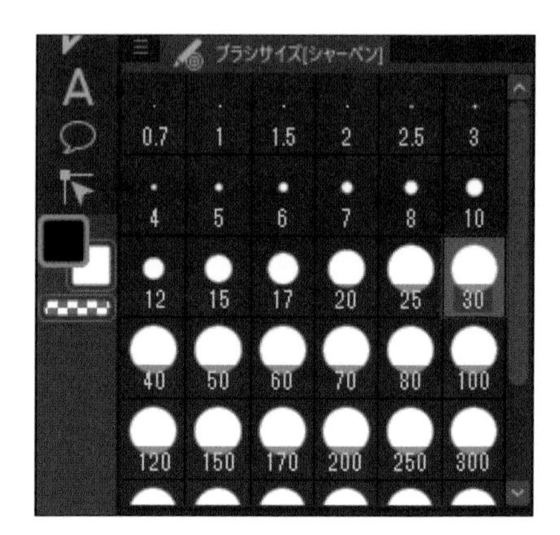

3 ブラシサイズを確認する

キャンバスのブラシの枠が大きくなりました。キャンバスで実際に描いてみると、ブラシサイズが変更されていることが確認できます。

> **MEMO**
> ブラシサイズは、［ツールプロパティ］パレットにある［ブラシサイズ］のバーを左右に動かすことでも変更が可能です。［ブラシサイズ］パレットより細かな数値が設定できます。

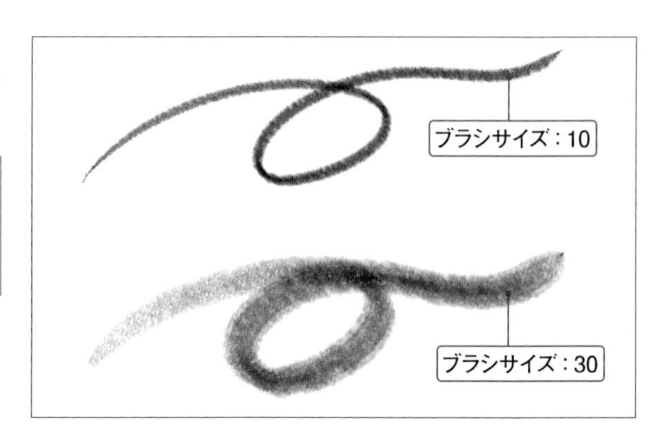

線の濃さを変更する

1 ［鉛筆］ツールを選択する

今回は［ツール］パレットの［鉛筆］→［鉛筆］タブ→［シャーペン］を選択します。すると、［ツールプロパティ］パレットに［シャーペン］でカスタマイズできる設定項目が表示されます。

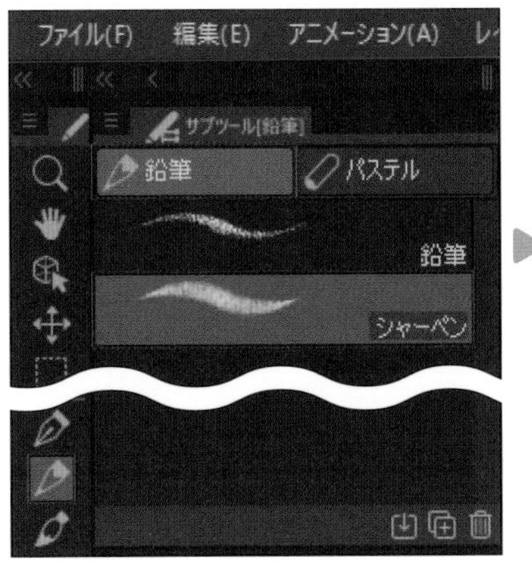

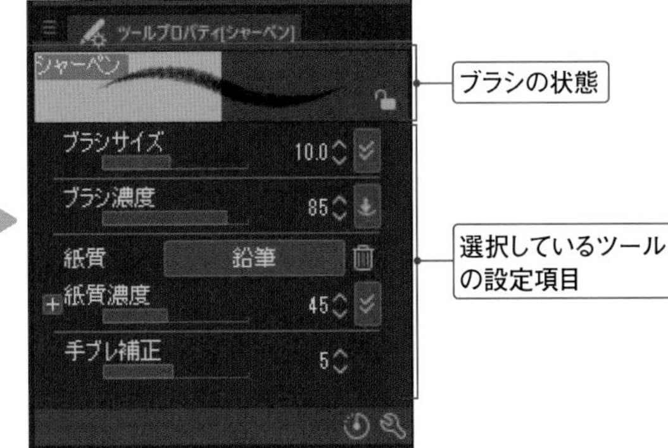

MEMO ［ツールプロパティ］パレットには、現在選択しているツールで頻繁に変更するような、基本的な設定項目が表示されます。

2 ［ブラシ濃度］を変更する

［ツールプロパティ］パレットにある［ブラシ濃度］のバーを左右にドラッグすると濃度を変更できます。数字が低くなればなるほど薄くなります。ここでは［50］に変更します。

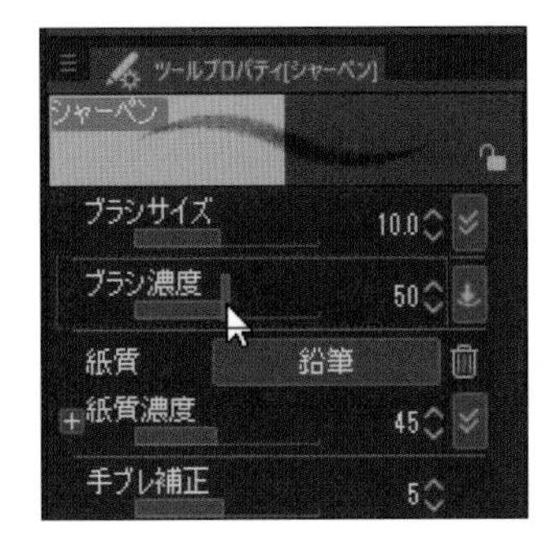

MEMO バーの横の数字を選択して直接入力したり、数字の横にある から数値を変更したりすることもできます。

3 線の濃さを確認する

実際に描いてみると、ブラシの濃度が変更されていることが確認できます。

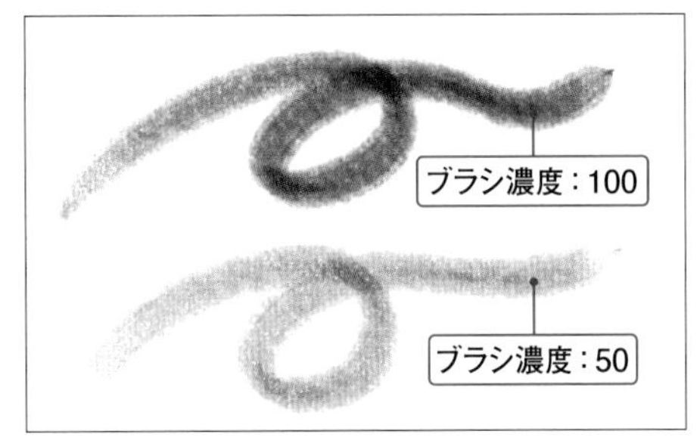

MEMO ブラシの設定には［ブラシ濃度］と似た［不透明度］という項目もあります。違いについて詳しくは、P.71を参照してください。

POINT ブラシの設定をロック／リセットする

［ツールプロパティ］パレットにある を選択すると、ブラシの設定内容をロックすることができます。ロック中でもそのブラシを使用している間は設定を変更できますが、ほかのブラシやツールに切り替えた際にロックしたときの状態に戻ります。また、 を選択すると、設定した内容を初期状態にリセットすることができます。

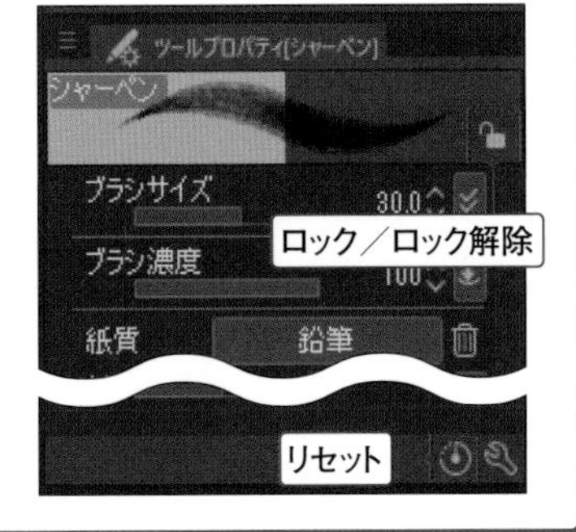

Chapter 2-7

消しゴムでイラストを消す

線の消去には[消しゴム]ツールを使用します。CLIP STUDIO PAINTにはブラシだけでなく消しゴムの種類も複数あり、ブラシと同様にそれぞれ設定を細かく変更することができます。

[消しゴム] ツールの種類

CLIP STUDIO PAINTには初期設定で7種の消しゴムが用意されています。

サブツール[消しゴム]
消しゴム
❶ 硬め
❷ 軟らかめ
❸ 練り消しゴム
❹ ざっくり
❺ ベクター用
❻ レイヤー貫通
❼ スナップ消しゴム

❶ 硬め

クッキリ消すことができる

❷ 軟らかめ

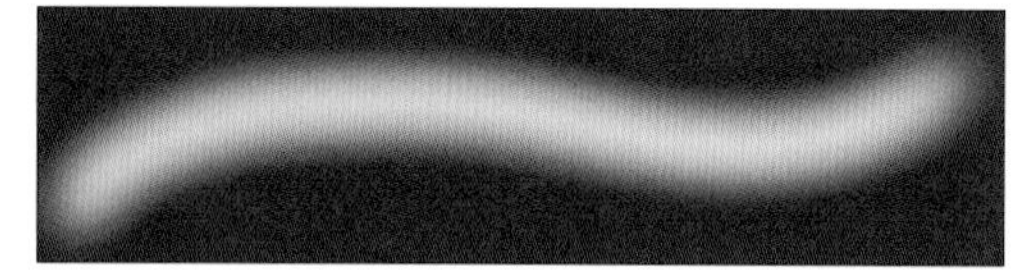

軟らかく消すことができる

❸ 練り消しゴム

テクスチャの形で消すことができる

❹ ざっくり

[硬め] と近いが、筆圧関係なく一定の太さで消すことができる

❺ ベクター用

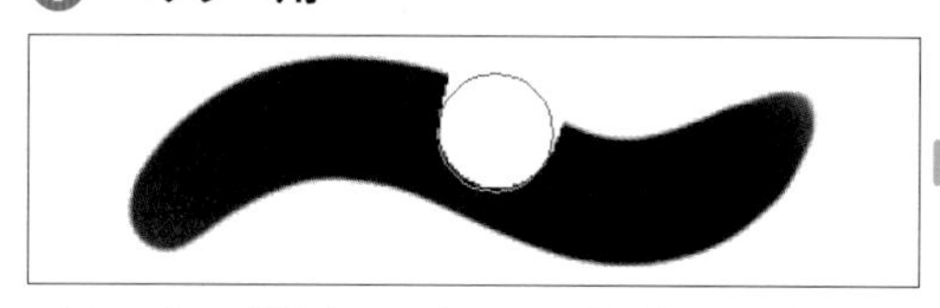

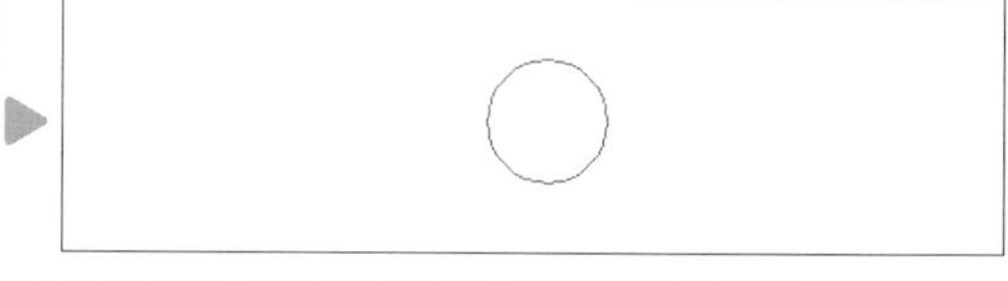

ベクターレイヤーで使用 (→ P.45)。ベクター線に [ベクター用] 消しゴムを少しかけるだけで、線を丸ごと消したり、交点まで消したりできる

❻ レイヤー貫通

選択しているレイヤーだけでなく、表示されているレイヤーすべてを対象に消すことができる。消したくないものは非表示にして消しゴムをかける

❼ スナップ消しゴム

[定規] ツールを使用した際に、定規にスナップしながら消すことができる (→ P.184)

消しゴムでイラストを消す

1 [消しゴム]ツールを選択する

今回は［ツール］パレットの［消しゴム］→［消しゴム］タブ→［硬め］を選択します。

> **MEMO**
> ［消しゴム］ツールはブラシと同じくらい使用するため、ショートカットキーのEキーで素早く切り替えるのがオススメです。

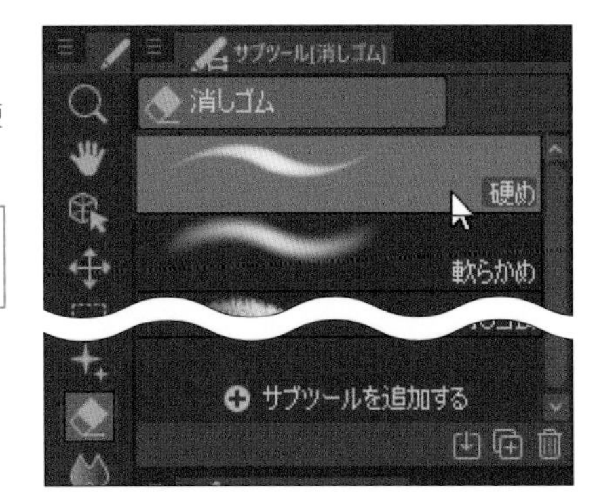

2 設定を変更する

ブラシのときと同様、［ブラシサイズ］パレットや［ツールプロパティ］パレットで、消しゴムのサイズや濃度の設定を変更します。

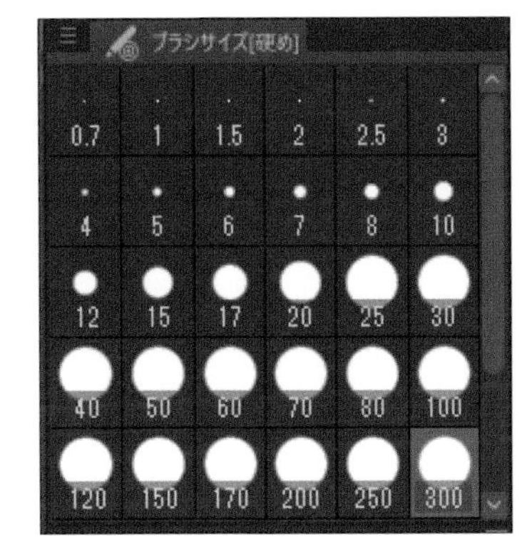

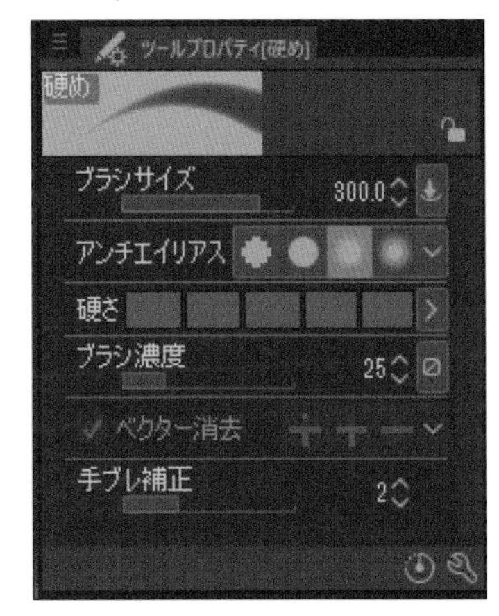

3 消え方を確認する

消したい内容が描かれたレイヤーを選択し、キャンバス上で実際に消してみましょう。

POINT ブラシを消しゴムとして使うこともできる

［カラーアイコン］で［透明色］を選択すると、ブラシが消しゴムの代わりになります。またブラシだけでなく、［塗りつぶし］ツールや［図形］ツールなどの描画ツールも消しゴムとして使用することができます（→ P.195）。

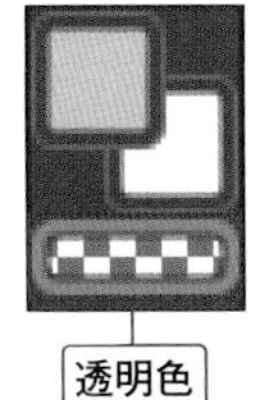

ブラシや［図形］ツールを利用すれば、さまざまな形で消すことができる

Chapter

2-8 操作を取り消す／やり直す

CLIP STUDIO PAINTでは描画やレイヤー移動などの操作は記録されており、履歴として残っています。そのため、前の状態に戻したり、逆に戻した操作をやり直したりすることができます。

操作を取り消す

1 ［取り消し］を選択する

［編集］メニュー→［取り消し］を選択すると1つ前の状態に戻ります。繰り返し選択することで、さらに前の状態に戻すことができます。

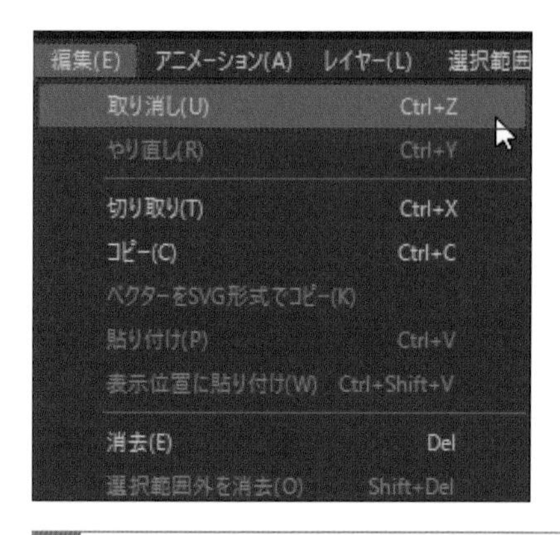

MEMO

［取り消し］可能な回数には制限があります。［ファイル］メニュー→［環境設定］→［パフォーマンス］→［取り消し回数］で回数を変更することができます。

操作をやり直す

1 ［やり直し］を選択する

取り消しを行った直後に［編集］メニュー→［やり直し］を選択すると、取り消した操作をやり直すことができます。

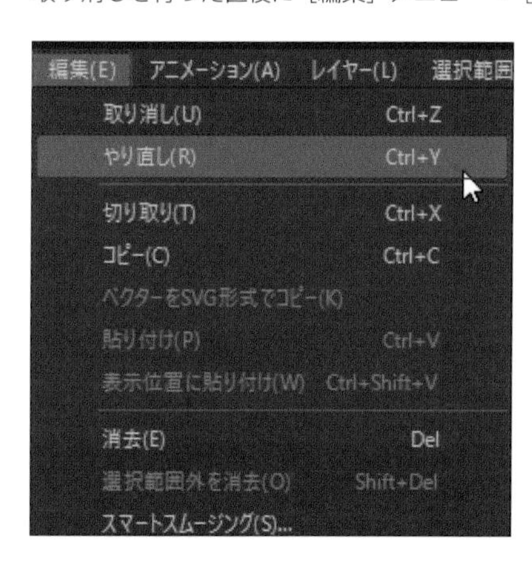

POINT　取り消しとやり直しはショートカットキーで！

取り消しとやり直しの操作は、一般的にはショートカットキーを利用します。取り消しは［Ctrl］＋［Z］、やり直しは［Ctrl］＋［Y］です。操作を取り消す機能は非常に便利です。間違ったら［Ctrl］＋［Z］を押すよう心がけましょう。

[ヒストリー] パレットで操作を取り消す／やり直す

1 [ヒストリー]パレットを表示する

[ヒストリー] パレットには操作の履歴が記録されており、履歴を選択することで好きな状態に戻すことができます。[ウィンドウ] メニュー→ [ヒストリー] を選択して [ヒストリー] パレットを表示します。

MEMO [レイヤー] パレットの右のタブを選択しても表示することができます。

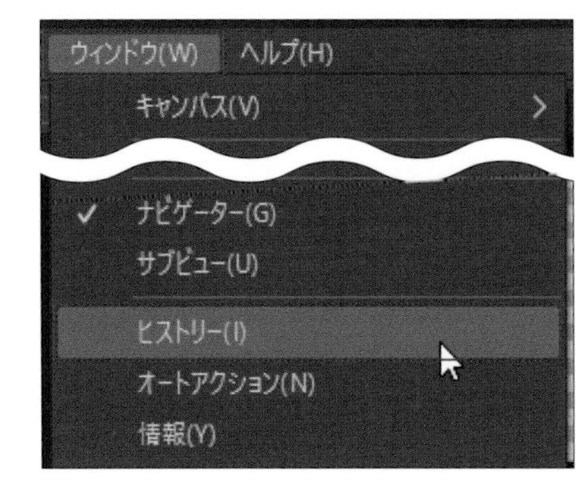

2 戻したい箇所を選択する

[ヒストリー] パレットに操作の履歴が一覧表示されています。一番下が最新の操作で、その上が過去に行った操作です。新しい操作をするたびに、履歴の下にどんどん追加されます。戻りたい操作の項目を選択します。

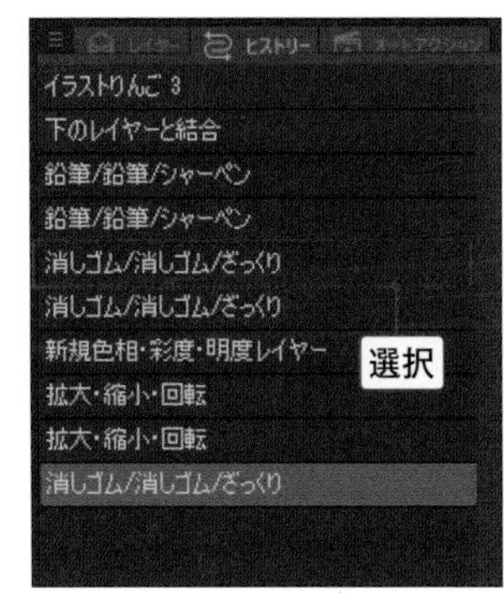

3 履歴まで戻った

選択した操作を行った直後の状態まで戻りました。このように好きな状態に一気に戻せるので、修正前／修正後の確認などにも利用できます。

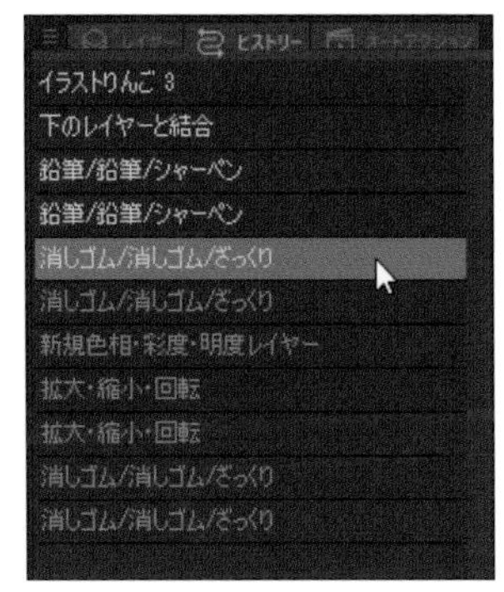

POINT 操作を戻したあとの注意点

操作を戻したあとに新しい操作をすると履歴が更新されてしまいます。そうなると戻す前の状態に戻すことはできなくなるため、操作を戻したあとは注意してください。

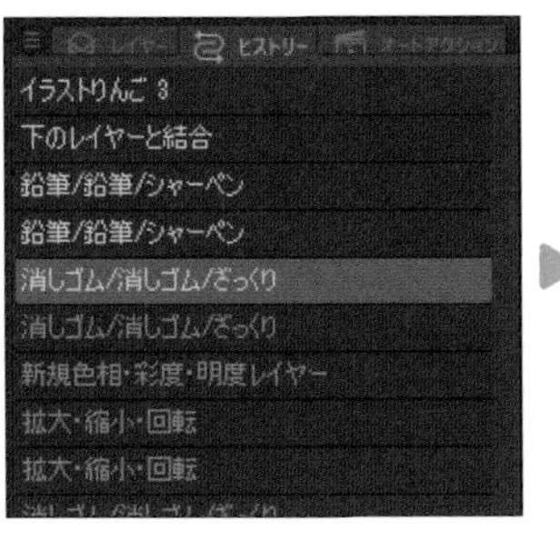

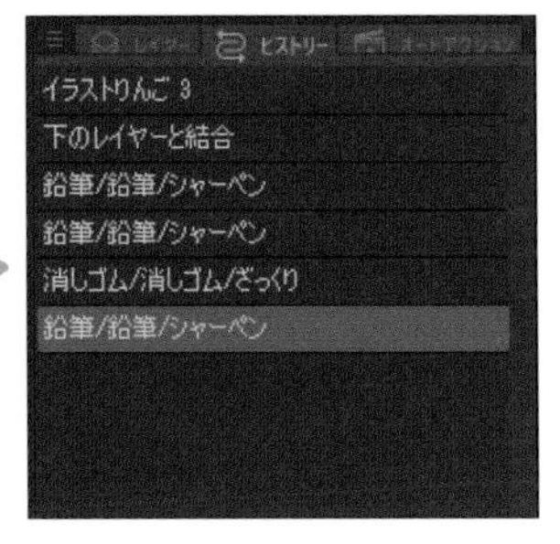

[ヒストリー] パレットで数個前に戻ってから新しい処理を行うと、過去の履歴が消える

Chapter 2-9

紙に描いた下絵を読み込む

スキャナを使えば、アナログのイラストをデジタルデータとして読み込むことができます。今回はA4の用紙に鉛筆で描いた下絵を読み込みます。スキャナは[CanoScan 9000F Mark Ⅱ]を使用します。

スキャナで下絵を読み込む

1 スキャナを指定する

スキャナは電源をONにして、PCに接続しておきます。［ファイル］メニュー→［読み込み］→［スキャン機器の選択］を選択し、スキャナを指定して［選択］を選択します。

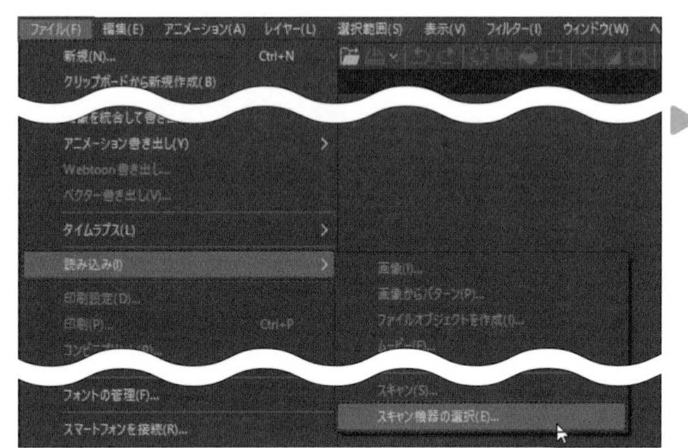

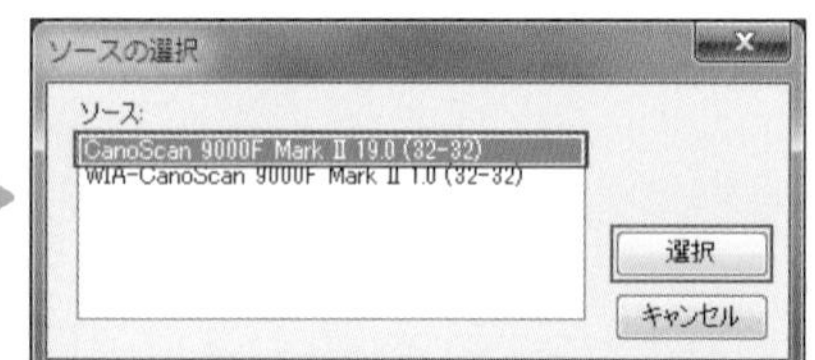

2 新規キャンバスを作成する

P.22を参考に、スキャンした画像を配置するための新規キャンバスを作成します。今回は「A4サイズ、解像度600、カラー」で作成しました。

MEMO 新規キャンバスが作成されていないとスキャンを行えません。

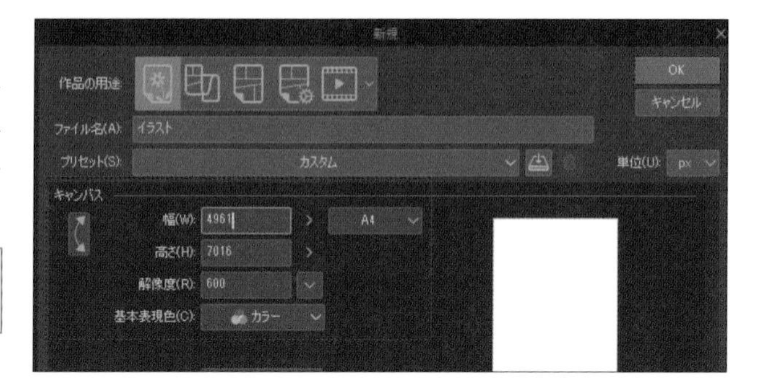

3 スキャンする

［ファイル］メニュー→［読み込み］→［スキャン］を選択し、スキャナのソフトが起動したらサイズと解像度を指定して、［スキャン］を選択します。このとき、スキャンした画像の解像度が低いとキャンバスに対してサイズが小さくなってしまいます。解像度は新規キャンバスと同じにするか大きめに設定するようにしてください。

MEMO ［スキャン］を選択できない場合は、スキャナの電源ON／OFFのやり直し、接続ケーブルの再接続、ソフトやPCの再起動などを試してみましょう。

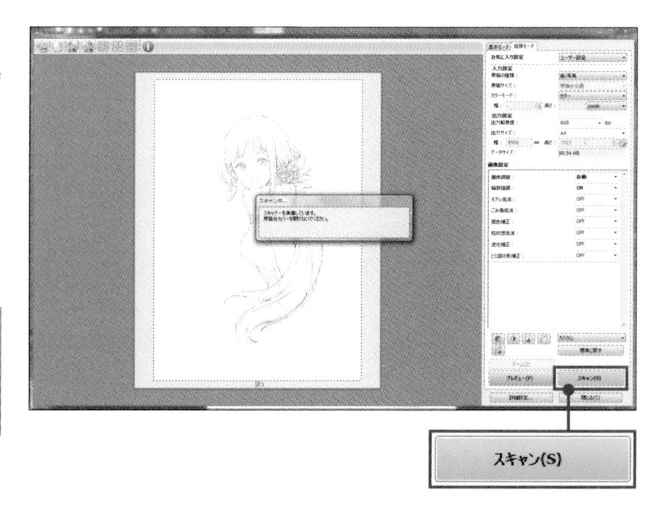

4 サイズや配置の調整を行う

スキャンが完了すると、キャンバスにスキャンした画像が配置されると同時に、［レイヤー］パレットに画像素材レイヤーが追加されます。画像素材レイヤーを選択した状態で［ツール］パレットの［操作］→［オブジェクト］ツールを選択し、表示された枠をドラッグしてサイズや位置を調整します。

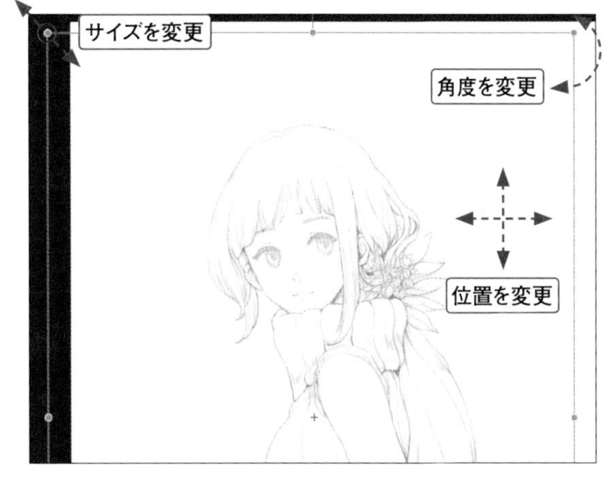

5 ラスタライズを行う

画像素材レイヤーのままでは以降の色調整やゴミ取りなどの編集ができないため、［レイヤー］パレットの［メニュー表示］→［ラスタライズ］を選択し、画像を加工できる状態（ラスターレイヤー）に変換します。

6 ［グレー］モードに変更する

これから行う色調補正をやりやすくするために、カラーモードを変更します。スキャンした画像のレイヤーを選択し、［レイヤープロパティ］パレットの［表現色］を［カラー］から［グレー］に変更します。

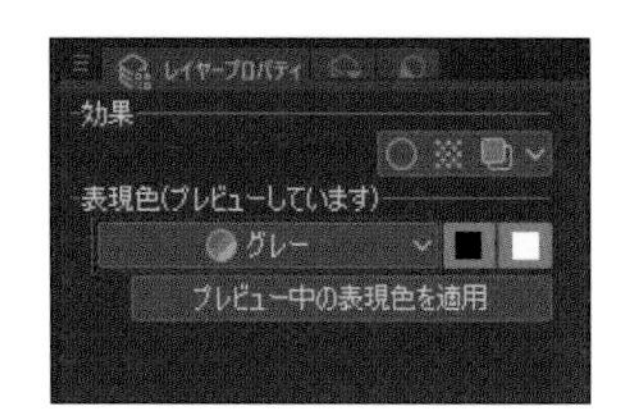

7 スキャン画像の線をはっきりさせる

画像は全体的にグレーがかかっており、このままだと線画としては使いづらいため、明るさやコントラストを調整します。スキャンした画像のレイヤーを選択し、［編集］メニュー→［色調補正］→［明るさ・コントラスト］を選択して、［明るさ］と［コントラスト］のバーをドラッグして余白のグレーが白になるのを目安に調整します。

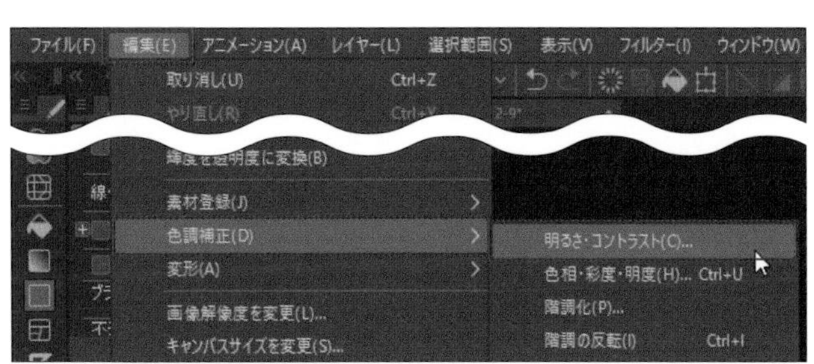

下絵のゴミを取る

1 [ごみ取り]ツールを選択する

取り込んだ画像にはホコリなどのゴミが付いているので、まずはこのゴミを削除します。スキャンした画像のレイヤーを選択し、[ツール] パレットの [線修正] → [ごみ取り] タブ→ [ごみ取り] ツールを選択します。

2 [ごみ取り]ツールのプロパティを変更する

[ツールプロパティ] パレットの [モード] を [白地の中の点を消す] に変更し、[ごみのサイズ：50] に設定します。[ごみのサイズ] に設定したサイズより小さい点が、消去の対象になります。

> **MEMO**
> 今回は背景が白地のため、[モード] を [白地の中の点を消す] にしています。背景が透明の場合は、[不透明の点を消す] を選択してください。

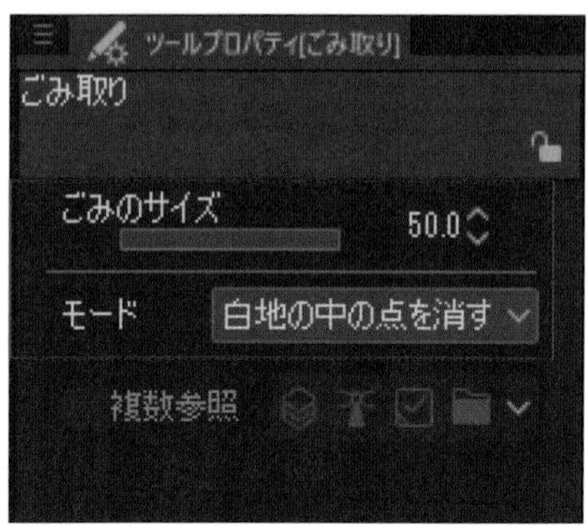

3 [ごみ取り]ツールでゴミを取る

ゴミがある部分をドラッグすると、枠内にある点のゴミが消去されます。このとき、枠が下絵の線にかかっても基本的に問題ありません。

4 [消しゴム]ツールでゴミを取る

[ごみ取り] ツールだけでは除去できなかった部分や、線画で不要な部分などは [消しゴム] ツールで消していきます (→P.59)。これでゴミの除去は完了です。

5 線画以外を透明にする

スキャンした画像のレイヤーは背景が白色のため、このままでは下のレイヤーに描かれた内容が表示されません。そこで、スキャンした画像のレイヤーを選択し、[編集] メニュー→ [輝度を透明度に変換] を選択します。すると背景の白部分が透明になるため、色塗りなどの作業が非常に楽になります。

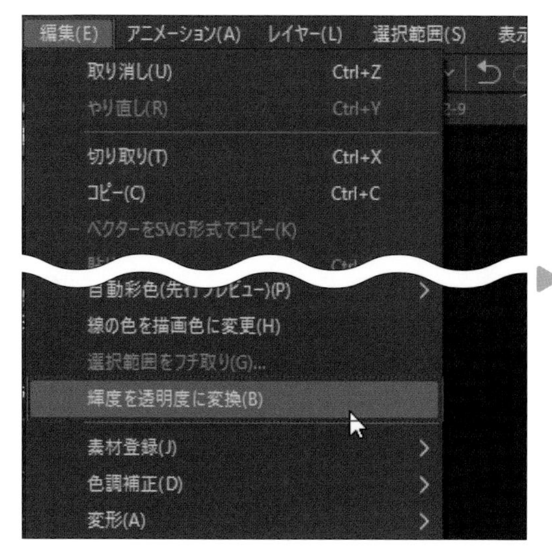

市松模様が透明部分。ここでは用紙レイヤーを非表示にしている

6 レイヤーを[カラー]モードに戻す

最後に、スキャンした画像のレイヤーを選択し、[レイヤープロパティ] パレットの [表現色] を [グレー] から [カラー] に戻しておきます。これでレイヤーに直接色を付けることができるようになります。

MEMO
線の色を変える方法の1つとして [透明ピクセルをロック] 機能があります。[透明ピクセルをロック] についてはP.132を参照してください。

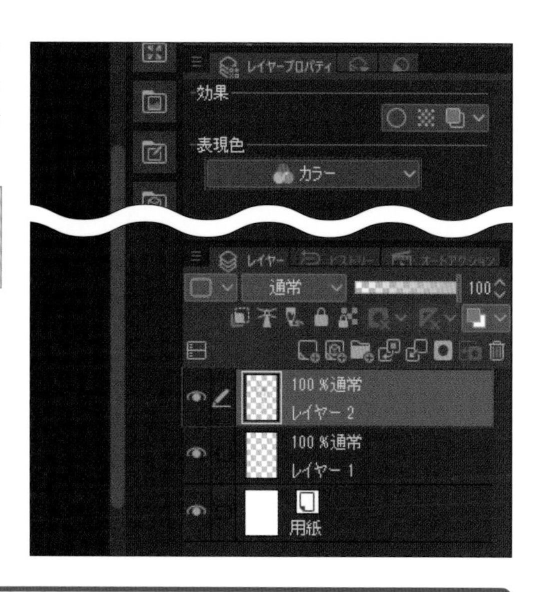

POINT [ごみ取り] タブのほかのツール

[ごみ取り] タブには、ブラシ感覚でゴミを取る範囲を指定する [塗り残し埋め] ツールと、ゴミを選択範囲として取得する [ごみ選択] ツールもあります。それぞれの範囲指定方法が異なるため、場所に応じて使い分けましょう。

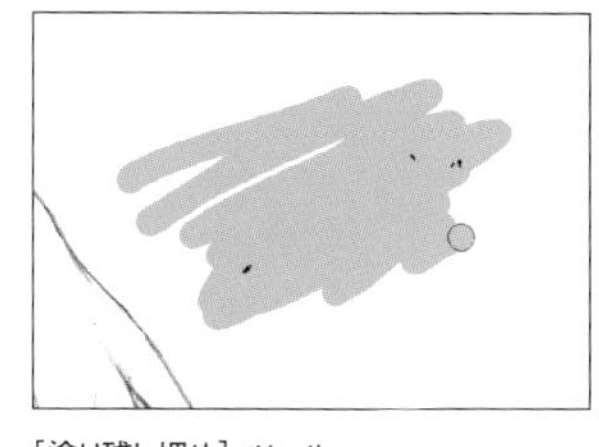

[塗り残し埋め] ツール

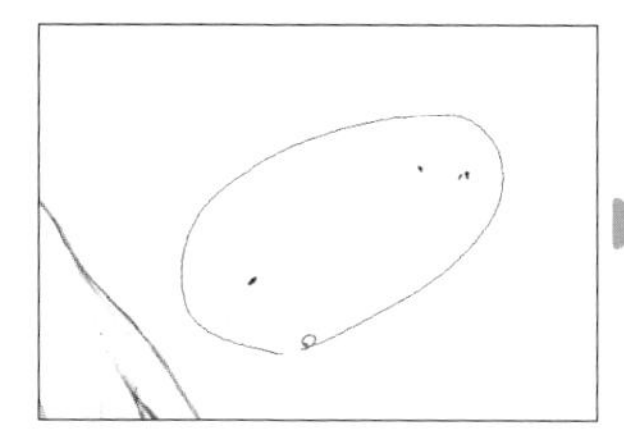

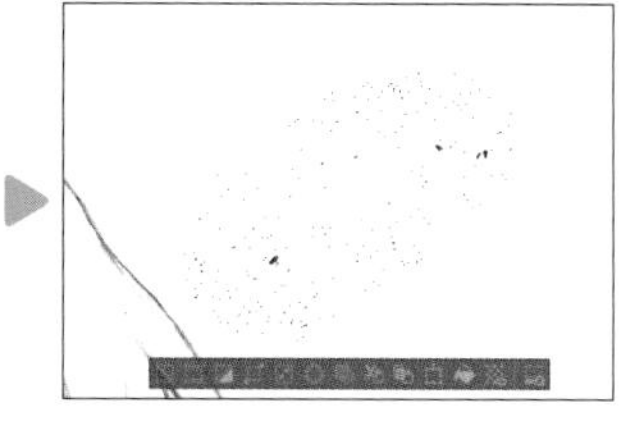

[ごみ選択] ツール

Chapter 2-10

下描きを下描きレイヤーに設定する

CLIP STUDIO PAINTには下描きしたレイヤーや、下描きしたレイヤーが格納されたフォルダーに対して設定できる、下描きレイヤーという機能があります。

下描きレイヤーとは？

レイヤーを下描きレイヤーに設定すると、キャンバスに線が表示されつつ以下のようなことができます。

下描きレイヤーの描画は参照されない

［自動選択］ツールや［塗りつぶし］ツールなどでほかのレイヤーを参照する処理を行う際、下描きレイヤーに描かれている部分は参照されません（→P.122）。例えば線画を対象に塗りつぶしを行いたいときなどに、表示している下絵の影響を受けず塗りつぶすことができます。

下描きに下描きレイヤーを設定しないで塗りつぶした場合

下描きに下描きレイヤーを設定した状態で塗りつぶした場合

出力の際に書き出されないよう設定できる

印刷や画像の書き出しのときに、下描きレイヤーに描かれている部分を出力しないよう選択することができます。

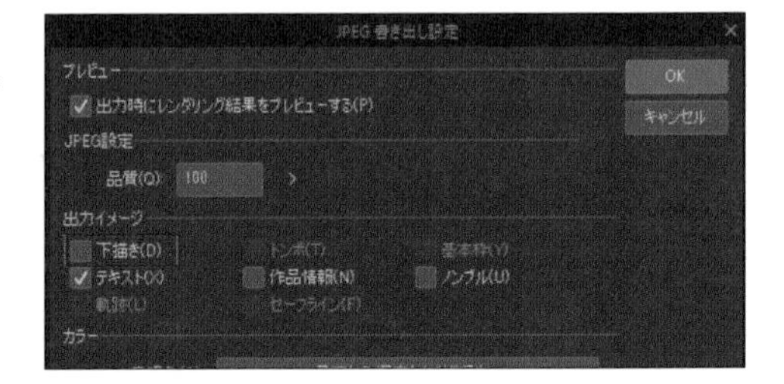

下描きレイヤーに設定する

1 ［下描きレイヤーに設定］を選択する

下描きのレイヤーを選択します。［レイヤー］パレットの［下描きレイヤーに設定］を選択すると、青線とマークが表示されて下描きレイヤーに設定されます。解除するには、もう一度［下描きレイヤーに設定］を選択します。

> **MEMO**
> もし下描きが複数のレイヤーに分かれている場合は、すべて選択してから操作するか、フォルダーにまとめてから、そのフォルダーに下描きレイヤーを設定します。

Chapter 2-11

下描きの色や不透明度を変更する

下描きを元に線画を描く際、下描きの色や不透明度を変更しておくと、その後の線画作業がやりやすくなります。[不透明度]や[レイヤーカラー]を利用すれば、レイヤーごとに一時的に色を変更することができます。

レイヤーカラーを変更する

1 [レイヤーカラー]を選択する

色を変更したいレイヤーを1つ選択します。[レイヤープロパティ] パレットの [効果] にある [レイヤーカラー] を選択します。すると、レイヤーに描かれたイラストの色が変更されます。

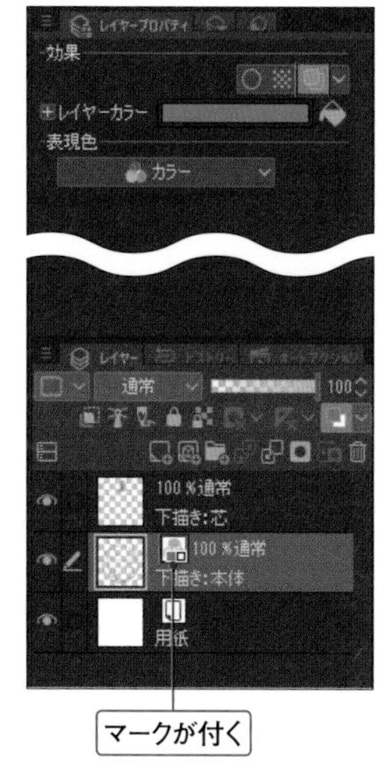

マークが付く

MEMO もう一度 [レイヤーカラー] を選択すれば、[レイヤーカラー] が解除されて元の色に戻ります。

2 [レイヤーカラー]を変更する

の下にある[レイヤーカラー]の色部分を選択して色を指定すると、[レイヤーカラー]を変更することができます。

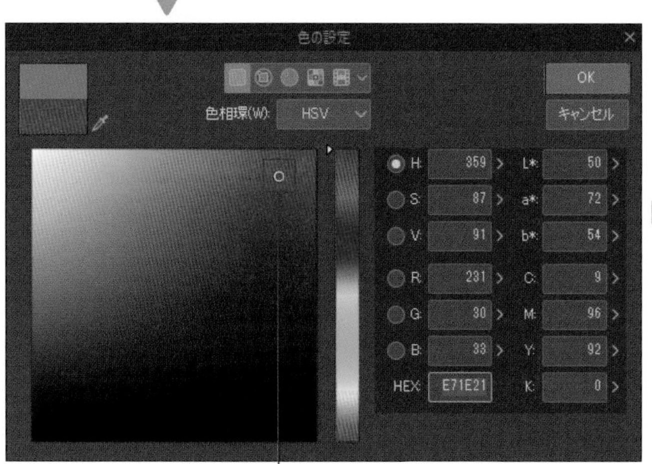

色を指定

MEMO 描画色を変更してから [レイヤーカラー] の右の をクリックすると、その描画色に変更できます。

レイヤーの不透明度を変更する

1 不透明度の数値を変更する

不透明度を変更したいレイヤーを選択し、[レイヤー]パレットの[不透明度]のスライドバーをドラッグして数値を変更します。ここでは[50]にします。

MEMO
[不透明度]スライドバーの数字を選択して直接入力したり、◆から数値を変更したりすることもできます。

2 不透明度が変更される

レイヤーの不透明度が50%に変更され、レイヤーに描画されているイラストが薄くなります。下描きが薄くなることで、線画が描きやすくなりました。

MEMO
複数選択した状態で操作すると、まとめて不透明度を変更することができます。

POINT [不透明度]と[レイヤーカラー]はフォルダーにも設定できる

[不透明度]と[レイヤーカラー]はフォルダーにも設定することができます。フォルダーに設定することで、フォルダー内にあるレイヤーがまとめて変更されます。

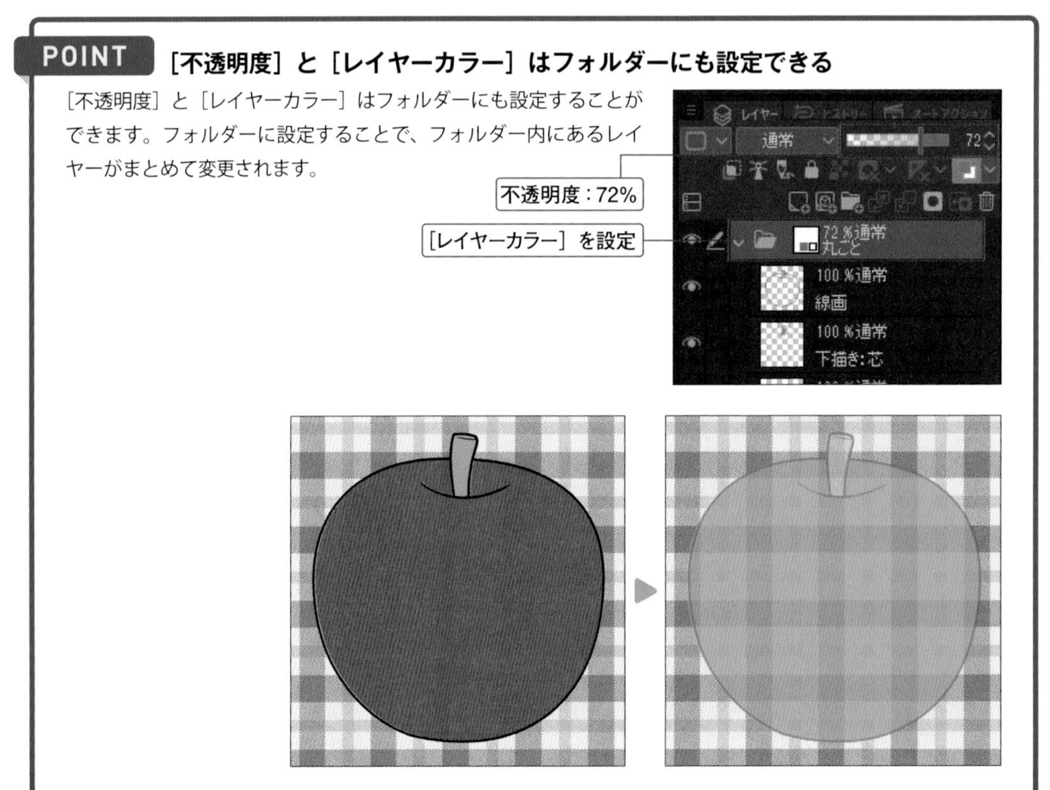

Chapter 3

「線画」をする
～ブラシの基本と選択範囲

3-1 ペンツールで線を描く
3-2 線の不透明度を設定する
3-3 線の入り抜きを設定する
3-4 線の滑らかさを設定する
3-5 手ブレ補正を設定する
3-6 ペンごとに筆圧を設定する
3-7 選択範囲を知る
3-8 選択範囲を指定する
3-9 イラストの一部を移動する
3-10 イラストの一部を切り取る／コピーする
3-11 イラストの一部を削除する
3-12 イラストの一部の色を変える／加工する
3-13 不要な部分を非表示にする　～マスク
3-14 選択範囲を保存する／呼び出す
3-15 イラストを変形して調整する
3-16 ベクターレイヤーを作成する
3-17 ベクター線の制御点を操作する
3-18 ベクター線の形を調整する
3-19 ベクター線の幅を調整する
3-20 ベクター線の描画を変更する
3-21 ベクター線を消去する
3-22 ベクターレイヤーをラスターレイヤーに変換する

Chapter 3-1 ペンツールで線を描く

柔らかな線が得意な[鉛筆]ツールに対し、ハッキリとした綺麗な線を描くことができる[ペン]ツールは、線画の作業などに向いています。ここでは[ペン]ツールをご紹介します。

[ペン] ツールの特徴

[ペン] にはGペンや丸ペン、カブラペンなど、くっきりとした線がひけるブラシが格納されています。ラフや下絵で描いたブレの多い線を綺麗にまとめる、俗にいう「清書」の際によく使用します。

Gペン

丸ペン

カブラペン

[ペン] ツールの使い方

1 [ペン]ツールを選択する

今回は [ツール] パレットの [ペン] → [ペン] タブ→ [Gペン] を選択します。

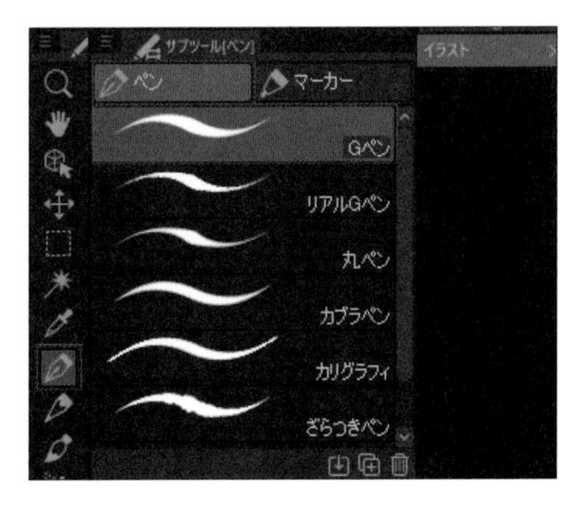

2 実際に描く

ペンと色を選択したら、実際に描いてみます。

> **MEMO**
> [透明ピクセルをロック] やクリッピング機能を使えば、描いた線をあとから好きな色に変更することができます。それぞれの機能の使い方はP.132、133を参照してください。

Chapter 3-2

線の不透明度を設定する

ブラシの透明度は、[不透明度]という項目で変更することができます。P.57で紹介した[ブラシ濃度]とよく似た機能ですが、細かい違いがあるのでしっかりと押さえておきましょう。

線の不透明度を設定する

1 [不透明度]を変更する

ここでは［Gペン］を選択しておきます。［ツールプロパティ］パレットの［不透明度］のバーをドラッグすると、不透明度を変更することができます。ここでは［50］に変更します。

MEMO ［不透明度］の数値が小さくなればなるほど、線は薄くなります。

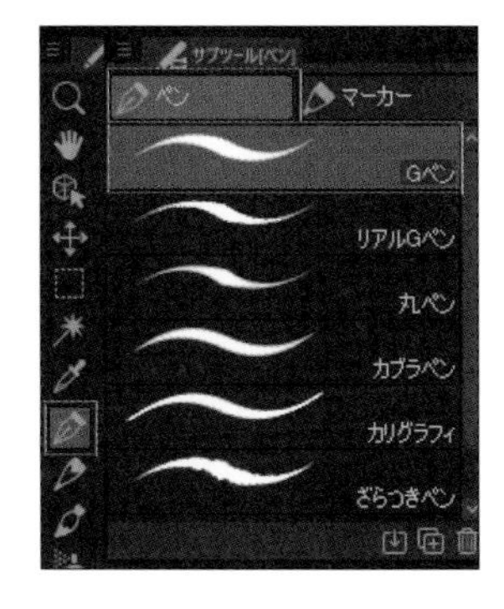

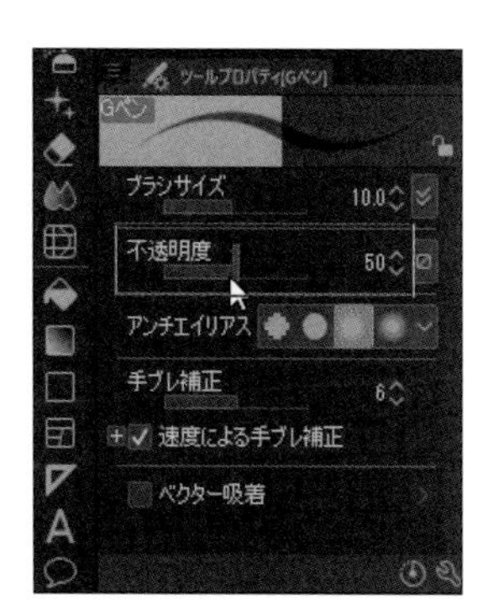

2 線の不透明度を確認する

キャンバスで実際に描くと、ブラシの透明度が変更されていることが確認できます。

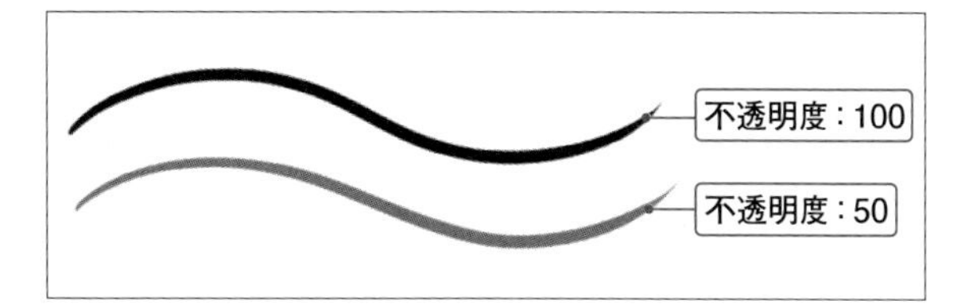

POINT ［ブラシ濃度］と［不透明度］の違い

違いが分かりにくいのですが［ブラシ濃度］を下げた場合、ペンを上げずに同じ場所でストロークし続けると、色が重なりどんどん濃くなっていきます。［不透明度］を下げた状態で同様に描いた場合、指定した不透明度以上の濃さにならず一定の薄さで塗られていきます。ブラシの種類によって［ブラシ濃度］の効果を得ることができないブラシもありますが、［ブラシ濃度］と［不透明度］は［サブツール詳細］パレット内から変更が可能なので、用途によって使い分けるのもよいでしょう(→ P.104)。

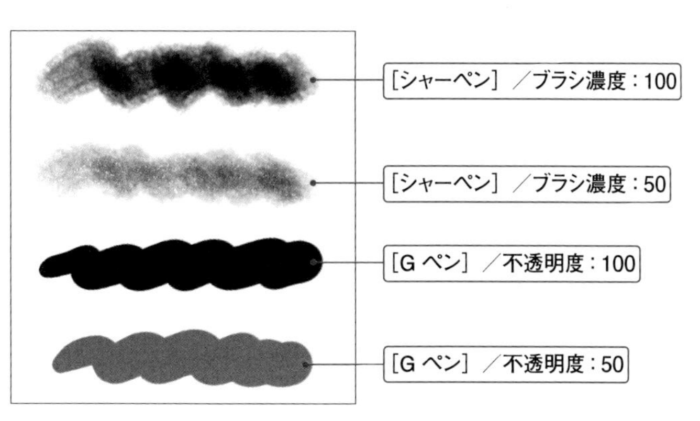

Chapter 3-3

線の入り抜きを設定する

[ツールプロパティ]パレットでブラシのカスタマイズができますが、[サブツール詳細]パレットを使用すれば、[線の入り抜き]などさらに細かなカスタマイズが可能になります。

線の入り抜きを設定する

1 [サブツール詳細]パレットを表示する

今回は［ツール］パレットの［ペン］→［ペン］タブ→［Gペン］を選択します。［ツールプロパティ］パレットの🔧を選択して［サブツール詳細］パレットを表示します。

MEMO ［サブツール詳細］パレットの詳しい内容は、P.104を参照してください。

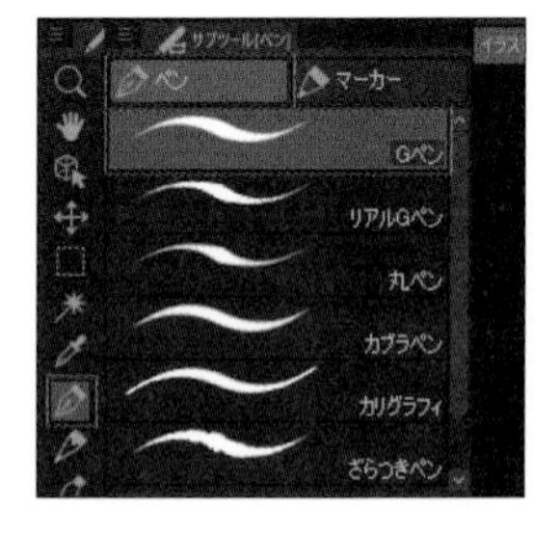

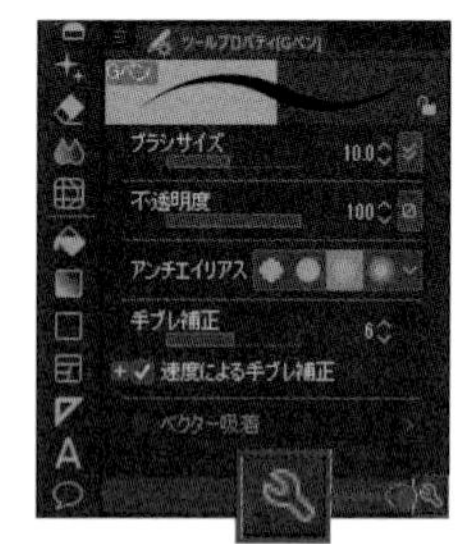

2 変更したい項目を選択する

左側のメニューから［入り抜き］を選択します。右側にある［入り抜き］のプルダウンを選択して、［入り抜き影響先設定］画面から変更したい項目にチェックを入れます。今回は［ブラシサイズ］を選択します。

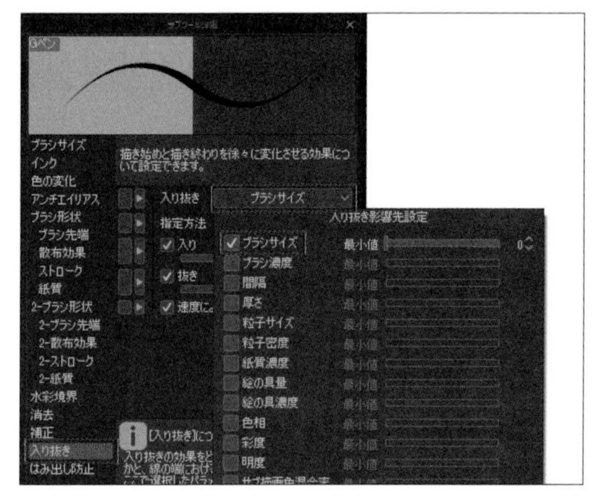

3 [入り]と[抜き]を変更する

下にある［入り］のバーをドラッグすると、上に表示されているブラシの左端のサイズ（＝入り）が変更されます。さらにその下の［抜き］のバーを動かすと、今度はブラシの右端のサイズ（＝抜き）が変更されます。好みの設定にカスタマイズしたら、描いてみて線の具合を確認しましょう。

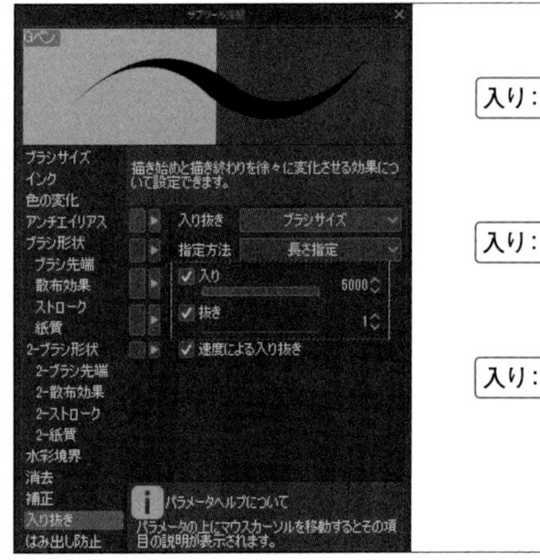

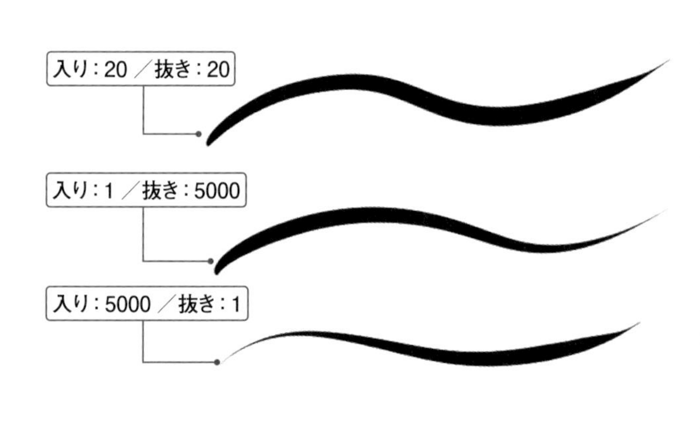

Chapter 3-4 線の滑らかさを設定する

CLIP STUDIO PAINTでは、ぼかしを強くしたり逆にクッキリさせたりと、線の滑らかさの調整ができるアンチエイリアスを適用することができます。

アンチエイリアスとは？

アンチエイリアスとは、ブラシの境界線を少しぼかすことで線のギザギザを目立たなくさせる機能です。アンチエイリアスがOFFの状態で線を引くと線がギザギザになりますが、アンチエイリアスを設定することでブラシの境界線が滑らかになり、より柔らかい線を引くことができます。

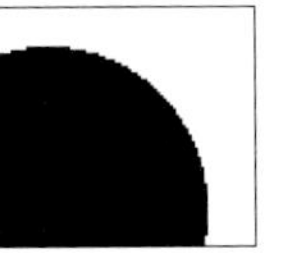
アンチエイリアスなし

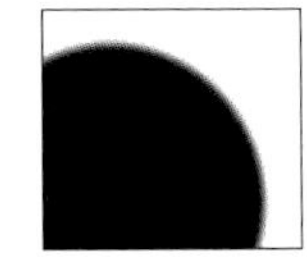
アンチエイリアスあり

アンチエイリアスを設定する

1 [アンチエイリアス]を変更する

[ツール] パレットの [ペン] → [ペン] タブ→ [Gペン] を選択します。[ツールプロパティ] パレットにある [アンチエイリアス] から設定を選択します。

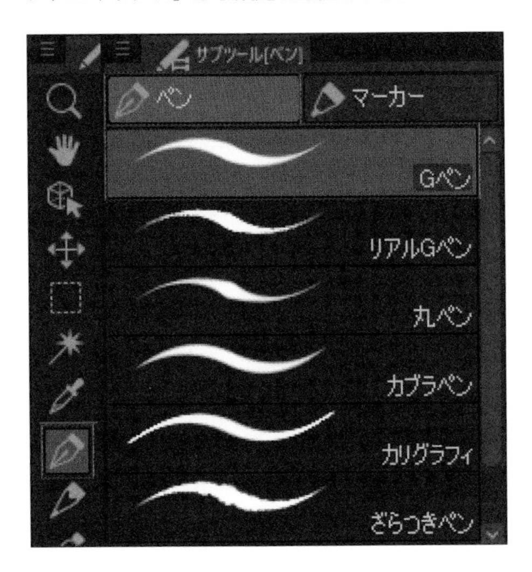

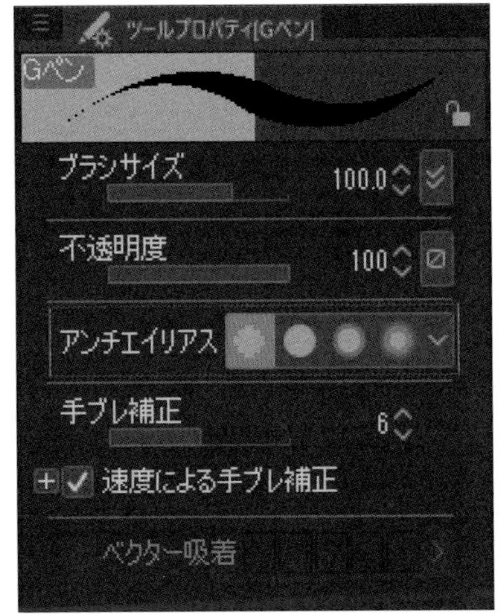

2 効果を確認する

[無し] [弱] [中] [強] の4段階があり、強ければ強いほど境界線のぼかしが強くなります。

MEMO
[レイヤープロパティ] パレットの [表現色] が [モノクロ] の場合、アンチエイリアスの効果はありませんので注意してください。

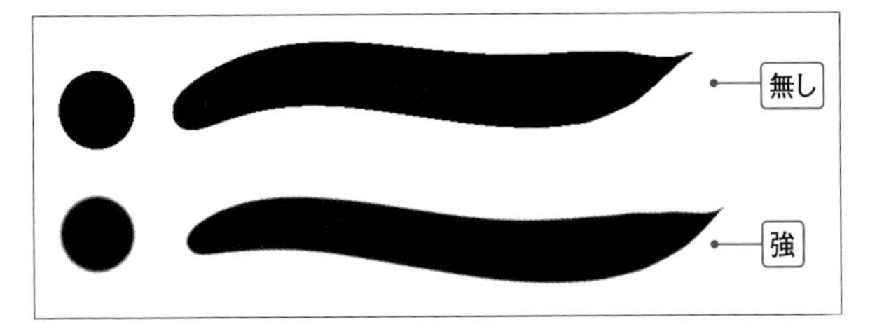

POINT アンチエイリアスはほかのツールでも設定できる

アンチエイリアスは、[消しゴム] や [選択範囲] ツールなどでも設定することができます。[ツールプロパティ] パレットに表示されていない場合は、[サブツール詳細] パレット内で変更が可能です。また [塗りつぶし] ツールなど、機能によってはアンチエイリアスの有無のみ設定できるものがあります。

Chapter 3-5

手ブレ補正を設定する

［手ブレ補正］を利用すると自動的に線に補正が入り、綺麗に描くことができるようになります。設定から補正の度合いを調整することができるので、自分の筆圧や描き具合に合わせて調整しましょう。

手ブレ補正を設定する

1 ペンを選択する

［ツール］パレットの［ペン］→［ペン］タブ→［Gペン］を選択します。

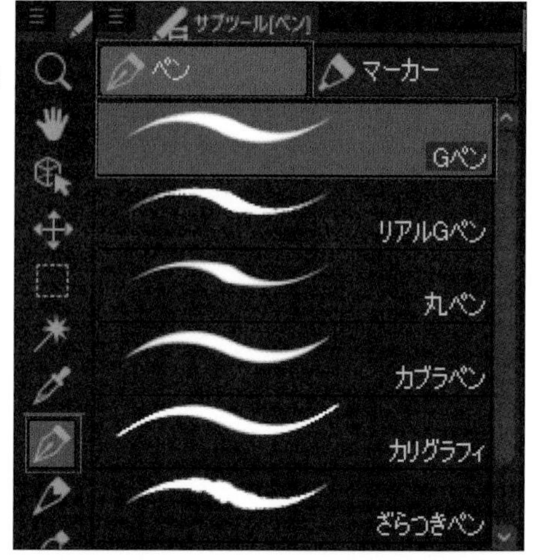

2 ［手ブレ補正］を変更する

［ツールプロパティ］パレットにある［手ブレ補正］のバーをドラッグして変更します。数値が大きいほど補正が強くなります。

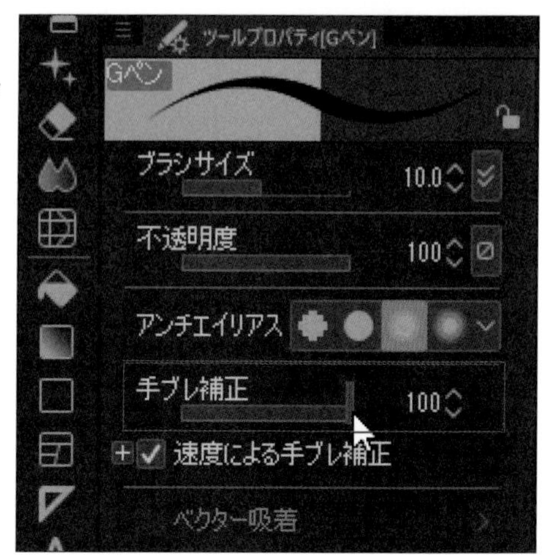

3 試し描きをして数値を調整する

0と100でそれぞれ文字、直線、円を描いてみて描き心地を確認します。［100］の場合、補正が強く入るため描画が少し遅くなりますが「払い」などが綺麗になります。ペンタブレットでは一気に線を引くほうが綺麗な線が出るため、ゆっくり線を引くタイプの人は高めの方が描きやすいかもしれません。［0］との描き心地の差がかなりあるので、自分が描きやすい補正値を探してみてください。

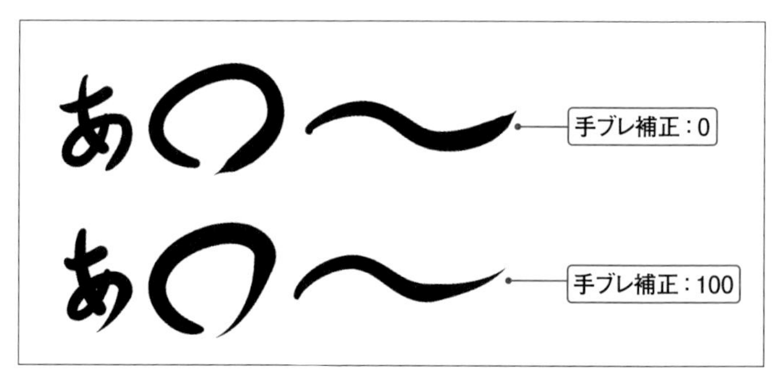

Chapter 3-6

ペンごとに筆圧を設定する

[サブツール詳細]パレットにある[入り抜き]では線の入り抜きの部分だけに影響しますが、[ブラシサイズ影響元設定]で設定すれば、線全体の筆圧を細かく調整することができます。

ペンの筆圧を設定する

1 [ブラシサイズ影響元設定]画面を表示する

今回は［ツール］パレットの［ペン］→［ペン］タブ→［Gペン］を選択します。［ツールプロパティ］パレットの［ブラシサイズ］の横にあるを選択します。

MEMO
［ブラシサイズ］だけでなく［不透明度］や「ブラシ濃度］など、項目の横にやがついている項目は、同様にカスタマイズ可能です。

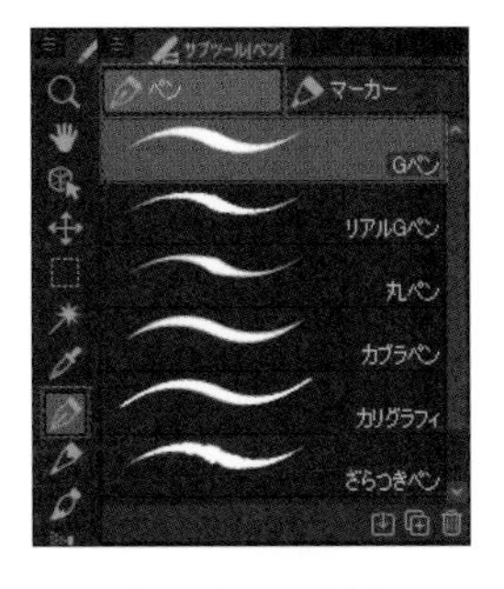

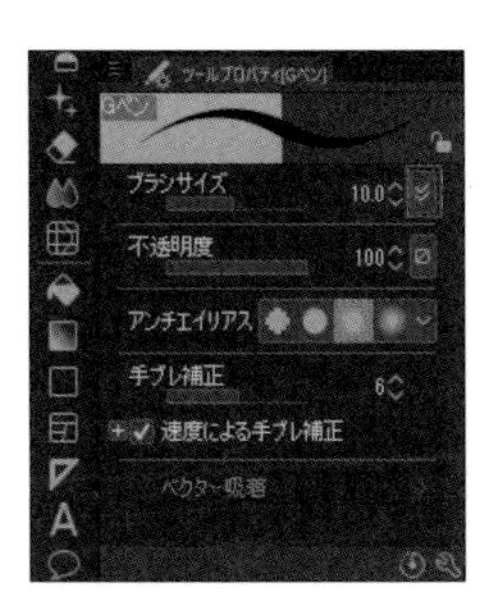

2 筆圧を変更する

［ブラシサイズ影響元設定］画面の［筆圧］にチェックが入っていることを確認します。ここのチェックを外すと筆圧がOFFになり強弱のない線になります。また［筆圧］の横にある［最小値］のバーは、このあとに変更するグラフ曲線を変更した際、その変更を何%反映させるかを決める数値になります。100だとOFFと同じ状態。0は100%反映されるので今回は0のままにします。

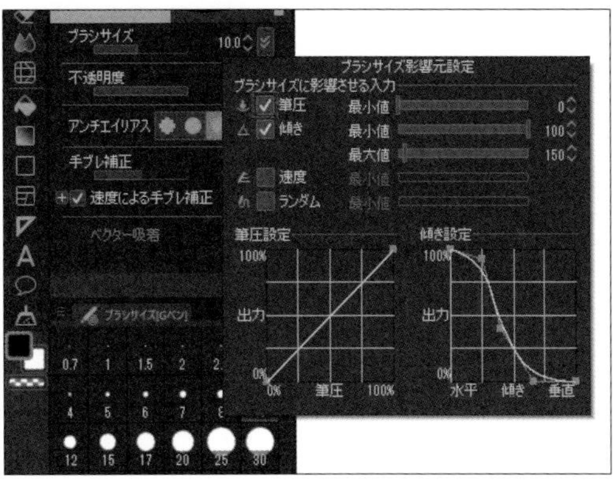

3 グラフの曲線を変更する

左下にあるグラフは筆圧を設定するグラフです。曲線のラインが下反りになるほど筆圧の強弱が極端になり、上反りになるほど強弱の差が少なくなります。グラフ上の制御点をドラッグして調整し、思い通りの筆圧に設定しましょう。

MEMO
グラフ上の制御点はドラッグで移動、制御点以外を選択で追加、制御点をグラフの外にドラッグで削除することができます。

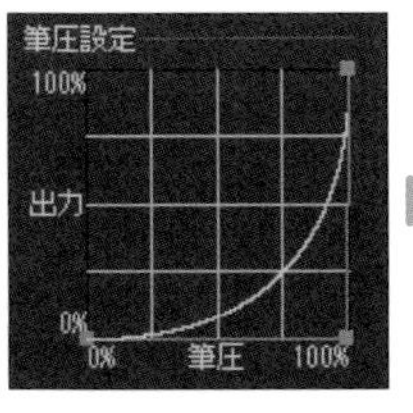

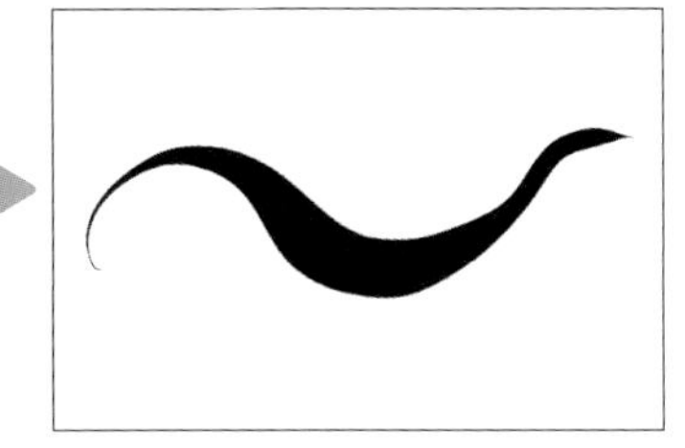

線の強弱が強い

線の強弱が少ない

Chapter 3-7

選択範囲を知る

デジタルで絵を描く上でレイヤーと同じく重要な、選択範囲について紹介します。選択範囲を使えばアナログではできない作業や難しい作業が簡単にできるようになります。ぜひ使いこなして作業効率をアップしましょう。

選択範囲とは？

画像に範囲を指定すると、その範囲内だけが描画や色変更の対象になります。例えばマスキングテープを使って一部を隠した状態で色を塗れば、マスキングした部分以外にだけ色を付けられます。選択範囲はこれと同じように、**自由に範囲を作成して、その範囲だけに加工を行うことができるようにする機能**です。なお、選択範囲は点線で囲まれた状態で表示されます。

線画

選択範囲を指定して塗りつぶした場合

選択範囲を指定しないで塗りつぶした場合

選択範囲を使うと何ができる？

選択範囲を使えば以下のようなことができます。

範囲内にだけ描画や塗りつぶしができる

選択範囲の枠内をブラシで描画すると、そこだけに描画することができます。ブラシが選択範囲内より外にはみ出しても描画されないため、色塗りなどの際に便利です。

選択範囲の外を描画しても、色がはみ出さない

範囲内にある部分を移動できる

選択範囲で指定した部分だけを移動させることができます（→P.82）。これによりパーツの位置変更が簡単に行えます。

選択範囲で指定した部分だけを移動できる

範囲内を部分的に削除／コピーできる

選択範囲で指定した部分だけを削除したり（→P.84）、コピーしたりすることができます（→P.83）。また、［消しゴム］ツールも使えるので範囲内を部分的に消すことも可能です。

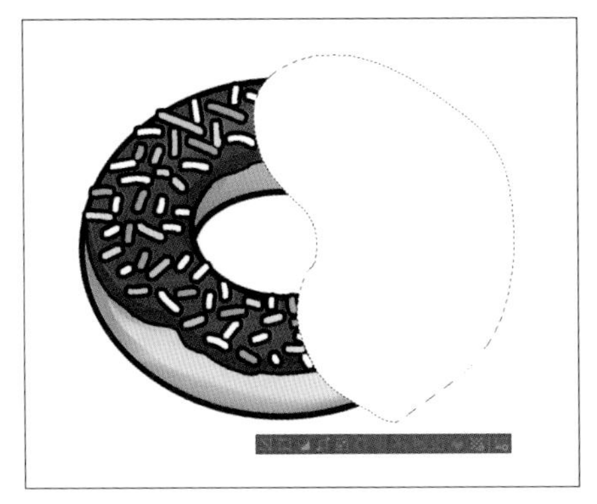

範囲指定した部分だけを削除できる

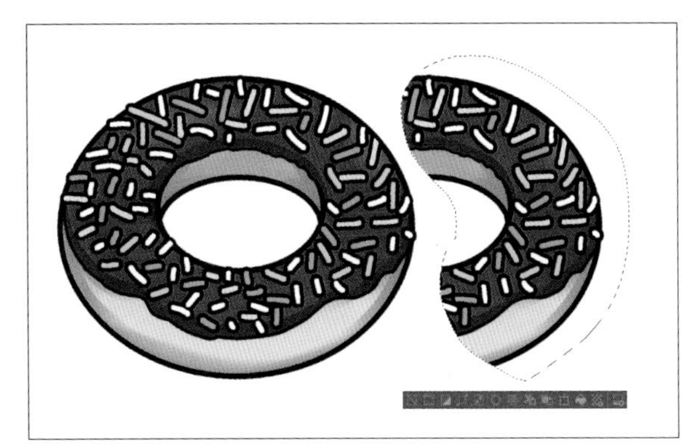

範囲指定した部分だけをコピーできる

範囲内を部分的に変形できる

選択範囲で指定した部分だけを拡大／縮小することができます（→P.91）。また、メッシュ変形などの細かい変形も可能です（→P.201）。

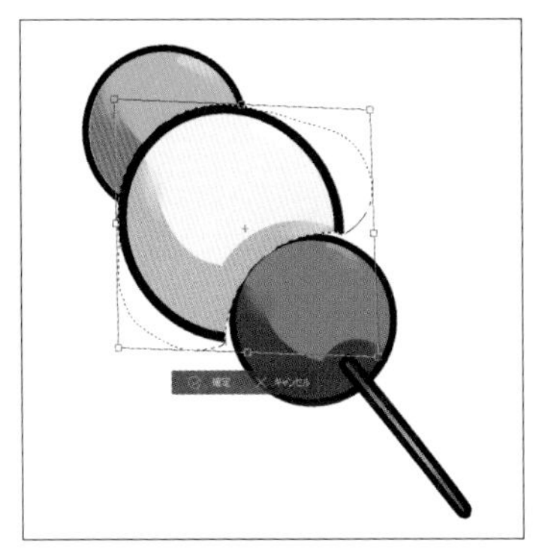

範囲指定した部分だけを変形できる

範囲内の色や効果を変形できる

選択範囲で指定した部分の色や明るさなどを変更したり、ぼかし効果を付けるなどの部分加工を行うことができます（→P.85）。

範囲指定した部分だけを加工できる

Chapter 

3-8 選択範囲を指定する

CLIP STUDIO PAINTでは、さまざまな場面に合わせて選択範囲が指定できるよう、指定方法がいくつか用意されています。ここではその中の1つとなる[選択範囲]ツールについてそれぞれご紹介します。

[選択範囲] ツールの種類と使い方

[ツール] パレットの [選択範囲] を選択すると、選択範囲を指定するツールが表示されます。選択範囲の作成方法は「範囲指定したいところを囲む」のが基本ですが、ツールによって操作が異なるので、使用用途によって使い分けていきます。

[長方形選択] ツール　～四角形で選択する

四角の形で選択範囲を指定することができます。[長方形選択] ツールを選択後、キャンバス上でドラッグすると四角の点線枠が表示されます。

> **MEMO**
> [選択範囲] ツールを選択中に枠外をクリックすると選択範囲が解除されます。また、Shiftキーを押しながらドラッグすると、正方形の範囲選択が作成できます。

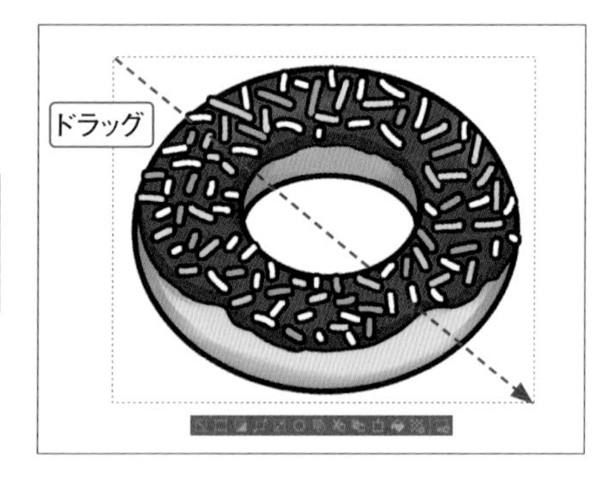

[楕円選択] ツール　～円で選択する

円の形で選択範囲を指定することができます。[楕円選択] ツールを選択後、キャンバス上でドラッグすると円の点線枠が表示されます。

> **MEMO**
> Shiftキーを押しながらドラッグすると、正円の範囲選択を作成できます。

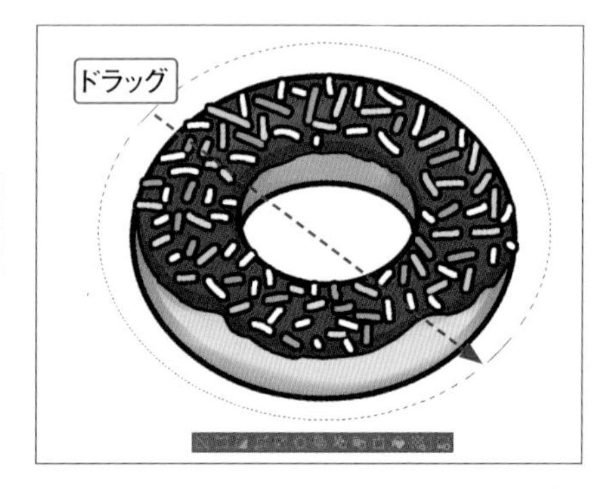

[投げなわ選択] ツール　～ドラッグした形で選択する

[投げなわ選択] ツールを選択後、ドラッグしながら囲むとその形で範囲を指定することができます。囲み終わる途中でペン先を離した場合、最初の点に自動的に直線で繋がります。

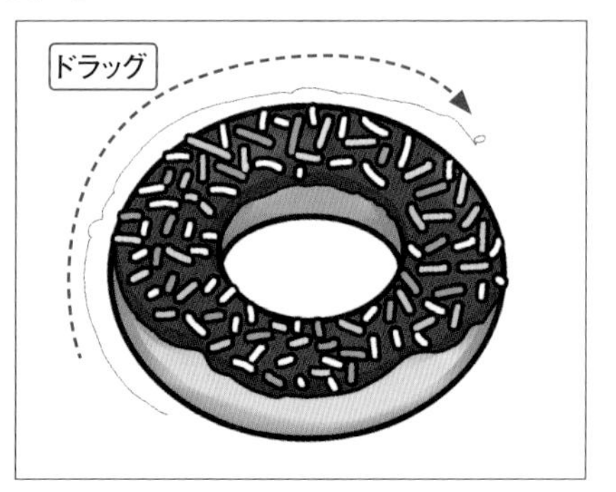

[折れ線選択] ツール　～多角形で選択する

[折れ線選択] ツールを選択後、クリックしながら囲むと多角形の形で範囲を指定することができます。選択途中でダブルクリックするか、始点をクリックすると選択範囲が確定します。確定前に Esc キーを押すと全キャンセル、Back space、Delete キーを押すと点が1つキャンセルされます。

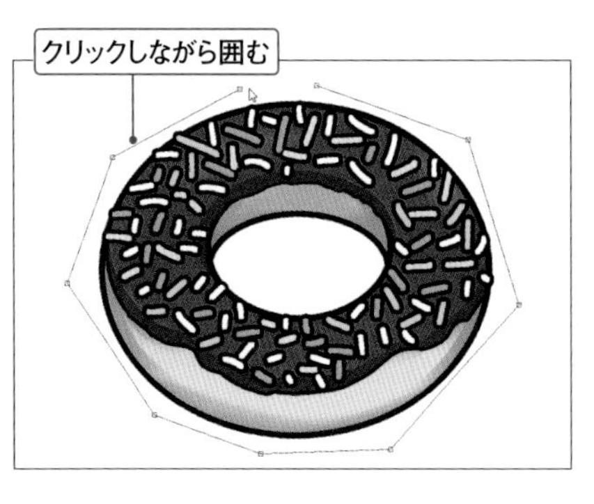

MEMO
Shift キーを押しながらクリックすると、直線や45度間隔で範囲選択ができます。

[選択ペン] と [選択消し] ツール　～ブラシで選択する

[選択ペン] ツールを使えば、ドラッグして描写した範囲を選択範囲として指定することができます。さらにドラッグすることで、範囲がどんどん追加されます。[選択消し] ツールを使うと、逆に描画した部分の選択範囲を削除することができます。

MEMO
ブラシと同じように、[ツールプロパティ] パレットを利用してサイズや濃度を設定したり、項目の横の■や■、■から筆圧を有効にしたりすることができます。

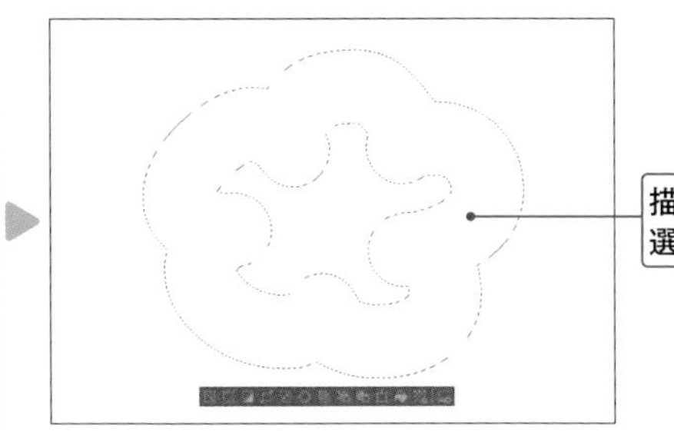

[シュリンク選択] ツール　～オブジェの外周を選択する

[シュリンク選択] ツールで囲むと、その範囲内に収まっているオブジェの外周を選択範囲として指定することができます。指定方法は、基本的に [投げなわ選択] ツールと同じです。

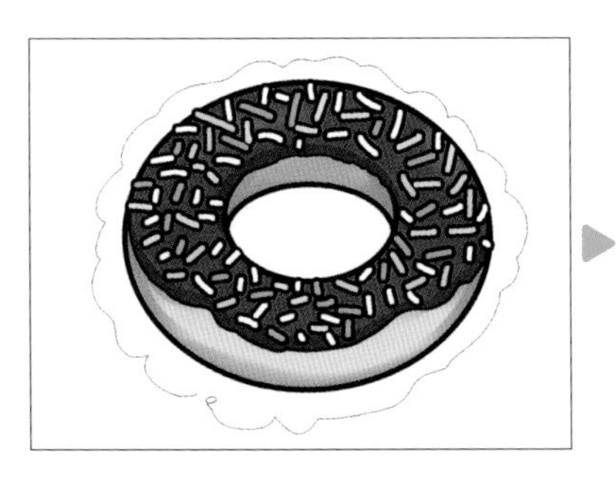

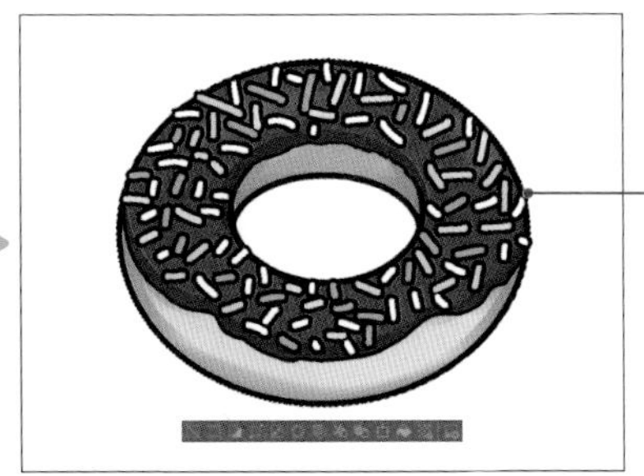

POINT　オリジナルの [選択範囲] ツールを作成するには？

例えば [シュリンク選択] の外周範囲を選択する機能を持ちながら、[選択ペン] のようにブラシで範囲指定するツールをつくることができます。作成するには、[シュリンク選択] ツールを選択し、[サブツール] パレットの [メニュー表示] ■→ [カスタムサブツールの作成] → [入力処理：ブラシ] に変更して [OK] を選択します。なお、この [カスタムサブツールの作成] 機能はほかのツールでも利用可能です。

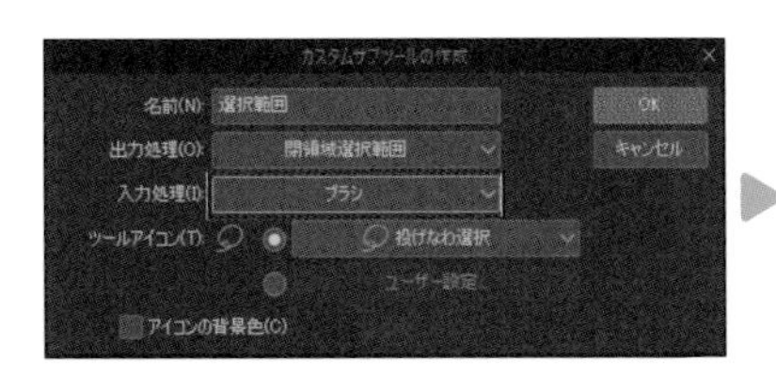

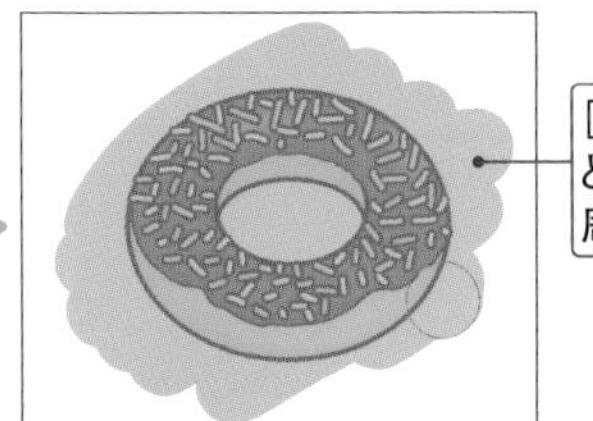

第3章　「線画」をする　～ブラシの基本と選択範囲

選択範囲を追加／削除する

1 選択範囲を作成する

ここでは、［ツール］パレットの［選択範囲］→［長方形選択］ツールを選択し、1回目の選択範囲を指定します。

MEMO

選択範囲の枠内にポインターを近づけると、アイコンがに変化し、その状態でドラッグすると選択範囲を移動できます。また移動中、Shiftキーを押しながらドラッグすることで一定の角度での固定移動が可能です。ただし、［ツールプロパティ］パレットの［作成方法］が［新規選択］になっていないと移動できないので注意しましょう。

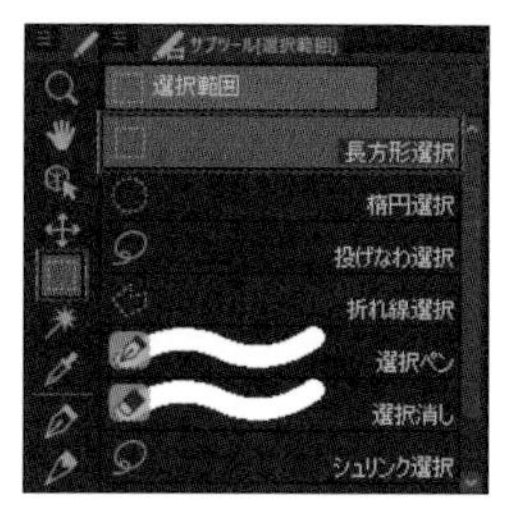

2 選択範囲を追加する

今回は別の［選択範囲］ツールに切り替えて選択範囲を追加してみます。［楕円選択］ツールを選択し、［ツールプロパティ］パレットにある［作成方法］を［追加選択］に切り替えます。そのまま範囲を指定すれば、選択範囲が追加されます。

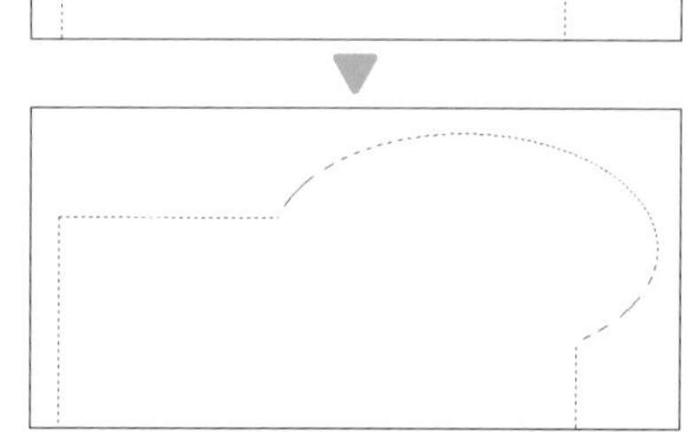

Shiftキーを押しながら範囲を指定すると同様のことができます。ただしShiftキーを使うと選択範囲の形や角度が固定されてしまうため、［追加選択］と合わせて使用しましょう。

3 選択範囲を削除する

［ツールプロパティ］パレットにある［作成方法］を［部分解除］に切り替え、すでに作成されている選択範囲内で再び範囲を指定すると、指定した分の選択範囲が削除されます。

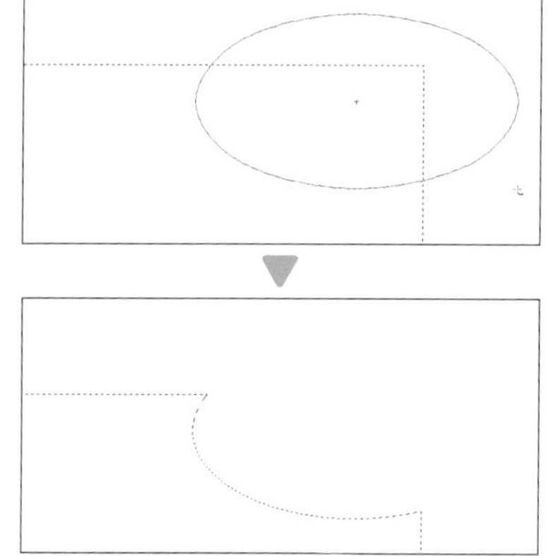

MEMO

Altキーを押しながら範囲指定すると同様のことができます。

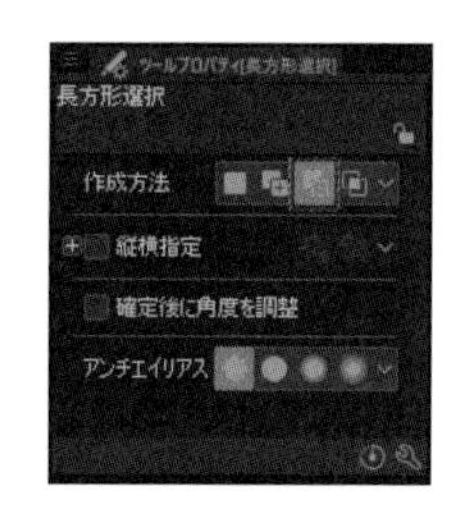

4 重なる部分のみを選択範囲にする

［ツールプロパティ］パレットにある［作成方法］を［選択中を選択］に切り替え、先に作成されている選択範囲に重なるように指定すると、先に作成されている選択範囲と重なる部分のみが選択範囲となります。

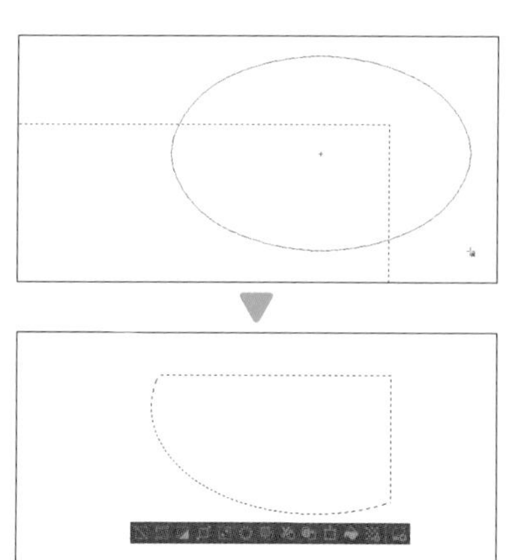

Shift＋Altキーを押しながら範囲指定すると同様のことができます。

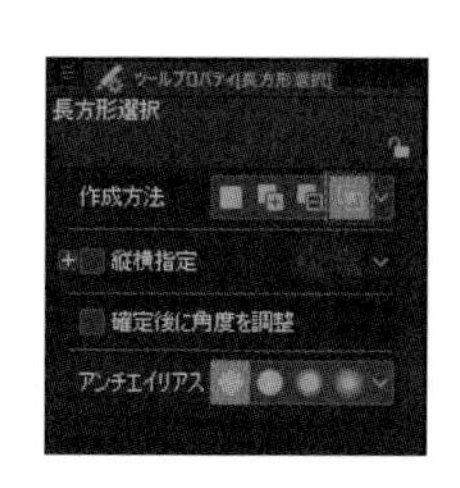

レイヤーの描画部分を選択範囲として取得する

1 レイヤーを選択する

選択範囲を取得したいレイヤーを選択します。

> **MEMO**
> レイヤーを複数選択しておくと、選択したレイヤーすべての選択範囲を取得することができます。

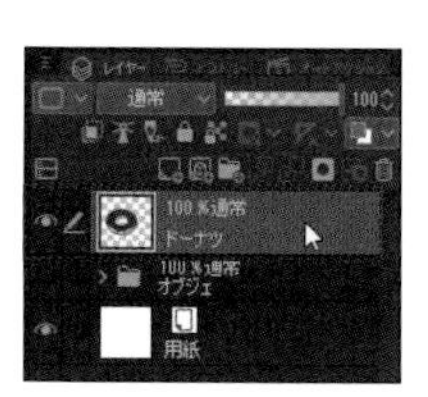

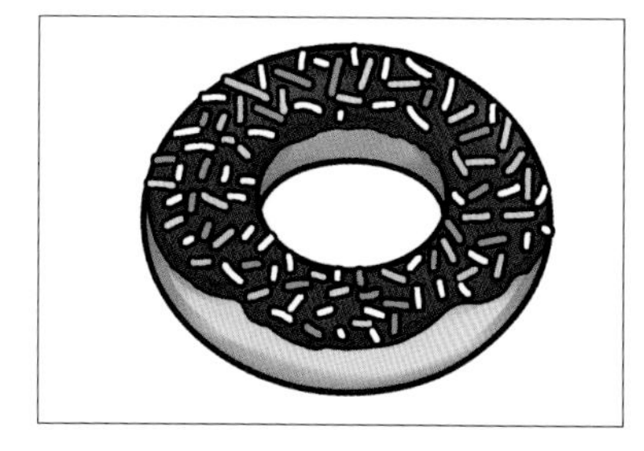

2 レイヤーから選択範囲を取得する

［レイヤー］パレットの［メニュー表示］→［レイヤーから選択範囲］→［選択範囲を作成］を選択します。すると、選択したレイヤーに描画されている内容の選択範囲が作成されます。

> **MEMO**
> レイヤーから選択範囲を取得する際は、ショートカットを利用することが多いです。Ctrlキーを押しながらレイヤーのサムネイルを選択すると、そのレイヤーの選択範囲を取得できます。さらに、Ctrl＋Shiftキーで範囲を追加、Ctrl＋Altキーで範囲を削除できます。

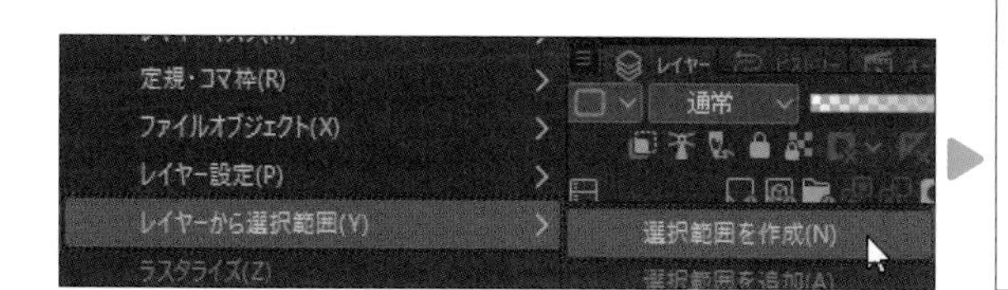

描画部分の選択範囲が作成される

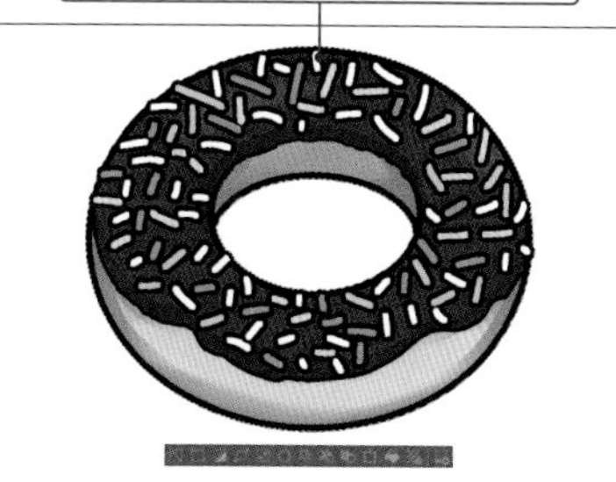

POINT　選択範囲ランチャーについて

選択範囲ランチャーとは、選択範囲を指定した際に枠の下に表示されるメニューのことです。選択範囲そのものの形を変更したり、選択範囲の内外に対して行う処理がまとめられています。

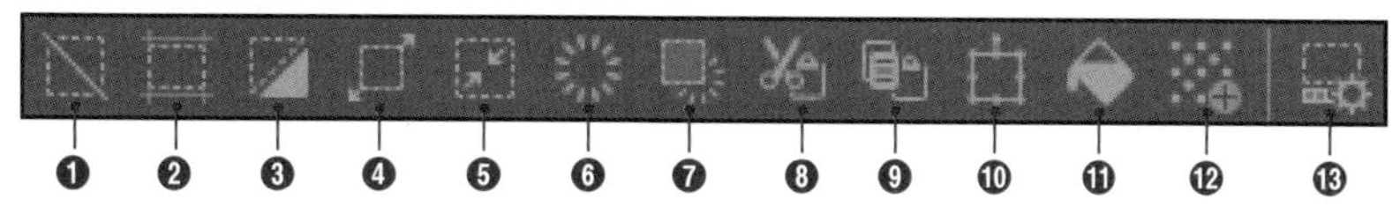

❶選択を解除	選択範囲を解除します。
❷キャンバスサイズを選択範囲に合わせる	選択範囲に合わせてキャンバスサイズをカットします。
❸選択範囲を反転	選択範囲を反転します。
❹選択範囲を拡張	選択範囲の大きさを、数値指定で拡張します。
❺選択範囲を縮小	選択範囲の大きさを、数値指定で縮小します。
❻消去	選択範囲内を消去します。
❼選択範囲外を消去	選択範囲の外側を消去します。
❽切り取り＋貼り付け	選択範囲内を切り取り、新規レイヤーに貼り付けます。
❾コピー＋貼り付け	選択範囲内をコピーし、新規レイヤーに貼り付けます。
❿拡大・縮小・回転	選択範囲内を変形します。操作後はEnterキーを押して確定させます。
⓫塗りつぶし	選択範囲内を描画色に塗りつぶします。
⓬新規トーン	選択範囲内にモノクロトーンを貼り付けます。
⓭選択範囲ランチャーの設定	選択範囲ランチャーに表示されている項目の追加や削除、並べ替えを行います。

Chapter

3-9 イラストの一部を移動する

選択範囲で指定した部分だけを移動させることができます。同じレイヤー内で移動するため、例えばキャラクターの目や鼻の位置を少し変えるなど、イラストの微調整をするときなどに非常に便利です。

イラストの一部を移動する

1 選択範囲を指定する

移動させたい内容が描かれたレイヤーを選択し、[選択範囲] ツールで選択範囲を指定します。

2 [レイヤー移動] ツールで移動する

[ツール] パレットの [レイヤー移動] → [レイヤー移動] ツールで選択範囲内をドラッグすると、選択範囲内の描画内容を移動できます。移動させたい位置まできたら、選択範囲ランチャーの [選択を解除] を選択して選択を解除しましょう。

MEMO

レイヤーを複数選択した状態で [レイヤー移動] ツールを使うと、描画された内容をまとめて移動できます。

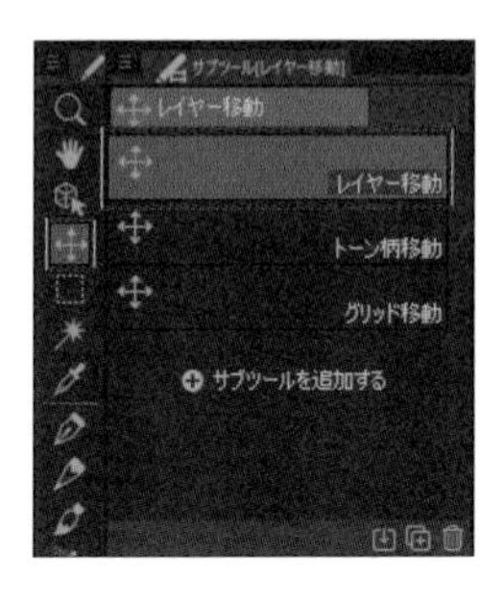

3 [オブジェクト] ツールで移動する

[ツール] パレットの [操作] → [オブジェクト] ツールを使っても、選択範囲の内容を移動できます。これらの違いは、[レイヤー移動] ツールが選択中のレイヤーの内容を移動するのに対し、[オブジェクト] ツールは、ドラッグした対象にレイヤーが切り替わり、移動します。レイヤーがたくさんあって分かりづらいときなどに便利です。

MEMO

[ツール] パレットの [ペン] から下のツールを使用中なら、Ctrl キーを押している間だけ [オブジェクト] ツールに切り替えることができます。

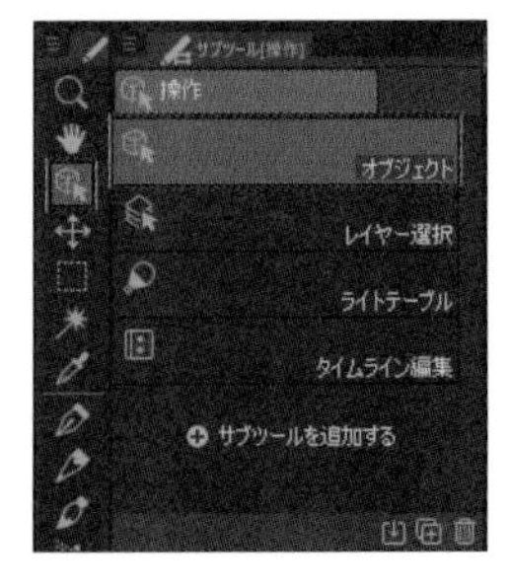

Chapter 3-10

イラストの一部を切り取る／コピーする

選択範囲内にある内容を切り取り、またはコピーして、別のレイヤーに貼り付けることができます。同じレイヤー内でも複製可能なので、場面に合わせて使い分けましょう。

イラストの一部を切り取る

1 選択範囲を切り取って貼り付ける

切り取りたい内容が描かれたレイヤーを選択し、［選択範囲］ツールで選択範囲を指定して、選択範囲ランチャーの［切り取り＋貼り付け］を選択します。すると、コピー元の内容が切り取られ、選択しているレイヤーの上に切り取った内容が貼り付けられた新規レイヤーが作成されます。

MEMO
レイヤーを複数選択してから操作すると、まとめて切り取りやコピーをすることができます。

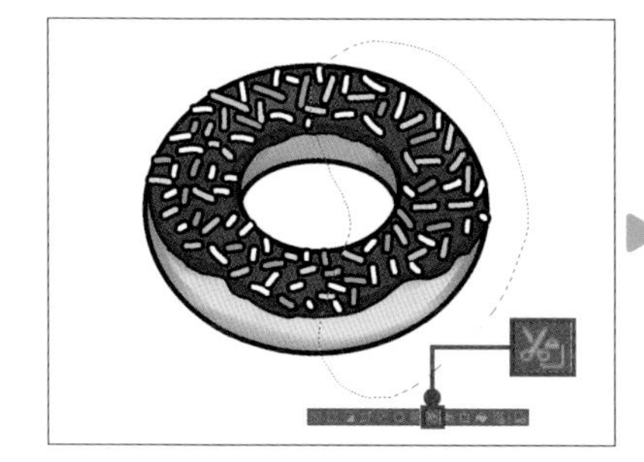

イラストの一部をコピーする

1 選択範囲をコピーして貼り付ける

コピーしたい内容が描かれたレイヤーを選択し、［選択範囲］ツールで選択範囲を指定して、選択範囲ランチャーの［コピー＋貼り付け］を選択します。すると、選択しているレイヤーの上にコピーした内容が貼り付けられた新規レイヤーが作成されます。

MEMO
選択範囲を指定したあと Ctrl ＋ C キーを押すとコピーされ（Ctrl ＋ X を押すと切り取り）、Ctrl ＋ V キーを押すと貼り付けることができます。Ctrl ＋ V キーを押す前にレイヤーを切り替えれば、新規レイヤーの作成位置を指定できます。

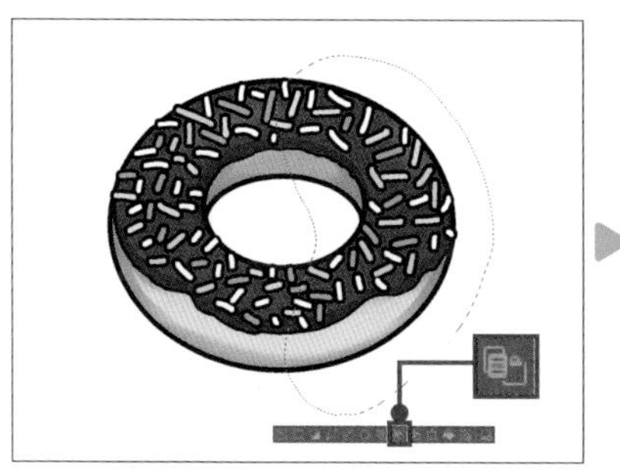

2 同じレイヤー上にコピーする

選択範囲を指定した状態で、［ツール］パレットの［レイヤー移動］→［レイヤー移動］ツールを選択します。Alt キーを押しながら［レイヤー移動］ツールで選択範囲内をドラッグすると、同じレイヤー上に選択範囲の内容をコピーできます。

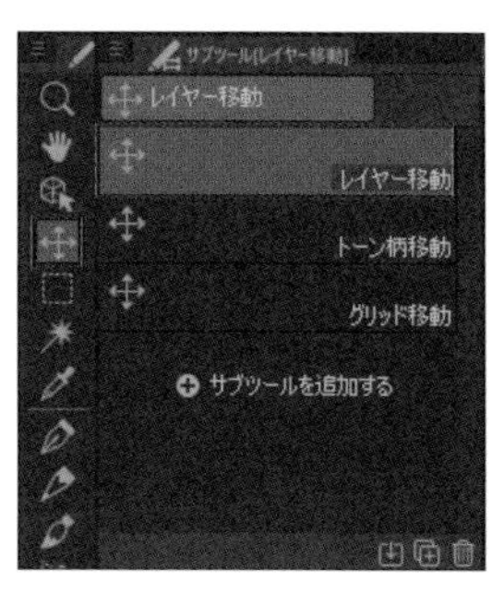

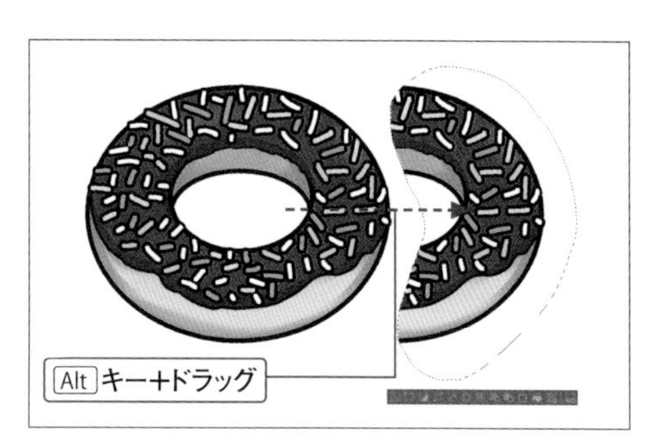

第3章 「線画」をする ～ブラシの基本と選択範囲

Chapter 3-11

イラストの一部を削除する

選択範囲を使うと、指定した範囲内や範囲外にある描画内容を削除することができます。範囲内で[消しゴム]を使っても削除はできますが、ここでは指定した範囲をまとめて削除する方法をご紹介します。

選択範囲の内を削除する

1 範囲範囲内の描画内容を削除する

削除したい内容が描かれているレイヤーを選択し、[選択範囲]ツールで選択範囲を指定します。選択範囲ランチャーの[消去]を選択すると、選択範囲内に描かれた描画内容が削除されます。

MEMO
レイヤーを複数選択した状態で[消去]を選択すると、選択したレイヤーの内容をまとめて削除することができます。

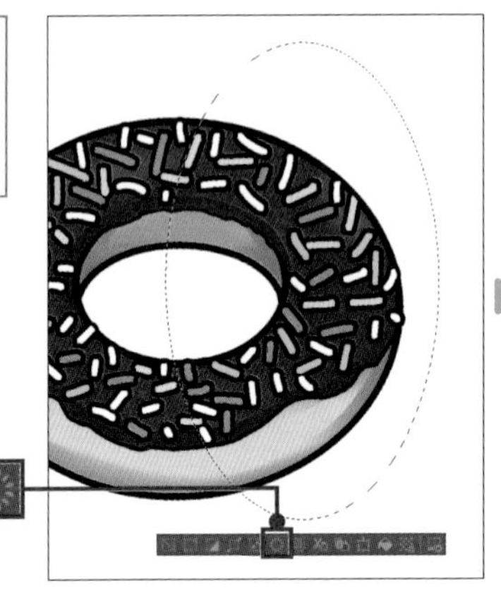

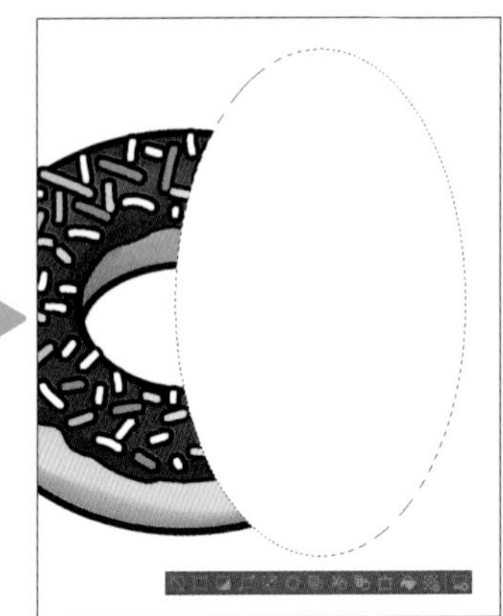

選択範囲の外を削除する

1 選択範囲外の描画内容を削除する

削除したい内容が描かれているレイヤーを選択し、[選択範囲]ツールで選択範囲を指定します。選択範囲ランチャーの[選択範囲外を消去]を選択すると、選択範囲の外側に描かれた描画内容が削除されます。

MEMO
レイヤーを複数選択した状態で[選択範囲外を消去]を選択すると、選択したレイヤーの内容をまとめて削除することができます。

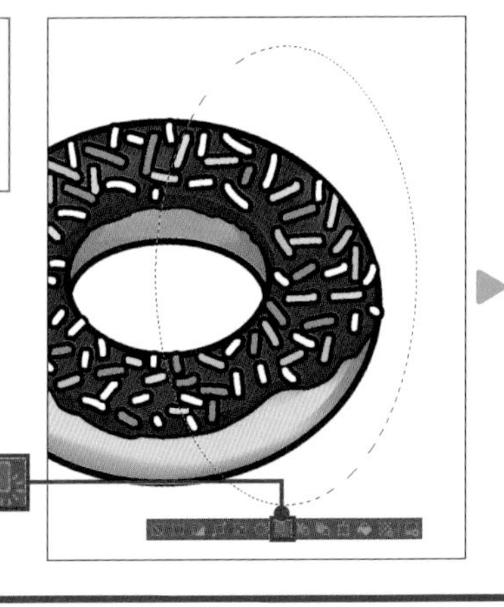

POINT 削除のショートカットキー

選択範囲ランチャーの[消去]の処理は、Back spaceキーやDeleteキーを押すことでも同様の処理が行えます。また選択範囲を指定せずにキーを押すと、選択中のレイヤーに描かれた内容すべてをまとめて消すこともできます。場面により使い分けましょう。

Chapter 3-12

イラストの一部の色を変える／加工する

選択範囲を使うと、指定した部分だけ色や明るさを変更したり、シャープやぼかしなどの加工をすることができます。なお選択範囲を指定していない場合は、選択しているレイヤー全体に効果が適用されます。

部分的に色を変える

1 選択範囲を指定して色変更メニューを選択する

色を変更したい内容が描かれているレイヤーを選択し、選択範囲を指定したあと、［編集］メニュー→［色調補正］を選択します。［色調補正］内には明るさや色を変更する機能が入っています。ここでは［色相・彩度・明度］を選択します。

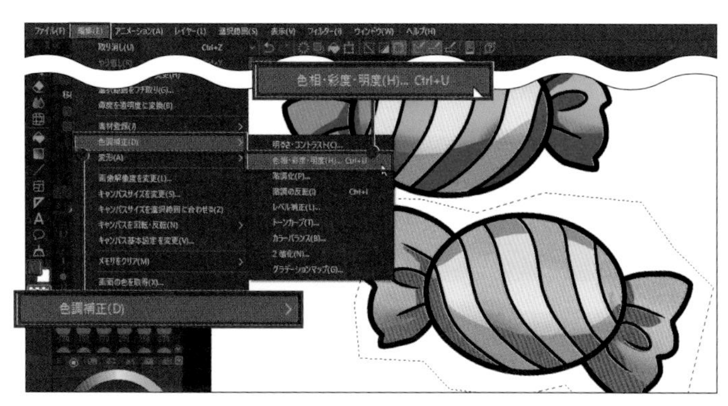

MEMO
レイヤーを複数選択した状態では、［色調補正］のメニューを選択できません。

2 色を変更する

［色相・彩度・明度］画面が表示されます。［色相］のバーを左右に動かすと、選択範囲内の色だけが変化します。［彩度］と［明度］のバーを動かせば、［色相］の数値を維持した状態で彩度と明度を変更できます。最後に［OK］を選択すれば、色の変更が完了します。

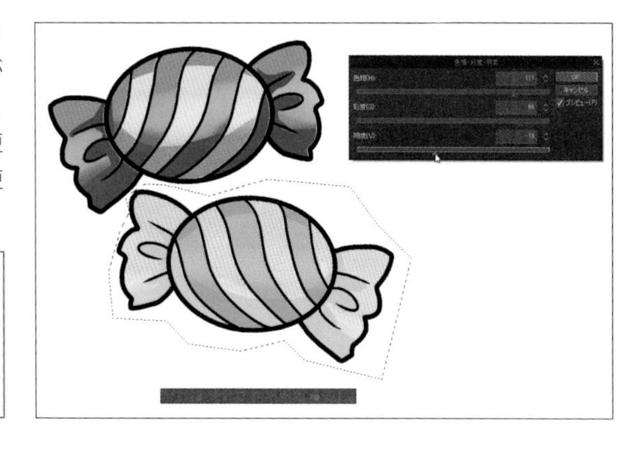

MEMO
選択範囲を指定したあと、［レイヤー］パレットの［メニュー表示］■→［新規色調補正レイヤー］先のメニューを選択すると、マスク付きの色調補正レイヤーが作成され、同じように一部の色を変更することができます（→P.151）。

部分的に加工する

1 画像をぼかす

ぼかしたい内容が描かれているレイヤーを選択し、選択範囲を指定したあと、［フィルター］メニュー→［ぼかし］→［ガウスぼかし］を選択します。［ぼかす範囲］のバーを左右に動かしてみると選択範囲内の描画内容がぼやけていき、数字が高いほどぼかしが強くなっていきます。最後に［OK］を選択すれば、加工が完了します。

MEMO
［フィルター］メニュー内にはぼかしやシャープ、モザイクなど、画像のフィルター加工に関する処理が入っています（→P.204）。

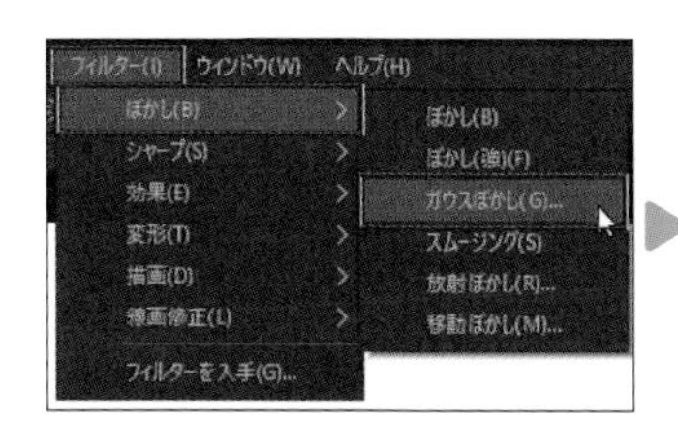

Chapter 3-13

不要な部分を非表示にする～マスク

CLIP STUDIO PAINTには、描かれた内容の一部を非表示にするマスクという機能があります。非表示の範囲はいつでも変更が可能なため、消しすぎた部分を再表示させるなど、やり直しが利く便利な機能です。

マスクとは？

マスク（レイヤーマスク）とは、レイヤーに描かれた一部を非表示にできる機能です。非表示にした部分は透明になり、その下のレイヤー内容が表示されるようになります。また、マスクは不透明度に対応しており、ブラシやグラデーションを使って、さまざまな形や濃度にすることができます。マスクは非常に融通が利く機能です。線と線の重なりでいらない部分を非表示にしたり、色塗りの際にはみ出さずに塗れるようにしたりと、便利な使い方がたくさんあります。

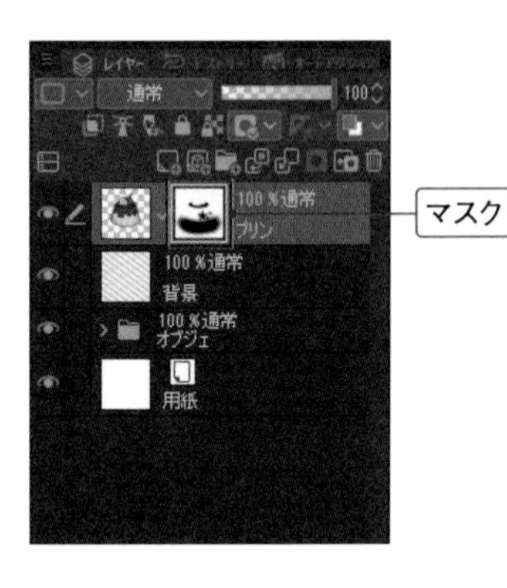

マスク設定前

マスク設定後

選択範囲からマスクを作成する

1 表示させる部分に選択範囲を作成する

マスクはレイヤーまたはフォルダーに設定できます。隠したい部分が描かれているレイヤーを選択し、［選択範囲］ツールを使って表示させたい部分を選択範囲で囲います。

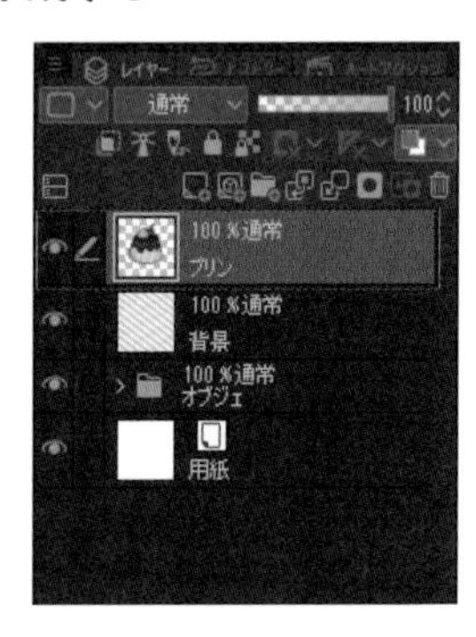

2 マスクを設定する

［レイヤー］パレットにある［レイヤーマスクを作成］を選択すると、白黒のサムネイルが追加され、選択範囲で指定した部分以外が非表示になります。サムネイルの白が表示される部分で、黒が非表示になる部分です。

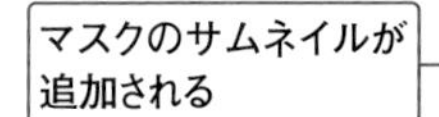

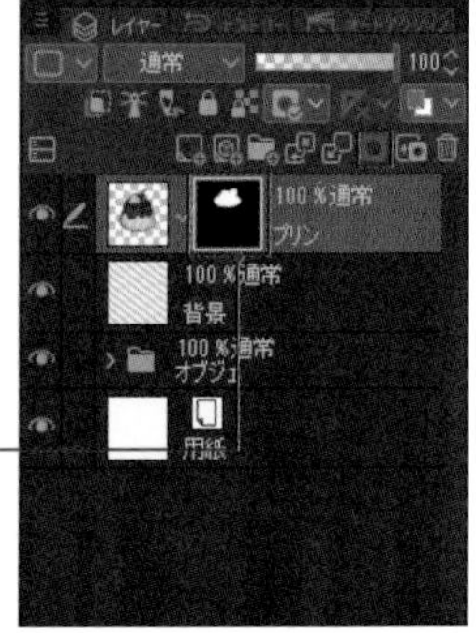

マスクの範囲を編集する

1 マスクサムネイルを選択する

マスクが設定されたレイヤーには、2枚のサムネイルが表示されます。左のレイヤーサムネイルを選択するとキャンバスに描画でき、右のマスクサムネイルを選択するとマスクの表示範囲を編集できます。今回は右のマスクサムネイルを選択します。

2 非表示範囲をブラシで調整する

好きなブラシ（ここでは［Gペン］）を選択し、描画色を［透明色］にします。キャンバスで表示されている部分に描くと、非表示の領域がさらに広がります。

> **MEMO**
> マスクの非表示範囲は消すことで広がります。そのため、消しゴムを使っても非表示にすることができます。

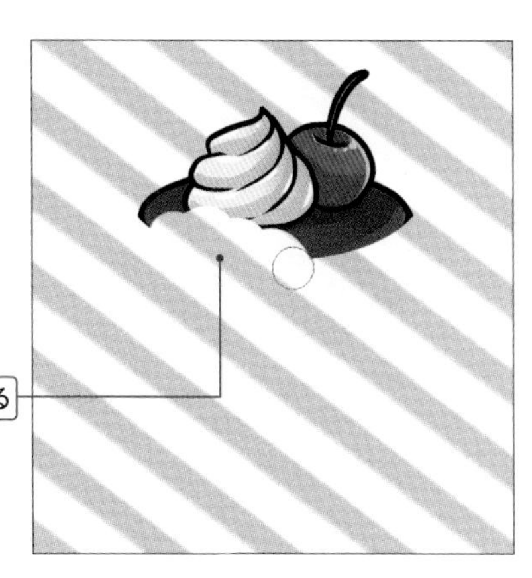

3 表示範囲をブラシで調整する

描画色を［透明色］から［メインカラー］か［サブカラー］にしてから描くと、表示する領域が広がります。

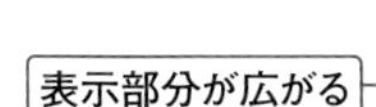

POINT マスクの表示／非表示範囲を入れ替える

マスクサムネイルを選択した状態で［編集］メニュー→［色調補正］→［階調の反転］を選択すると、マスクの表示／非表示範囲を入れ替えることができます。

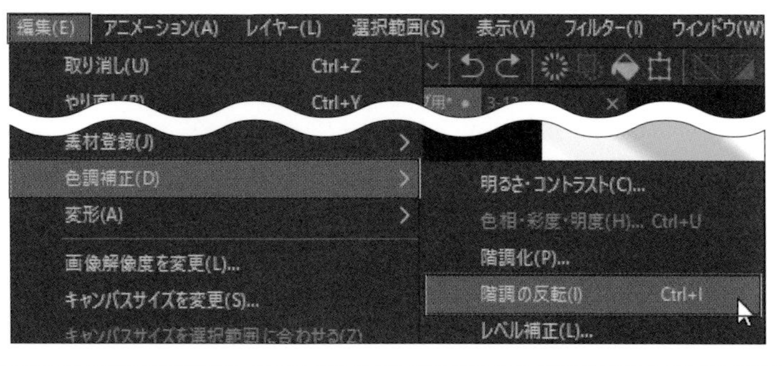

マスクの範囲を見えるようにする

1 マスクの範囲を可視化する

マスクを設定したレイヤーは、[レイヤー] パレットのを選択できるようになります。ここを選択し、[マスク範囲を表示] にチェックを入れると、マスクの範囲が色付きで表示されます。この状態のまま、ブラシや消しゴムでマスク範囲を確認しながら編集することもできます。

> **MEMO**
> Alt キーを押しながらマスクサムネイルを選択すると、[マスク範囲を表示] の状態になります。

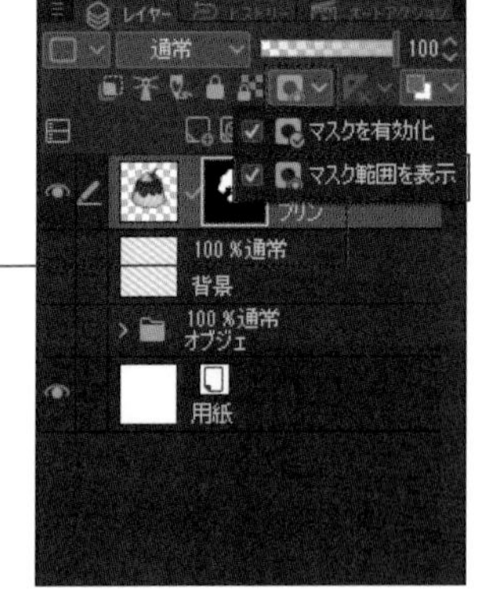

チェックを入れる

マスクが色付きで表示される

マスクを表示／非表示にする

1 マスクを非表示にする

[レイヤー] パレットのから [マスクを有効化] のチェックを外すと、マスクが非表示になります。

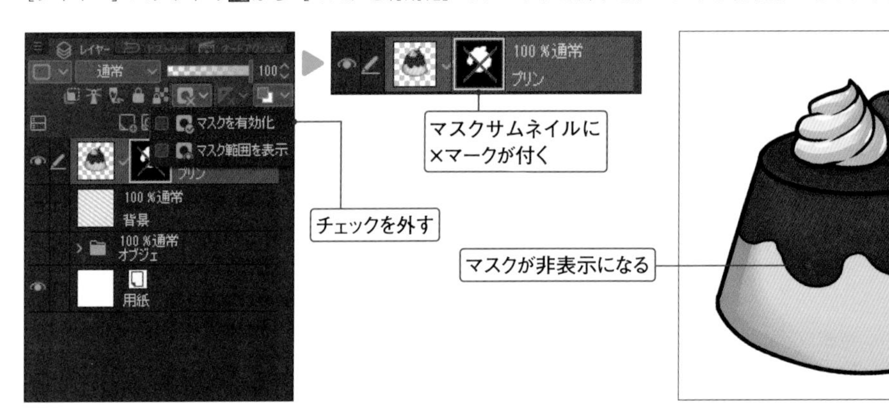

2 マスクを表示する

[マスクを有効化] のチェックを入れ直すと、マスクが表示されます。

> **MEMO**
> Shift キーを押しながらマスクサムネイルを選択しても、マスクの表示／非表示を切り替えられます。

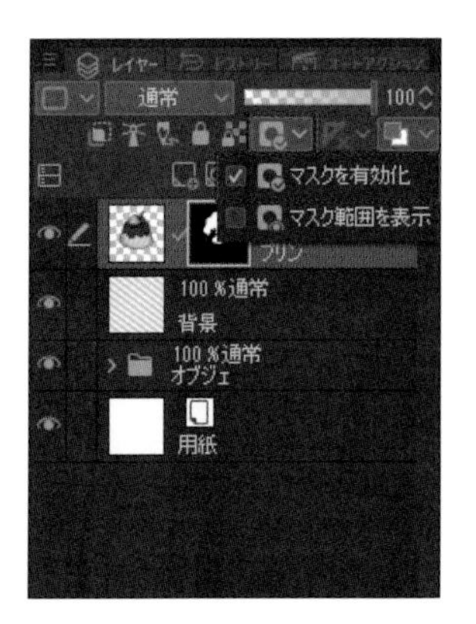

マスクをレイヤーに適用する

1 マスクをレイヤーに適用する

マスクサムネイルの上を右クリック→［マスクをレイヤーに適用］を選択すると、マスクが適応され、マスクで非表示になっていた描画部分がカットされます。これにより、例えばマスクを適用したイラストにさらにマスクを設定することができます。ただし適用してカットされた部分は戻らないので注意しましょう。

マスクが付いたレイヤーとほかのレイヤーを結合した際も同じ結果になります。レイヤーを結合する際は注意してください。

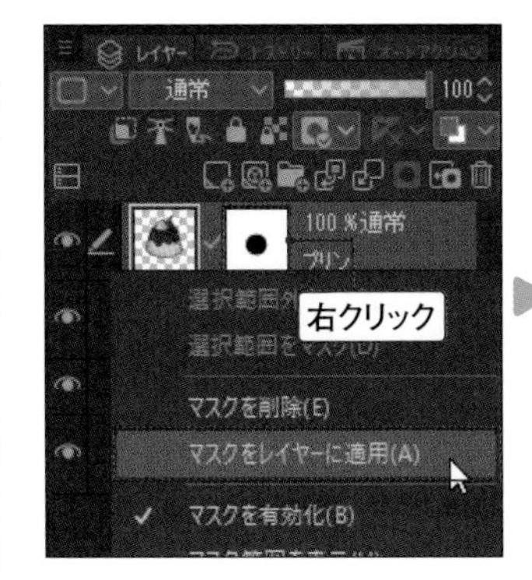

マスクを削除する

1 マスクを削除する

マスクサムネイルをゴミ箱にドラッグすると、マスクが削除されてキャンバス上での非表示も解除されます。

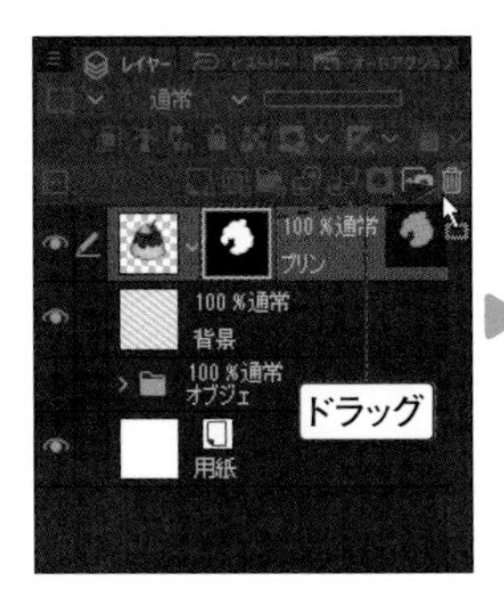

POINT マスク範囲だけを移動／変形するには？

通常、レイヤーの描画内容とマスク範囲はセットになっていますが、レイヤーサムネイルとマスクサムネイルの間にあるチェックを外すと、個別に移動／変形できるようになります。例えば、チェックを外した状態でキャンバス上で［レイヤー移動］ツールでマスクを移動すると、マスク範囲だけが移動します。マスク範囲の調整に利用しましょう。

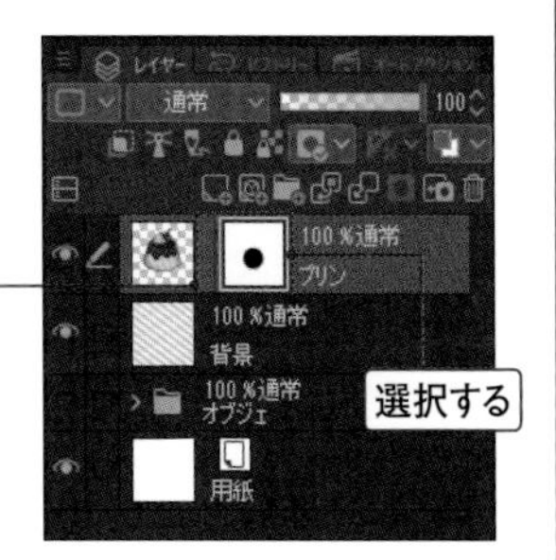

［レイヤー移動］ツールでドラッグすると、マスク範囲だけが移動する

Chapter

3-14 選択範囲を保存する／呼び出す

指定した選択範囲をレイヤーとして保存しておけば、何度でも選択範囲を再取得することが可能になります。また保存した範囲はあとから編集することもできるので、少し違う形の選択範囲を作成したいときなどにも便利です。

選択範囲を保存して呼び出す

1 選択範囲を保存する

［選択範囲］ツールで選択範囲を指定し、［選択範囲］メニュー→［選択範囲をストック］を選択すると、選択範囲が保存された新規レイヤーが追加されます。キャンバス上で選択範囲が緑色に表示されますが、マスクと同様に編集することが可能です。

> **MEMO**
> P.86のように選択範囲からマスクを作成したあと、マスクサムネイルの上を右クリックし、［レイヤーから選択範囲］→［選択範囲を作成］を選択しても、選択範囲の呼び出しが可能です。

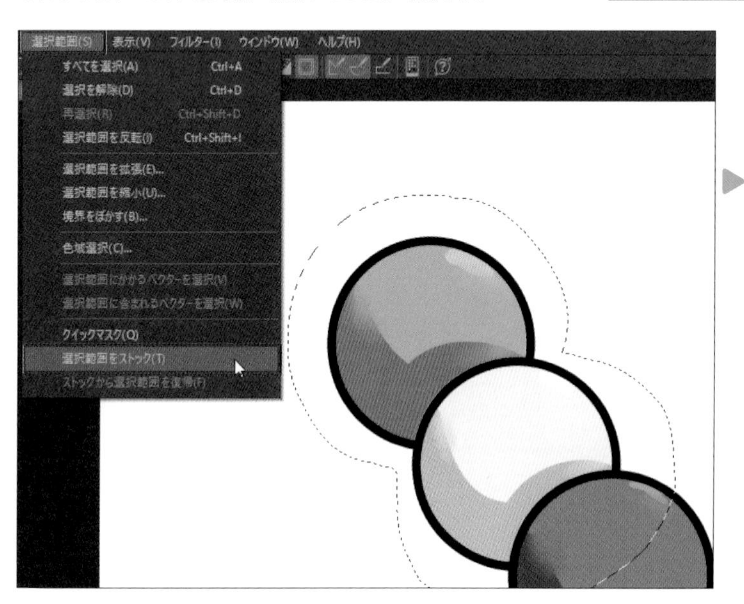

選択範囲が保存された専用レイヤーが作成される

2 選択範囲を呼び出す

選択範囲が保存されたレイヤーを選択し、［レイヤー］パレットの［メニュー表示］→［レイヤーから選択範囲］→［選択範囲を作成］を選択すれば、保存した選択範囲を再取得することができます。

> **MEMO**
> レイヤーやマスクから選択範囲を取得する際はショートカットを利用することが多いです。Ctrlキーを押した状態でレイヤーの各サムネイルを選択すると、その選択範囲を取得できます。さらに、Ctrl＋Shiftキーで範囲を追加、Ctrl＋Altキーで範囲を削除できます。

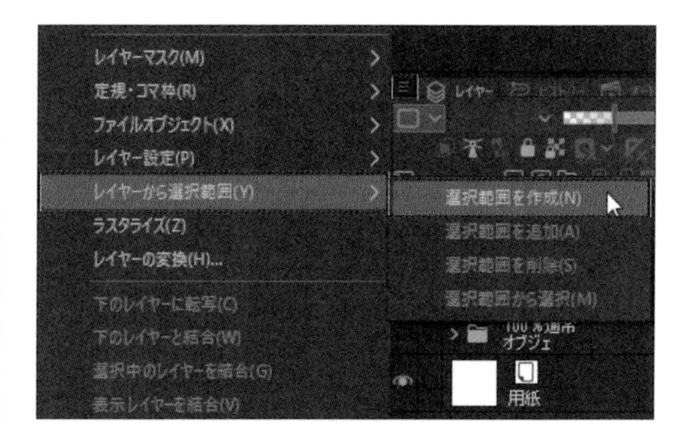

POINT 最後に取得した範囲を再取得する

選択範囲を解除後に［選択範囲］メニュー→［再選択］を選択すると、最後に取得した選択範囲を再取得することができます。

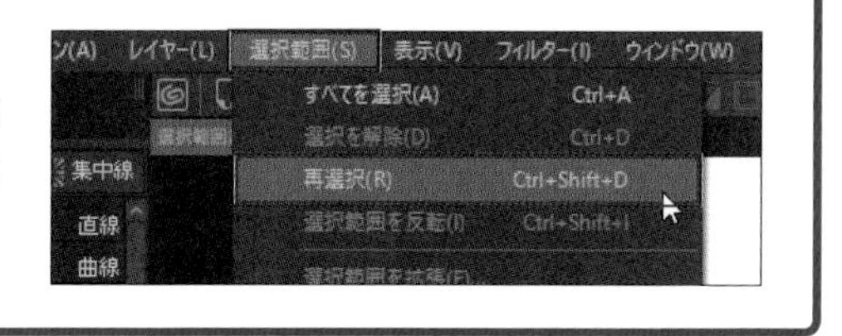

Chapter 3-15 イラストを変形して調整する

レイヤー／選択範囲にあるイラストは、拡大／縮小／回転のほか、遠近を付けたり、凹凸に合わせて形を調整したりするなど、自由に変形させることができます。

イラストを拡大／縮小／変形する

1 ［拡大・縮小・回転］を選択する

変形させたいレイヤーを選択し、［編集］メニュー→［変形］→［拡大・縮小・回転］を選択すると、キャンバスにハンドルが付いた枠が表示されます。

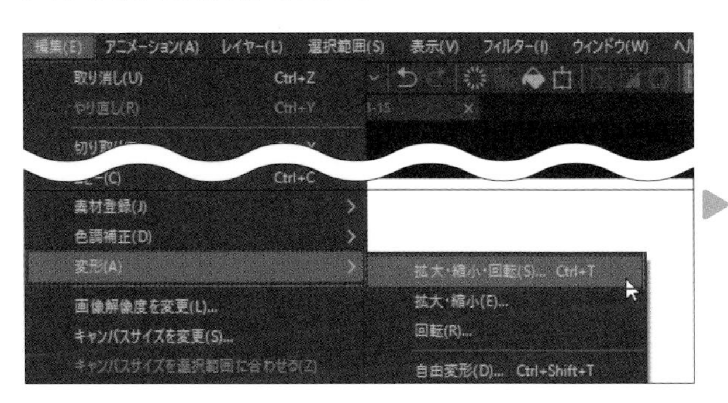

MEMO ［拡大・縮小・回転］はイラストの修正や変更などのさまざまな場面で使うため、Ctrl＋Tのショートカットをよく利用します。

MEMO 枠の中をドラッグするとイラストを移動させることができます。

2 拡大／縮小する

ハンドルをドラッグするとイラストが伸縮します。このとき、［ツールプロパティ］パレットの［縦横比固定］のチェックから、伸縮時に縦横比を固定するか否かを選択できます。また、チェックがないときにShiftキーを押しながら伸縮しても縦横比が維持されます。最後にEnterキーを押して確定します。

MEMO ［ツールプロパティ］パレットの［拡大率］から、数値指定でイラストを伸縮させることもできます。

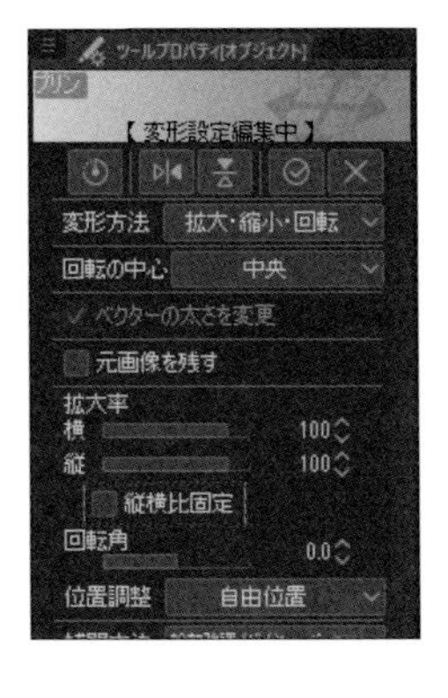

3 いろいろな形に変形する

［ツールプロパティ］パレットにある［変形方法］を変えると、さまざまな形に変形できます。例えば、［遠近ゆがみ］を使うと右図のようになります。

MEMO 変形を確定する前なら、［ツールプロパティ］パレットの⏻で変形をリセット、☒で変形をキャンセルできます。

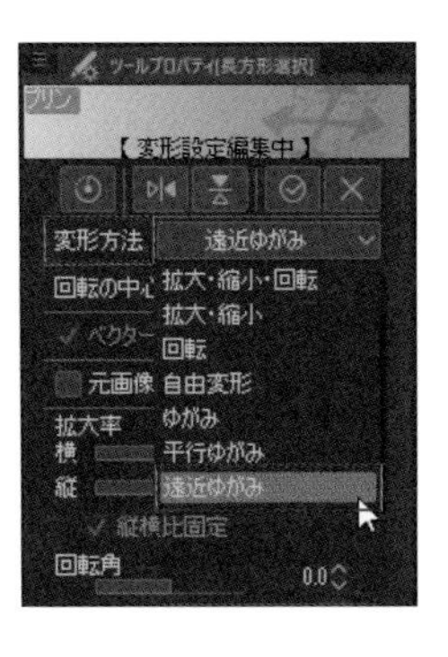

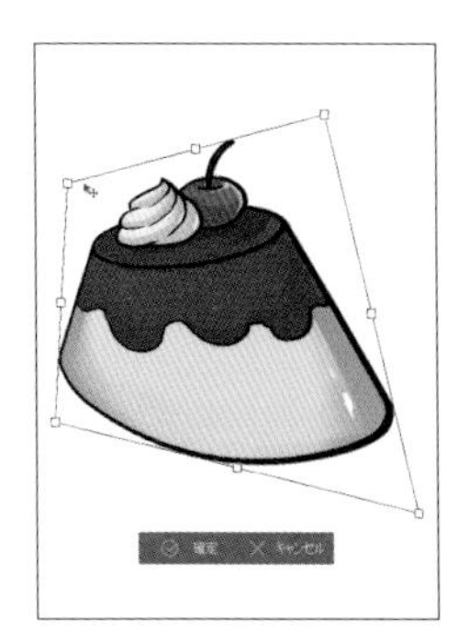

第3章 「線画」をする ～ブラシの基本と選択範囲

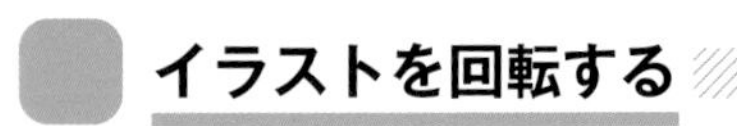

イラストを回転する

1 回転する

前ページ手順1の操作を行い、枠の外をドラッグするとイラストを回転することができます。さらに、Shiftキーを押しながらドラッグすれば、一定の角度で回転できます。最後にEnterキーを押して確定します。

> **MEMO**
> ［ツールプロパティ］パレットの［回転角］から、数値指定でイラストを回転できます。また、［回転の中心］を変更すれば回転する際の中心軸を変更することも可能です。

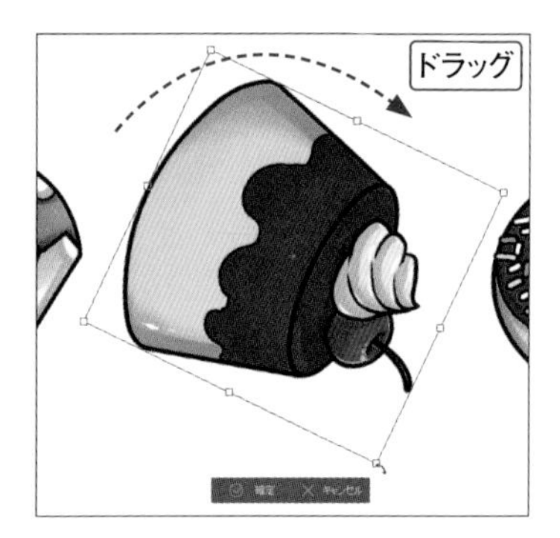

イラストを反転する

1 左右反転する

前ページ手順1の操作を行い、［ツールプロパティ］パレットにあるを選択するとイラストが左右反転します。

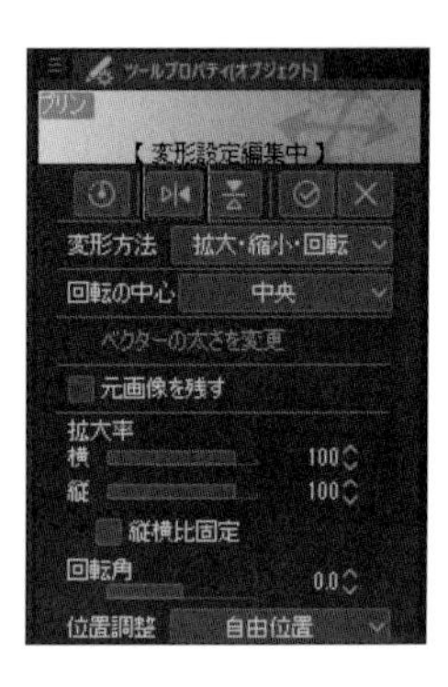

2 上下反転する

隣にあるを選択すると、イラストが上下反転します。最後にEnterキーを押して確定します。

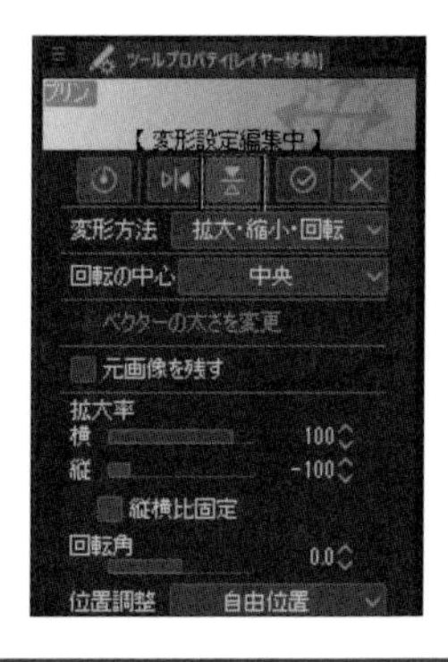

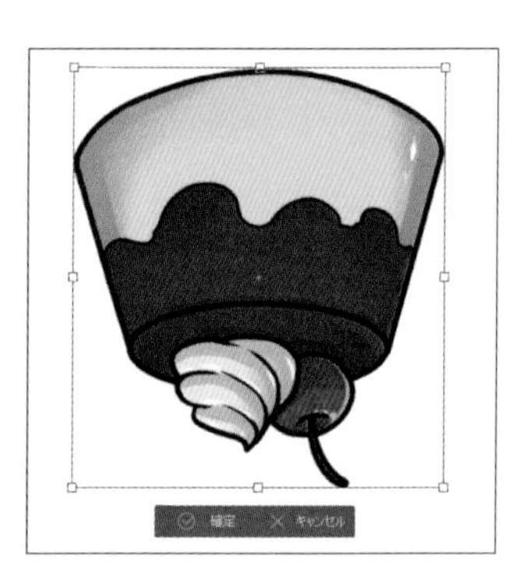

> **POINT 選択範囲を使えばイラストの一部を変形できる**
>
> 変形処理は、選択範囲を指定した状態でも使用することができます。あらかじめ変形したい部分を［選択範囲］ツールで指定し、［編集］メニュー→［変形］→［拡大・縮小・回転］を選択すると、イラストの一部だけが変形されます。

変形する際のポイント

ここでは、イラストを変形する際のポイントをいくつかご紹介します。

ハンドルを使いこなす

ハンドルをドラッグする際に、枠の反対方向を超えてドラッグすると、イラストを反転することができます。［ツールプロパティ］パレットの［左右反転］のときとは違い、細かい変形を行うことが可能です。

キャンバスの表示を変えながら作業する

キャンバスに表示されている部分より大きく変形させたいときもあるでしょう。そのような場合は、変形中に［ナビゲーター］パレットやSpaceキー（［手のひら］ツール）を使い、表示範囲や表示位置を変更してから変形するとより大きく変形できます。

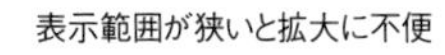
表示範囲が狭いと拡大に不便

表示範囲を広くしてから変形する

中心点を使って中心軸を変更する

枠の中心にある中心点をドラッグして枠の外に移動し、画像を回転してみます。すると移動した中心点を軸に回転することができます。またAltキーを押しながら拡大／縮小すれば、中心点を軸にして伸縮することも可能です。

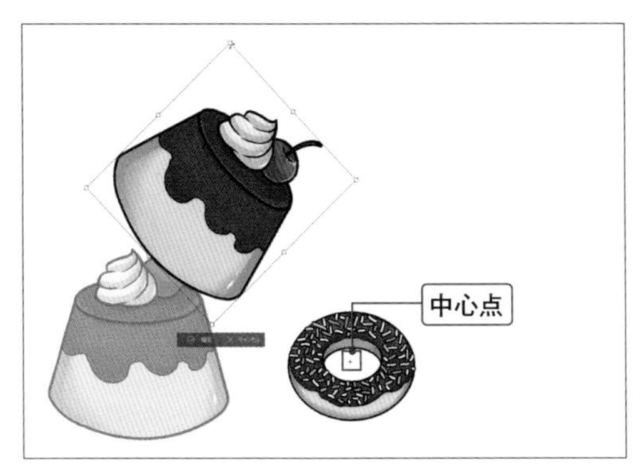

中止点を軸にイラストが回転する

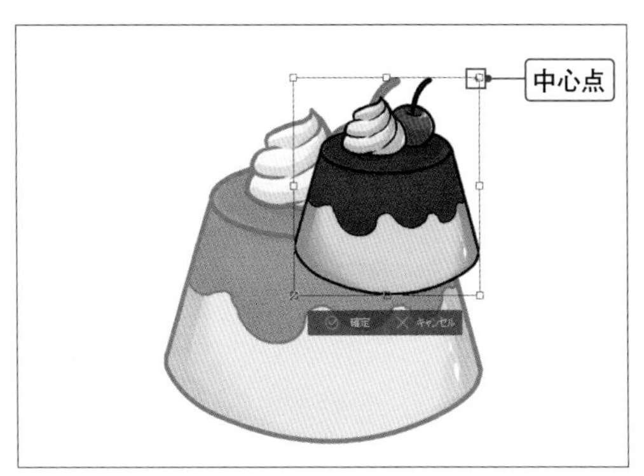

Altキーを押しながらだと、中心点を軸に変形が可能

Shift／Alt／Ctrl キーを使いこなす

変形の際は、Shift、Alt、Ctrl キーを押しながら操作することでより柔軟な変形を行うことができます。また、Shift キーと Alt キーは同時に押して組み合わせて使うことも可能です。

	拡大／縮小	回転	移動
Shift	四角をドラッグ中は縦横の比率を維持して伸縮します（[ツールプロパティ] パレットの [縦横比固定] にチェックがない場合）。	一定の角度で回転します。	一定の方向にのみ移動します。
Alt	中心点を軸にして伸縮します。	×	×
Ctrl	選択している四角部分を自由な方向に伸縮します。	×	×

POINT メッシュ変形とは？

変形にはここで紹介した機能以外にメッシュ変形という機能があります。メッシュ変形では格子状に分割されたガイド線とハンドルが表示され、それらをドラッグして、画像を部分ごとに変形することができます。自由変形よりも細かな変形が可能なため、曲線ラインに合わせて変形する際などによく使います。メッシュ変形の詳しい操作方法は、P.190 を参照してください。

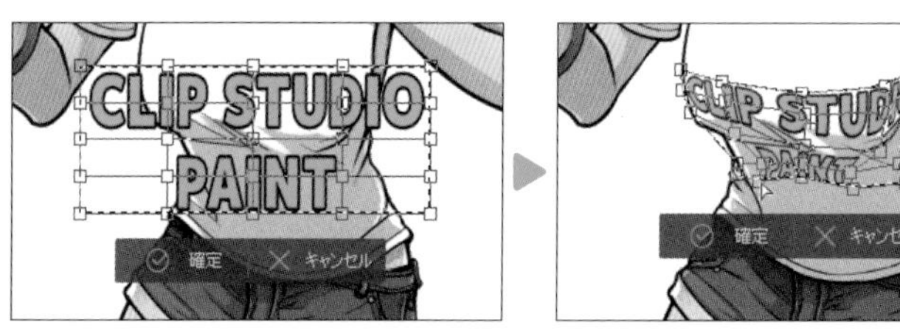

Chapter
3-16 ベクターレイヤーを作成する

変形しても劣化がしにくく、特殊な削除機能が使えて線の再編集が容易なベクターレイヤーは、線画作業に非常に向いています。ここではベクターレイヤーの作成方法をご紹介します。

ベクターレイヤーを作成する

1 [新規ベクターレイヤー]を選択する

[レイヤー] パレットにある [新規ベクターレイヤー] を選択します。

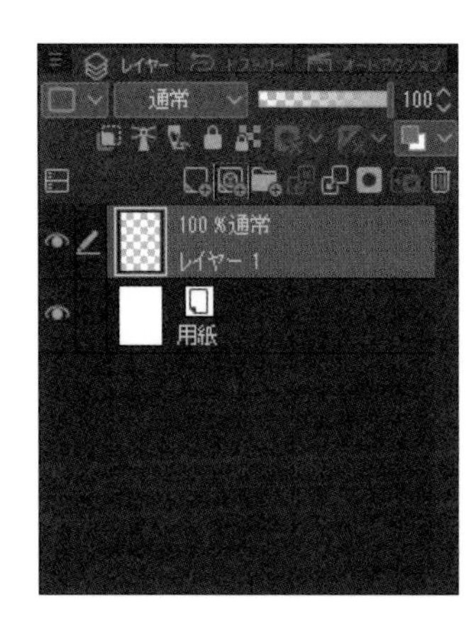

2 ベクターレイヤーが新規作成される

選択していたレイヤーの上にベクターレイヤーが作成されます。ラスターレイヤーと違い、ベクターレイヤーにはのマークが表示されています。

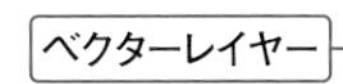

3 レイヤー名を変更する

ラスターレイヤーと同じように、レイヤーの名前部分をダブルクリックするとレイヤー名を変更することができます。

> **MEMO**
> レイヤーの削除や複製、移動、選択範囲の取得などの操作は、基本的にラスターレイヤーと同じです。

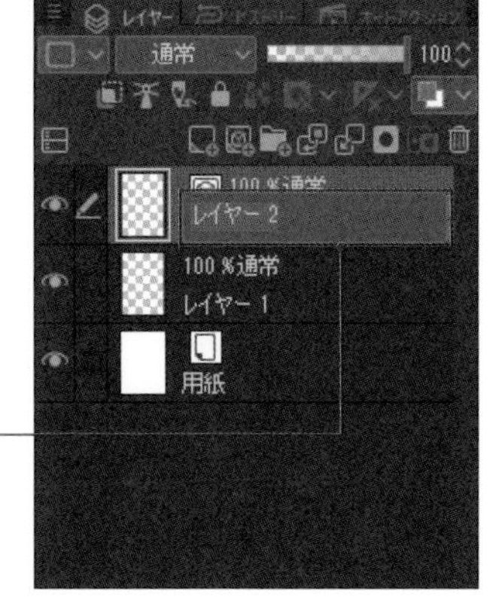

Chapter 3-17

ベクター線の制御点を操作する

ベクターレイヤーに線を描くと自動的にベクター線になります。ラスターレイヤーと見た目は変わりませんが、描いた線をあとからコントロールできるのがベクターレイヤーの利点です。ここではその操作方法をご紹介します。

ベクター線の制御点を動かす

1 ベクターレイヤーに線を描く

［新規ベクターレイヤー］を作成し、今回は［ツール］パレットの［ペン］→［ペン］タブ→［Gペン］を選択します。試しに線を1本描きます。

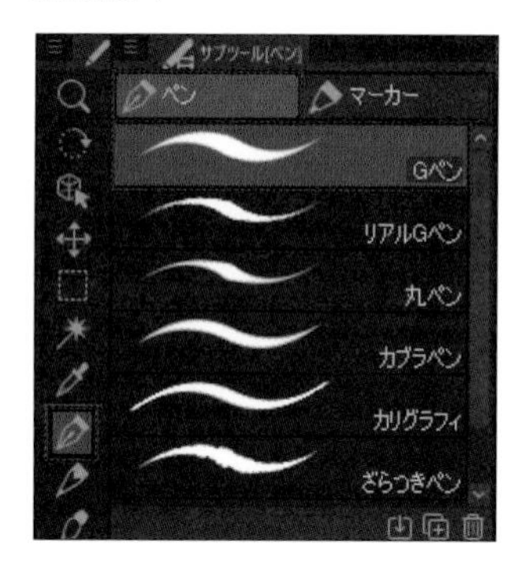

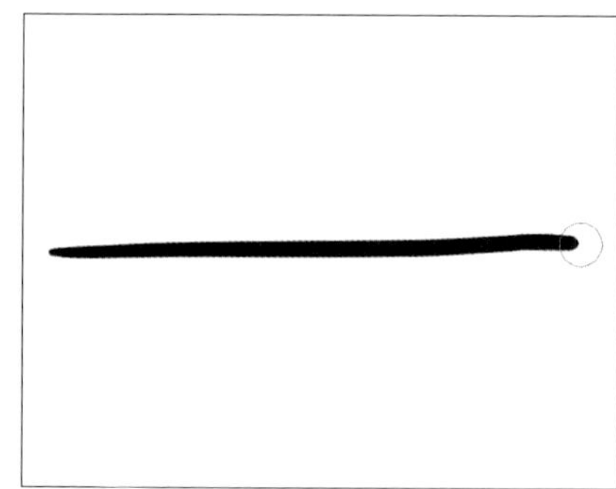

2 ［オブジェクト］ツールを選択する

［ツール］パレットの［操作］→［オブジェクト］ツールを選択し、［ツールプロパティ］パレットの［変形方法］が［制御点と拡縮回転］になっていることを確認します。

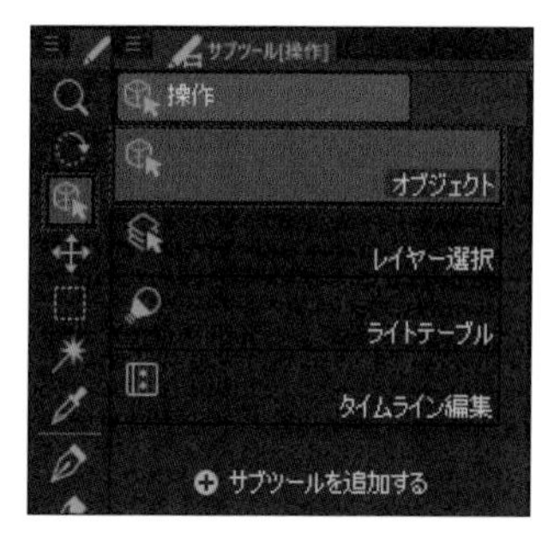

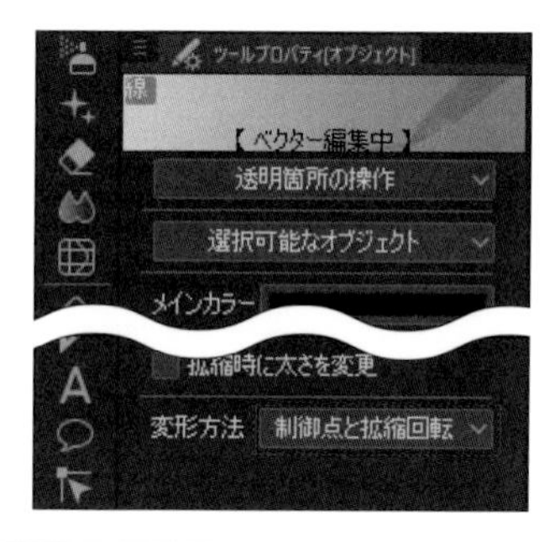

> **MEMO**
> ［ツール］パレットの［ペン］から下のツールを使用中なら、Ctrl キーを押しながらベクター線を選択すると、Ctrl キーを押している間だけ［オブジェクト］ツールで選択した状態と同じになります。

3 制御点を動かす

描いた線をクリックすると、線に変形用の枠と制御点が表示されます。そのまま制御点の1つをドラッグすると、線が部分的に変形します。選択した制御点には色が付きます。

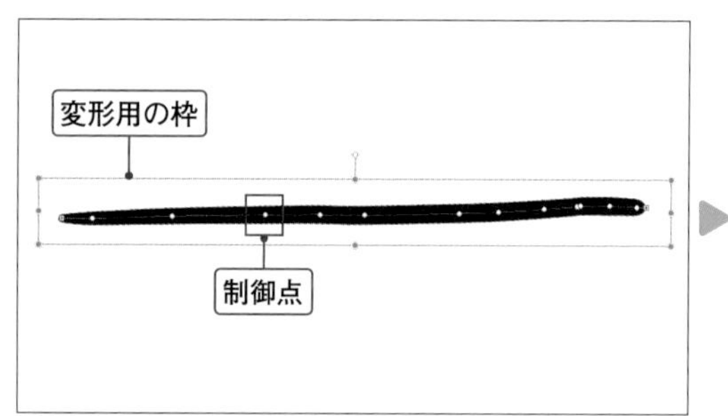

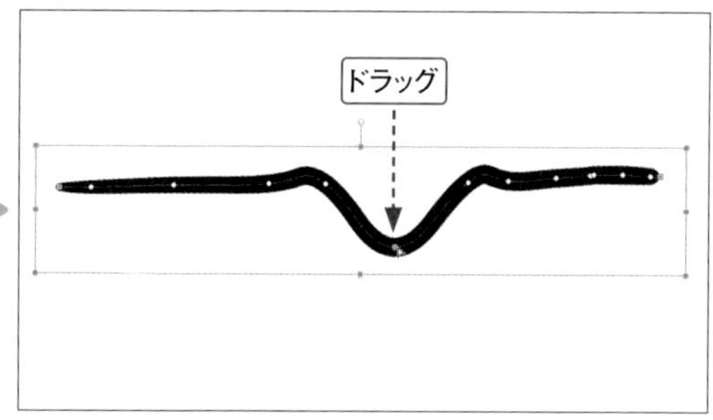

> **MEMO**
> Shift キーを押しながら制御点をクリックすると、制御点を複数選択できます。その状態で制御点をドラッグすると、まとめて動かすことができます。

制御点を追加／削除する

1 [制御点]ツールで制御点を追加する

［ツール］パレットの［線修正］→［線修正］タブ→［制御点］ツールを選択します。ベクター線にポインターを近づけると制御点が表示され、さらに、制御点がない部分に近づけるとポインターが⊞に変化します。その状態でクリックすれば、その位置に制御点を追加できます。

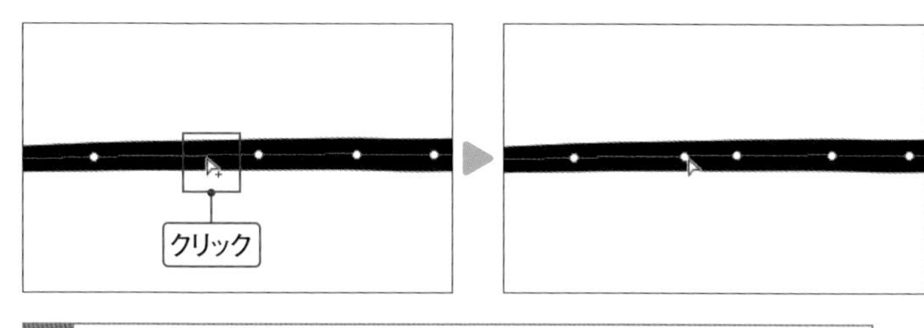

MEMO ［制御点］ツールは、制御点をドラッグすることで線の変形にも利用できます。

2 制御点を削除する

Altキーを押しながら制御点の上にポインターを移動すると、ポインターが⊟に変化します。そのまま制御点をクリックすると、制御点を削除できます。

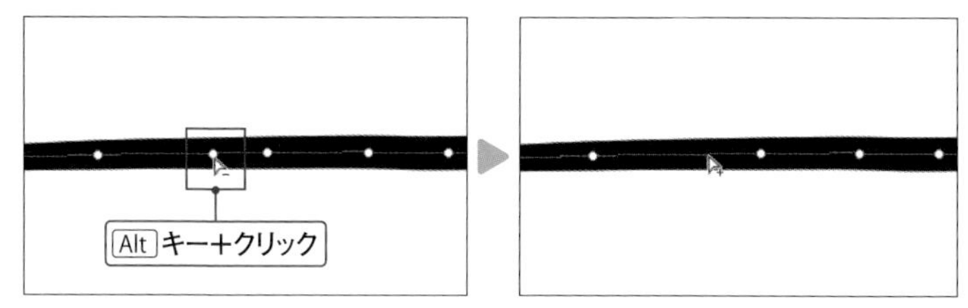

MEMO 制御点は隣にある点に影響を受けるため、制御点を追加／削除すると線が変形する場合があります。

3 ベクター線を切断する

［制御点］ツールを選択したまま、［ツールプロパティ］パレットの設定を［線の切断］に変更します。ベクター線上で好きな場所をクリックすると、その位置に制御点が作成され、線が2つに分断されます。

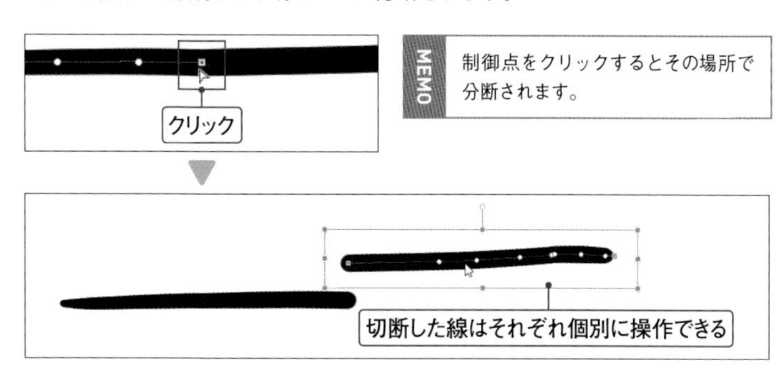

MEMO 制御点をクリックするとその場所で分断されます。

POINT ベクター線を単純化する

［ツール］パレットの［線修正］→［線修正］タブ→［ベクター線単純化］ツールを選択し、ベクター線の上をなぞるようにドラッグすると、なぞった場所の制御点を減らして線を単純化できます。また、［ツールプロパティ］パレットの［単純化］を変更することで、単純化する度合いを調整可能です。ただし、単純化することで線が変形する可能性があるので注意しましょう。

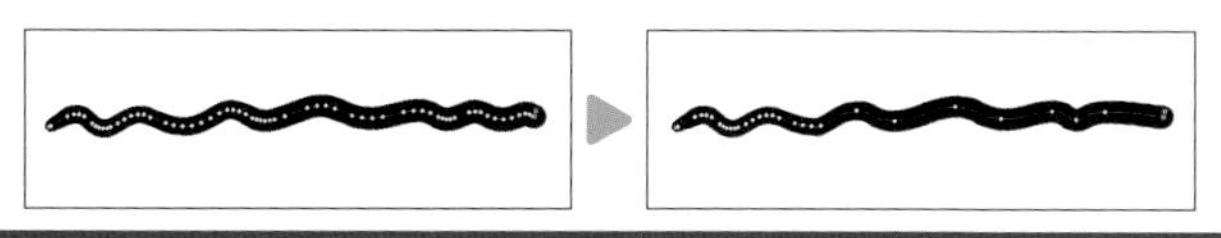

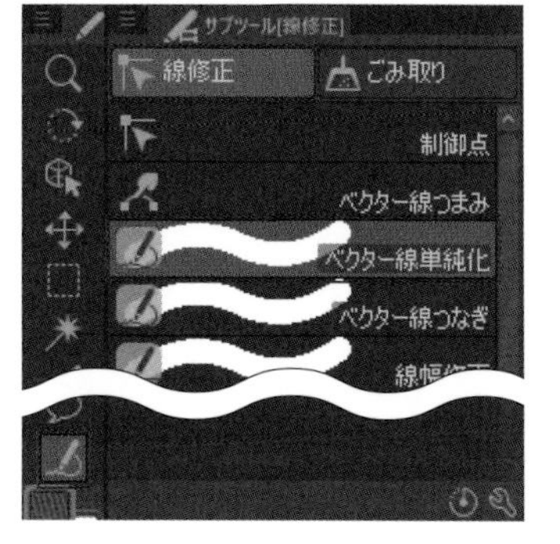

Chapter 3-18

ベクター線の形を調整する

[ツール]パレットの[線修正]にある各ツールを使えば、より感覚的な操作でベクター線を変更できます。細かい操作は制御点を使い、全体的に動かしたり変更したいときなどはこちらで紹介するツールを使うとよいでしょう。

ベクター線をつまんで調整する

1 [ベクター線つまみ]ツールを選択する

[ツール]パレットの[線修正]→[線修正]タブ→[ベクター線つまみ]ツールを選択し、[ツールプロパティ]パレットの項目を調整します。

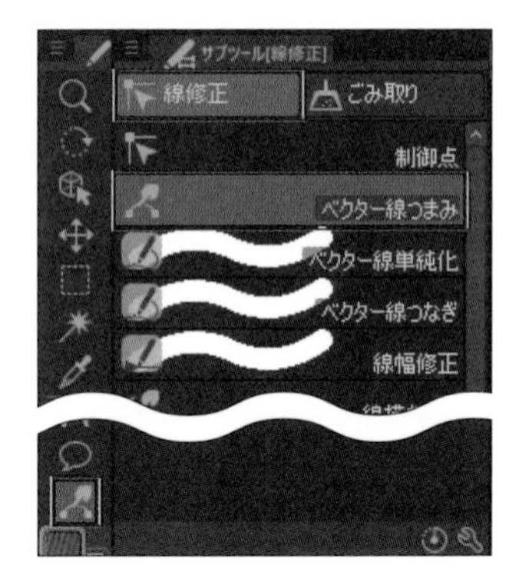

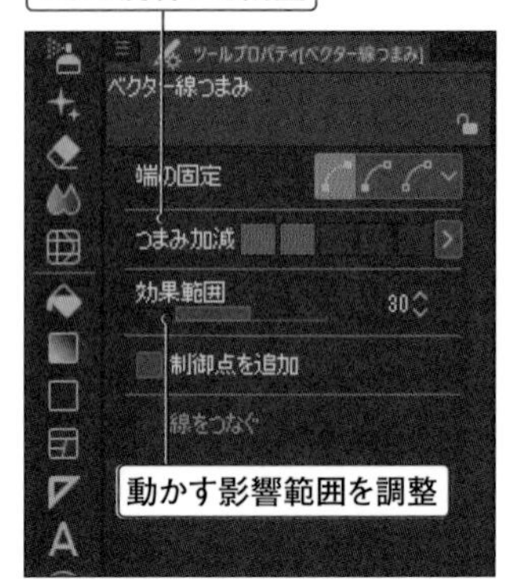

2 線の上をなぞるようにドラッグして動かす

ベクター線をなぞるようにドラッグします。すると、ドラッグした周辺の線が動きます。

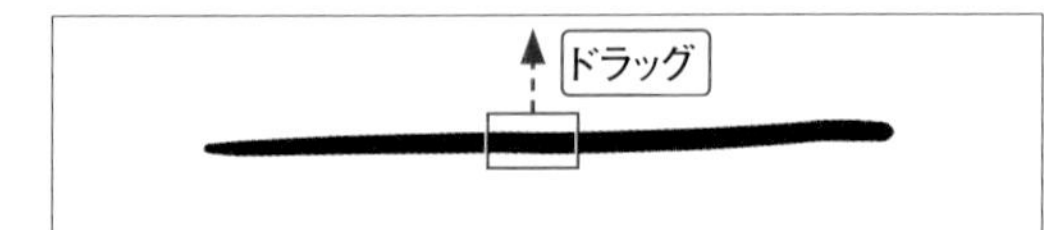

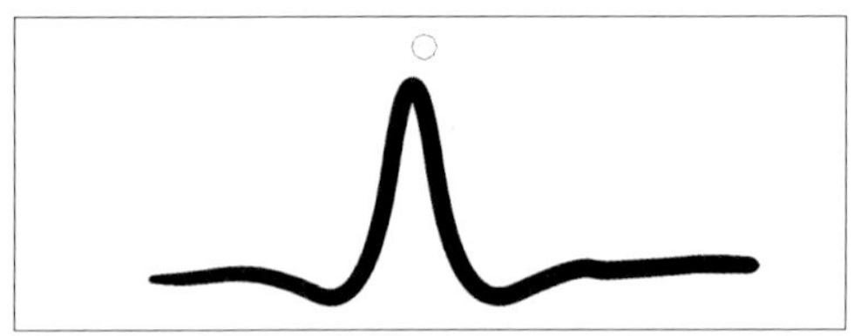

つまみ加減:2

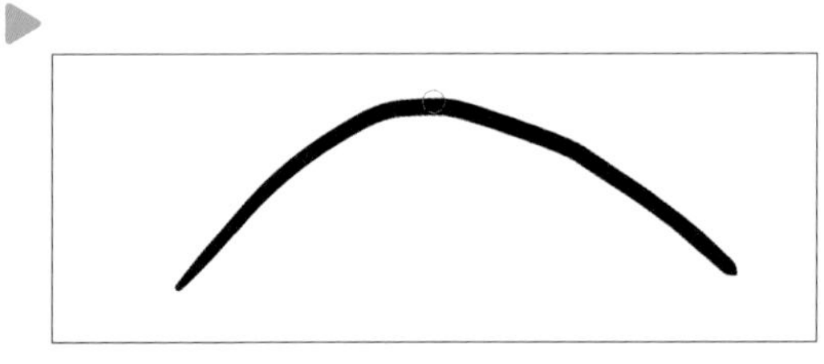

つまみ加減:5

ベクター線を描き直す

1 [ベクター線描き直し]ツールを選択する

[ツール]パレットの[線修正]→[線修正]タブ→[ベクター線描き直し]ツールを選択します。

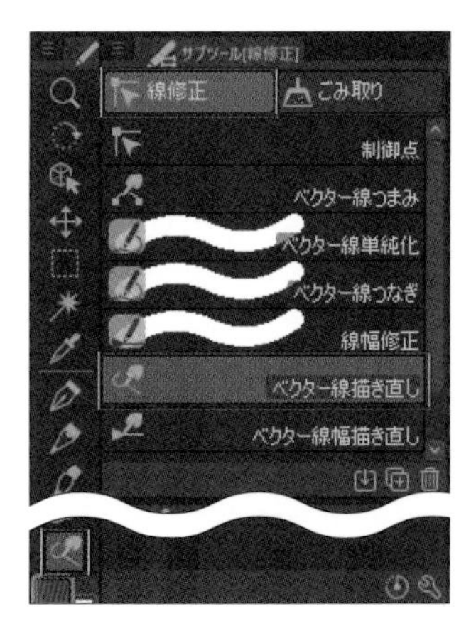

2 線の上をなぞるようにドラッグして動かす

ベクター線の近くをなぞるようにドラッグします。すると、ドラッグした周辺の線がドラッグした方向に変形します。

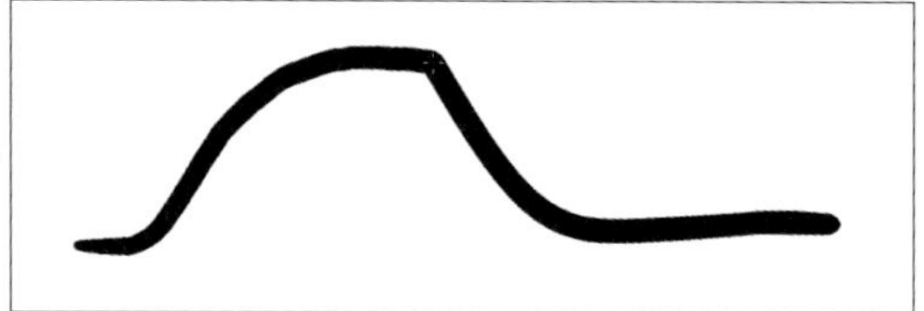

離れたベクター線をつなぐ

1 [ベクター線つなぎ]ツールを選択する

[ツール] パレットの [線修正] → [線修正] タブ→ [ベクター線つなぎ] ツールを選択します。

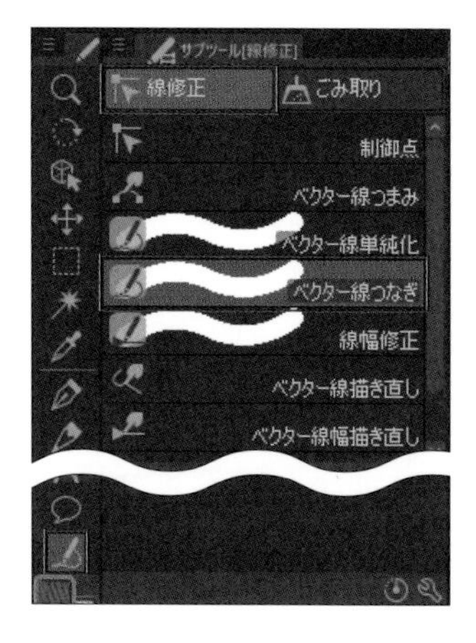

2 線の端をつなげるようにドラッグする

ベクター線の端と端をつなげるようにドラッグします。すると、線が1本につながります。

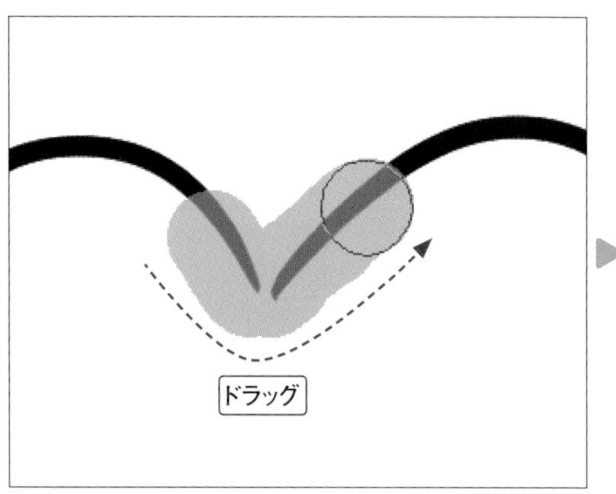

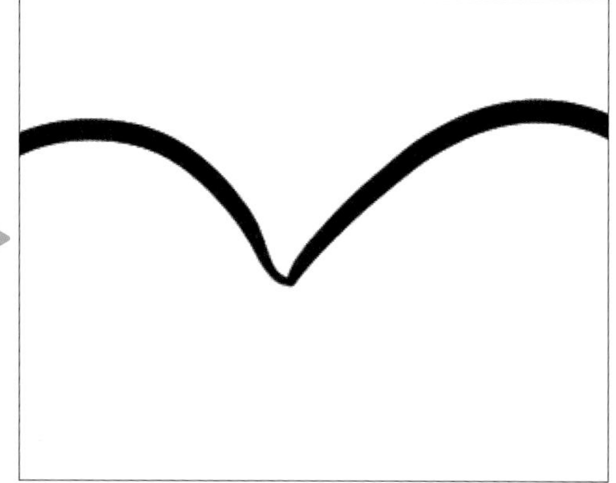

MEMO 線と線は、あまりに制御点どうしが離れすぎていたり、サイズや色、形、角度が違いすぎるとつなげることができません。

POINT つながらない線どうしをつなげるには？

[ベクター線つなぎ] ツールを使っても線がつながらないことがあります。その場合は、下記の 3 つの方法を試してみましょう。

- 線を [オブジェクト] ツールで移動し、端どうしを近づける
- [ツールプロパティ] パレットの [線つなぎ] の設定を変更する
- [ツールプロパティ] パレットの [線つなぎ] の左の+を選択し、[属性の異なる線もつなぐ] にチェックを入れる

Chapter 3-19

ベクター線の幅を調整する

[線幅修正]や[ベクター線幅描き直し]ツールを使うと、線の幅を指定した数値に変更したり、線の一部だけを太くしたりと、線の幅をあとから修正することができます。それぞれのツールの使い方をご紹介します。

ベクター線の幅を変更する

1 [線幅修正]ツールを選択する

[ツール]パレットの[線修正]→[線修正]タブ→[線幅修正]ツールを選択し、[ツールプロパティ]パレットの[指定幅で太らせる]にチェックが入っていることを確認します。下にあるバーをドラッグして、太らせる量を変更させます。今回はMAXの[10.0]にします。

MEMO
[ツールプロパティ]パレットで別の項目を選択すれば、指定した倍率を掛けたり、指定した太さにしたりと、線幅の調整方法を変更できます。

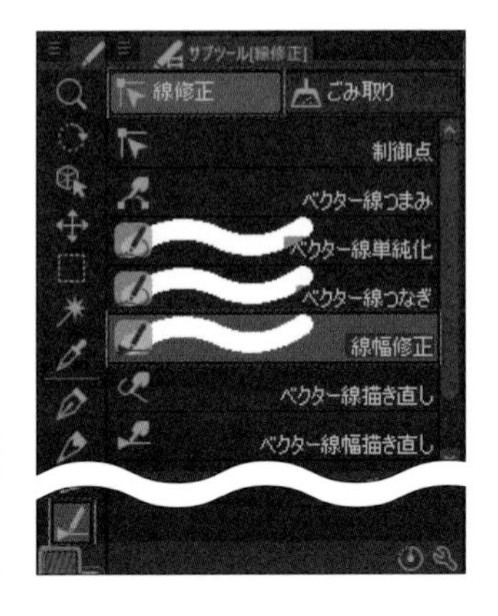

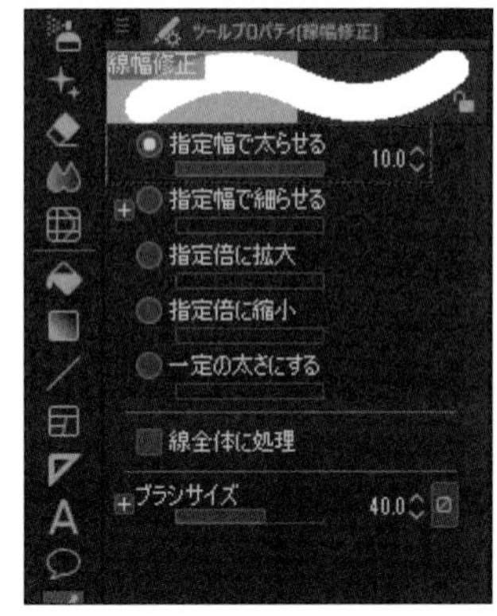

2 ベクター線の上をなぞって線幅を変更する

[ブラシサイズ]でブラシの大きさを変更し、ベクター線をなぞるようにドラッグします。すると、ドラッグした線が太く変形されます。

MEMO
[線幅修正]ツールはラスターレイヤーでも有効ですが、一部の項目だけしか使用することができません。

ベクター線の幅を描き直す

1 [ベクター線幅描き直し]ツールで幅を描き直す

[ツール]パレットの[線修正]→[線修正]タブ→[ベクター線幅描き直し]ツールを選択します。[ツールプロパティ]パレットの[ブラシサイズ]を指定してベクター線をなぞると、線幅が変更されます。[ベクター線幅描き直し]ツールは筆圧が有効なので、強弱を付けながら線幅を変更できます。

MEMO
[オブジェクト]ツールで線を選択した状態で、[ツールプロパティ]パレットの[ブラシサイズ]を変更することでも線幅を変更することができます。

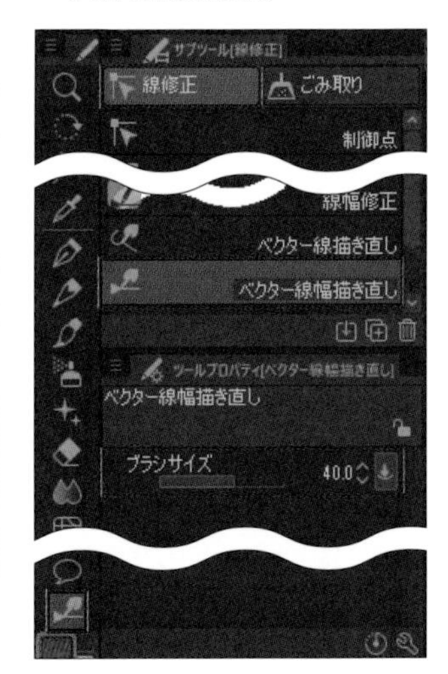

Chapter 3-20 ベクター線の描画を変更する

ベクターレイヤーで描いた線は、点線やギザギザ、擦れた線など、さまざまな形状に変更することができます。元に戻すことも可能なので状況に合わせてやり直しが何度もできます。

ベクター線を別のブラシの描画にする

1 線を選択する

ベクターレイヤーに描いた線を［ツール］パレットの［操作］→［オブジェクト］ツールで選択します。

> **MEMO**
> ［ツールプロパティ］パレットにある［透明箇所の操作］を開き、［ドラッグで範囲指定して選択］（オブジェクト）にチェックを入れると、ドラッグで囲んだ範囲のベクター線をまとめて選択できるようになります。

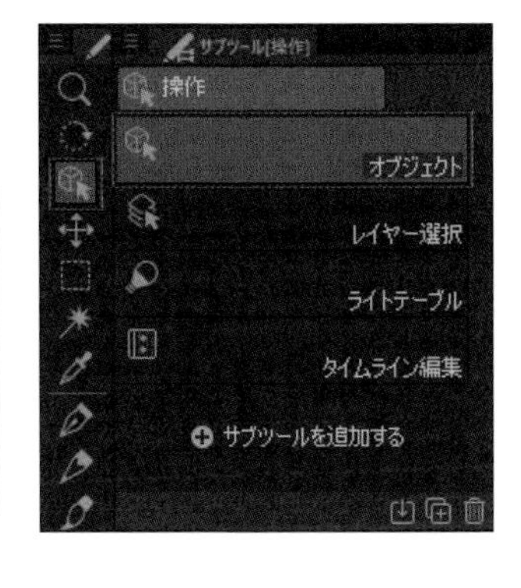

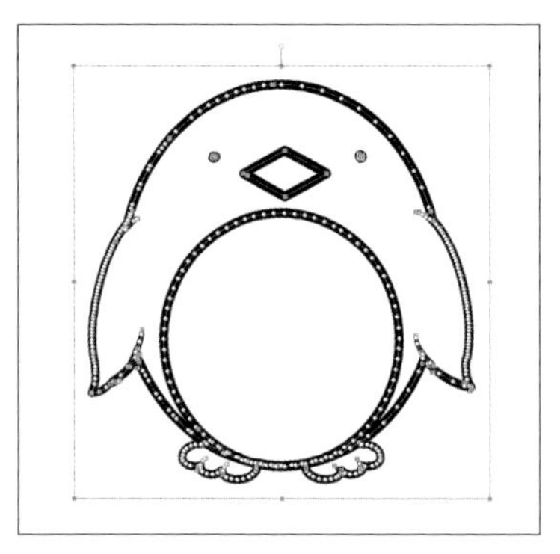

2 ブラシの形状を変更する

［ツールプロパティ］パレットの［ブラシ形状］にある☑を選択し、表示されたリストの中から変更したい形状を選択すると線の形状が変化します。

> **MEMO**
> ［オブジェクト］ツールでベクター線を選択した状態で描画色を変更すると、選択しているベクター線の色を変更することができます。

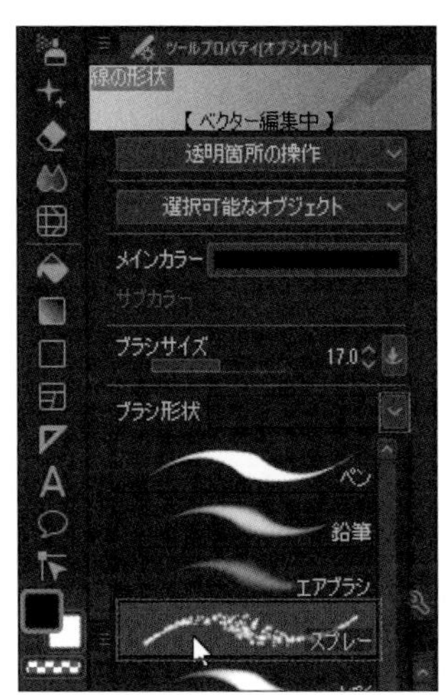

POINT ベクター線を自由変形する

ベクターレイヤーは、［オブジェクト］ツールで選択した際に表示される枠をドラッグすることで拡大／縮小／回転を行えます。さらに［ツールプロパティ］パレットの［変形方法］を［自由変形］にすると各ハンドルを個別に変形することができ、［ツールプロパティ］パレットの［拡縮時に太さを変更］のチェックを外すと線の太さを変えずに変形できます。

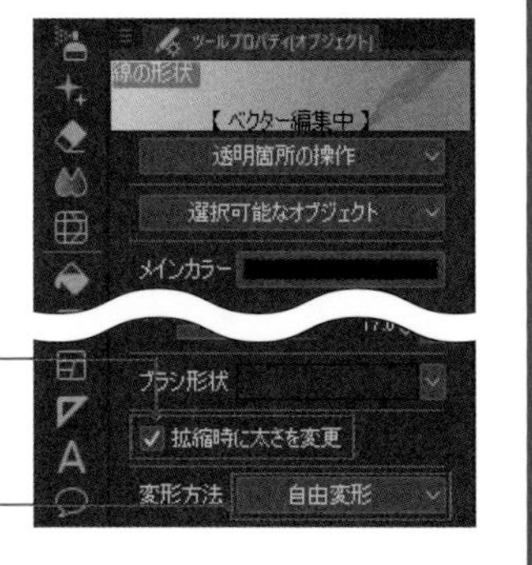

チェックを入れると伸縮時に線の太さが変わる

［自由変形］にするとハンドルを個別に変形できる

Chapter
3-21 ベクター線を消去する

ベクター線の消去はラスターレイヤーのときと同様に［消しゴム］ツールを使います。ただしベクター線は制御点で構成されているため、消しゴムで消しても制御点が残ったり、線の形が変わったりするなど、動作に癖があります。

ベクター線を消去する

1 ［触れた部分］で消す

今回は［ツール］パレットの［消しゴム］→［消しゴム］タブ→［硬め］を選択し、［ツールプロパティ］パレットの［ベクター消去］の横を［触れた部分］に設定します。そのままベクター線を消すと、消しゴムで触った部分だけが消去されます。

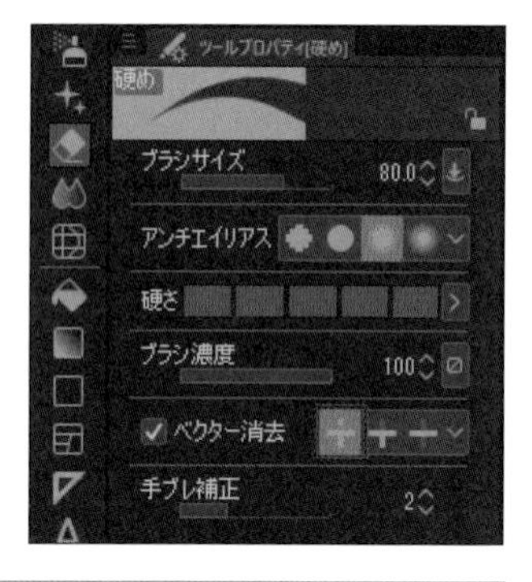

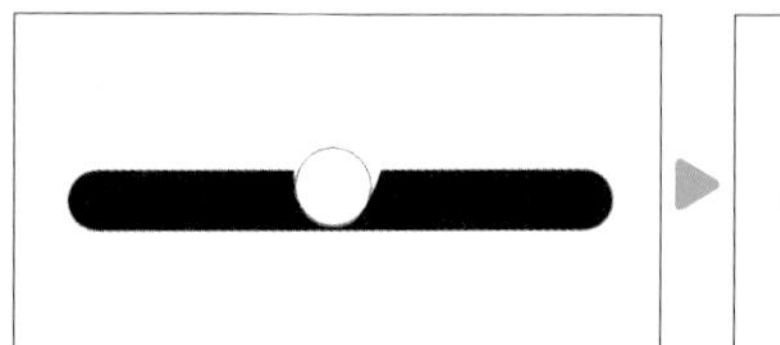

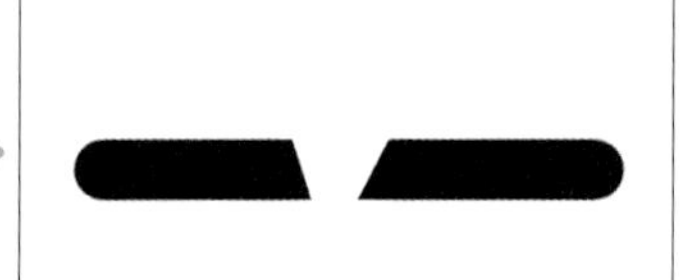

MEMO
消しゴムでベクターの中心線に触れるように消さないと、ベクター線を消すことができません。また、消しゴムをかけたあと、消した端の部分が若干変形する場合があります。

2 ［交点まで］で消す

同様に［ベクター消去］の横を［交点まで］に設定し、線が交差している状態でベクター線の一部を消すと、ほかの線と交差しているところまでが丸ごと消去されます。

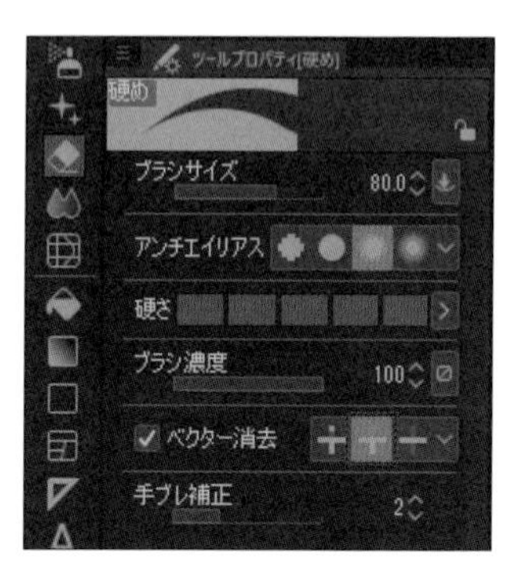

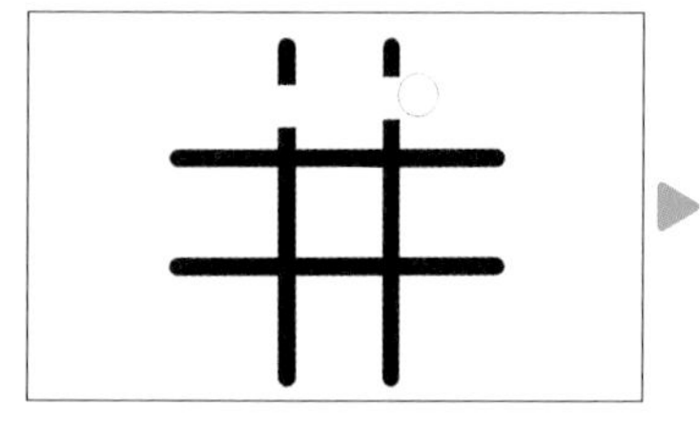

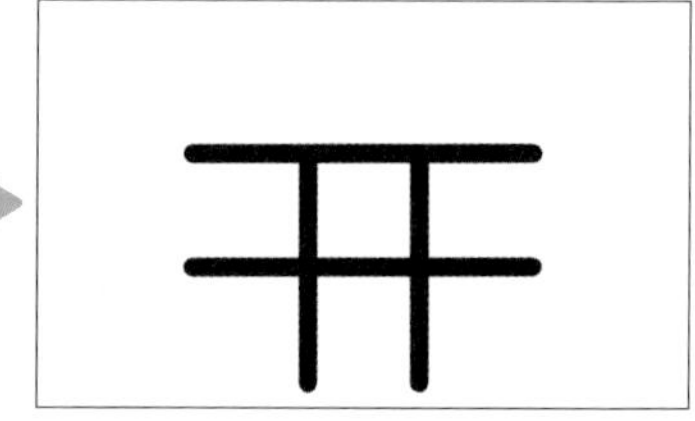

3 ［線全体］で消す

同様に［ベクター消去］の横を［線全体］に設定し、ベクター線の一部を消すと、消しゴムが触れた線を丸ごと消去します。

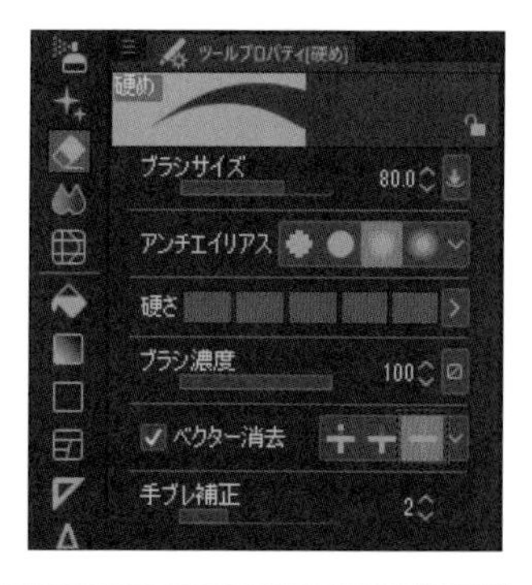

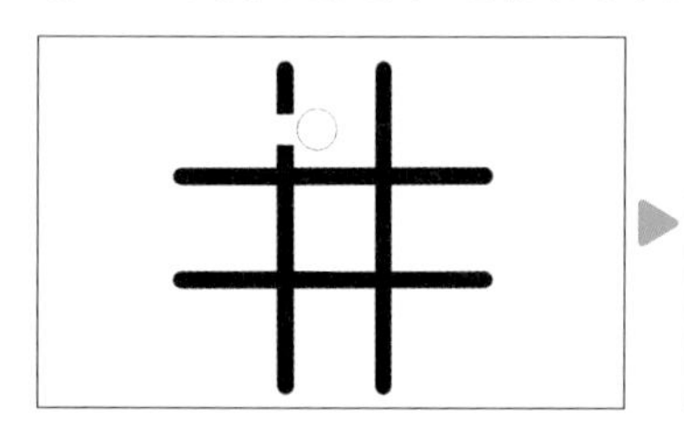

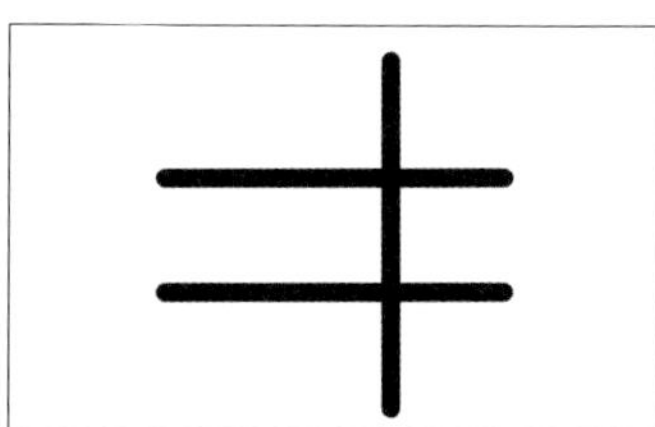

MEMO
［ツールプロパティ］パレットの［ベクター消去］のチェックを外すと、ラスターレイヤーのようにベクター線をそのままの形で消去できます。ただし、見た目は消えていても制御点と制御線は残ったままになっています。

Chapter 3-22

ベクターレイヤーをラスターレイヤーに変換する

ベクターレイヤーはラスターレイヤーに変換することができます。ラスターレイヤーに変換することでベクターレイヤーの特性を利用することはできなくなりますが、通常通りの加筆修正、加工ができるようになります。

ラスターレイヤーに変換する

1 [レイヤーの変換]を選択する

変換するベクターレイヤーを選択し、[レイヤー]パレットの[メニュー表示]■→[レイヤーの変換]を選択し、[レイヤーの変換]画面を表示します。

MEMO
複数レイヤーを選択した状態なら、まとめてラスターレイヤーに変換することが可能です。ただし、変換したあとは1枚のレイヤーにまとめられます。レイヤー分けを維持したい場合は、[レイヤー変換]の上にある[ラスタライズ]を選択しましょう。

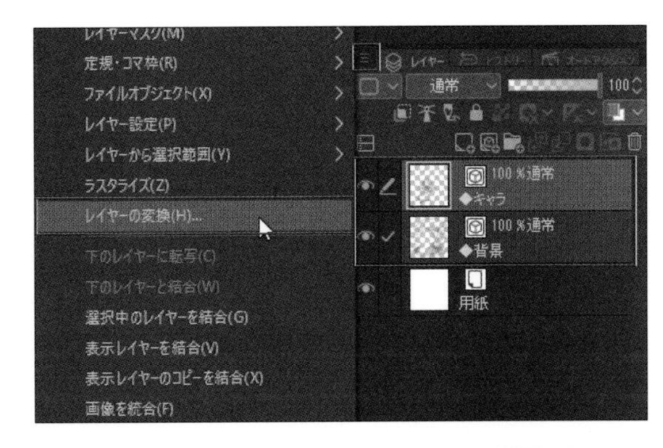

2 変換内容を設定する

[種類]を[ラスターレイヤー]に変更し、[OK]を選択します。

MEMO
ここで[元のレイヤーを残す]にチェックを入れると、変換前のベクターレイヤーを残すことができます。

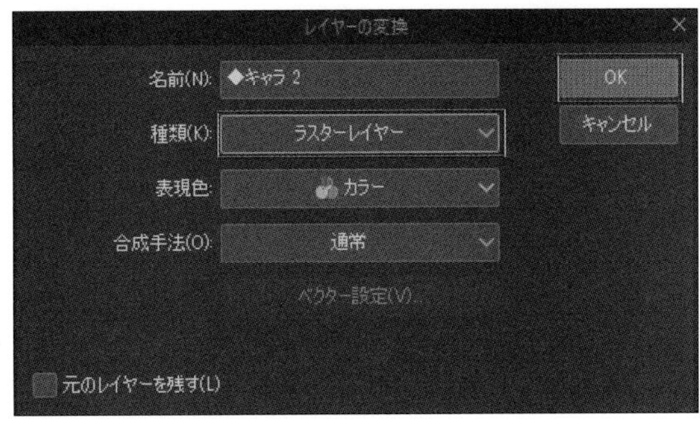

3 ラスターレイヤーに変換される

ラスターレイヤーに変換されました。キャンバス上での見た目は変わりませんが、[レイヤー]パレットの表示は変わっています。

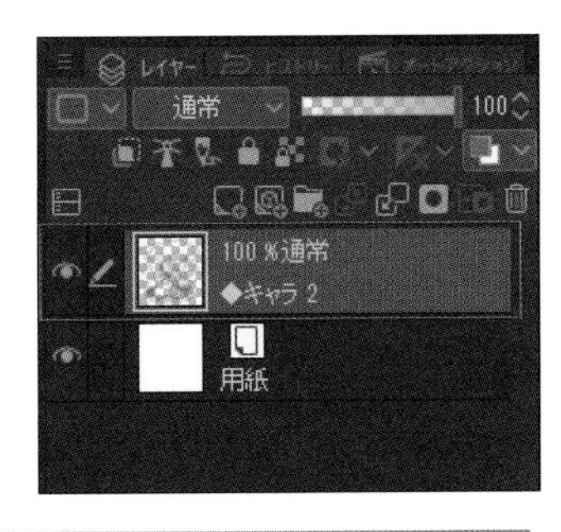

MEMO
反対にラスターレイヤーをベクターレイヤーに変換しようとすると、画像が荒れたり変換自体ができなかったりします。基本的にそのままの見た目で変換することは難しいので、ベクターレイヤーに変換する際は注意しましょう。

Column

[サブツール詳細]パレットについて

[サブツール詳細]パレットでは、[ツールプロパティ]パレットで表示されている設定項目のほかに、さまざまな設定項目が用意されています。これを利用することで選択中のツールをより細かくカスタマイズすることができます。

[サブツール詳細] パレットを確認する

[ツールプロパティ] パレットの右下にあるを選択すると[サブツール詳細] パレットが表示されます。選択しているツールによって表示される項目が変化します。

❶ブラシの状態	ブラシを選択中の場合、カスタマイズしたブラシの状態を見ることができます。左端が入り、右端が抜きになります。
❷メニュー	選択したツールで設定できるメニューが表示されます。選択しているツールによってメニュー項目が異なります。
❸表示／非表示	が付いている項目は、[ツールプロパティ]パレットに表示されます。よく使う項目は選択して表示させましょう。
❹カスタマイズ項目	[ツールプロパティ] パレットに表示されている項目やそれ以外の、さまざまな項目を変更することができます。ツールによってはカスタマイズできない項目があり、その場合は色が薄く表示されます。ただし、関連する項目にチェックを入れたり、ボタンを切り替えると変更可能になる場合があります。
❺パラメータヘルプ	❹のカスタマイズ項目にポインターを移動すると、その項目の説明が表示されます。

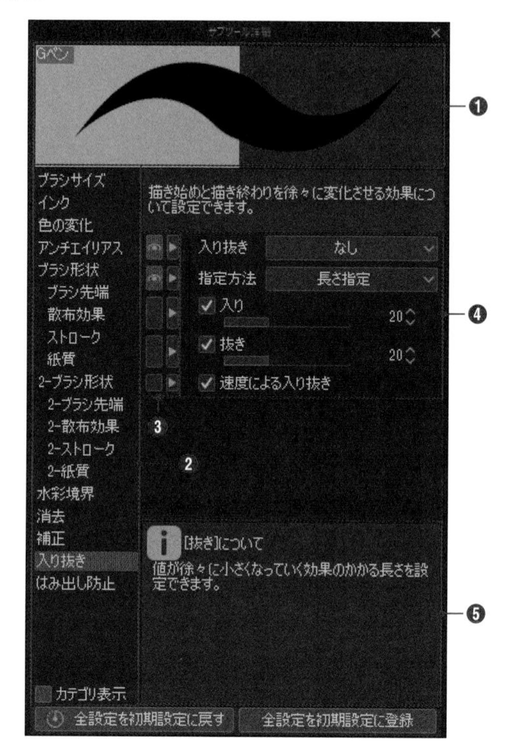

[サブツール詳細] パレット画面

POINT

[サブツール詳細] パレットはブラシ以外のツールでも使用可能

[サブツール詳細] パレットには、[ツール] パレット内にある、すべてのツールの設定項目が用意されています。ツールにより設定項目が少ない場合もありますが、ほとんどのツールに [ツールプロパティ] パレットでは表示されていない設定項目が存在します。たくさんの設定項目がある分、非常に細かなカスタマイズが可能なため、より状況に合うようにカスタマイズしたり、オリジナルのブラシや消しゴムを作成したりすることができます(→ P.190)。

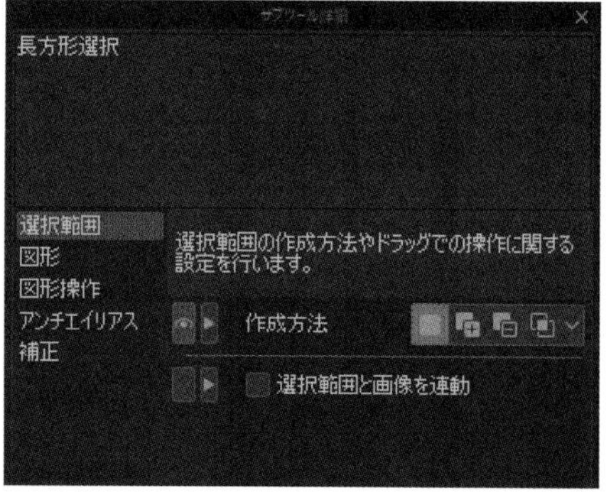

[長方形選択] ツールの [サブツール詳細] パレット

Chapter 4

「下塗り」をする ～色の選択と塗りつぶし

4-1 色を選択する① ～[カラーサークル]パレット
4-2 色を選択する② ～[カラースライダー]パレット
4-3 色をスポイトで採取する
4-4 近似色や中間色を選択する
4-5 色を混ぜて好きな色をつくる ～[色混ぜ]パレット
4-6 過去に使用した色を再選択する
4-7 よく使う色を登録しておく
4-8 ほかのイラストや画像から色を採取する
4-9 指定した領域を塗りつぶす
4-10 ほかのレイヤーを参照して塗りつぶす
4-11 塗り残した部分を塗る
4-12 塗る範囲を自動で指定する
4-13 同系色から選択範囲を指定する
4-14 塗る範囲をブラシで指定する ～クイックマスク
4-15 選択範囲をぼかす

Chapter 4-1

色を選択する①
～[カラーサークル]パレット

[カラーサークル]パレットを使えば、見た目から直感的に色を選択することができます。ここでは色を選択するときの基本と、[カラーサークル]パレットの使い方を解説します。

色を選択する際の基本

[ツール] パレットの下にある [カラーアイコン] には、**[メインカラー]** と **[サブカラー]**、**[透明色]** があり、[メインカラー] と [サブカラー] には、それぞれ色を設定しておくことができます。**現在選択している描画色は縁取られ**、色を変更すると、選択中の描画色に適用されます。また、クリックや X キーを押すことで [メインカラー] と [サブカラー] を簡単に切り替えることが可能です。

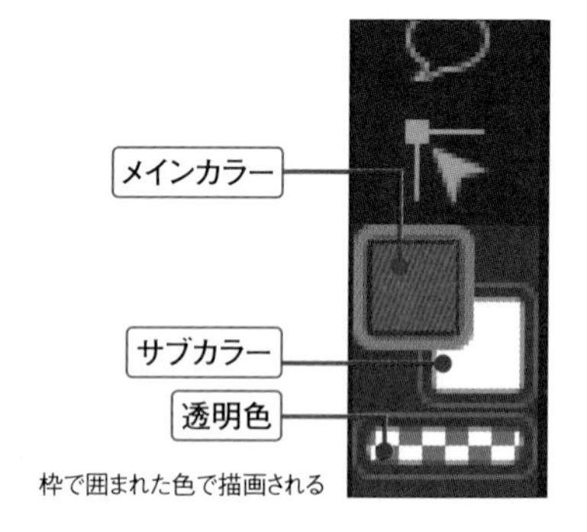

枠で囲まれた色で描画される

[カラーサークル] パレットから色を選択する

1 描画色を選択する

[ツール] パレット下の [カラーアイコン] から変更する描画色を選択します。なお、[カラーサークル] パレットの左下にある [カラーアイコン] から選択してもOKです。

> MEMO
> 本ページと次ページではカラー系パレットで色を変更する方法を解説しますが、[メインカラー] や [サブカラー] をダブルクリックしても色を変更することができます。

2 色を変更する

[カラーサークル] パレットでは、周りの輪をドラッグ／クリックすることで色相を変更でき、内側をドラッグ／クリックすることで彩度と明度を変更できます。色を変更すると、選択している描画色の表示も同時に変化します。

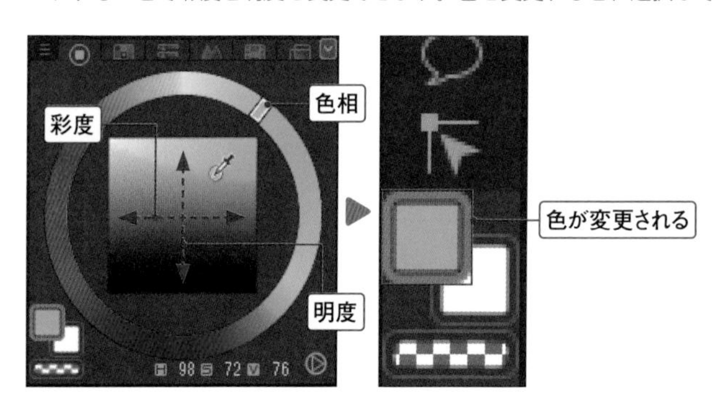

> MEMO
> [カラーサークル] パレットの右下の を選択すると、[HLS色空間] に切り替えることができます。これは先ほどの「色相」、「彩度」、「明度」からなるカラーモード (HSV) とは違い、「色相」、「輝度」、「彩度」からなるカラーモードです。[色相] は赤や黄、青、緑などの色の種類、「彩度」は色の鮮やかさ、「明度」は明るさの度合い、「輝度」は光の強さを指します。

Chapter 4-2

色を選択する②～[カラースライダー]パレット

[カラースライダー]パレットでは、描画色をスライダーや数値で設定することができます。ここでは[カラースライダー]パレットを使った色の変更方法をご紹介します。

[カラースライダー] パレットから色を選択する

1 [カラースライダー]パレットを表示する

[ウィンドウ] メニュー→ [カラースライダー] を選択し、[カラースライダー] パレットを表示します。

MEMO カラー系パレットの左から3番目のタブを選択しても、[カラースライダー] パレットを表示できます。

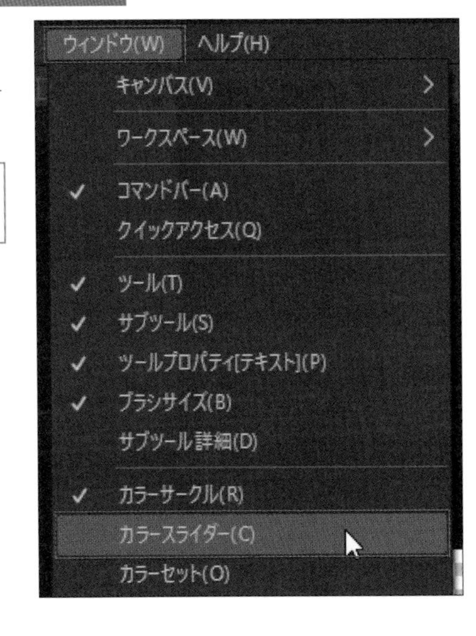

2 サイドのタブでカラータイプを切り替える

[カラースライダー] パレットの左側にあるタブで、[RGB]、[HSV]、[CMYK] の3種類のカラーモードを切り替えられます。印刷カラーであるCMYK色を扱えることも、[カラースライダー] パレットの利点です (→P.40)。今回は [RGB] モードのままにします。

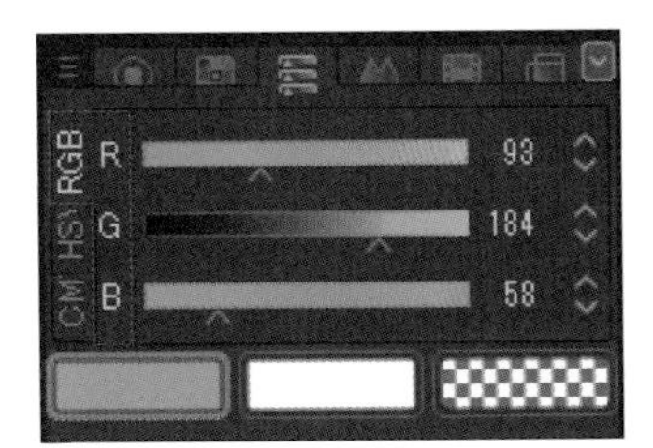

[RGB] モード

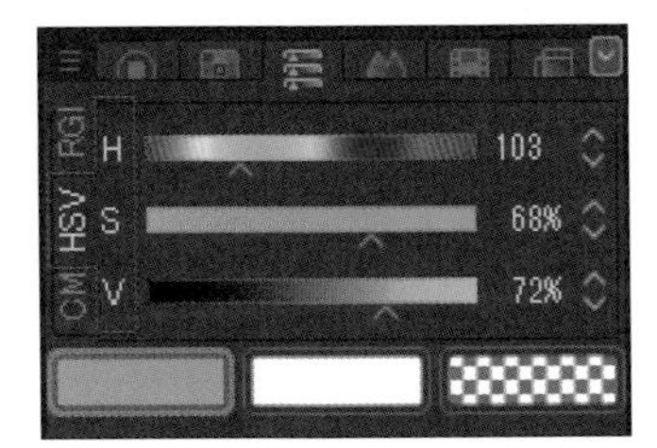

[HSV] モード

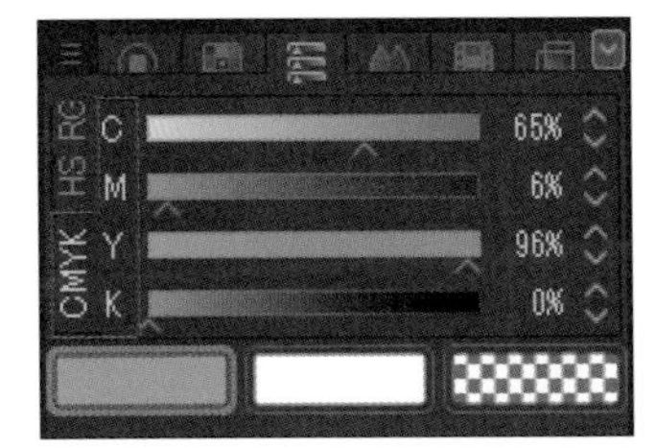

[CMYK] モード

MEMO [メニュー表示] ■→ [HLS色空間] を選択すると、[HSV] モードが [HLS] モードに変わります (→P.106)。

3 スライダーを動かして色を変更する

[RGB] モードでは「Red：赤、Green：緑、Blue：青」の3本のスライダーをそれぞれ動かして色を変更します。一番上の [R] の■を左右にドラッグすると、その位置の色に変更されます。また、各スライダーは連動しているため、スライダーを動かすとそれ以外の2本のスライダーの色も変化します。

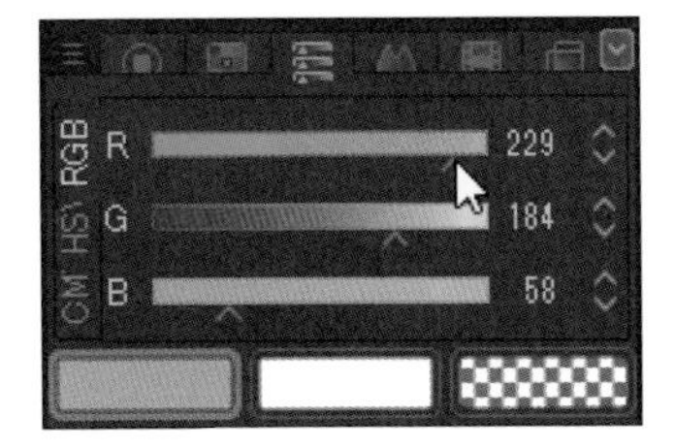

MEMO 数値部分を選択して直接入力することもできるので、別の場所でまったく同じ色を使用したい場合などに便利です。

Chapter

4-3 色をスポイトで採取する

[スポイト]ツールを使えば、キャンバスに表示されているイラストから色を取得することができます。1から色を作成する必要がなく、特定の色と同じ色を取得できるため非常に使用頻度が高い機能です。

[スポイト] ツールで色を採取する

1 ショートカットで切り替える

[スポイト] ツールは使用する頻度が多いためショートカットを使うのが基本です。Altキーを押すと、押している間だけアイコンがに切り替わります。このとき呼び出されるのは、[ツール] パレットの [スポイト] で選択中のツールです（ここでは [表示色を取得]）。

MEMO
[ツール] パレットの [自動選択] から上のツールなど、一部ツールを使用中は、ショートカットで切り替えることができません。

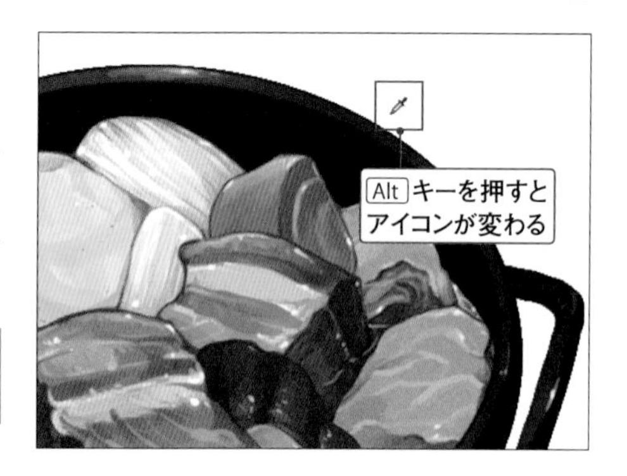

2 クリックして色を取得する

そのままAltキーを押した状態で、キャンバス上の取得したい色がある部分をクリックします。すると、描画色が取得した色に変更されます。

POINT **選択中のレイヤーを対象に色を取得する**

[ツール] パレットの [スポイト] → [レイヤーから色を取得] ツールを選択すると、表示上では色が混ざって見えていても、選択中のレイヤーに描かれた色だけを取得することができます。これは、[ツールプロパティ] パレットの [参照先] で [編集レイヤー] が選択されているためです。一方、[表示色を取得] ツールでは、[参照先] で [表示上のイメージ] が選択されています。この [参照先] は変更可能です。

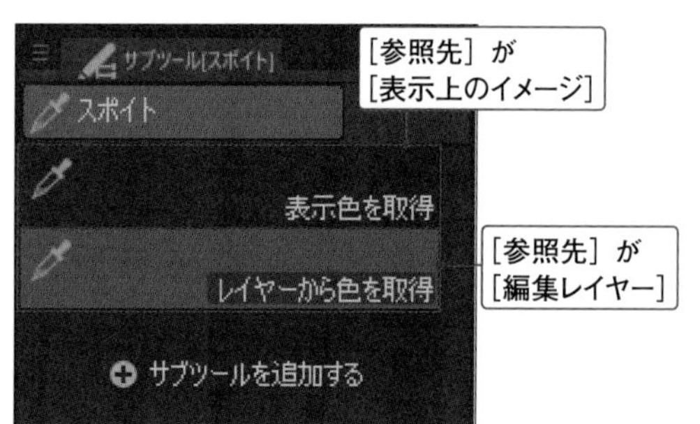

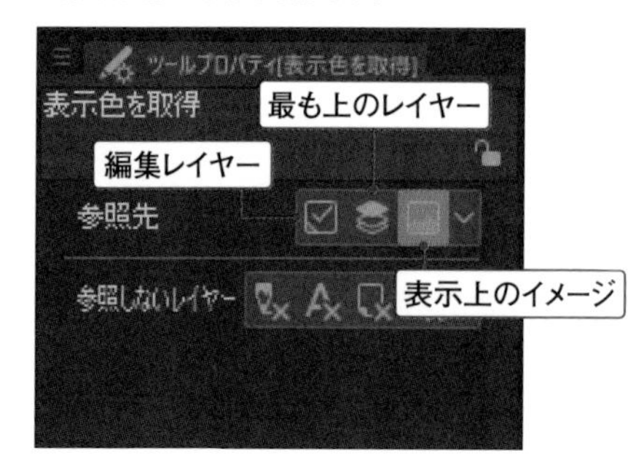

Chapter 4-4

近似色や中間色を選択する

[近似色]パレットと[中間色]パレットを使った色の選択方法をご紹介します。この2つのカラーパレットは、基準となる色をまず最初に決めてから利用します。

[近似色] パレットを使って色を選択する

1 色を選択する

[ウィンドウ] メニュー→ [近似色] を選択し、[近似色] パレットを表示すると、選択中の描画色に近い色が表示されます。タイルをクリックすると描画色が変更されます。

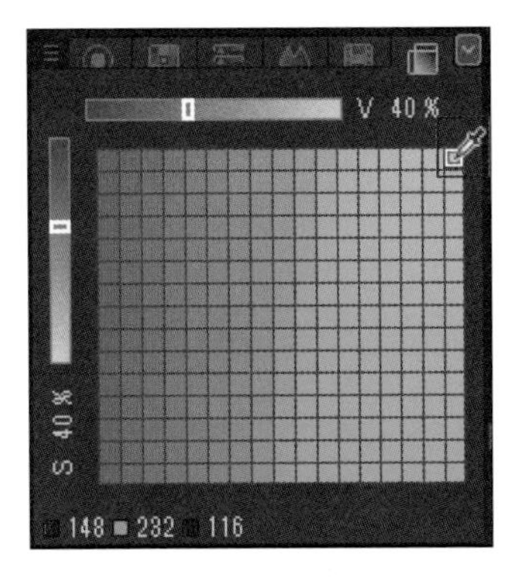

MEMO [近似色] パレットは、例えば描画色をもう少し暗い色にしたいなど、描画色から近い範囲で色を変更したいときに便利です。

2 オプションを変更する

上と左のバーに表示されている [○%] を選択すると、色相や彩度など、参照する項目を選ぶことができます。また、スライダーを動かすことで近似の範囲も変更できます。

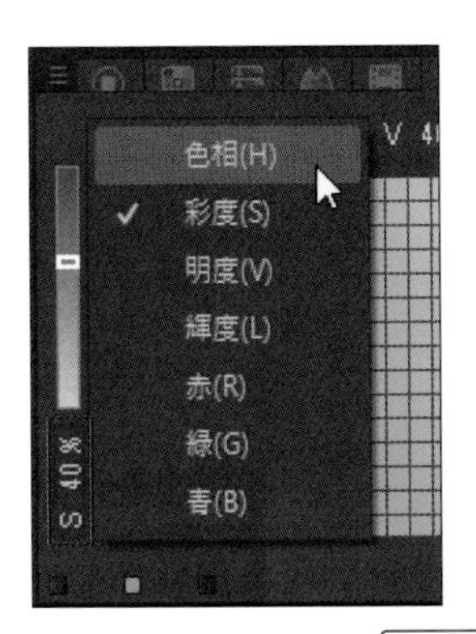

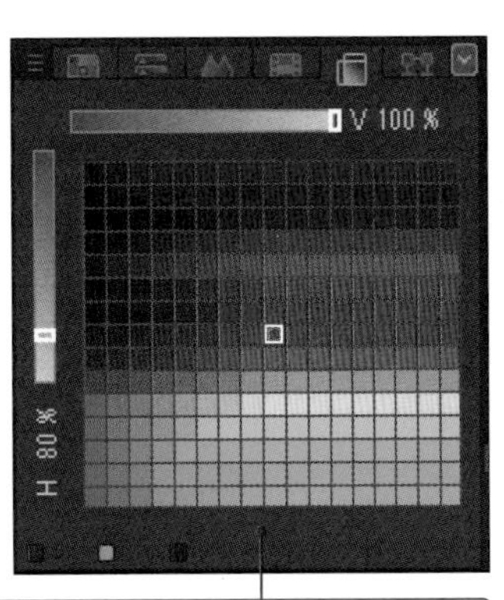

縦：色相 80%、横：明度 100%にした状態

[中間色] パレットを使って色を選択する

1 四隅の色を決定して色を選択する

[ウィンドウ] メニュー→ [中間色] を選択し、[中間色] パレットを表示します。次に [スポイト] ツールなどで描画色を設定し、その状態で四隅にある大きめのタイルをクリックすると、描画色の色がタイルに設定されます。同じ方法でそれぞれ四隅を違う色に設定すると、内側にあるタイルに4色の中間色が表示されます。

MEMO [メニュー表示] ■→ [ステップ数固定] と [タイル幅固定] を変更すれば、タイルの数を変更できます。

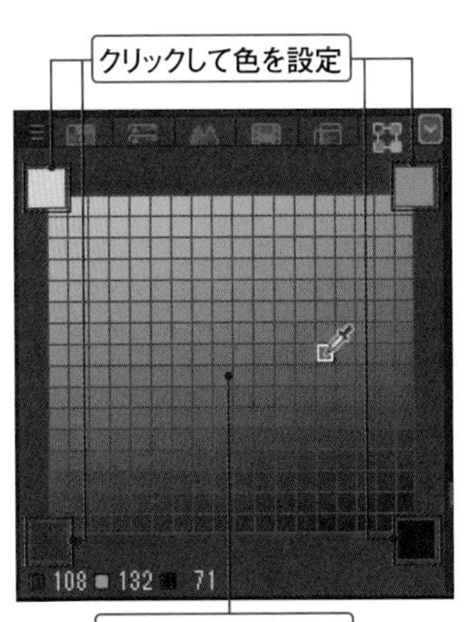

Chapter 4-5

色を混ぜて好きな色をつくる～[色混ぜ]パレット

[色混ぜ]パレットでは、自分で色を混ぜて、そこから色を取得します。絵の具をパレット上で混ぜる感覚と近いので、デジタルの色選択に慣れていない人にオススメです。

[色混ぜ] パレットで色をつくる

1 [色混ぜ]パレットを表示する

[ウィンドウ] メニュー→ [色混ぜ] を選択し、[色混ぜ] パレットを表示します。

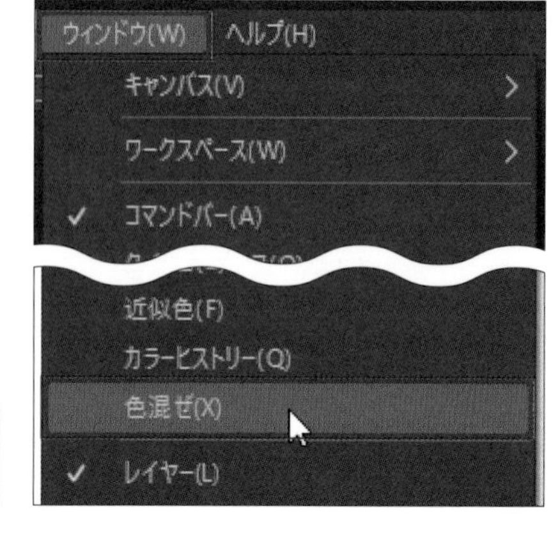

MEMO カラー系パレットの左から４番目のタブを選択しても、[色混ぜ] パレットを表示できます。

2 筆を選択する

[色混ぜ] パレット内の [筆] を選択し、[ブラシサイズ] を [小] に変更します。

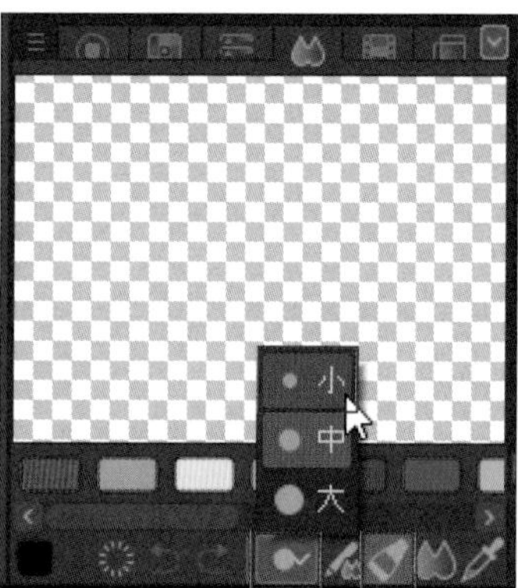

3 色を選択して描く

[基本色] エリアから色を選択したら、[描画] エリアに描いてみましょう。続けて、色を変えて2～3色塗ります。

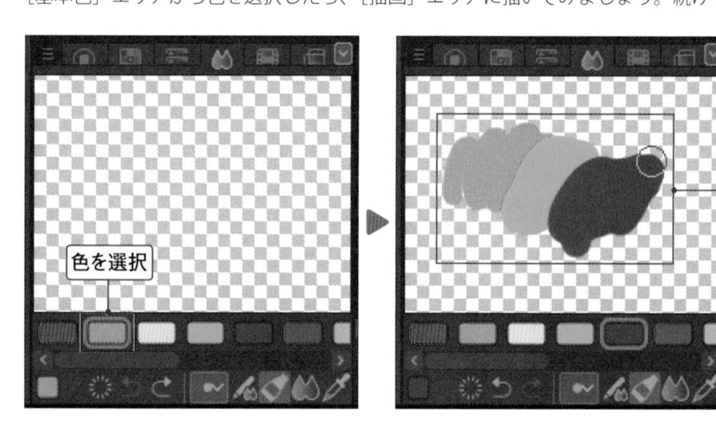

MEMO 塗る色を細かく決めたい場合は、パレット左下の [カラーアイコン] をクリックして任意の色を選びます。

4 色を混ぜる

［色混ぜ］を選択し、色と色の境目をドラッグします。すると、先ほど塗った色が混ざっていきます。

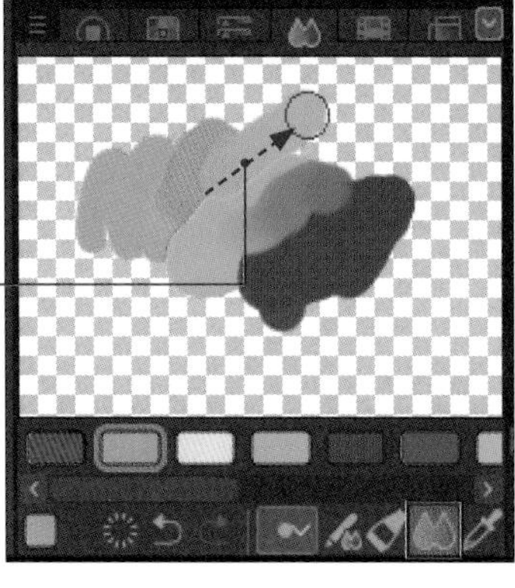

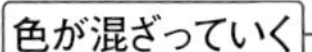

5 色を取得する

［スポイト］を選択して、取得したい色をクリックすると、色が描画色に反映されます。

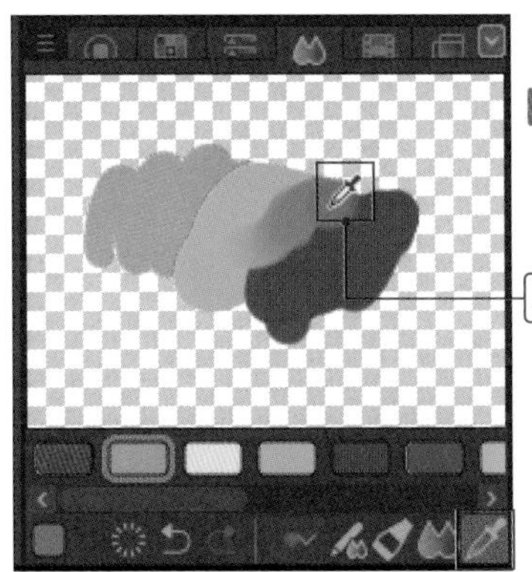

MEMO
Alt キーを押すとスポイトに切り替わるので、その状態でクリックするのが便利です。

6 塗りを取り消す／リセットする

［色混ぜ］パレットにはCtrl＋Zの取り消しが効きません。取り消しにはを、やり直しにはを使いましょう。また、［クリア］を押すと、パレット内の塗りをリセットすることができます。

POINT 好きなブラシを使って塗る

［キャンバスで使用中のサブツール］を選択すると、［ツール］パレットで選択しているブラシで塗ることができます。［ツールプロパティ］パレットの設定をそのまま反映できるので、不透明度を下げて塗ったり、テクスチャが付いたブラシで描いたりできます。

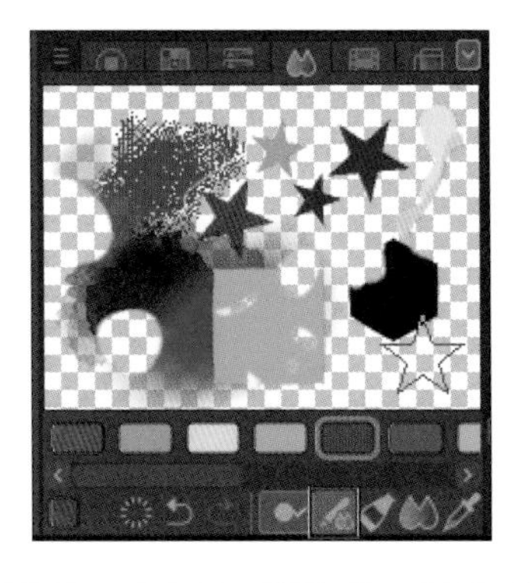

Chapter 4-6

過去に使用した色を再選択する

[カラーヒストリー]パレットでは、過去に描画した色の履歴が表示されます。過去に使用した色を再度取得したいときに便利なパレットです。ここでは[カラーヒストリー]パレットを使った色の変更方法をご紹介します。

[カラーヒストリー] パレットから色を選択する

1 色の履歴を確認する

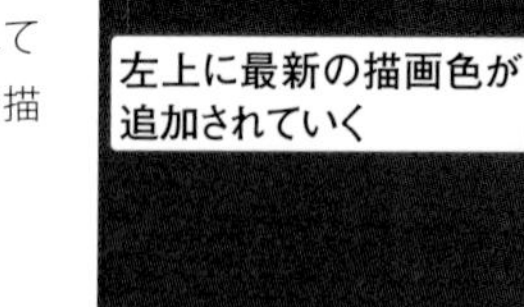

[ウィンドウ] メニュー→ [カラーヒストリー] を選択し、[カラーヒストリー] パレットを表示します。パレット内にはこれまでに描画した色のタイルが表示されており、左上に最新のものが追加されていきます。試しにキャンバスに色んな色で描画してみましょう。

MEMO 色を変更するだけでは [カラーヒストリー] パレットに色は追加されません。

2 色を選択する

パレット内に表示されているタイルを選択すると、その色に描画色を変更できます。[スポイト] ツールや [カラースライダー] パレットより正確に、過去に使用した色を取得することができます。

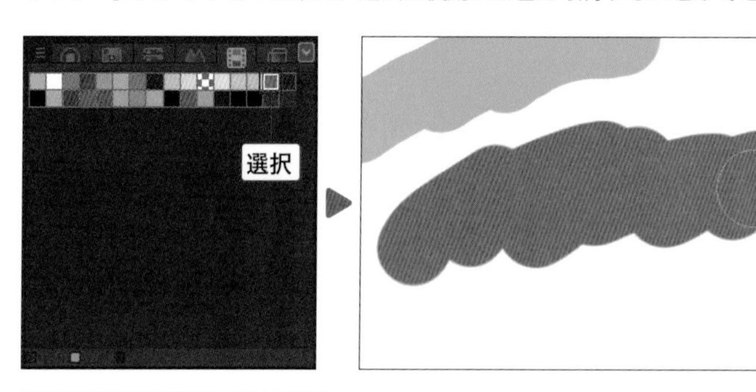

MEMO [メニュー表示] ▤→ [表示方法] から、タイルのサイズを変更することができます。

POINT 履歴の一覧は [カラーセット] パレットに登録できる

[メニュー表示] ▤→ [カラーセットパレットに登録] を選択すると、[カラーセット] パレットに履歴の一覧を登録することができます (→ P.113)。登録後は、[カラーセット] パレットの上にあるプルダウンメニューから呼び出せます。

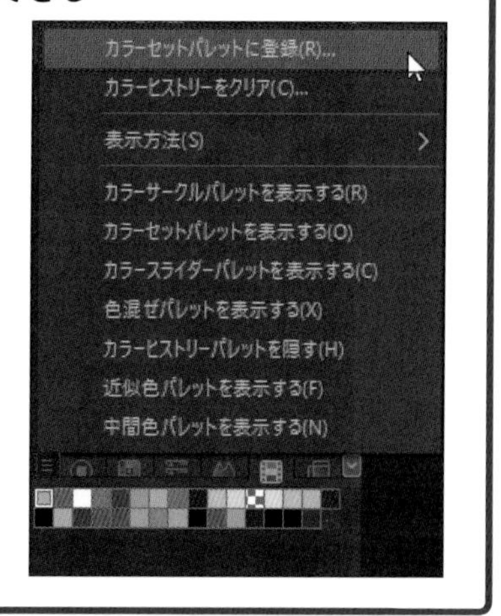

Chapter

4-7

よく使う色を登録しておく

[カラーセット]パレットでは、一覧から標準的な色を取得できるほか、描画色を登録すれば同じ色を何度でも取得できます。よく使う色を登録したり、オリジナルのカラーセットを作成するときなどに利用します。

[カラーセット]パレットに色を登録する

1 登録したい色を取得する

[ウィンドウ]メニュー→[カラーセット]を選択し、[カラーセット]パレットを表示します。色を登録したい位置にあるタイルを選択したあと、[スポイト]ツールなどで色を取得します。

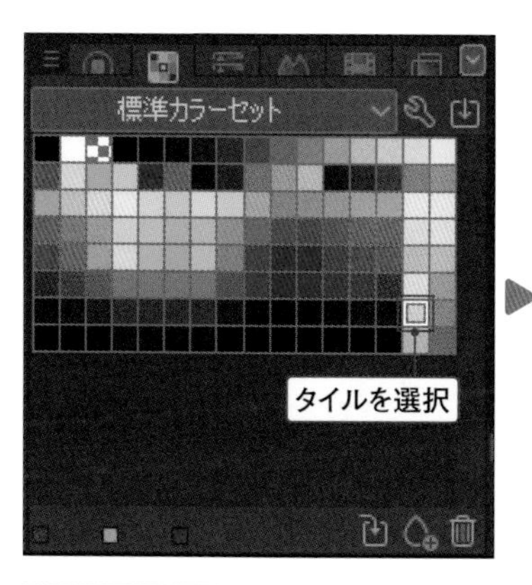

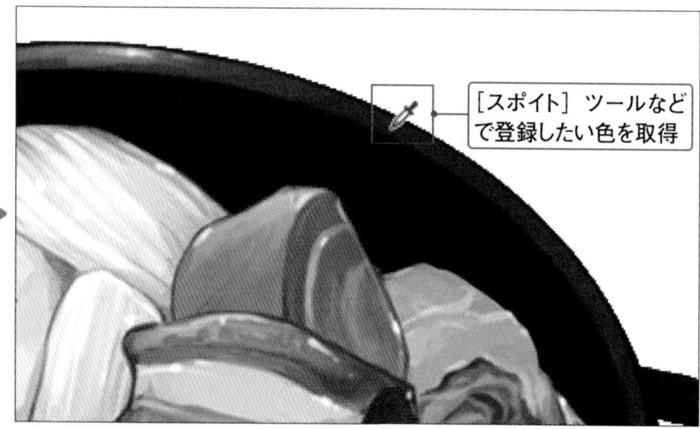

MEMO タイルを選択すると描画色が変更されてしまうので、先に追加する場所を指定する必要があります。

2 色を追加する

[カラーセット]パレットの右下にある[色の追加]を選択します。すると、最初に選択したタイルの位置に描画色のタイルが追加されます。今後そのタイルを選択することで、同じ色を何度も取得することができます。

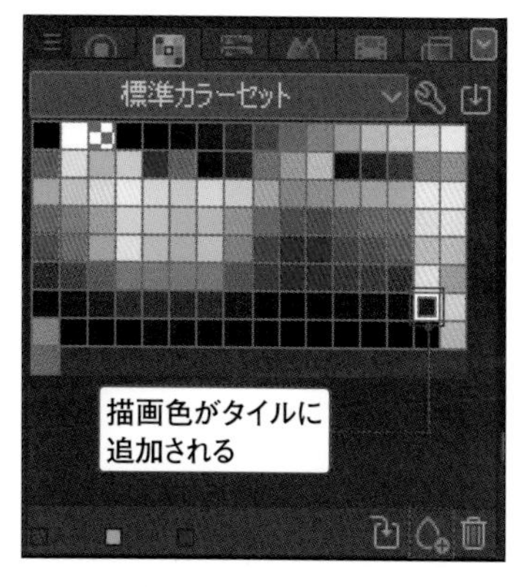

3 色を置き換える／削除する

変更したい色のタイルを選択し、[スポイト]ツールなどで描画色を変更してから[カラーセット]パレットの右下にある[色の置き換え]を選択すると、タイルの色が置き換えられます。また[色の削除]を選択すると、タイルが削除されます。

MEMO Ctrlキーを押しながらタイルをドラッグすると、タイルの配置を移動することができます。

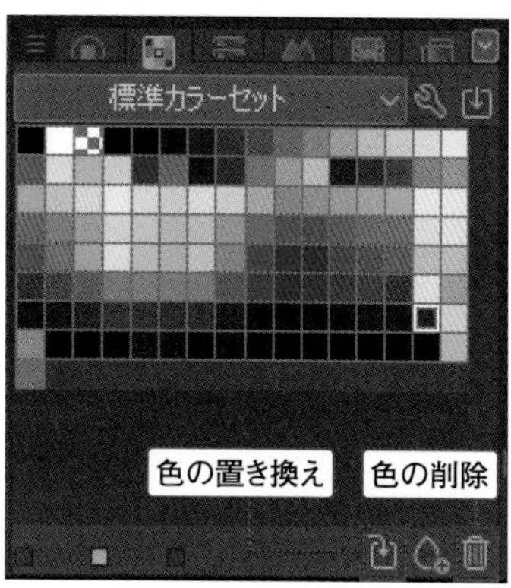

Chapter 4-8

ほかのイラストや画像から色を採取する

[サブビュー]パレットでは、キャンバスとは別の画像を表示することができます。ここでは[サブビュー]パレットを使って画像を取り込み、取り込んだ画像から色を取得する方法をご紹介します。

[サブビュー]パレットとは?

[サブビュー]パレットでは、読み込んだ参考画像をパレット内に表示し、その画像から色を取得することができます。例えば**目や髪を塗った画像を取り込めば手軽に同じ色を取得できる**ので、別のキャンバスで同じキャラクターを描くときなどに重宝します。

[サブビュー] パレットに画像を表示すれば、同じキャラクターを描く際に色を参照できる

ほかのイラストから色を採取する

1 参照する画像を取り込む

[ウィンドウ] メニュー→ [サブビュー] を選択し、[サブビュー] パレットを表示します。[読み込み] を選択し、参照する画像を選択してファイルを読み込みます。

> MEMO
> [サブビュー]パレットでは、複数のファイルを読み込むこともできます。複数画像を読み込んだ場合、を選択することで表示が切り替わります。

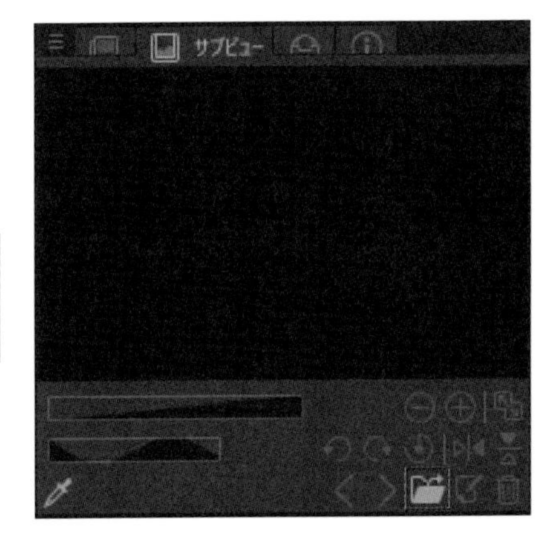

2 画像を拡大/縮小表示する

[サブビュー] パレットに読み込んだ画像が表示されます。パレットの下にあるスライダーやボタンを使えば、表示中の画像を拡大/縮小できます。スポイトする場所が小さすぎる場合などに使用しましょう。

❶拡大/縮小スライダー	スライダーを左に動かすと縮小表示し、右に動かすと拡大表示します。
❷ズームアウト	選択することで縮小表示します。
❸ズームイン	選択することで拡大表示します。
❹フィッティング	[サブビュー] パレットのサイズに合わせて、全体が収まるサイズで表示します。

3 色を取得する

下にある［自動でスポイトに切り替え］を選択し、画像の取得したい部分をクリックします。すると、その場所の色を取得することができます。

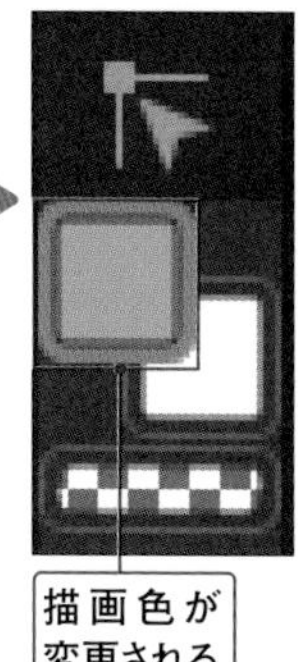

MEMO

を解除すると［手のひら］ツールに切り替わり、画像の表示位置を変更できます。ただし、［ツール］パレットの［スポイト］ツールを使用している場合は切り替わらないので、その場合はSpaceキーを利用しましょう。

4 参照画像を削除する

［クリア］を選択すると、［サブビュー］パレットに表示されている画像が削除されます。

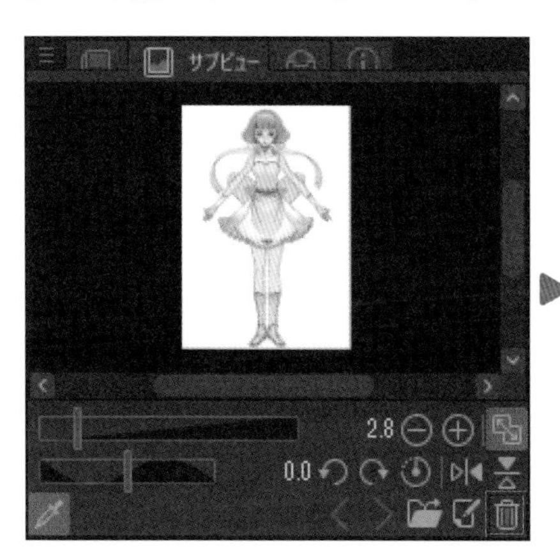

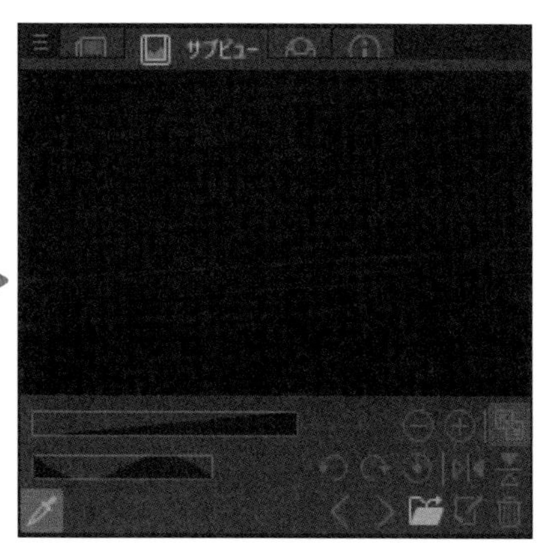

POINT **ドラッグでも画像を読み込める**

［サブビュー］パレットに画像ファイルを直接ドラッグしても、画像を読み込むことができます。その際、複数選択した状態でドラッグすれば、まとめて読み込むことも可能です。

第4章 「下塗り」をする ～色の選択と塗りつぶし

Chapter 4-9
指定した領域を塗りつぶす

[塗りつぶし]ツールを使って特定の範囲をクリックしたり囲ったりすることで、指定した領域を一瞬で塗りつぶすことができます。ここでは[塗りつぶし]ツールの1つである[編集レイヤーのみ参照]ツールをご紹介します。

[塗りつぶし] ツールで塗りつぶす

1 [塗りつぶし]ツールを選択する

ラスターレイヤーを作成し、[ツール] パレットの [塗りつぶし] → [編集レイヤーのみ参照] ツールを選択します。このツールでは、現在選択しているレイヤーの線を参照して塗りつぶします。

MEMO ベクターレイヤーでは [塗りつぶし] ツールは使用できません。

2 描画色を指定する

カラー系パレットなどから塗りつぶしたい描画色を選択します。

3 キャンバスを塗りつぶす

何も描かれていないレイヤーを選択して、[塗りつぶし] ツールを使用してみます。ラスターレイヤーを選択してキャンバスの上をクリックすると、キャンバス全体が描画色で塗りつぶされます。

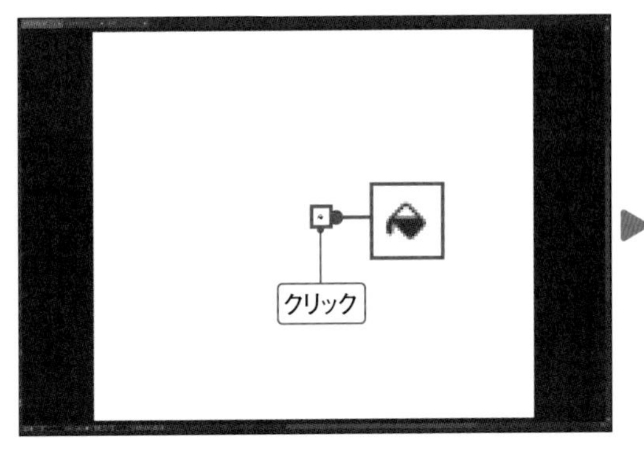

4 選択範囲内を塗りつぶす

[選択範囲] ツールで選択範囲を指定した後、[塗りつぶし] → [編集レイヤーのみ参照] ツールで選択範囲の中をクリックすれば、選択範囲内だけを塗りつぶすことができます。

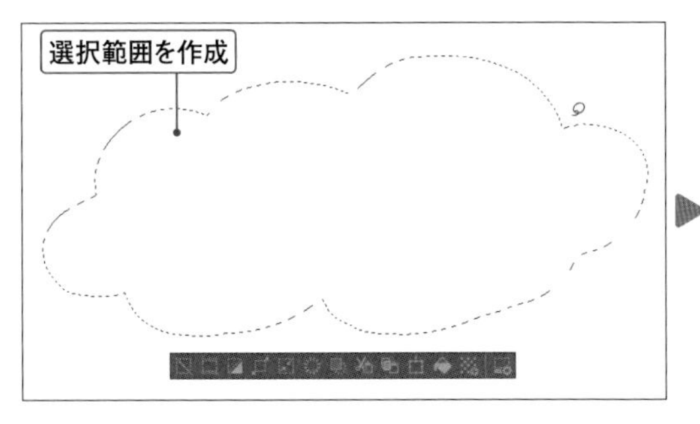

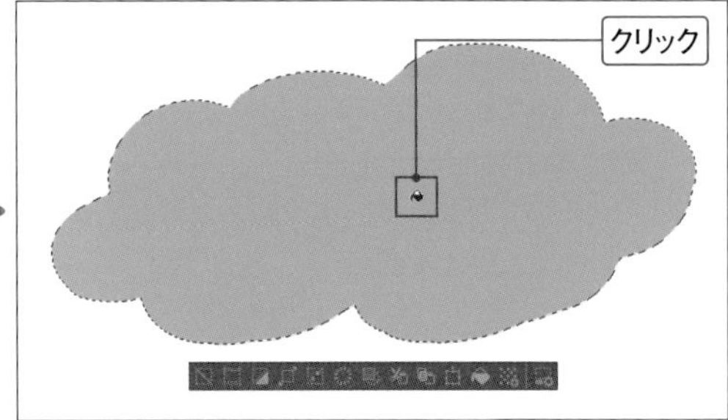

5 線で囲まれた領域を塗りつぶす

線画で囲われた領域で [塗りつぶし] ツールを使用してみます。線画を描いたレイヤーを選択し、線で閉じられているエリアをクリックすると、閉じられた部分だけを塗りつぶすことができます。

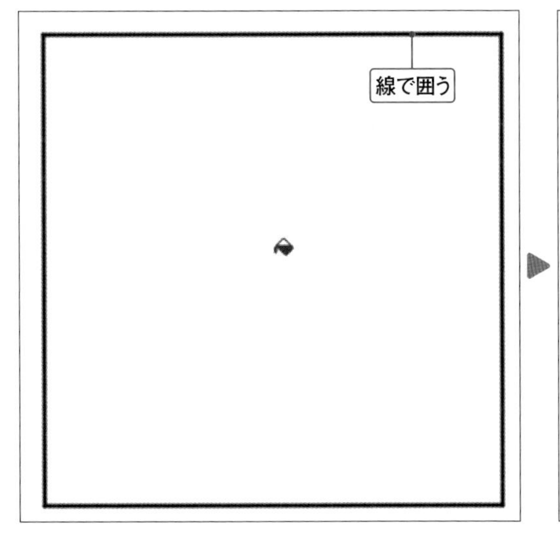

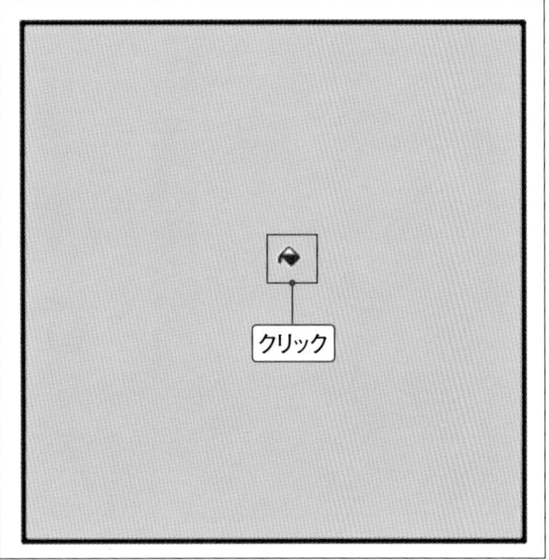

MEMO クリックした先が線で閉じられていないと、塗りがはみ出してしまう場合があるため注意が必要です。

POINT 塗りつぶしがはみ出してしまう場合の対処法

塗りつぶしがはみ出てしまう場合、線画や描画色できちんとエリアを閉じれば比較的はみ出さずに塗ることができます。また、[ツールプロパティ] パレットを細かくカスタマイズすることでも、はみ出しを防止することが可能です。[ツールプロパティ] パレットのカスタマイズについては、次ページを参照してください。

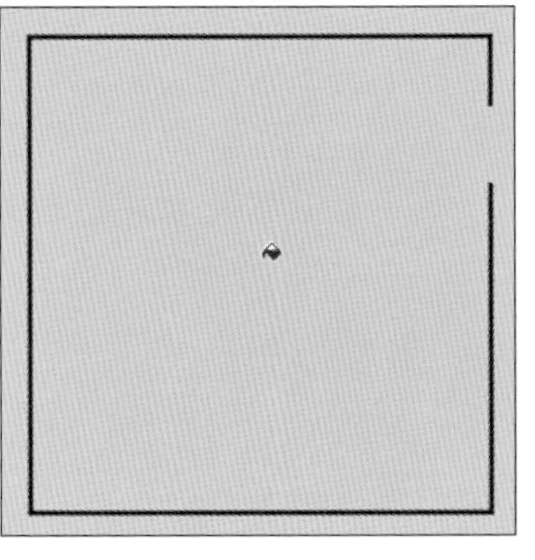

線が閉じられていないと、色がはみ出してしまう

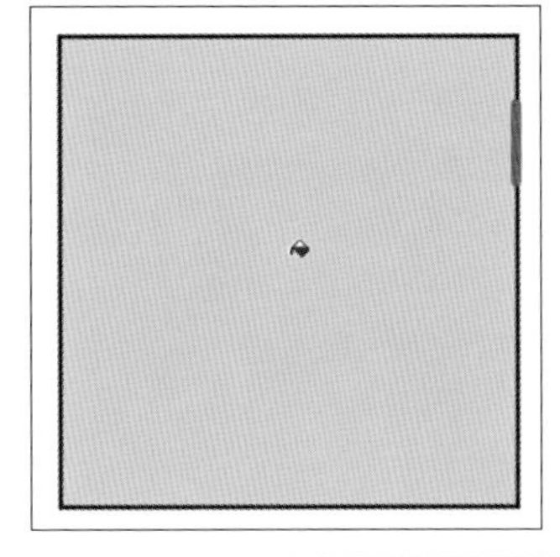

線を閉じると、塗りつぶしてもはみ出さない

[塗りつぶし] ツールを使いこなす

[塗りつぶし] ツールを使用すると塗り残し部分が出たり、色がはみ出してしまったりと、綺麗に塗りつぶしができないことが多いです。しかし、[ツールプロパティ] パレットのカスタマイズ次第で、**通常では塗れないような部分も簡単に綺麗に塗ることができる**ようになります。ここでは [ツールプロパティ] パレットでカスタマイズできる項目をいくつかご紹介します。

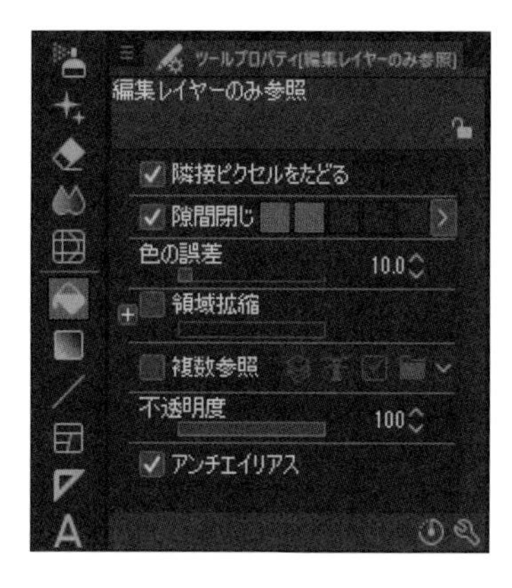

隣接ピクセルをたどる

チェックが入っていると、クリックした色から異なる色までの範囲が塗りつぶされます。線画に囲まれた範囲を塗りつぶす場合は、チェックを入れたままにしましょう。逆にチェックを外すと、クリックした色と同じ色がいっぺんに塗りつぶされます。同じ色の部分をまとめて塗りつぶしたいときなどに利用しましょう。

元の画像

チェックありの場合

チェックなしの場合

隙間閉じ

線画が途中で途切れていると、塗りつぶしたときに色がはみ出てしまいます。そういうときに [隙間閉じ] にチェックを入れておけば、はみ出さずに塗ることができます。隣にあるタイルを変更することで隙間の大きさを調整できますが、あまりに大きい隙間には対応できません。少し隙間が開いているときや、隙間の開いてる場所が小さすぎて分からないときなどに使用します。

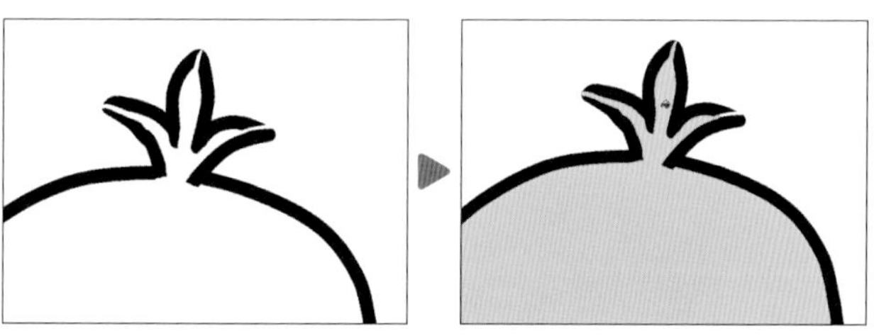
隙間がある線画でも、はみ出さず塗りつぶすことができる

MEMO [隙間閉じ] が選択できない場合は、[隣接ピクセルをたどる] にチェックを入れましょう。

色の誤差

[塗りつぶし] ツールはクリックした色と同じ色、または近い色を塗りつぶす対象として認識します。この [色の誤差] の数値を変更することにより、どの程度までをクリックした色と近い色とみなすかを指定できます。ここの数値を変更すれば、例えばグラデーションのような部分で塗りつぶす範囲を調整できます。

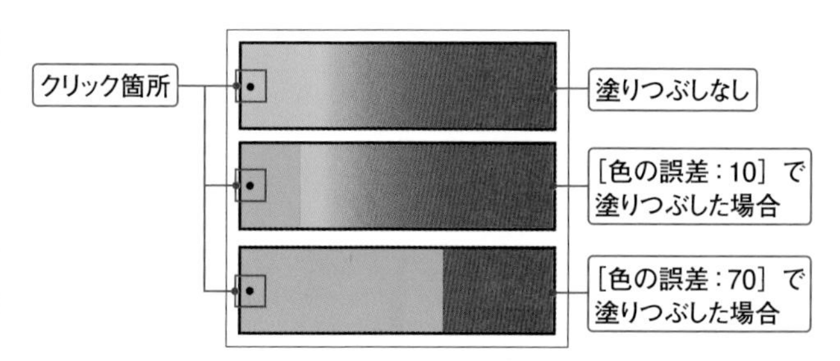

領域拡縮

チェックを入れて［領域拡縮］を変更すると、塗りつぶす範囲を拡張／縮小できます。例えばぼかしが強い線画を塗りつぶすときや、塗りつぶした際に細かい塗り残しがあるときなどに調整すれば、隙間なく綺麗に塗ることができます。また、線の外側以上に色をわざとはみ出させたいときなどにも利用できます。

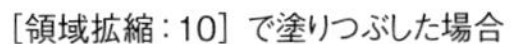

［領域拡縮：10］で塗りつぶした場合

［領域拡縮：-20］で塗りつぶした場合

MEMO ［領域拡縮］にある＋を選択すると、［拡縮方法］項目が表示されます。ここを切り替えることで、塗ったときのはみ出し方などの拡張方法が選択できます。

不透明度／アンチエイリアス

［塗りつぶし］ツールも［ペン］ツールと同様、［不透明度］と［アンチエイリアス］を設定することができます。［アンチエイリアス］にチェックが入っていないと、フチの端に細かな塗り残しが発生することがあるので注意しましょう。

［不透明度：50］の場合

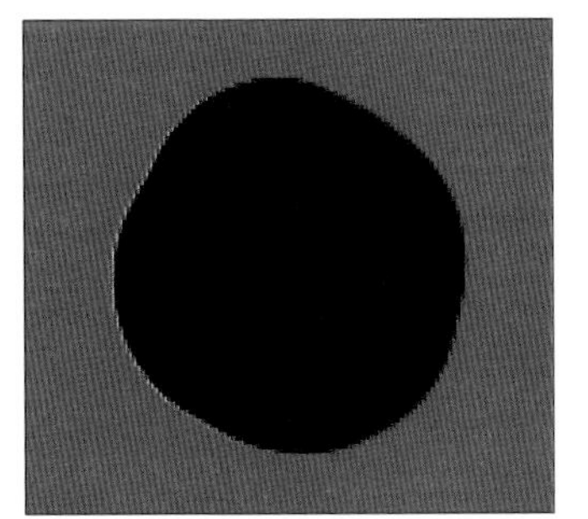

［アンチエイリアス：ON］の場合

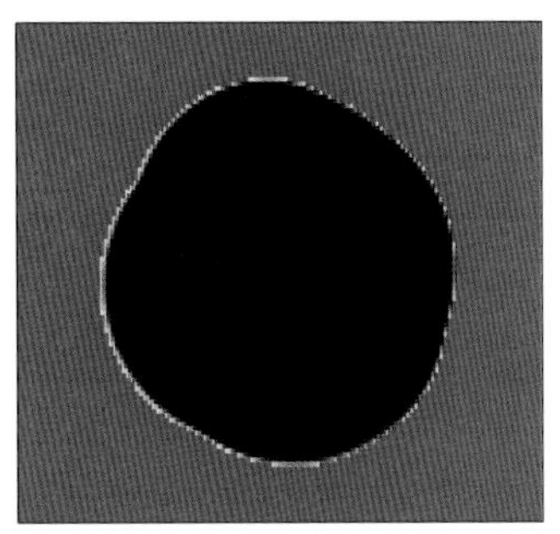

［アンチエイリアス：OFF］の場合

POINT 塗りつぶしは線画と別のレイヤーに行おう

塗りつぶしは、線画レイヤーとは別のレイヤーに行いましょう。そうすれば線画と塗りが互いに影響されず、そのあとも編集しやすい状態のまま色塗りを行うことができます。なお、別レイヤーに塗りつぶしを行う場合は［他レイヤーを参照］ツールを使用します（→ P.120）。

線画と塗りが同じレイヤーの場合、線と塗りが一緒に消えてしまう

線画と塗りが別々のレイヤーの場合、塗りだけを消すことが可能

Chapter

4-10 ほかのレイヤーを参照して塗りつぶす

デジタルでイラストを描く場合、お互いの影響を受けないために線画と塗りを別のレイヤーにするのが一般的です。そういうときにオススメなのが[塗りつぶし]の[他レイヤーを参照]ツールです。

[他レイヤーを参照]ツールとは？

[編集レイヤーのみ参照] ツールでは、選択しているレイヤーに線画などがないと、キャンバス全体が塗りつぶされてしまいます。それに対し、[他レイヤーを参照] ツールでは**別のレイヤーに描かれた内容を参照しながら塗りつぶすことができます**。これにより、線画と塗りのレイヤーを分けることができたり、線画をレイヤーごとに細かくパーツ分けしていても、まとめて参照しながら塗りつぶすことができます。

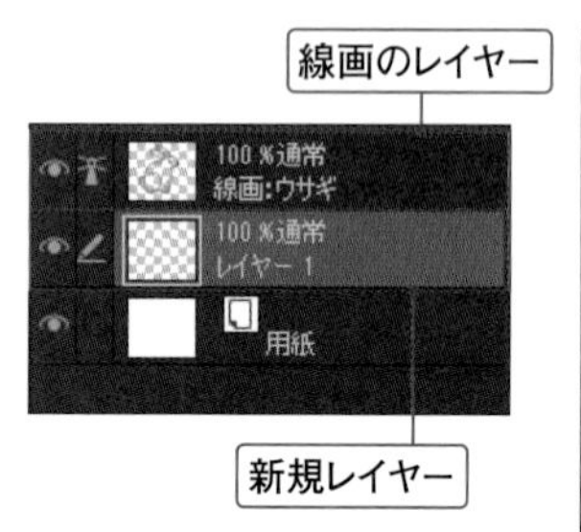

新規レイヤーを［編集レイヤーのみ参照］ツールで塗りつぶした場合

新規レイヤーを［他レイヤーを参照］ツールで塗りつぶした場合

ほかのレイヤーを参照して塗りつぶす

1 レイヤーを参照レイヤーに設定する

参照する内容が描かれているレイヤー（ここでは線画のレイヤー）を選択します。[レイヤー] パレットの上にある [参照レイヤーに設定] を選択して、参照レイヤーに設定します。参照レイヤーにはが表示されます。

MEMO 複数のレイヤーを選択してから [参照レイヤーに設定] を選択すれば、まとめて参照レイヤーにすることができます。

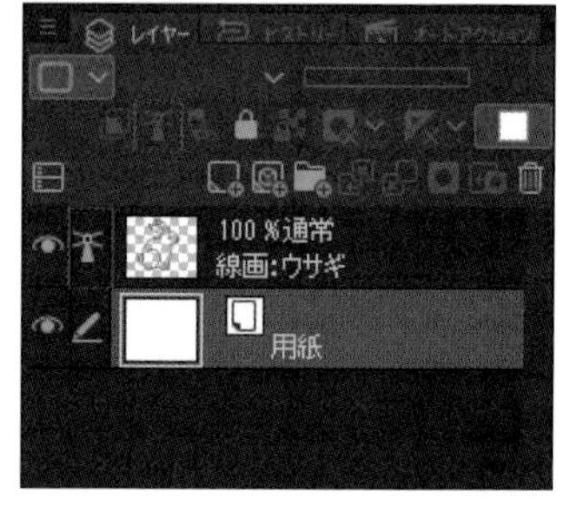

2 [他レイヤーを参照]ツールを選択する

[ツール] パレットの [塗りつぶし] → [他レイヤーを参照] ツールを選択し、[ツールプロパティ]パレットの[複数参照]を[参照レイヤー] に変更します（→P.123）。

MEMO 参照するレイヤーが非表示になっている場合は、参照対象にならないので注意しましょう。

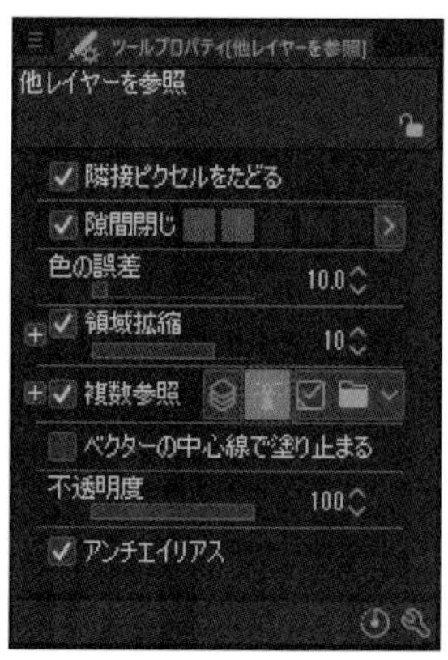

3 塗り用のレイヤーを作成する

参照レイヤーに設定したレイヤーより下に、塗り用の［新規ラスターレイヤー］を作成します。

MEMO 参照レイヤーより上にレイヤーを配置すると、塗りつぶしによって線画の一部が隠れて見えなくなってしまう場合があります。

4 塗り用のレイヤー上で塗りつぶす

そのままキャンバスで塗りたい範囲をクリックすると、参照レイヤーに描かれた内容を元に、一部が塗りつぶされます。

線画のレイヤー

塗り用のレイヤー

5 参照レイヤーを解除する

参照レイヤーに設定したレイヤーを選択し、もう一度［参照レイヤーに設定］を選択すると参照レイヤーが解除されます。また、設定したあとで別のレイヤーに参照レイヤーを設定すると、参照レイヤー先が入れ替わります。

POINT ブラシでも参照レイヤーを使用できる

ブラシを選択し、［サブツール詳細］パレットの［はみ出し防止］→［参照レイヤーの線からはみ出さない］にチェックを入れると、参照レイヤーを元にブラシを使用することができるようになります。例えば線画を参照レイヤーに設定すれば、線画からはみ出さずに塗るなどの動作が簡単にできるようになります。ただし、ブラシの中心軸が線画から出てしまうと塗りがはみ出てしまうので注意しましょう。

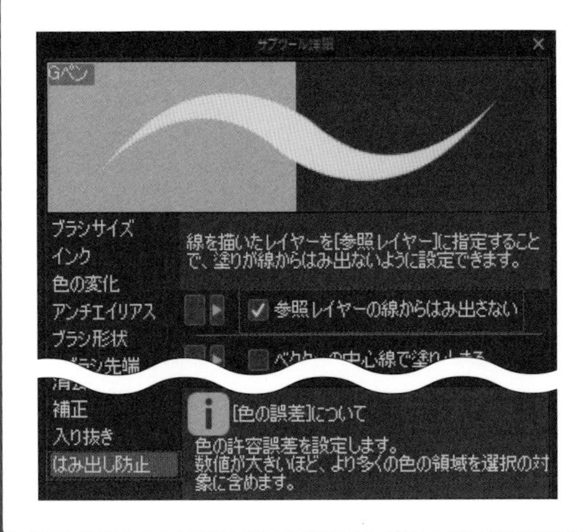

ブラシがはみ出ても、線画からはみ出さずに塗ることができる

参照しないレイヤーを指定する

1 レイヤーを下描きレイヤーに設定する

参照するレイヤーを指定する際に、さらにその中から参照しないレイヤーを指定することもできます。ここでは試しに下描きレイヤーを参照しないようにします。P.66を参考に、下描きのレイヤーを下描きレイヤーに設定します。黒線が線画、青線が下描きになります。

2 ツールプロパティの設定を変更する

[ツール]パレットの[塗りつぶし]→[他レイヤーを参照]ツールを選択し、[ツールプロパティ]パレットの[複数参照]を[すべてのレイヤー]にします。横にあるを選択して、[参照しないレイヤー]の[下描きを参照しない]がONになっていることを確認します。

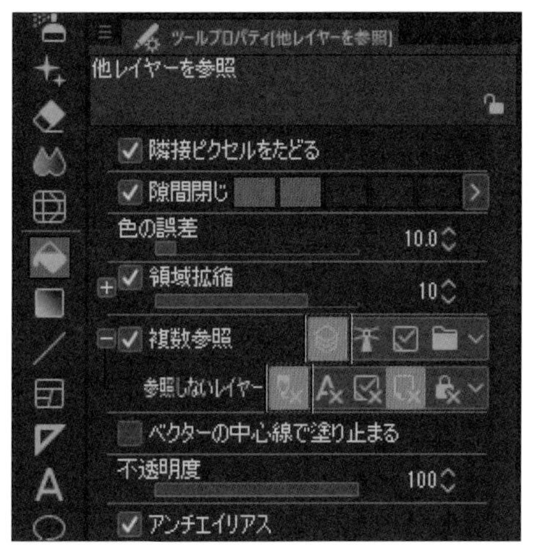

MEMO
参照しないレイヤーは、[下描きレイヤー]、[テキストレイヤー]、[編集レイヤー]、[用紙レイヤー]、[ロックされたレイヤー]から複数選択できます。

3 塗りつぶす

[新規ラスターレイヤー]を作成し、キャンバスをクリックして塗りつぶしの状態を確認します。参照対象が[すべてのレイヤー]になっていますが、下描きレイヤーに設定したレイヤーだけ参照していないことが分かります。

[下描きを参照しない:ON]で塗りつぶした画像

[下描きを参照しない:OFF]で塗りつぶした画像

POINT 参照レイヤーのさまざまな指定方法

ここでは主に、[複数参照]の[参照レイヤー]を使用した方法を解説してきました。このほかにもレイヤーの参照方法がいくつかあるので、ここではそれらの項目を紹介します。

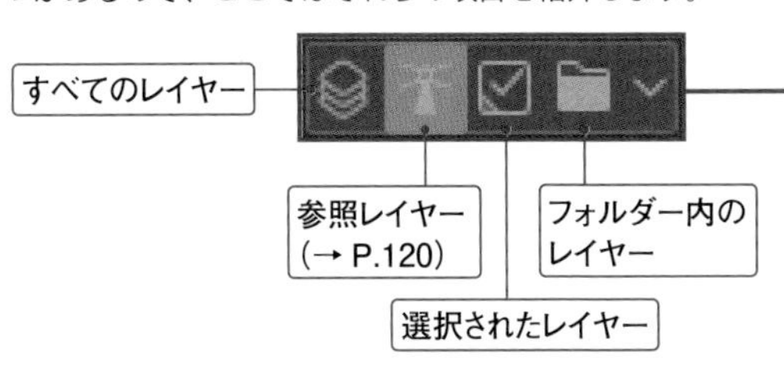

すべてのレイヤー

表示されているレイヤーすべてを参照しつつ、別のレイヤーに塗りつぶすことができます。

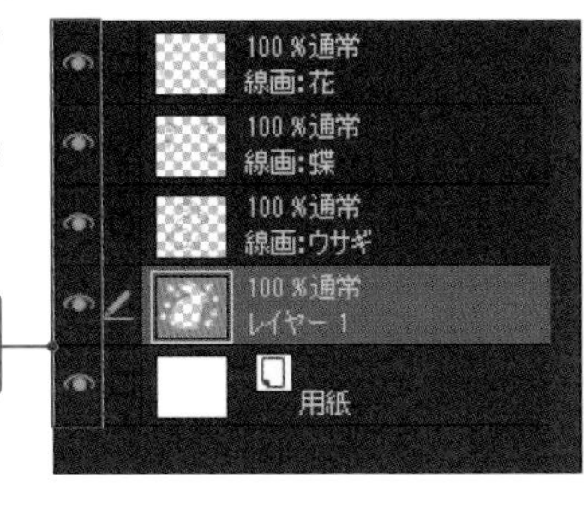

選択されたレイヤー

[レイヤー]パレットで選択しているレイヤーを参照して塗りつぶします。塗りつぶしは がついているレイヤーに対して行われるため、最初に塗りつぶし用のレイヤーを選択してから、参照するレイヤーを複数選択するようにしましょう。

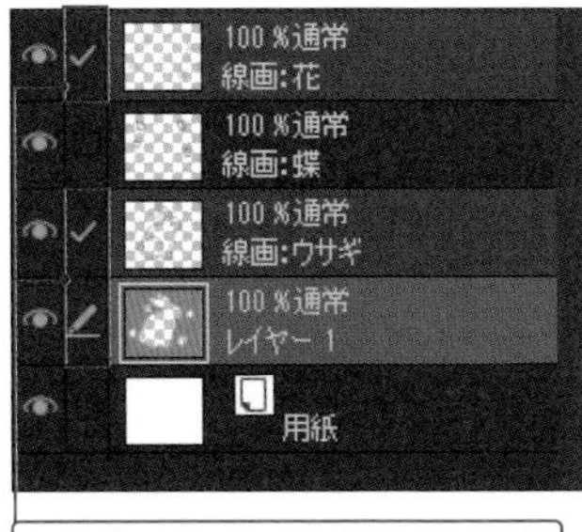

選択中のレイヤーを参照し、編集レイヤーに塗りつぶしをする

フォルダー内のレイヤー

フォルダーに格納されているレイヤーを参照して塗りつぶします。塗りつぶすレイヤーと参照するレイヤーは、同じフォルダーに入っている必要があります。

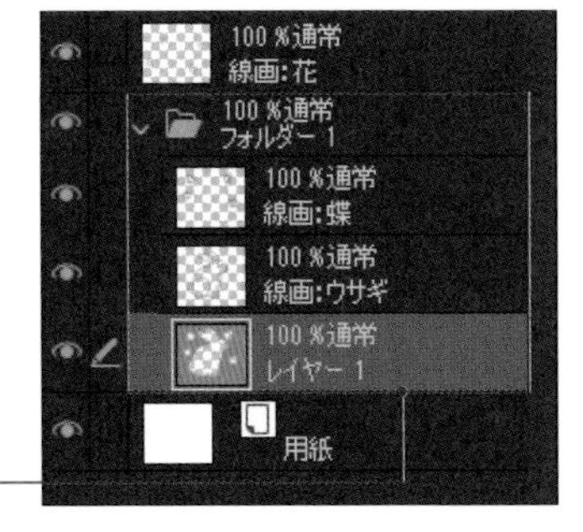

フォルダー内のレイヤーを参照し、編集レイヤーに塗りつぶしをする

Chapter
4-11 塗り残した部分を塗る

[塗りつぶし]ツールには、塗りつぶしたい部分を囲ったり、ブラシでなぞったりすることで、その領域内だけを塗りつぶす機能もあります。細かい隙間を指定したいときに便利な機能です。

囲んだ範囲を塗る

1 [囲って塗る]ツールを選択する

まず塗り用の［新規ラスターレイヤー］を線画レイヤーの下に作成し、次に［ツール］パレットの［塗りつぶし］→［囲って塗る］ツールを選択します。[ツールプロパティ]パレットの[複数参照]は、初期設定の［すべてのレイヤー］のままにします。

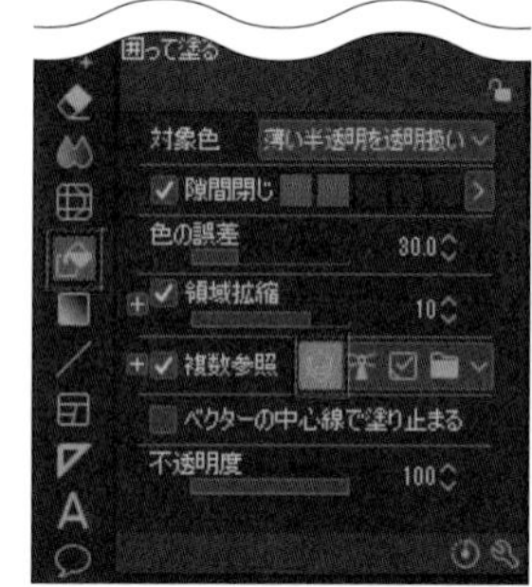

MEMO
［囲って塗る］ツールは、初期設定で別レイヤーを参照する［複数参照］にチェックが入っています。

2 範囲を囲って塗りつぶす

塗り用のレイヤーを選択し、塗りつぶしたい範囲を囲うようにドラッグします。すると、囲われた範囲内の、線で閉じられた部分が塗りつぶされます。線で閉じられていない部分は塗りつぶされないので注意しましょう。

MEMO
もし塗りつぶしできなかったり、塗り残しが多い場合は、［ツールプロパティ］パレットの［隙間閉じ］、［色の誤差］、［領域拡縮］などを調整してみましょう (→P.118)。

POINT ［囲って塗る］ツールは塗り残し部分にも使える

［囲って塗る］ツールはまず［他レイヤーを参照］ツールなどでおおよそを塗ったあと、塗り残った部分を囲うことで、塗り残し部分をまとめて塗ることにも使えます。

髪の細い塗り残し部分も塗りつぶせる

ブラシで選択した範囲を塗る

1 [塗り残し部分に塗る]ツールを選択する

まず塗り用の［新規ラスターレイヤー］を線画レイヤーの下に作成し、次に［ツール］パレットの［塗りつぶし］→［塗り残し部分に塗る］ツールを選択します。［ツールプロパティ］パレットの［複数参照］は、初期設定の［すべてのレイヤー］のままにします。

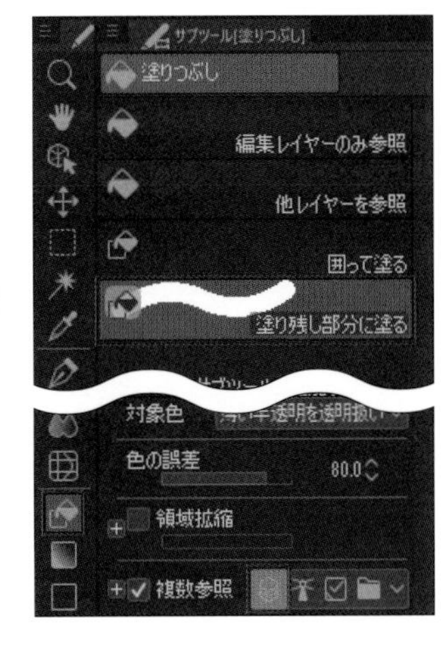

MEMO
［塗り残し部分に塗る］ツールは、初期設定で別レイヤーを参照する［複数参照］にチェックが入っています。

2 範囲を塗りつぶす

塗り用のレイヤーを選択し、［ブラシサイズ］でサイズを変更して、塗りつぶしたい範囲を塗りつぶします。ペンを離すまでは範囲が緑で表示され、ペンを離すと緑の範囲内の線で閉じられた部分が塗りつぶされます。［囲って塗る］ツールと同様、線で閉じられていない部分は塗りつぶされません。

MEMO
もし綺麗に塗りつぶしができない場合は、［ツールプロパティ］パレットの［色の誤差］、［領域拡縮］などを調整してみましょう（→P.118）。

POINT 最終的には通常ブラシで塗ろう

［塗りつぶし］ツールは塗りの作業効率を上げる便利なツールです。しかし、いくらカスタマイズしても、線画の状態によってはどうしても綺麗に塗れないことがあります。そういう部分は最終的にブラシで細かく塗っていく必要があります。ときにはブラシで塗った方が早い場合もあるので、場面に応じて使い分けるようにしましょう。

線が多めで境界が曖昧だと、［塗りつぶし］ツールではは み出しやすい

ブラシで塗った場合

Chapter

4-12 塗る範囲を自動で指定する

クリックした先を一瞬で塗りつぶすことができる[塗りつぶし]ツールのように、CLIP STUDIO PAINTには、クリックした場所の選択範囲を一瞬で作成することができる[自動選択]ツールがあります。

範囲を自動で選択する

1 [他レイヤーを参照選択]ツールを選択する

[ツール]パレットの[自動選択]→[他レイヤーを参照選択]ツールを選択し、[ツールプロパティ]パレットの[複数参照]が[すべてのレイヤー]になっていることを確認します。

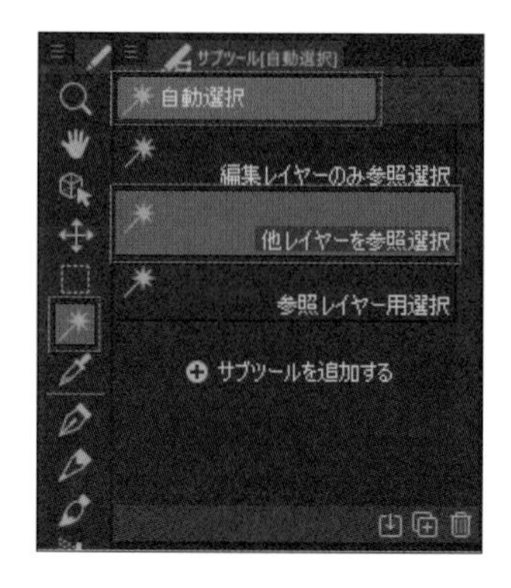

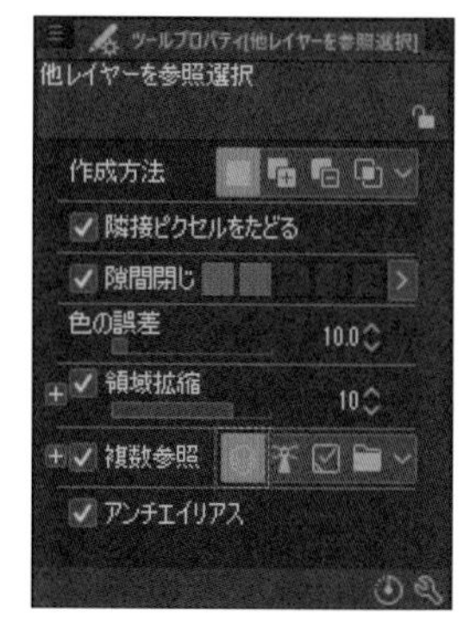

MEMO
[自動選択]ツールは、クリックした場所と同じ色が続いている領域を選択範囲として取得するツールです。[自動選択]ツールには3種類のツールがありますが、参照対象のレイヤーが異なる以外はあまり違いがありません。

2 選択範囲を作成する

選択範囲を取得したい場所をクリックします。すると、クリックした色と同じ色が続いている領域が、選択範囲として作成されます。

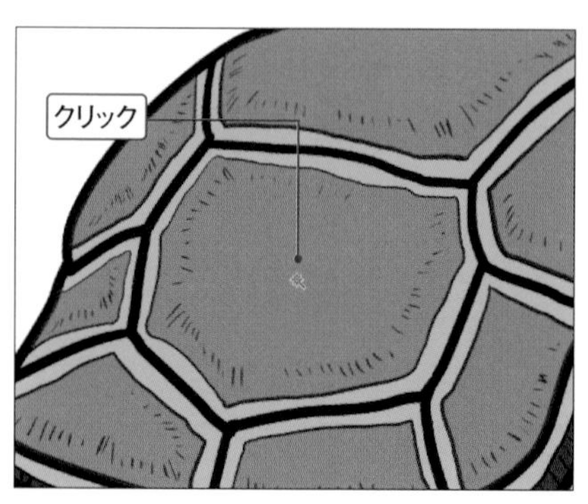

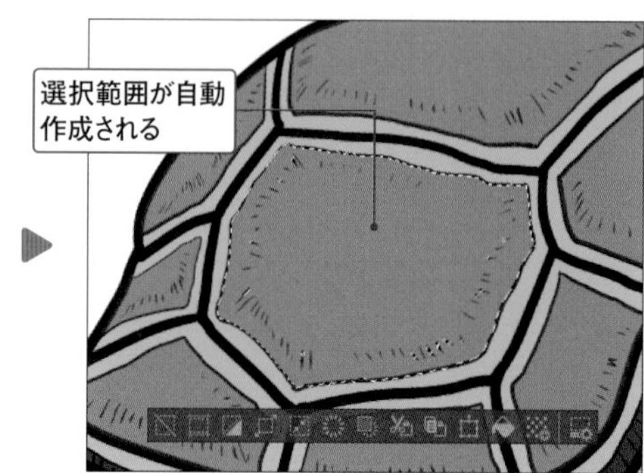

MEMO
選択範囲は、P.80の方法で追加したり削除したりすることができます。

3 設定を変更する

選択範囲がうまく取得できなかったり、参照するレイヤーを変更したい場合は[ツールプロパティ]パレットの設定を変更しましょう。参照元となる対象レイヤーの種類やカスタマイズ方法は、基本的に[塗りつぶし]ツールのときと同じです(→P.123)。

Chapter 4-13

同系色から選択範囲を指定する

[色域選択]を使えば、クリックした先の色と近い色の選択範囲を作成することができます。指定する色は追加／削除ができ、1枚の画像だけでなくレイヤーがたくさんの状態からでも、色の選択範囲が作成可能です。

同系色を選択する

1 [色域選択]画面を表示する

選択範囲を取得したい内容が描かれたレイヤーを選択します。［選択範囲］メニュー→［色域選択］を選択して、［色域選択］画面を表示します。

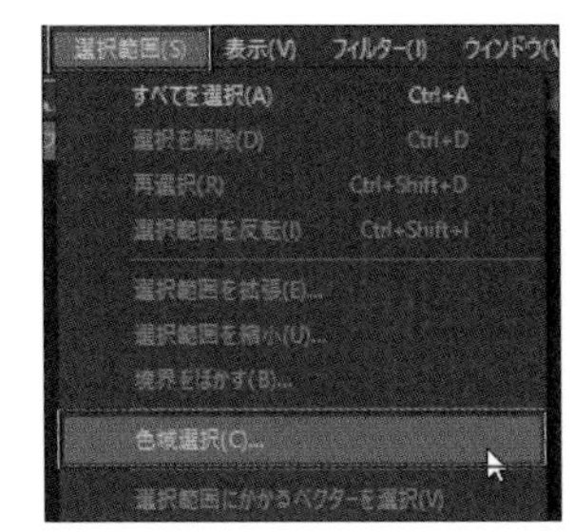

2 取得する色を指定する

その状態で取得したい色をクリックすると、同じ色の部分が選択範囲として作成されます。選択した範囲が狭い場合は、［色の許容誤差］の数値を上げて取得する領域を広げます。

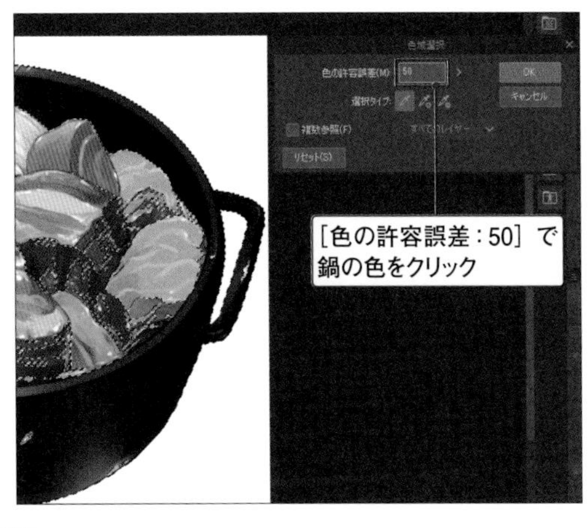

> **MEMO**
> ［選択タイプ］を［選択に追加］にすると、クリックするごとに選択範囲を追加できます。反対に、［選択から削除］にすると選択範囲を削除できます。また、［リセット］を選択すると、選択範囲を最初の状態に戻します。

3 参照先のレイヤーを指定する

［複数参照］にチェックを入れると、参照するレイヤーを設定できます。ここを［すべてのレイヤー］にして、［選択タイプ］の［新規に選択］で選択範囲を作成すると、表示しているすべてのレイヤーを参照していることが分かります。選択範囲の作成が完了したら、［OK］を選択して確定させましょう。

> **MEMO**
> ［複数参照］にチェックを入れない場合は、が付いた編集レイヤーのみを参照します。

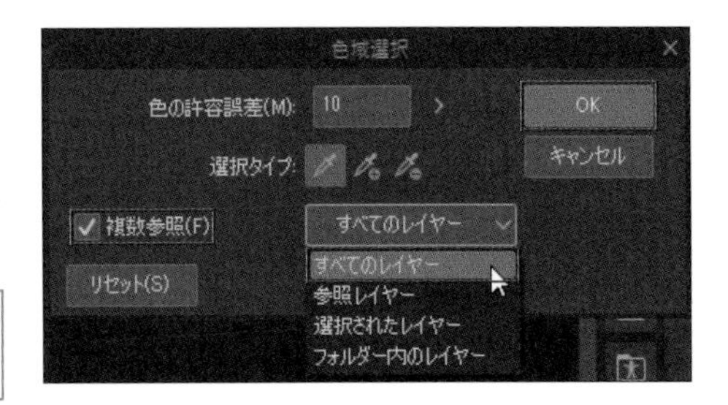

Chapter 4-14 塗る範囲をブラシで指定する～クイックマスク

クイックマスク機能を使えば、ブラシや[消しゴム]ツールなどの描画系ツールを使って選択範囲を作成することができます。使用後は自動削除されるため、一時的な場面で使用するのがオススメです。

クイックマスクとは？

クイックマスクとは、選択範囲を赤色で視覚的に表示させ、さらにその赤色をブラシや［消しゴム］ツールなどで編集することで、選択範囲の追加／削除を行うことができる機能です。ぼかしや不透明度などの情報もすべて適用されるため、［選択範囲］ツールよりも**自由で細かい選択範囲をつくることが可能**です。

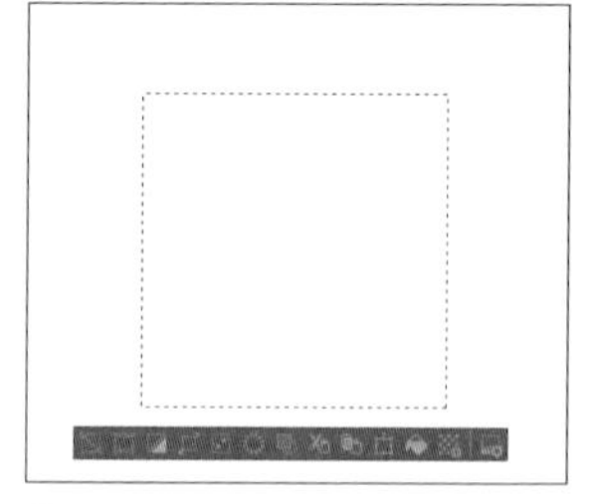

❶選択範囲を作成する

❷［クイックマスク］モードで表示すると、選択範囲が赤色で表示される

❸ブラシや消しゴムで赤色部分を追加／削除する

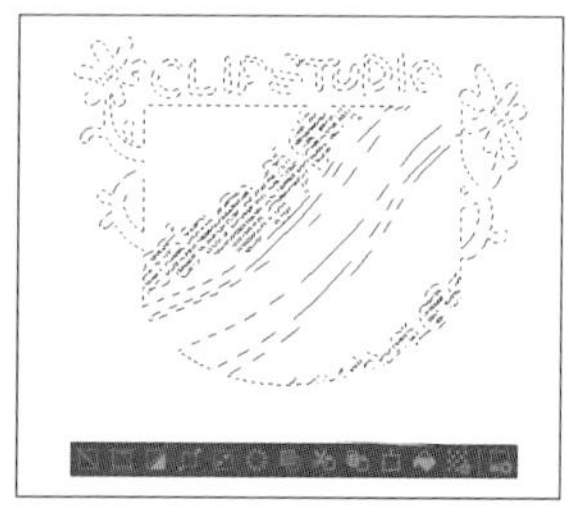

❹通常モードに戻ると、描画部分の選択範囲が作成される

［選択範囲をストック］とクイックマスクとの違い

クイックマスクは［レイヤー］パレットにクイックマスク専用レイヤーが作成され、そこに選択範囲が描画されます。［選択範囲をストック］の機能とよく似ていますが（→P.90）、クイックマスクレイヤーはモードが解除されると自動的に削除されるようになっています。そのため**クイックマスクは一時的に使いたいときに**使用し、**［選択範囲をストック］は繰り返し使いたいときに**使用しましょう。

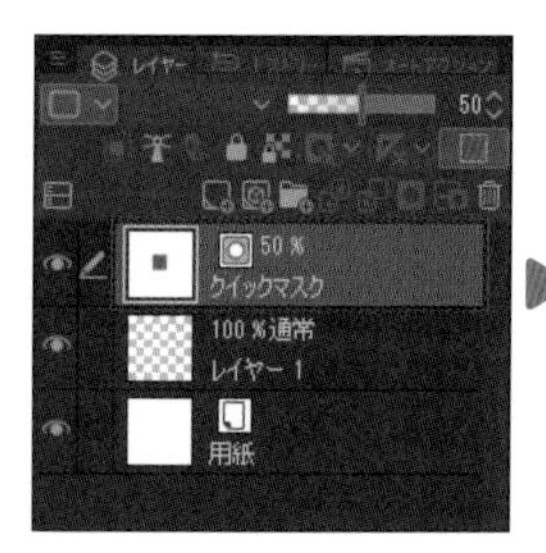

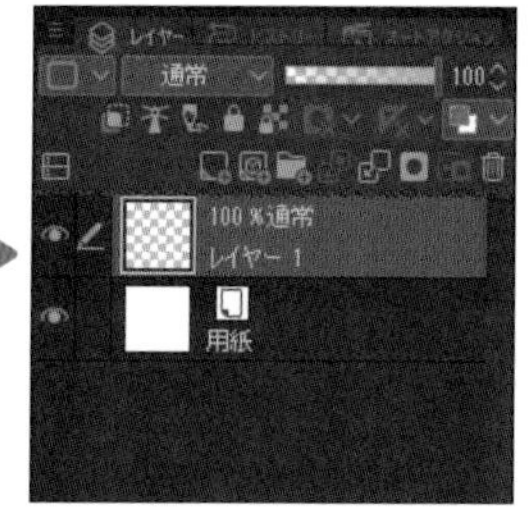

クイックマスクは解除するとレイヤーとして残らないので、一時的に使いたいときに便利

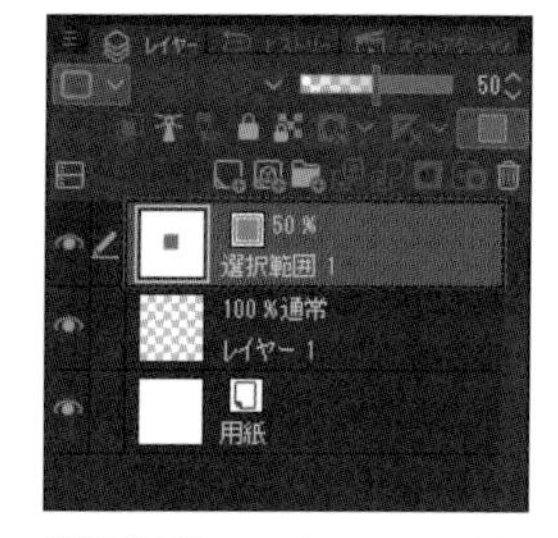

［選択範囲をストック］はレイヤーが残るので、何度も同じ選択範囲を取得可能

POINT 選択範囲を一時的に確認するときにも使える

［クイックマスク］モード中は選択範囲を赤色に表示してくれるので、選択範囲がどこまで含まれているかを確認するときにも使えます。選択範囲の枠が見づらい場所などは、クイックマスクの表示にして確認するとよいでしょう。

ブラシや消しゴムで範囲を選択する

1 [クイックマスク]モードに切り替える

[選択範囲] メニュー→ [クイックマスク] を選択して、[クイックマスク] モードにします。[レイヤー] パレットにクイックマスクレイヤーが作成されます。

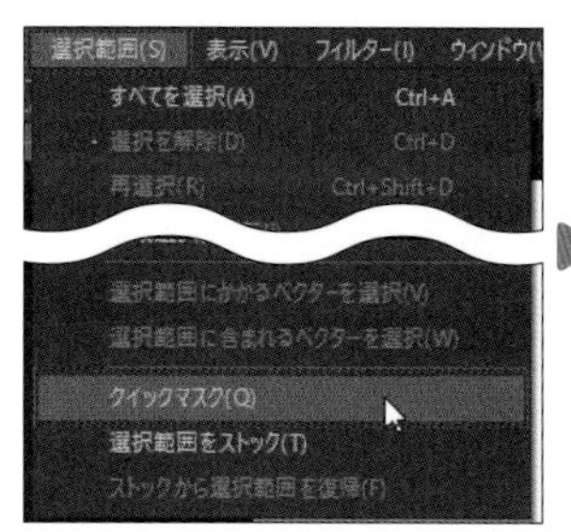

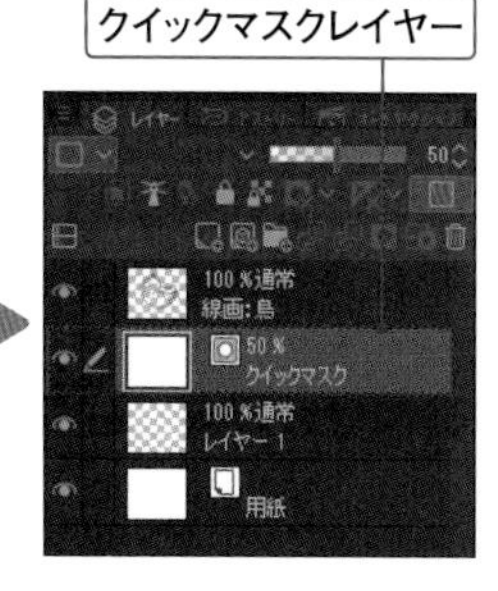

MEMO
[選択範囲] ツールで選択範囲を指定したあとに [クイックマスク] モードにすると、選択範囲内が赤色で表示されます。

2 ブラシで選択範囲を追加する

今回は [ツール] パレットの [ペン] → [ペン] タブ→ [Gペン] を選択し、選択範囲を作成したいエリアを塗りつぶします。すると、色が赤色で表示されます。また、[ツールプロパティ] で [不透明度] を50にして描画すると、半透明の選択範囲を作成できます。

MEMO
クイックマスクではブラシや [塗りつぶし] ツールのほかに、[グラデーション] ツールや [色混ぜ] ツールなども使用することができます。

3 [消しゴム]ツールで選択範囲を削除する

今回は [ツール] パレットの [消しゴム] → [消しゴム] タブ→ [軟らかめ] を選択します。先ほど [Gペン] で描いて赤色になった部分の一部を消していきます。消去した部分は選択範囲に含まれません。

MEMO
クイックマスク (と [選択範囲をストック]) は、[変形] 機能を利用して選択範囲を変形することが可能です (→P.91)。

4 [クイックマスク]モードを解除する

[選択範囲] メニュー→ [クイックマスク] を再び選択して [通常] モードに切り替えます。すると、赤く塗った部分の選択範囲が作成されます。試しに選択範囲を一色で塗りつぶしてみると、半透明部分はそのまま半透明になっているのが分かります。

MEMO
クイックマスクは一時的に使う場合が多いため、[コマンド] バーに追加したり、ショートカット登録するなど、すぐに切り替えられるようにしておくのがオススメです (→P.34)。

Chapter

4-15 選択範囲をぼかす

CLIP STUDIO PAINTには、選択範囲の境界部分を均等にぼかすことができる機能があります。指定した選択範囲から、どのくらいぼかすかを数値で指定します。

選択範囲をぼかす

1 選択範囲を作成する

今回は［ツール］パレットの［選択範囲］→［長方形選択］ツールを選択し、選択範囲を作成します。

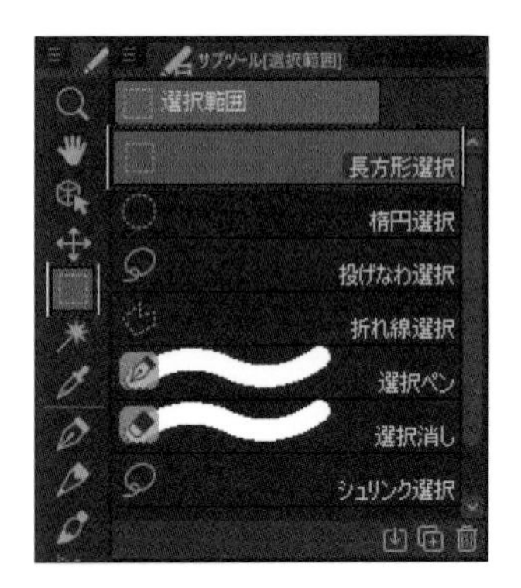

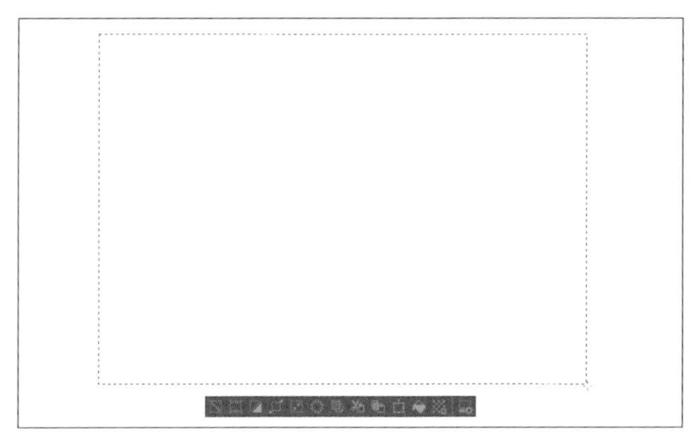

2 ［境界をぼかす］を選択する

［選択範囲］メニュー→［境界をぼかす］を選択し、ここでは［ぼかす範囲］の数値を50に変更します。数値が高いほどぼかしの効果が強くなります。最後に［OK］を選択します。

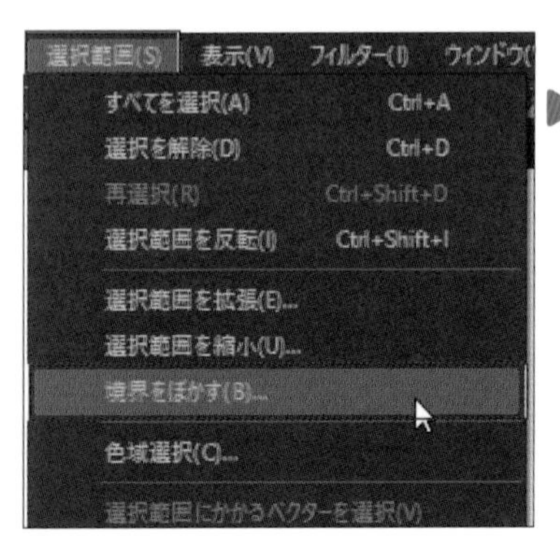

3 ぼかし具合を確認する

ぼかし具合を確認するため、［選択範囲］メニュー→［クイックマスク］で［クイックマスク］モードに切り替えます。すると、選択範囲の境界線がぼやけていることが分かります。

MEMO ［選択範囲］メニューにある［選択範囲を拡張］／［選択範囲を縮小］を使うと、選択範囲を拡大／縮小することができます。

Chapter 5

「本塗り」をする
～各種ブラシと色塗りツール

5-1 線からはみ出さずに塗る① ～透明ピクセルをロック
5-2 線からはみ出さずに塗る② ～クリッピング
5-3 水彩ツールで色を塗る
5-4 厚塗りツールで色を塗る
5-5 墨ツールで色を塗る
5-6 マーカーで色を塗る
5-7 パステルで色を塗る
5-8 エアブラシで色を塗る
5-9 グラデーションで塗る
5-10 自由な形のグラデーションで塗る
5-11 色を周囲の色となじませる
5-12 色調補正レイヤーで全体の明るさを調整する
5-13 色調補正レイヤーで部分的に色を調整する
5-14 色調補正レイヤーを特定のレイヤーやフォルダーに適用する
5-15 合成モードを使う
5-16 合成モードで影や光を塗り足す
5-17 合成モードとテクスチャで物の質感を出す
5-18 ゆがみツールで完成イラストを調整する

Chapter 5-1

線からはみ出さずに塗る①～透明ピクセルをロック

[透明ピクセルをロック]機能を使えば、レイヤーに塗った内容をあとから簡単に塗り変えることができます。ブラシを使えるので、描画内の一部だけを色変えしたり、部分的にぼかしたりなど、細やかな調整をすることができます。

[透明ピクセルをロック]とは？

[透明ピクセルをロック] とは、レイヤーに設定することで、そのレイヤーに描画された内容の一部または全体をはみ出さずに塗り変えることができる機能です。例えば、線画の一部の色を変える場合などに役立ちます。なお、ベクターレイヤーには [透明ピクセルをロック] を設定することができないため、ベクターレイヤーではクリッピングを使いましょう（→P.133）。

線画だけを対象に、はみ出さずに色を変えることができる

[透明ピクセルをロック] を使って塗る

1 レイヤーに[透明ピクセルをロック]を設定する

色を変えたい内容が描かれたレイヤーを選択します。[レイヤー] パレットの上にある [透明ピクセルをロック] を選択して、レイヤーに [透明ピクセルをロック] を設定します。

> MEMO
> レイヤーを複数選択した状態で [透明ピクセルをロック] を選択すると、まとめて設定することができます。

2 一部を塗り替える

今回は [ツール] パレットの [ペン] → [ペン] タブ→ [Gペン] を選択し、不透明度は [100]、[ブラシサイズ] は大きめにして、描画色を赤色に設定します。レイヤーに描かれている部分を塗りつぶすと、描画部分だけ赤く塗り替えられるのが分かります。

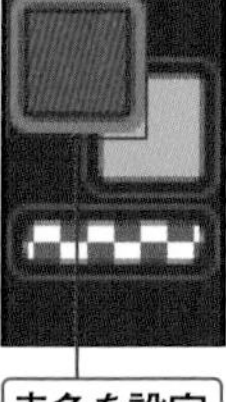

> MEMO
> [透明ピクセルをロック] は、もう一度を選択することで解除されます。

Chapter 5-2 線からはみ出さずに塗る② ～クリッピング

CLIP STUDIO PAINTには、[透明ピクセルをロック]のような機能を持ち、かつ、あとからの修正をよりやりやすくしたクリッピングという機能があります。

クリッピングとは？

クリッピングとは、下のレイヤーに描画された範囲だけに上部のレイヤーの描画内容を表示させる機能です。例えば下のレイヤーに肌のベースを塗ったあと、上に影レイヤーと光レイヤーを作成してからクリッピングすれば、影と光を肌色の範囲をはみ出させずに重ねることができます。クリッピングしたレイヤーはあとから修正することが簡単なため、色塗りなどの作業に非常に使える機能です。なお、クリッピングはベクターレイヤーやフォルダーにも使えます。フォルダーにクリッピングすると、フォルダー内のレイヤーすべてがベースになります。

肌のベースを塗った状態

上のレイヤーに影と光を塗った状態

ベースに影と光をクリッピングした状態。はみ出し部分が非表示になる

クリッピングと［透明ピクセルをロック］の違い

クリッピングと［透明ピクセルをロック］は使用用途が非常に似ています。実際イラストを描く際、後々修正がやりやすいクリッピングのみで色塗りをする場合も多いですが、クリッピングはレイヤー数が増えて煩雑になるデメリットがあります。そのため、修正が簡単な「線画の色変え」などには［透明ピクセルをロック］を使って、レイヤー数を抑える場合も多いです。ただし、クリッピングしたレイヤーは［レイヤー結合］でまとめてしまうこともできるので、臨機応変に使い分けましょう。

クリッピングは色の濃淡など、後々修正が入るような場面で使う。ここでは目の塗りに使用

［透明ピクセルをロック］はレイヤーを少なくしたいときや、線画の色変えなど後々修正があまり入らない場面で使う。ここではベースの塗りに使用

クリッピングを使って塗る

1 表示させる範囲を塗る

今回はキャラクターの線画に肌色を塗る想定でクリッピングを使用します。まずは表示させる範囲を指定するために、肌色のベースを作成します。線画レイヤーの下に［新規ラスターレイヤー］を作成し、［ツール］パレットの［塗りつぶし］→［他レイヤーを参照］ツールなどを使って顔の肌色を塗りつぶします。

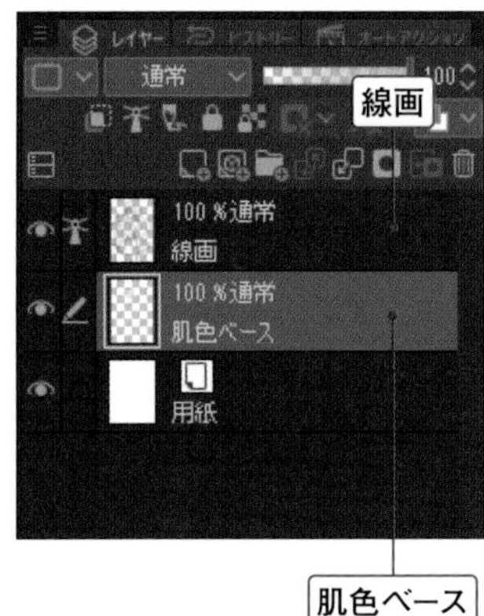

2 影レイヤーを作成してクリッピングする

線画と肌レイヤーの間に、影用の新規レイヤーを作成します。影のレイヤーを選択したまま［下のレイヤーでクリッピング］■を選択すると、影レイヤーが肌レイヤーにクリッピングされ、縦の赤ラインが追加されます。

> **MEMO** レイヤーを複数選択した状態で［下のレイヤーでクリッピング］■を選択すると、まとめてクリッピングすることが可能です。

3 影レイヤー上に影を塗る

影レイヤーに、ブラシで肌の範囲からはみ出すように影を塗ります。すると、影レイヤーのはみ出た部分が綺麗に肌色の範囲に収まっているのが分かります。

> **MEMO** もう一度［下のレイヤーでクリッピング］■を選択すれば、クリッピングを解除できます。

4 描画内容を移動する

クリッピングした影レイヤーを選択し、［ツール］パレットの［レイヤー移動］→［レイヤー移動］ツールで動かすと、肌の範囲からはみ出さずに影が移動することを確認できます。なお、クリッピング中でも通常レイヤーと同じ操作が行えます。

> **MEMO** クリッピングされたレイヤーの間に新規レイヤーを作成すると、クリッピングされたレイヤーを追加することができます。

Chapter 5-3

水彩ツールで色を塗る

色塗りは[鉛筆]や[ペン]ツールで塗る場合もありますが、CLIP STUDIO PAINTにはそのほかにもさまざまなテイストのブラシが搭載されています。今回は[水彩]ツールをご紹介します。

[水彩] ツールの特徴

[水彩] には主に、水彩的な表現ができるブラシが格納されています。実際の水彩絵の具のように、下地の色をそのまま残しながら色を重ねることができ、上から色を重ねるとだんだん色が強くなっていくのが特徴です。

粗い水彩

水彩丸筆

ウェット水彩

[水彩] ツールの使い方

1 [水彩]ツールを選択して描く

[新規ラスターレイヤー] を作成し、今回は [ツール] パレットの [筆] → [水彩] タブ→ [水彩丸筆] で線を描いてみます。筆圧に応じて色が強く、また色を重ねるごとに色が強くなるのがわかります。

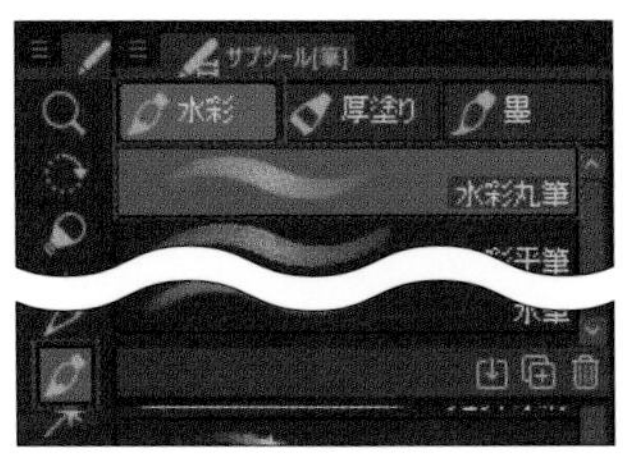

徐々に筆圧を強くした場合

5 回色を重ねた場合

2 ほかの色を混ぜる

いくつかの描画色で重ねて塗ってみます。色が重なった部分は、ほかの色と掛け合わさったようになり、色が重なるほど色が強くなっているのがわかります。

色が多く重なるところが一番色が強い

ほかの色と掛け合わさった色になる

> **MEMO**
> これらの特徴は、水彩ブラシに[合成モード：乗算] が設定されているためです (→P.156)。合成モードを [通常] にすると、色を重ねても強くならなくなります。

Chapter

5-4 厚塗りツールで色を塗る

薄いテイストが得意な[水彩]ツールに対し、より濃度の濃い塗りで描くことができる[厚塗り]ツールは、その名前の通り、厚塗りをしたいときなどに向いています。

[厚塗り] ツールの特徴

[厚塗り] には [水彩] よりも濃度が高く、よりクッキリとした塗りができるブラシが格納されています。特に、下の色と混ぜるときに大きく影響を受けるブラシで、[ツールプロパティ] パレットの設定項目も色の混ぜ具合をカスタマイズする項目が多いのが特徴です。

油彩

ガッシュ細筆

[厚塗り] ツールの使い方

1 [厚塗り]ツールを選択して描く

[新規ラスターレイヤー] を作成し、今回は [ツール] パレットの [筆] → [厚塗り] タブ→ [混色円ブラシ] を選択します。描画色を赤で塗り、その上に緑でも塗ると、描きはじめの色が少し混ざります。

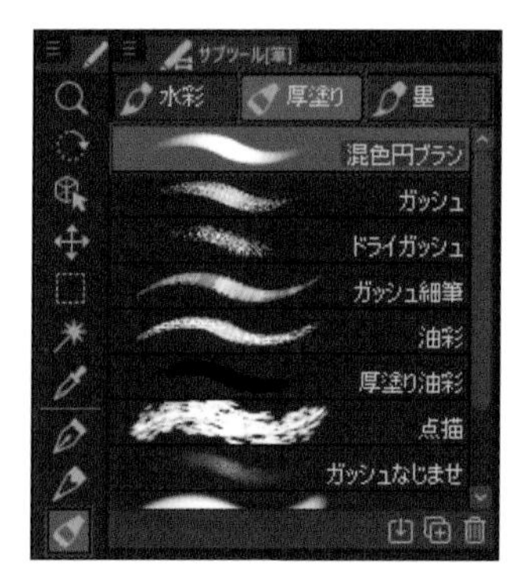

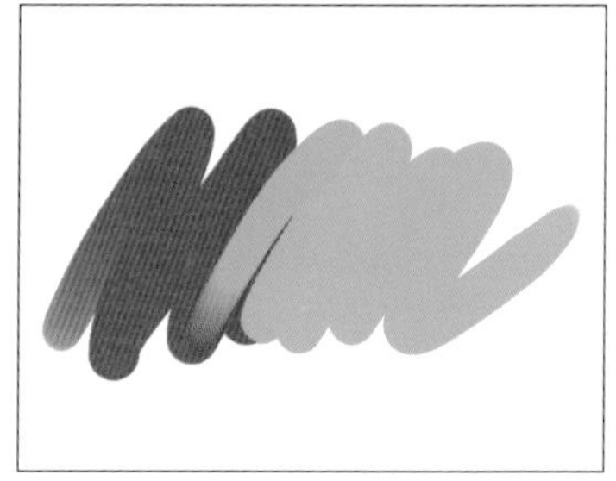

2 設定を変えてみる

[ツールプロパティ] パレットの設定を変えると効果を調整できます。[絵の具量] を下げると下の色の影響を受けやすくなり、[色延び] を下げると影響を受けた色から元の色に戻るまでが早くなります。その他、[絵の具濃度] は色の濃さを設定できます。

[絵の具量 : 20 ／色延び : 100]

[絵の具量 : 20 ／色延び : 20]

MEMO 色が混ざる影響を受けるのは同じレイヤーに描画したときのみです。色を混ぜたくない場合は、別のレイヤーに描画するようにしましょう。

Chapter 5-5

墨ツールで色を塗る

黒筆のような質感が描ける[墨]ツールをご紹介します。水墨画っぽい質感や、筆のかすれた質感なども表現できるので、イラストだけでなく習字のような使い方をすることもできます。

[墨] ツールの特徴

[墨] には筆の質感を持たせたブラシが格納されています。ブラシを動かさないでいると徐々にサイズが大きくなったり、筆圧や描くスピードで描画の表現が変わるように、実際の筆のような使い方ができるのが特徴です。

にじみ墨

筆ペン

濃淡

[墨] ツールの使い方

1 [墨]ツールを選択して描く

新規レイヤーを作成し、今回は［ツール］パレットの［筆］→［墨］タブ→［筆ペン］を選択します。ブラシを動かさないと太くなったり、素早く払うとかすれが出たりと、まるで筆のような感覚で描けることがわかります。

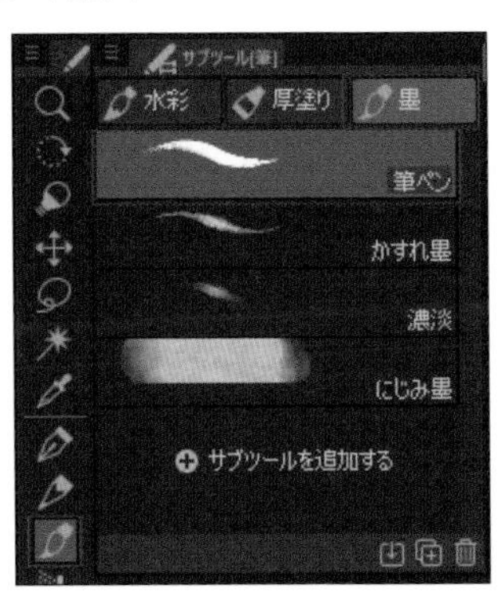

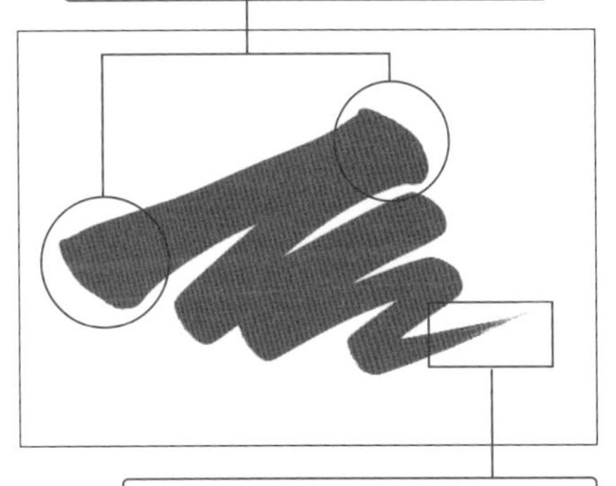

POINT [下地混色] で下地の色を混ぜる

［サブツール詳細］パレット→［インク］→［下地混色］にチェックを入れることで、［筆ペン］や［厚塗り］ツールと同じように下地の色と混ぜることが出来ます。（→ P.104）

Chapter

5-6 マーカーで色を塗る

油性マジックのような線が描ける[マーカー]ツールをご紹介します。ハッキリとした線を出すことができるブラシなので、塗りだけでなく線画に使う人もいます。

[マーカー] ツールの特徴

[マーカー] は [ペン] ツールから筆圧を取ったようなツールで、油性ペンのような質感の線を描くことができるブラシが格納されています。そのほかにもマーカーのようなペンやドット絵用のペンなどもあり、ハッキリとした線やムラのない塗りをしたいときなどに使用します。

サインペン

[マーカー] ツールの使い方

1 [マーカー]ツールを選択する

今回は [ツール] パレットの [ペン] → [マーカー] タブ→ [サインペン] を選択します。

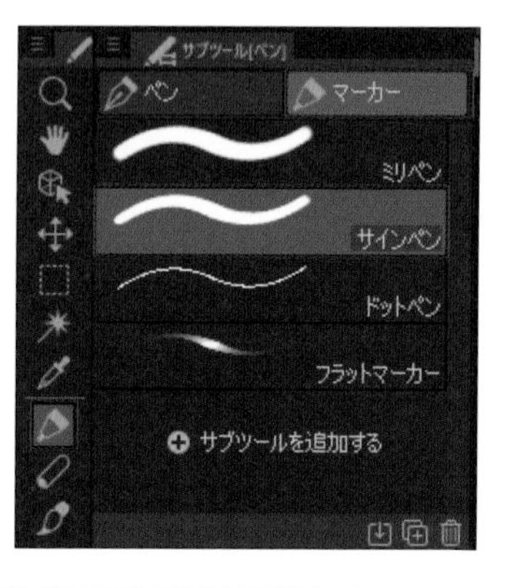

2 描画色を指定して描く

新規レイヤーを作成し、描画色を黒にして線を描きます。素早く描画してみると細い線を描くことができます。これは、[サインペン] には少しだけ筆圧と速度が設定されているためです。変更したい場合はP.75を参照してください。

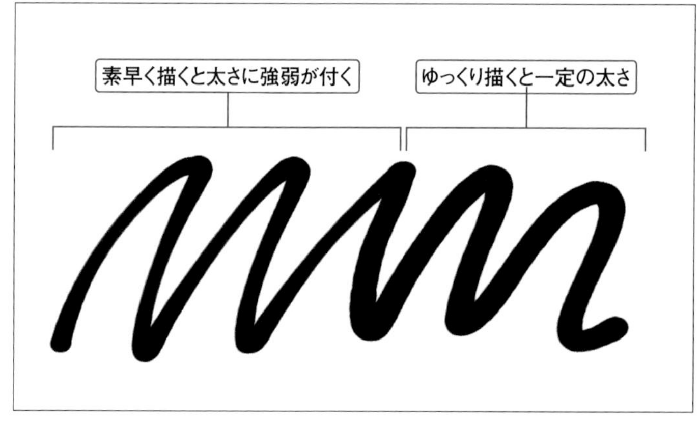

Chapter 5-7 パステルで色を塗る

チョークのような質感で描ける[パステル]ツールをご紹介します。ブラシの先端がそれぞれ違う形になっているので、ブラシにより表現できる質感が変わります。

[パステル] ツールの特徴

[パステル] には [クレヨン] [チョーク] [木炭] など、ノイズ的な質感を持たせたブラシが格納されています。かすれた表現をしたいときなどに使用します。

クレヨン

チョーク

木炭

[パステル] ツールの使い方

1 [パステル]ツールを選択して描く

新規レイヤーを作成し、今回は [ツール] パレットの [鉛筆] → [パステル] タブ→ [チョーク] を選択します。描画色を黒色にして太めの線を描いてみると、質感が付いた状態で線が描かれていることが分かります。

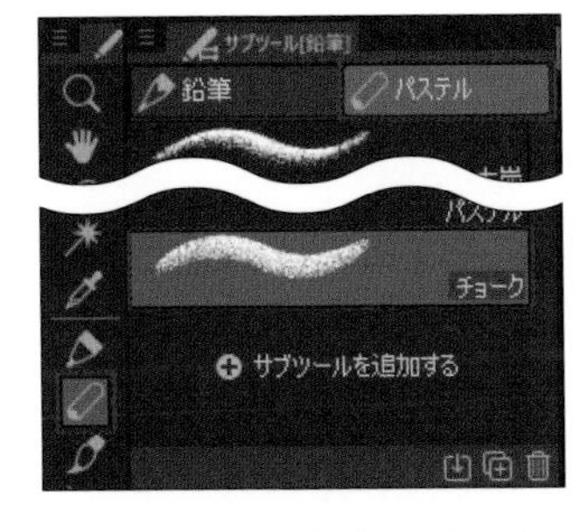

2 紙の質感を変更する

[ツールプロパティ] パレットの [紙質] の横にある [画用紙C] を選択すると、[用紙テクスチャ素材の選択] 画面が表示されます。リストから [木材] を選択し、[OK] を選択します。線を描いてみると、紙質によって描画が変化していることが分かります。

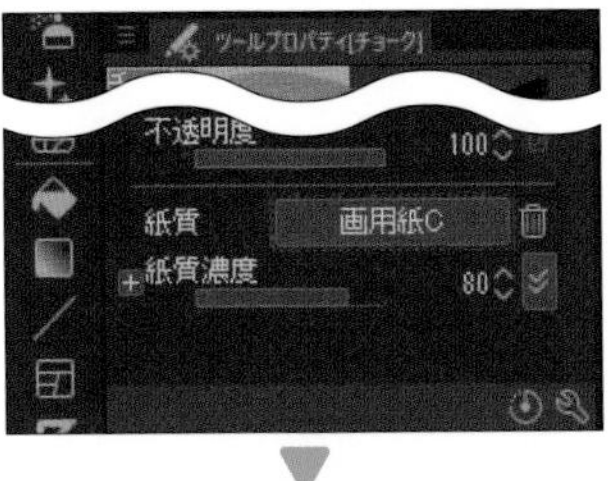

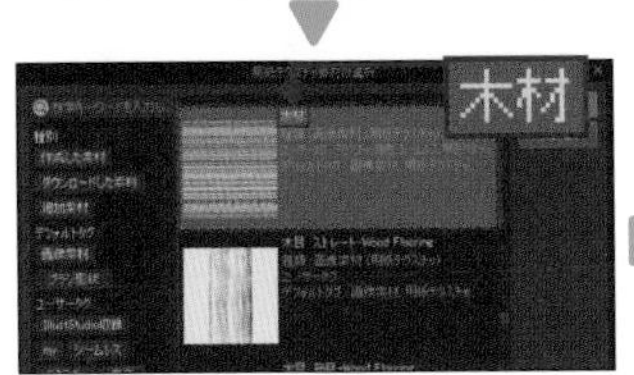

MEMO

[紙質] の下にある [紙質濃度] の数値を変更すると、紙質の質感の適用量を調整できます。

Chapter

5-8 エアブラシで色を塗る

ここでは[エアブラシ]ツールをご紹介します。塗りと塗りとの境界線を滑らかにしたいときや、細かい粒子の質感をもった塗りにしたいときに活躍します。

[エアブラシ] ツールの特徴

[エアブラシ] には [柔らか] [スプレー] [ノイズ] [飛沫] など、ぼかしたような質感や、スプレーのような質感を持つブラシが格納されています。滑らかな質感や、飛沫的な表現にしたいときに使用します。

柔らか

スプレー

[エアブラシ] ツールの使い方

1 [エアブラシ]ツールを選択して描く

新規レイヤーを作成し、今回は [ツール] パレットの [エアブラシ] → [エアブラシ] タブ→ [柔らか] を選択します。描画色を赤色にして太めの線を描きます。非常にぼかしが強いブラシなのが分かります。また、[ツールプロパティ] パレットの [連続吹き付け] にチェックを入れると、ブラシを移動しないでも色が濃くなっていく仕様になります。

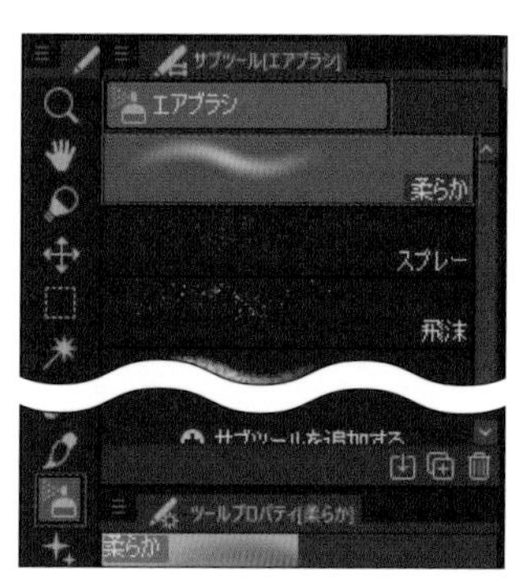

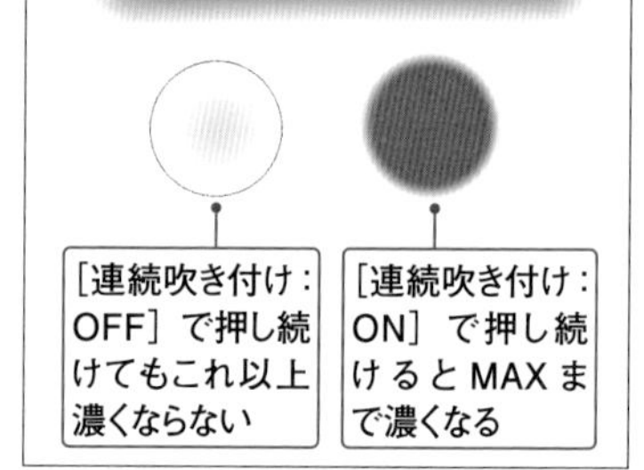

2 [スプレー]を使う

[エアブラシ] タブの [スプレー] で描いてみると、飛び散ったスプレーのような質感で描くことができます。[ツールプロパティ] パレットの [粒子サイズ] / [粒子密度] / [散布傾向] を変更することで、密度や分散具合を変更できます。

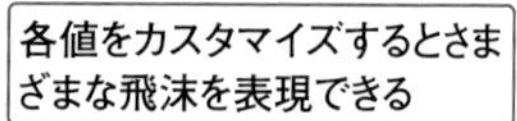

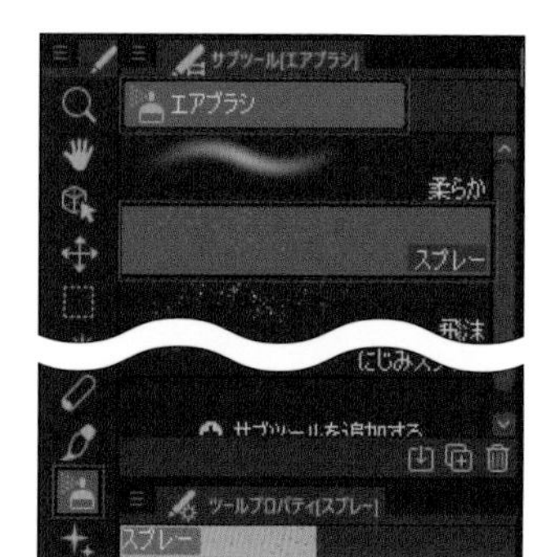

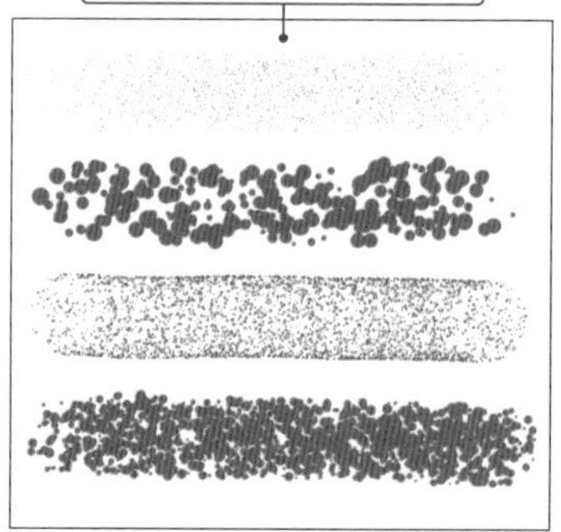

Chapter 5-9

グラデーションで塗る

虹のように色が少しずつ別の色に変化するように塗ることができる、[グラデーション]ツールをご紹介します。キャンバス全体だけでなく、指定した範囲にだけグラデーションを描くこともできます。

[グラデーション]ツールの種類

[グラデーション]ツールにはさまざまなタイプのグラデーションが用意されています。大きく分けて「描画色が反映されるもの」と「あらかじめ色が決まっているもの」の2タイプがありますが、どちらも自分の好きな色に変更することが可能です。

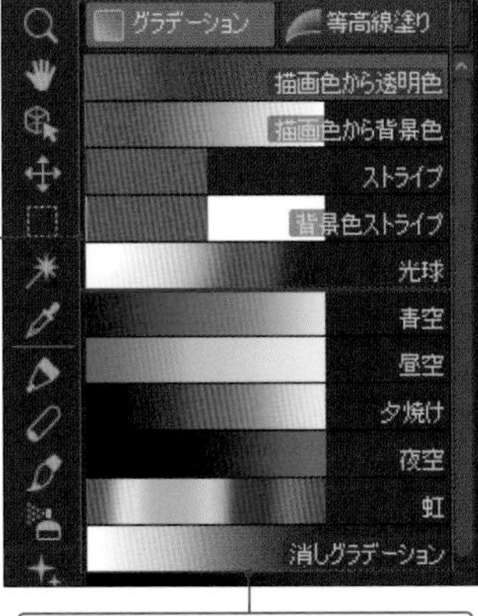

グラデーションを作成する

1 色を設定してからツールを選択する

「描画色が反映されるもの」でグラデーションを作成します。まず、描画色をそれぞれ好きな色に設定します（今回は［メインカラー：赤］と［サブカラー：青］)。［ツール］パレットの［グラデーション］→［描画色から背景色］ツールを選択します。

MEMO あらかじめ選択範囲を指定しておけば、選択範囲内にだけグラデーションを付けることができます。

2 グラデーションを描く

［新規ラスターレイヤー］を作成し、左から右へドラッグするとグラデーションが描画されます。ドラッグの長さと角度によってグラデーションの幅や方向が決定されるため、好みのグラデーションになるように何度か試してみましょう。

MEMO ［グラデーション］ツールはベクターレイヤーでは使用できません。

グラデーションの色を変更／追加する

1 ［グラデーションの編集］画面を表示する

［ツール］パレットの［グラデーション］→［描画色から背景色］ツールを選択します。［ツールプロパティ］パレットにあるグラデーションバーを選択して［グラデーションの編集］画面を表示します。

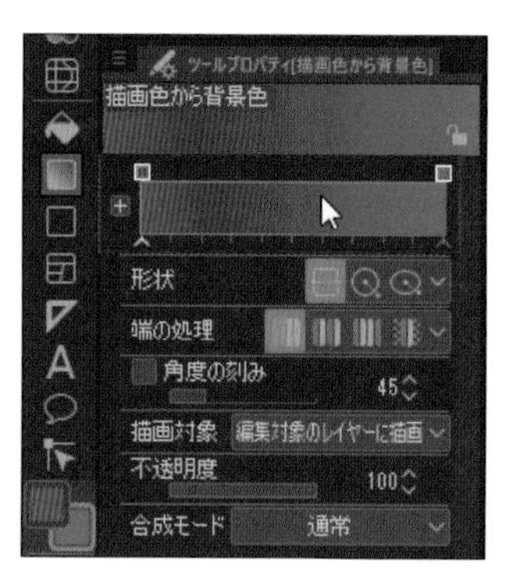

> **MEMO**
> このページでは、選択しているグラデーションの設定を変更しています。もし、設定をリセットしたい場合は［ツールプロパティ］パレット右下の🔧→［OK］を選択しましょう。

2 色を変更する

上部のグラデーションバーの左側にある▲を選択し、［色］の［指定色］にチェックを入れます。すぐ下のカラー部分をクリックして色を選択するか、右にある🖊から画面上の色を取得すると、▲付近の色が変更されます。

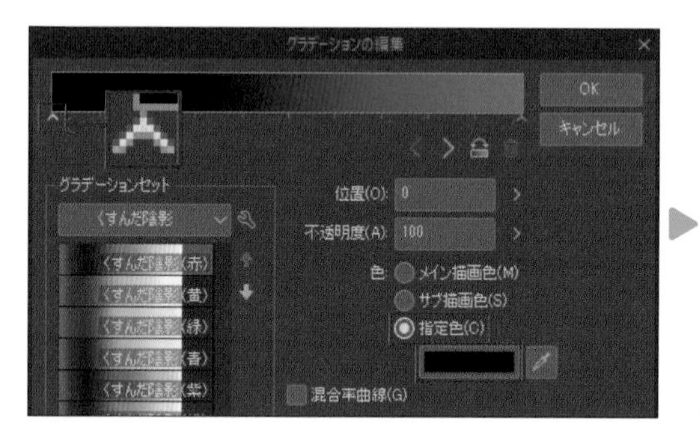

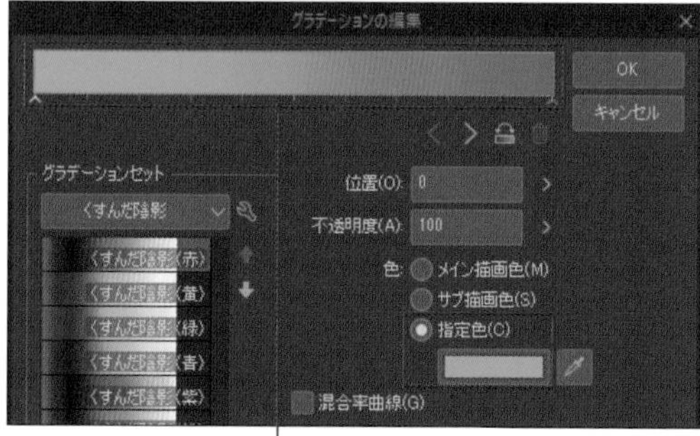

グラデーションの色が変更される

> **MEMO**
> ［不透明度］を0にすれば色を透明にできます。また、［グラデーションの反転］🔁を選択すれば色を反転させることができます。

3 色を追加する

グラデーションバーの下をクリックすると、▲が追加されます。その状態で別の色に変更すると、3色のグラデーションに変更できます。

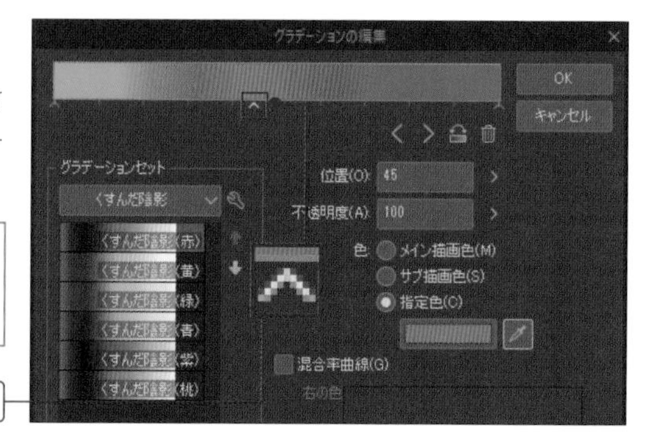

クリックすると追加される

> **MEMO**
> ▲を左右にドラッグすると位置を移動できます。また、▲をグラデーションバーから離れるようにドラッグすると削除することができます。

POINT ［ツールプロパティ］パレットでも色のカスタマイズが可能

［ツールプロパティ］パレットにあるグラデーションバーでも色の変更が可能です。基本操作は上記と同じですが、色の変更はグラデーションバー上部の四角枠をクリックして描画色を登録する操作になります。このとき、「描画色が反映されるもの」では描画色とリンクしている四角枠があるため、意図せず色が変更されてしまう場合があります。そのため、「あらかじめ色が決まっているもの」の色をカスタマイズするのに使いましょう。

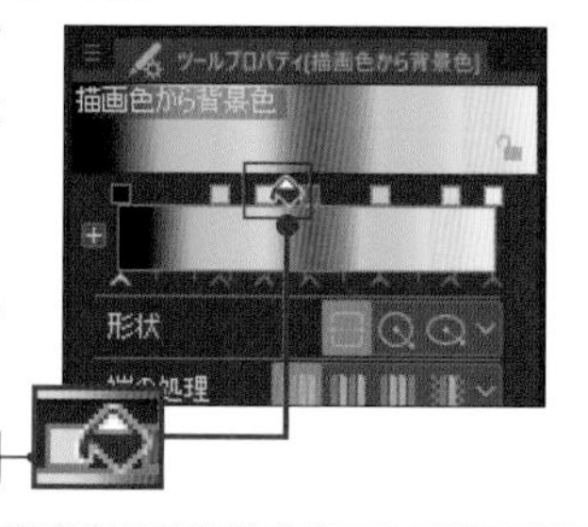

クリックすることで色変更が可能

グラデーションの形状を変更する

1 形状を変更する

［ツールプロパティ］パレットの［形状］では、グラデーションの形状を変更することができます。初期は［直線］に設定されており、そのほかに［円］と［楕円］の3種類から選べます。

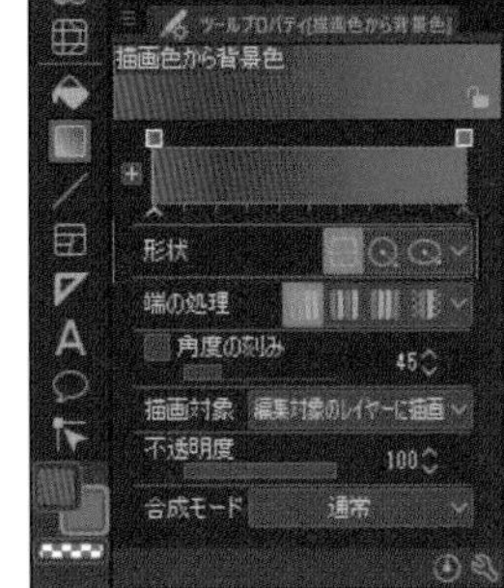

直線

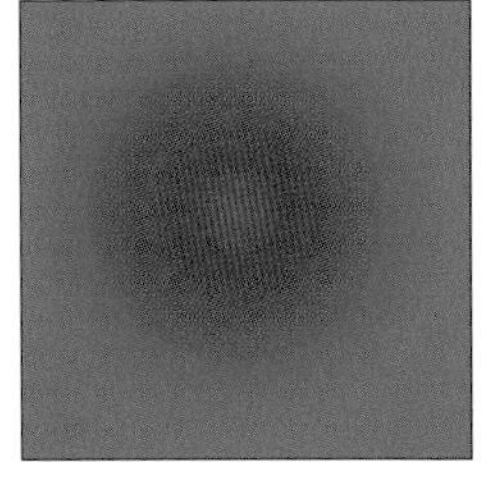
円

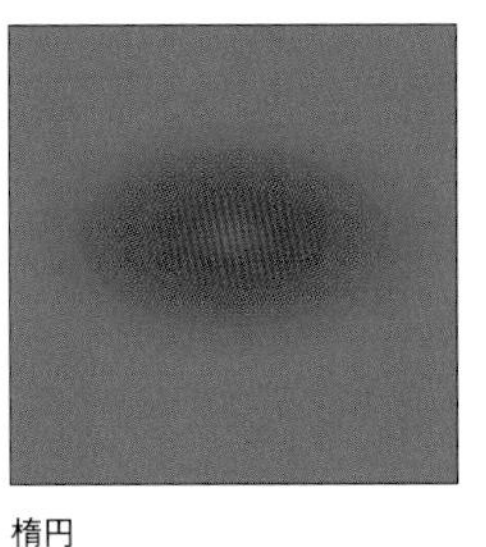
楕円

2 端の処理を変更する

［ツールプロパティ］パレットの［端の処理］では、グラデーションの繰り返し方を変更することができます。［繰り返さない］／［繰り返し］／［折り返し］／［描画しない］の4種類から選べます。

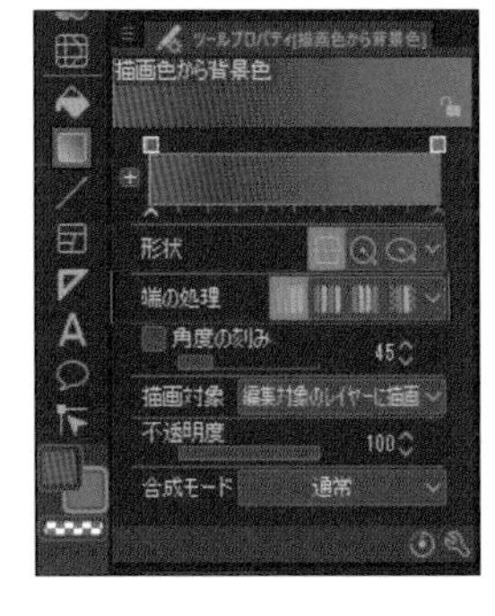

繰り返さない

繰り返し

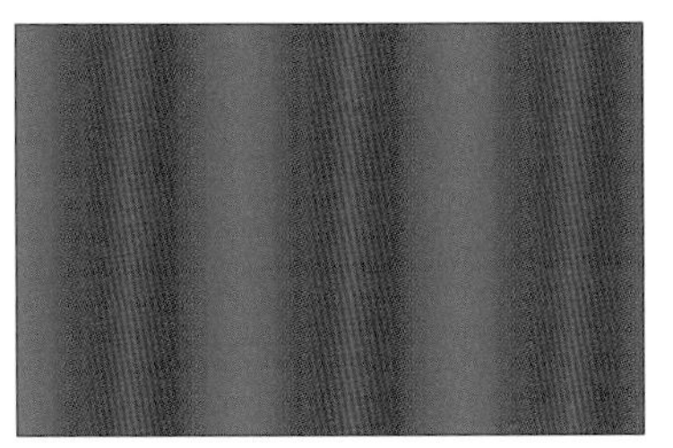
折り返し

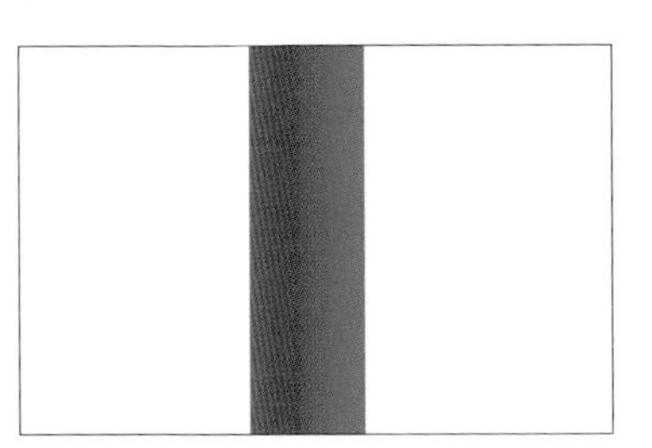
描画しない

3 不透明度を変更する

［ツールプロパティ］パレットの［不透明度］では、グラデーション全体の不透明度を変更することができます。特定の色のみを不透明にする場合は、前ページの［グラデーションの編集］画面の［不透明度］で変更します。

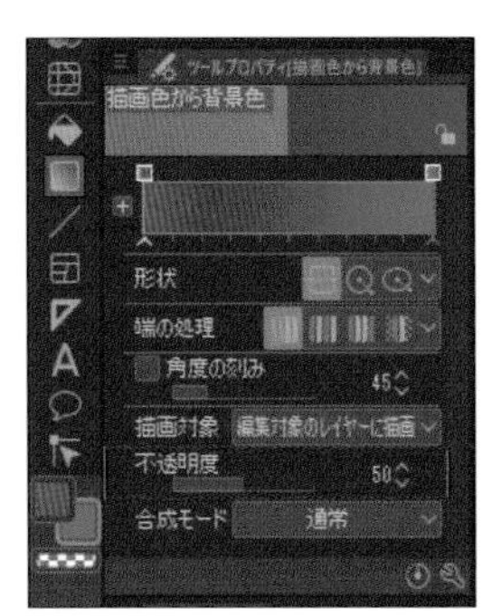

［不透明度：100］のグラデーション

［不透明度：50］のグラデーション

オリジナルのグラデーションを登録する

1 グラデーションを登録する

P.142の方法でオリジナルのグラデーションを作成したら、［グラデーションセット］の下にあるを選択します。

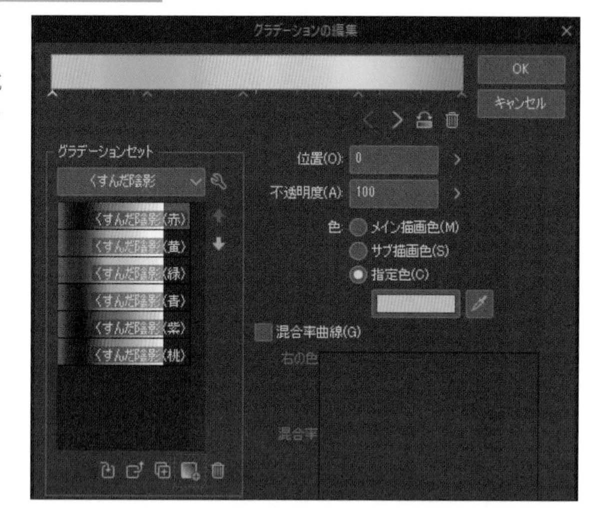

2 グラデーション名を入力する

グラデーション名を入力して［OK］を選択すれば、グラデーションが登録されます。

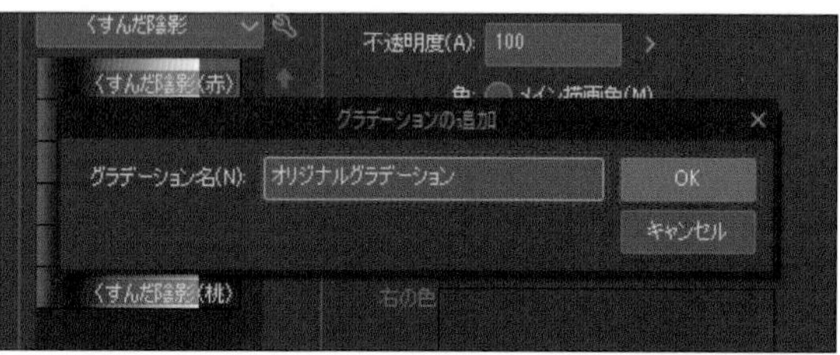

3 登録したグラデーションを反映する

登録したグラデーションは、［グラデーションセット］の項目をダブルクリックして［OK］を選択することで反映することができます。

MEMO
登録したグラデーションを選択し、右下にある→［はい］を選択すると、登録したグラデーションを削除できます。

ダブルクリック

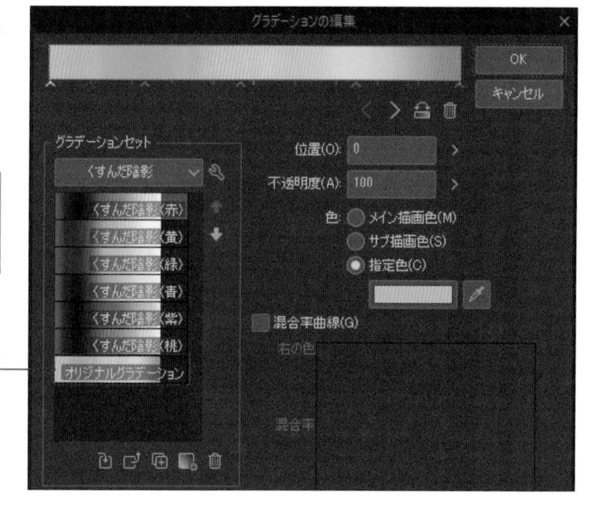

POINT 既存のグラデーションを置き換えたくない場合

登録したグラデーションを反映すると、既存のグラデーションが消えて置き換わってしまいます。これを避けたい場合は、［グラデーション］ツールを複製し、そのツールに対して反映しましょう。まず、ベースにしたい［グラデーション］ツールを選択し、右下の［サブツールのコピーを作成］を選択します。そのまま［OK］して複製を作成したら、［ツールプロパティ］パレットのグラデーションバーを選択し、手順3の操作で反映します。

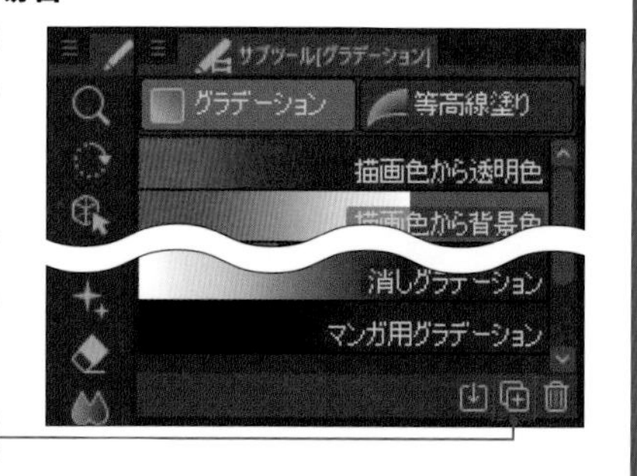

ここからグラデーションを複製する

Column　グラデーションレイヤーの使い方

グラデーションは［グラデーション］ツールで作成するほかに、レイヤーにグラデーションレイヤーを作成する方法があります。グラデーションレイヤーは作成したあとから、色や角度、形状などを再編集できるのが利点です。

グラデーションレイヤーを作成する

1 グラデーションレイヤーを作成する

［レイヤー］パレットの［メニュー表示］→［新

ヤーが作成されます。

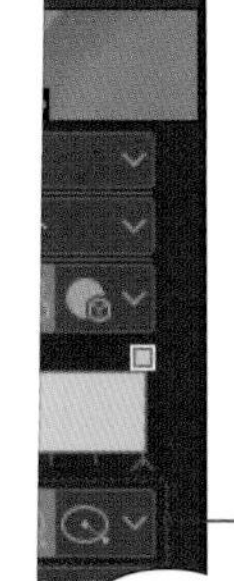
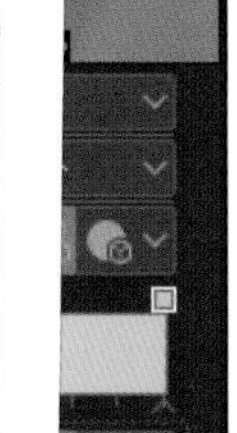

ドラッグ

グラデーションの形状を変更

グラデーションの色を変更

Chapter 5-10

自由な形のグラデーションで塗る

[グラデーション]ツールではグラデーションする形状が固定されていますが、[等高線塗り]ツールを使えば、より自由な形のグラデーションを作成することができます。

[等高線塗り]ツールとは？

[等高線塗り] ツールは2色の線（等高線）で挟まれた範囲をクリックすることで、その範囲にグラデーションを作成することができるツールです。ブラシを使って好きな形の範囲を指定できるため、[グラデーション] ツールよりも自由で曲線的なグラデーションを作成することができます。

グラデーションの形となるラインを入れる

ラインの色と形に合わせてグラデーションができる

[等高線塗り] ツールでグラデーションを作成する

1 新規ラスターレイヤーを作成する

グラデーションする枠を描くために [新規ラスターレイヤー] を作成します。線画レイヤーの下に作成しましょう。

MEMO [等高線塗り] ツールはベクターレイヤーでは使用できません。ラスターレイヤーでのみ使用可能です。

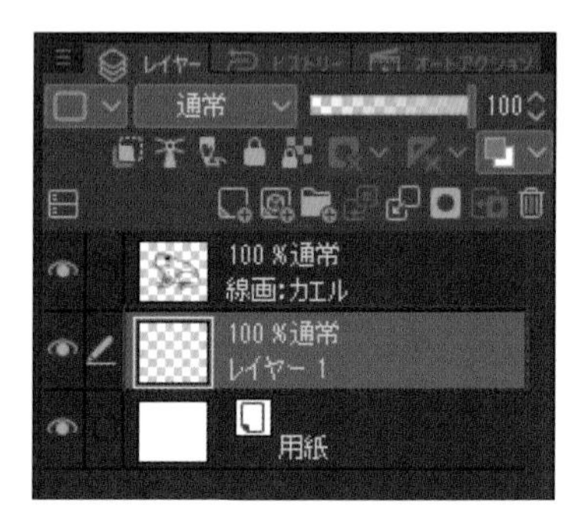

2 グラデーションにするラインを描画する

今回は [ツール] パレットの [ペン] → [ペン] タブ→ [Gペン] を選択し、[ツールプロパティ] パレットの [アンチエイリアス] を [無し] に設定します。先ほど作成したレイヤーに、グラデーションにしたい範囲の線を好きな色で描いていきます。今回は4色で等高線を描きました。

MEMO 等高線を描くときは、塗りがはみ出さないように隙間のない状態になるようにしましょう。

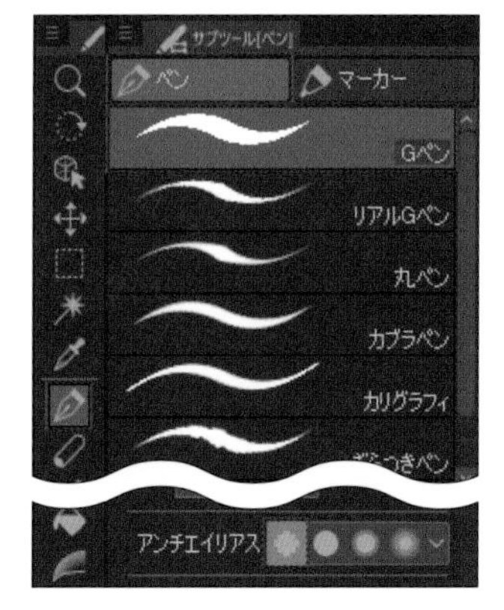

3 グラデーションを作成する

[ツール] パレットの [グラデーション] → [等高線塗り] タブ→ [通常塗り] ツールを選択し、等高線の間をクリックします。すると、線の色をベースに、指定した形状でグラデーションが作成されます。

[ツールプロパティ] パレットにある [複数参照] を変更すれば、参照先のレイヤーを変更することができます (→P.123)。初期設定では [すべてのレイヤー] に設定されています。

[等高線塗り] ツールを使いこなす

[等高線塗り] ツールを使用する際のポイントをご紹介します。

アンチエイリアスのない線を使う

アンチエイリアスがある線で等高線を描くと、線にぼかしができるため、グラデーションを綺麗に作成できない場合があります。[等高線塗り] ツールを使用する際は、極力アンチエイリアスを [無し] に設定しましょう。もしアンチエイリアスがある線を使いたいときは、[等高線塗り] ツールの [ツールプロパティ] パレットで [色の誤差] を高めにすれば綺麗に塗れる場合があります。

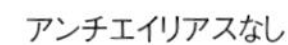

アンチエイリアスなし

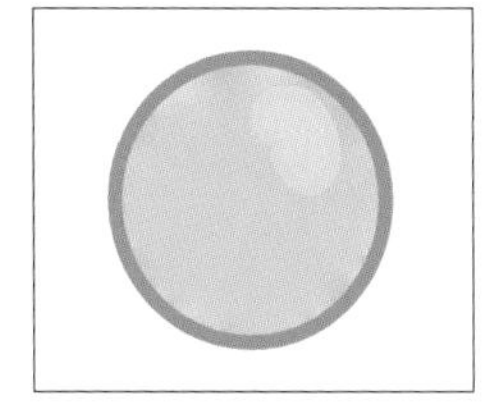

アンチエイリアスあり

隙間をできるだけつくらない

[等高線塗り] ツールは、隙間があると塗りがはみ出してしまいます。そのため、等高線を描くときはできるだけ隙間をつくらないように引くのがポイントです。もし隙間があるときは、[等高線塗り] ツールの [ツールプロパティ] パレットで [隙間閉じ] を高めにすれば、はみ出さずに塗れる場合があります。

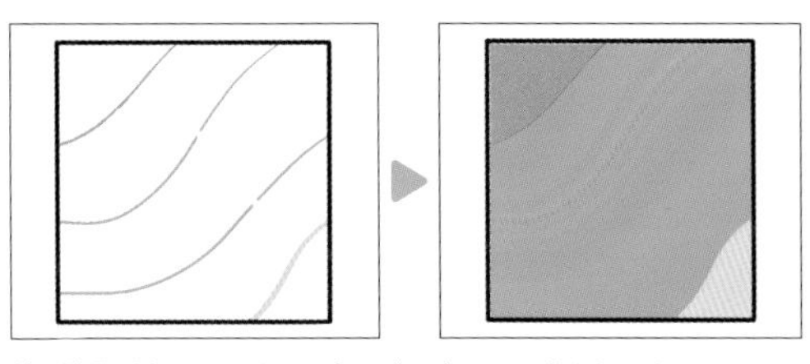

線に隙間が空いていると、一部のグラデーションがうまくいかない

同じ色を使ってグラデーションの幅を調整する

同じ色の等高線を描いてから [等高線塗り] ツールで塗ると、べた塗りになります。これを利用すれば、グラデーションの幅を調整することができます。

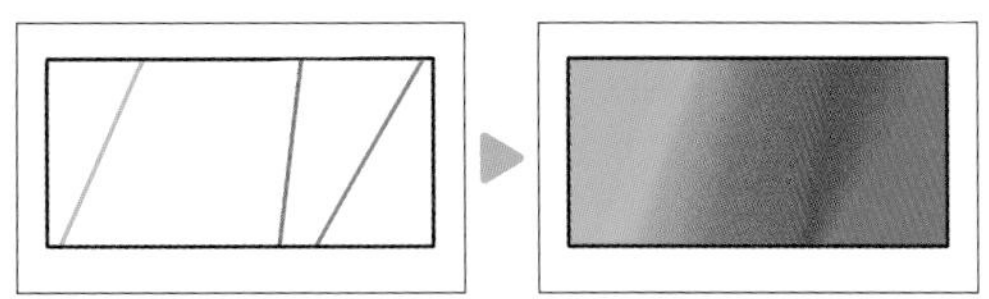

同じ色の等高線を追加しなかった場合

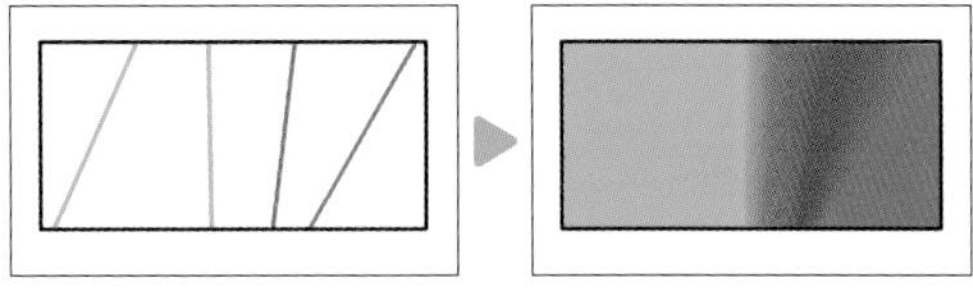

同じ色の等高線を1本追加した場合

Chapter

5-11 色を周囲の色となじませる

ドラッグしたところの色をぼかしたり、部分的に伸ばしたり、なじませたりすることができる[色混ぜ]ツールをご紹介します。ブラシ感覚で直感的に使えるので、一部だけを変化させたいときなどに向いているツールです。

[色混ぜ] ツールで色をなじませる

1 混ぜる色を描く

[新規ラスターレイヤー] を作成し、今回は [ツール] パレットの [ペン] → [ペン] タブ→ [Gペン] を選択します。好きな色で線を複数描いていきます。

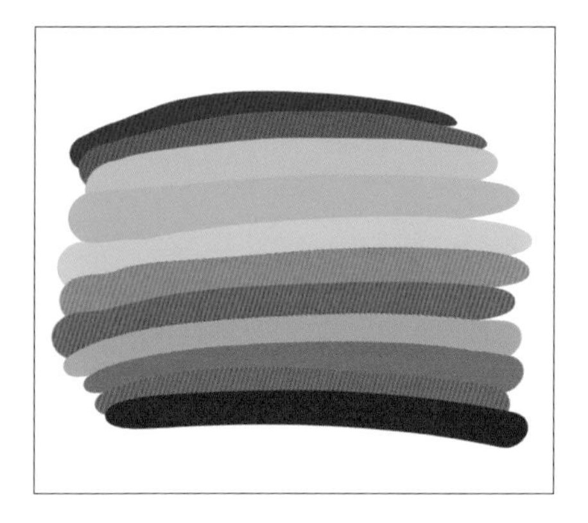

2 [色混ぜ]ツールを選択して色を混ぜる

[ツール] パレットの [色混ぜ] → [色混ぜ] ツールを選択します。線の上をドラッグしてみると、周辺の色どうしが混ざり合います。[ツールプロパティ] パレットの項目を変更することで、ブラシのサイズや混ざり度合などを変更可能です。

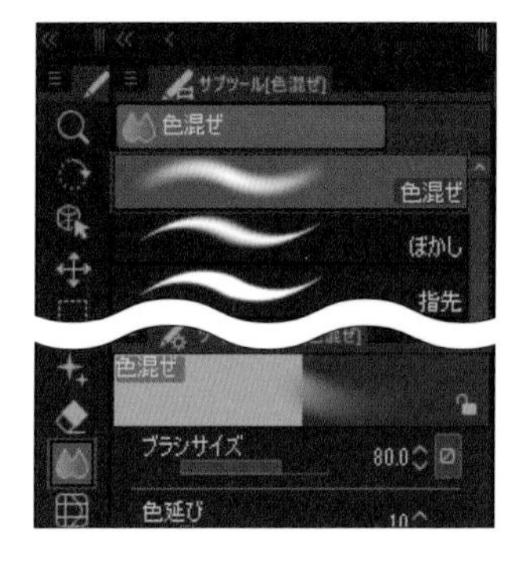

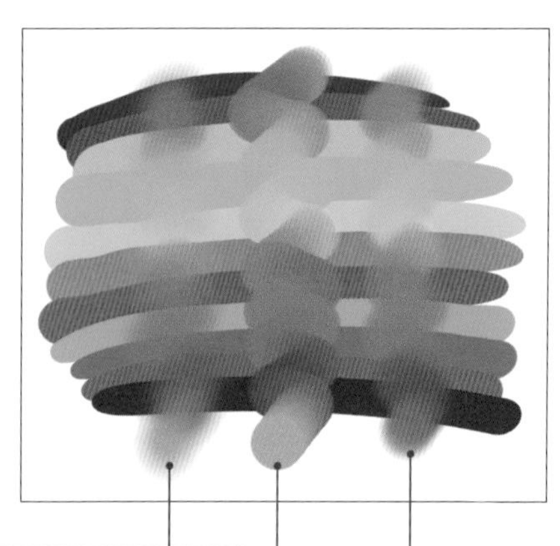

[色延び：10 ／硬さ：1 ／ブラシ濃度：100]（初期設定）

[色延び：0 ／硬さ：5 ／ブラシ濃度：100]

[色延び：10 ／硬さ：3 ／ブラシ濃度：70]

POINT [透明ピクセルをロック] を活用する

[レイヤー] パレットの [透明ピクセルをロック] を設定してから [色混ぜ] ツールを使えば、内側にだけ効果を付けることができます（→ P.132）。

[透明ピクセルをロック] を設定すると、はみ出さずに内側だけに効果が付く

[色混ぜ] ツールの種類

[色混ぜ] ツールは7種類用意されており、それぞれに特性があります。

色混ぜ

ドラッグした部分の色を周辺の色となじませるようにぼかす機能です。クッキリした部分をほかの色とぼかしながらなじませたいときなどに便利です。

ぼかし

ドラッグした部分をぼかすことができます。色をなじませたいときや遠近感を出したいときなどに便利です。

指先

ドラッグした部分の色を、指先で引き伸ばしたような表現にすることができます。水面や炎などを表現するときに便利です。

筆なじませ

ドラッグした部分の色と周辺の色を、水彩でなじませたような表現にできる機能です。[色混ぜ] ツールに筆跡が付いたイメージです。

繊維にじみなじませ

ドラッグした部分の色と周辺の色を、繊維にしみこませるようになじませる機能です。[色混ぜ] ツールが繊維テイストになったイメージです。

質感残しなじませ

[ツールプロパティ] パレットの [紙質] で指定した質感で、色をなじませることができます。そのため、自由度の高いなじませ方が可能です。

コピースタンプ

描画部分をAltキーを押しながらクリックし、別の位置に描画すると、指定した位置と同じ内容を描画できます。イラストの一部の転写に便利。

Chapter
5-12 色調補正レイヤーで全体の明るさを調整する

画像の明るさやコントラスト、色などを変更する方法として、P.85で[編集]メニューの[色調補正]を紹介しましたが、そのほかに色調補正レイヤーを利用する方法があります。

色調補正レイヤーの利点

色調補正レイヤーとは画像の明るさやコントラスト、色などを変更できるレイヤーです。［編集］メニューの［色調補正］でも同様の色調補正は可能ですが、色調補正レイヤーはレイヤー単位で管理できるため、以下のようにさまざまな利点があります。

効果を削除したり非表示にしたりできる

色調補正レイヤーを削除したり非表示にしたりすることで、効果の適用を切り替えることができます。これによって、効果を付ける前／後の確認が非常に楽になります。

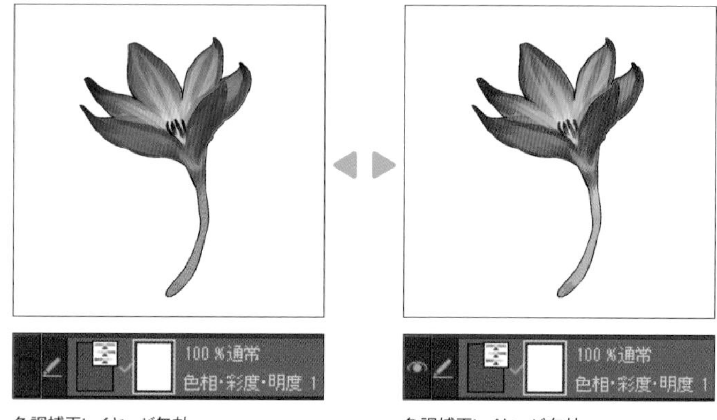

色調補正レイヤーが無効　　色調補正レイヤーが有効

あとから効果を変更できる

色調補正レイヤーはあとから何度でも効果を変更することができます。

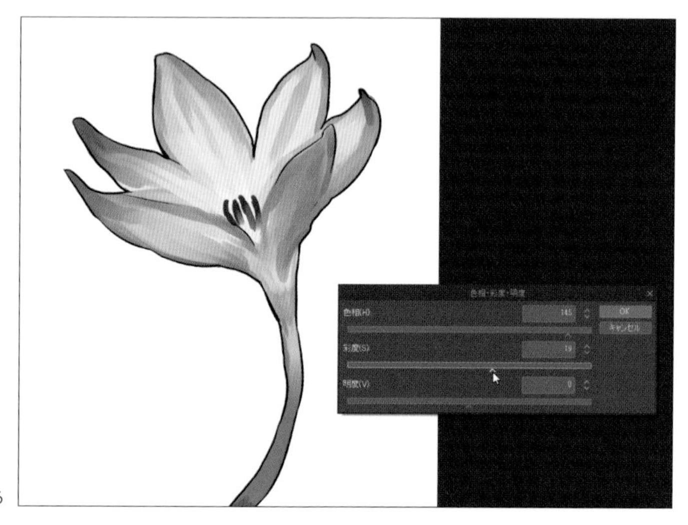

調整効果は何度でも変更できる

適用するレイヤーを自由に変更できる

クリッピングやフォルダーを利用したり、レイヤー順を入れ変えたりすることで、好きなレイヤーにだけ効果を適用することができます（→P.133）。

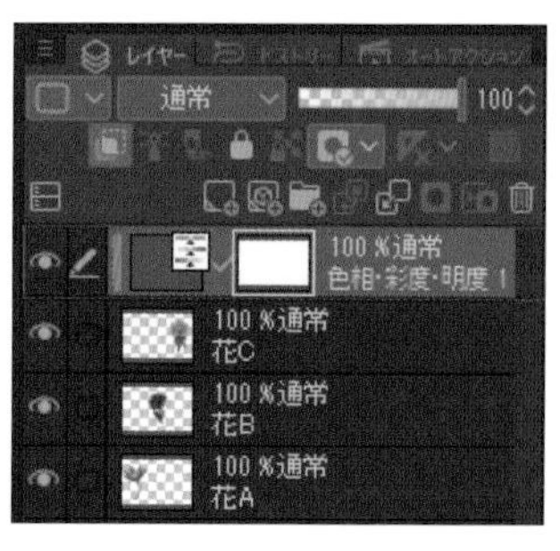

効果の適用先を自由に変更可能

色調補正レイヤーで明るさとコントラストを調整する

1 色調補正レイヤーを作成する

効果を適用したい位置のレイヤーを選択します。色調補正レイヤーは選択したレイヤーの1つ上に作成されます。［レイヤー］パレットの［メニュー表示］■→［新規色調補正レイヤー］→［明るさ・コントラスト］を選択します。

2 明るさとコントラストを変更する

［明るさ・コントラスト］画面が表示されます。［明るさ］と［コントラスト］のバーをそれぞれ動かすと、色調補正レイヤーの下にあるレイヤーすべての明るさとコントラストが変更されます。

> **MEMO**
> 色調補正レイヤーは、下層にあるレイヤーすべてに適用されます。適用したくないレイヤーがある場合は、クリッピングやフォルダーを利用しましょう。

3 効果が反映される

イラストの明るさとコントラストが変更されました。完了したら［OK］を選択します。

> **MEMO**
> 色調補正レイヤーは通常のレイヤーと同様に複製可能です。これにより、複数のレイヤーに同じ設定を適用させることができます。

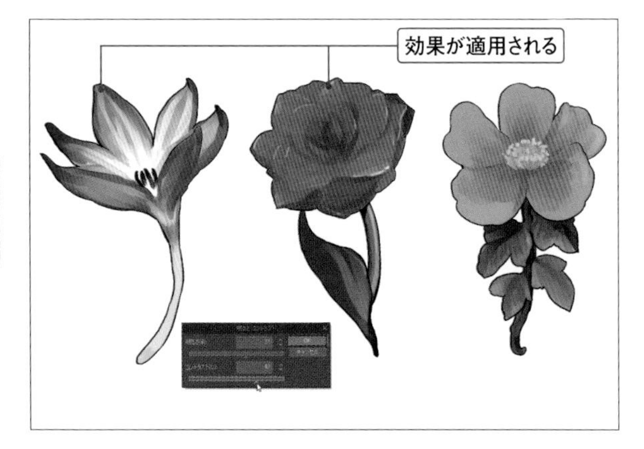

4 効果を再度変更する

［レイヤー］パレットに［明るさ・コントラスト］の色調補正レイヤーが作成されています。このとき、色調補正レイヤーのレイヤーサムネイルをダブルクリックすると、効果を再度変更することができます。

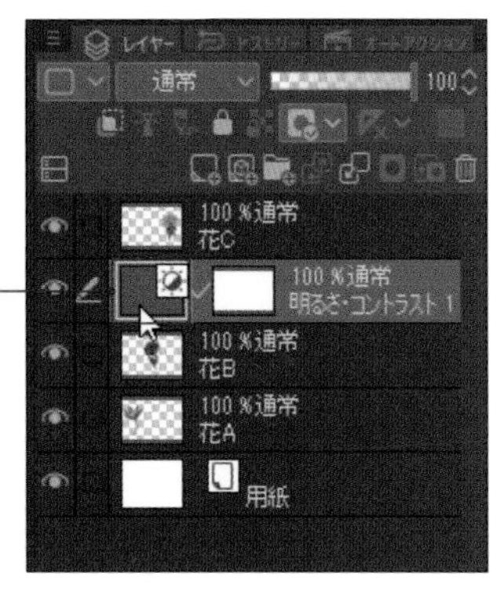

Chapter 5-13

色調補正レイヤーで部分的に色を調整する

色調補正レイヤーでは明るさ／コントラストだけでなく、色を調整することもできます。ここでは選択範囲を指定して、特定の範囲だけに[色相・彩度・明度]の効果を適用する方法をご紹介します。

色調補正レイヤーで部分的に色を調整する

1 レイヤーを選択して選択範囲を作成する

効果を適用したい位置のレイヤーを選択し、[ツール]パレットの[選択範囲]→[投げなわ選択]ツールを使って選択範囲を作成します。

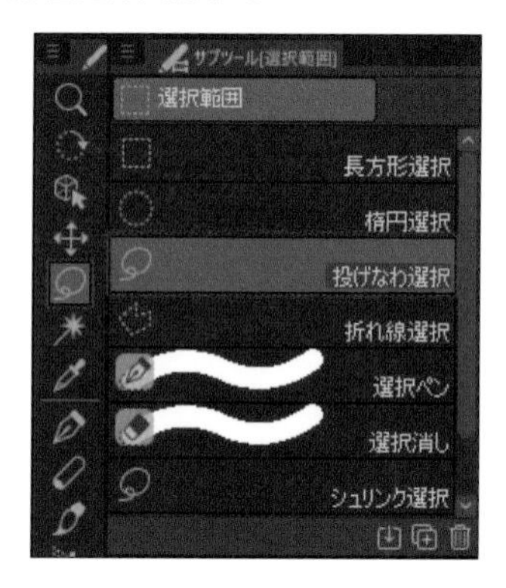

2 色調補正レイヤーで色相／彩度／明度を変更する

[レイヤー]パレットの[メニュー表示]→[新規色調補正レイヤー]→[色相・彩度・明度]を選択します。それぞれのバーを動かすと、選択範囲内の色だけが変更されます。最後に[OK]を選択します。

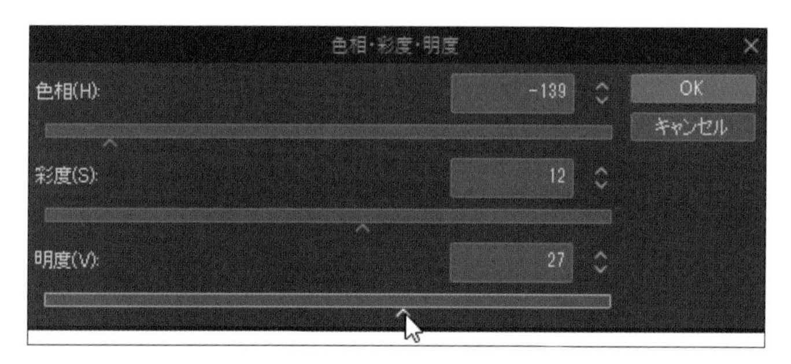

3 色変更する範囲を変更する

[レイヤー]パレットに[色相・彩度・明度]の色調補正レイヤーが作成されました。色調補正レイヤーには選択範囲で指定したマスクが設定されており、このマスクを編集すれば効果の適用範囲を変更できます(→P.86)。

MEMO
レイヤーサムネイルをダブルクリックすることで色の再編集が可能です。

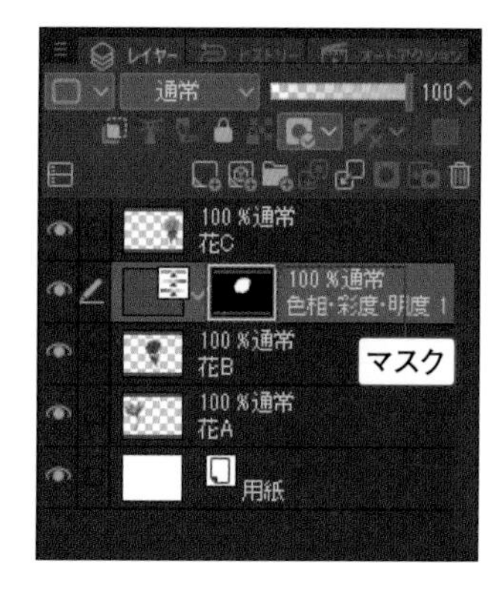

Chapter

5-14 色調補正レイヤーを特定のレイヤーやフォルダーに適用する

色調補正レイヤーは下にあるレイヤーすべてに適用されますが、クリッピングやフォルダーを利用することで特定のレイヤーにのみ効果を適用することができます。

色調補正レイヤーを特定のレイヤーだけに適用する

1 色調補正レイヤーを作成する

［レイヤー］パレットの［メニュー表示］→［新規色調補正レイヤー］→［色相・彩度・明度］を選択し、そのまま［OK］を選択して色調補正レイヤーを作成します。

2 色調補正レイヤーを移動してクリッピングする

色を変更したいレイヤーの上に色調補正レイヤーを移動します。色調補正レイヤーを選択した状態で、［レイヤー］パレットの［下のレイヤーでクリッピング］を選択してクリッピングします。

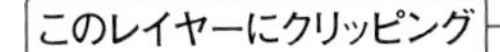

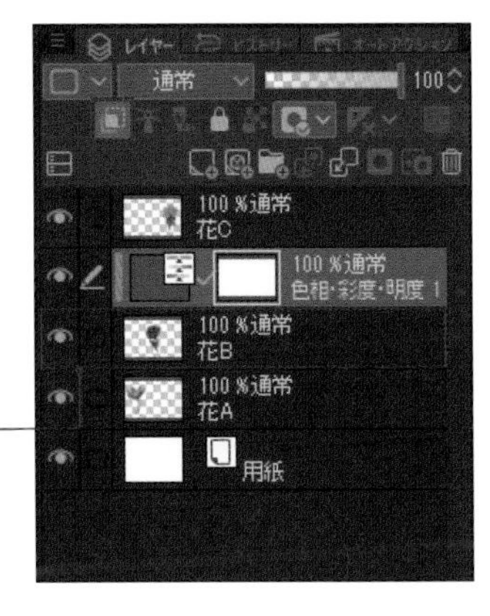

3 色を変更する

色調補正レイヤーのレイヤーサムネイルをダブルクリックして色を変更します。すると、クリッピング元のレイヤーにだけ効果が適用されることが分かります。

色調補正レイヤーをフォルダー内だけに適用する

1 フォルダーを作成してレイヤーを格納する

［レイヤー］パレットの［新規レイヤーフォルダー］を選択して［新規フォルダー］を作成します。効果を適用したいすべてのレイヤーを、フォルダーにドラッグして格納します。

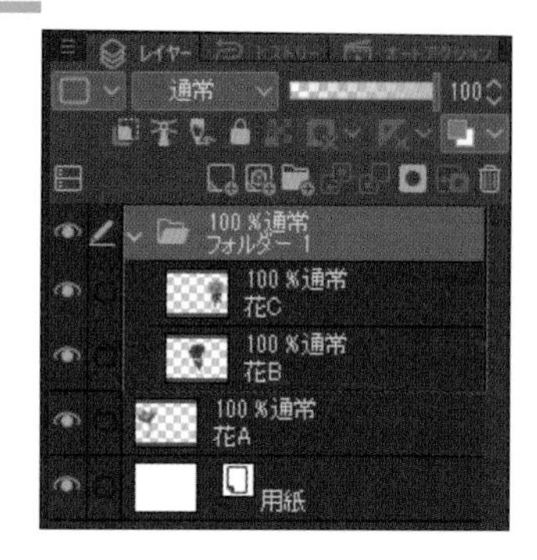

2 フォルダー内に色調補正レイヤーを作成する

フォルダー内にある一番上のレイヤーを選択し、［レイヤー］パレットの［メニュー表示］→［新規色調補正レイヤー］→［色相・彩度・明度］を選択してそのまま［OK］を選択します。すると、一番上に色調補正レイヤーが作成されます。

3 色を変更する

色調補正レイヤーのレイヤーサムネイルをダブルクリックして色を変更します。すると、フォルダー内にあるレイヤーにだけ効果が適用されます。

MEMO

フォルダーの［合成モード］を［通過］に変更すると、フォルダー外にある下層レイヤーにも色調補正レイヤー効果が適応されるようになります（→P.157）。

フォルダー内のレイヤーだけに効果が適用される

POINT 効果の適用対象をさらに限定する

一番上にある色調補正レイヤーをフォルダー内の下に移動したり、フォルダーの中にさらにフォルダーを作成することで、効果を適用するレイヤーをさらに限定することができます。

［花 B］だけが色変更される

［花 C］だけが色変更される

Chapter 5-15 合成モードを使う

合成モードを使えば、色と色の重なり部分を光らせたり、濃くさせたりなどさまざまな効果を付けることができます。たくさんの種類がありますが、使いこなせばデジタル特有の難しい表現や、効率的な塗りができるようになります。

合成モードとは？

合成モードとは、下に描かれた内容に対して「どのように重ね合わせるか」を設定できる機能で、さまざまな効果を生み出せます。レイヤーやフォルダーで使用することが多い機能ですが、ブラシ／グラデーション／塗りつぶし／図形などの描画ツールでも設定が可能です。

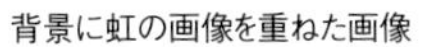
背景に虹の画像を重ねた画像

虹を［スクリーン］にした場合

虹を［焼き込み（リニア）］にした場合

レイヤーの合成モードを変更する

1 レイヤーに合成する内容を描画する

レイヤーの合成モードを変更すると、それより下の階層にあるすべてのレイヤーに効果が適用されます。今回は、［レイヤー］パレットの一番上に［新規ラスターレイヤー］を作成し、ブラシで赤色に塗りつぶした円を描きます。

MEMO クリッピングを使うと、特定のレイヤーにのみ効果を適用させることが可能です。

2 合成モードを変更する

円のレイヤーを選択した状態で［レイヤー］パレットの左上にある［合成モード］を選択し、メニューから［乗算］を選択します。すると、先ほど描いた手前の円が、下の画像と色を掛け合わせたような表示になります。

MEMO 合成モードを変更したレイヤーを、フォルダーに格納する場合は注意が必要です。P.157をご参照ください。

ブラシの合成モードを変更する

1 ブラシの合成モードを表示する

ブラシの合成モードは、初期設定で［ツールプロパティ］パレットに表示されていないものもあります。表示されていない場合は、［ツールプロパティ］パレットの🔧→［インク］から、［合成モード］の左端のボタンを👁に変更して表示させます。

2 合成モードを変更する

今回は、［ツールプロパティ］パレットの［合成モード］から［覆い焼き（発光）］を選択します。［覆い焼き（発光）］は黒に近い色だとあまり効果が出ないため、描画色を明るめの色に設定しておきます。

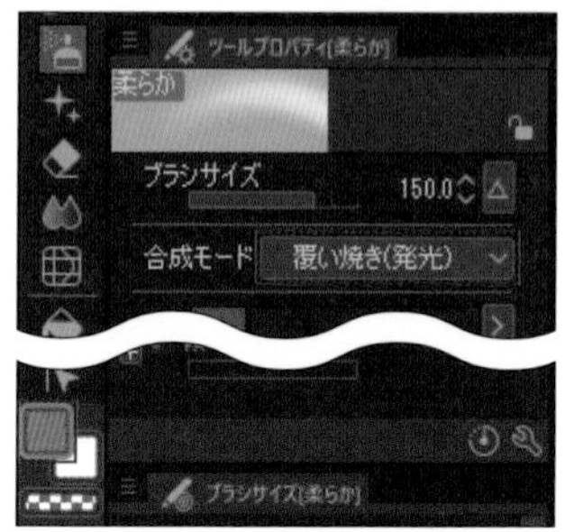

3 キャンバスに描画する

ブラシの合成モードを使う場合、描画されているレイヤーに直接描かなくては効果を得られません。ですので、重ね描きしたいレイヤーを選択してから描いていきます。

> **MEMO**
> ブラシの合成モードで描く場合は、描画内容に直接重ね描きするため、あとから修正ができません。重ね描きする前の状態を複製し、バックアップを取っておくのがオススメです。

▼

POINT 合成モードを選択できないブラシの対処法

［厚塗り］ツールのような下地と混色するタイプのブラシは、初期設定では合成モードを変更できないようになっています。その場合、［インク］→［下地混色］のチェックを外すことで合成モードを変更できるようになります。

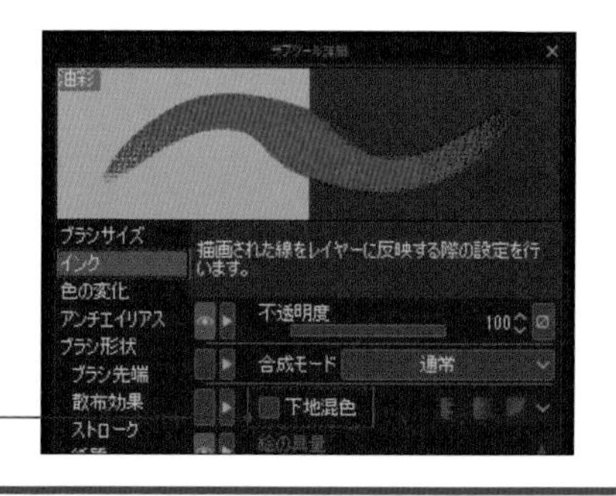

レイヤーを合成するときの注意点

適用したいモノにだけかける

合成モードは、背景もしくはキャラクターだけに適用することが多いです。しかし、レイヤーの合成モードを変えただけでは、例えばキャラクターに適用した合成が、背景にも適用されてしまいます。
そこでレイヤーを合成する際は、クリッピングやレイヤーマスクを使って、キャラクターや背景に個別に適応させるのがオススメです。特に背景が白の場合は、レイヤー合成の影響がわかりにくいので、いったん背景の色を変えるなどして確認するようにしましょう。

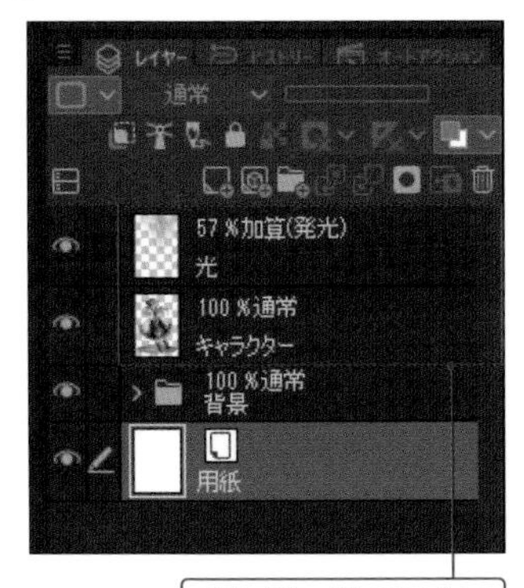

クリッピングしていない

背景にまで塗りがはみ出ている

キャラクターにクリッピング

キャラクターだけに適用される

フォルダーに入れる場合は［通過］に

合成モードを設定したレイヤーをフォルダーにまとめる場合は、格納しているフォルダーの合成モードを［通過］にするようにしてください。デフォルト設定である［通常］のままだと、レイヤー合成の効果がフォルダーより下のレイヤーに適用されず、見た目が変わってしまいます。

フォルダーは［通過］

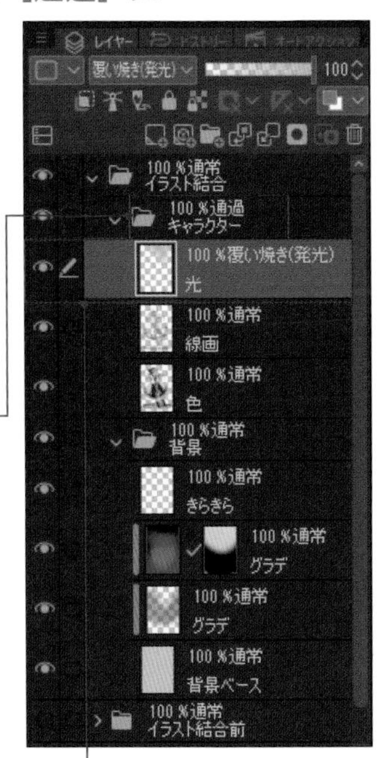

合成モードを設定したレイヤー

フォルダーが［通常］モードの場合

フォルダーが［通過］モードの場合

合成モードの使用例一覧

通常

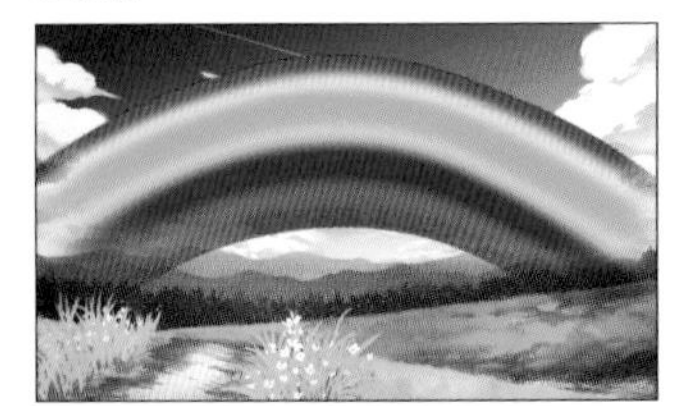

上画像をそのまま手前に表示します。

比較（暗）

上と下の画像の色を比較し、暗い方を優先します。

乗算

上と下の画像の色を掛け合わせた濃さで暗く表示します。

焼き込みカラー

下画像の色を暗くし、上と下の画像のコントラストを強くしたあとに、上画像の色を合成します。

焼き込み（リニア）

下画像の色を暗くし、上画像の色を合成します。

減算

下画像の色の数値と、上画像の色の数値を引いて合成します。

比較（明）

上と下の画像の色を比較し、明るい方を優先します。

スクリーン

下画像の色を反転した状態で、上画像の色を掛け合わせて合成します。［乗算］の反対の効果になります。

覆い焼きカラー

下画像の色を明るくし、コントラストを弱くします。

覆い焼き（発光）

［覆い焼きカラー］より強い効果が得られます。

加算

下と上の画像の色を足します。色が加算すると明るい色に変化します。

加算（発光）

［加算］より強い効果が得られます。

オーバーレイ

明るい部分は［スクリーン］、暗い部分は［乗算］の効果になります。明るい部分はより明るく、暗い部分はより暗く表示します。

ソフトライト

［オーバーレイ］よりもコントラストを弱く表示します。

ハードライト

［オーバーレイ］よりもコントラストを強く表示します。

差の絶対値

下画像の色と上画像の色を引いて、その絶対値を採用し、下画像の色と合成します。

ビビットライト

上画像の色に応じてコントラストに強弱を付けて合成します。

リニアライト

上画像の色に応じて、明るさを増減して合成します。

ピンライト

上画像の色に応じて、画像の色を置換して合成します。

ハードミックス

［ハードライト］よりも更にコントラストを強く表示します。

除外

上画像の色の数値を、下画像の色の数値に追加します。

カラー比較（暗）

上と下の画像の輝度を比較し、値が低い方の色を表示します。

カラー比較（明）

上と下の画像の輝度を比較し、値が高い方の色を表示します。

除算

下の画像の色の数値を、上レイヤーの明度で割ります。

色相

下画像の明度と彩度を維持したまま、上画像の色相を合成します。

彩度

下画像の明度と色相の値を維持したまま、上画像の彩度を合成します。

カラー

下画像の明度の値を維持したまま、上画像の色相と彩度を合成します。

輝度

下画像の色相と彩度の値を維持したまま、上画像の輝度を合成します。

Chapter 5-16

合成モードで影や光を塗り足す

合成モードは影や光を塗るときに便利です。ここでは実際に、合成モードを使ってキャライラストに影や光の明暗を付けてみます。

キャライラストに影と光を追加する

1 塗り用のレイヤーを用意する

キャライラストを用意します。一番上に新規レイヤーを2枚作成し、光用と影用にします。今回は、光用は［スクリーン、不透明度:50%］、影用は［乗算、不透明度：80%］と設定し、キャラクターのレイヤーにクリッピングしておきます。

MEMO
キャラクターのレイヤーが複数ある場合は、1つのフォルダーにまとめておけば、キャラクター全体に合成が適用されるのでオススメです。

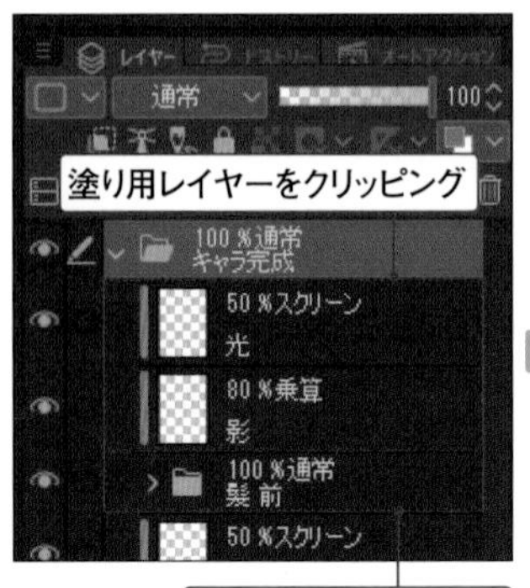

キャライラストが入ったフォルダー

2 影と光を追加する

影用のレイヤーを選択し、［ペン］→［Gペン］で、描画色を［紫色］にして影を塗ります。
次に光用のレイヤーを選択し、［エアブラシ］→［柔らか］で、［ブラシ濃度：30%］くらいに下げ、描画色を［オレンジ］にして光を塗ります。さらにもっと強い光を入れるため、［スクリーン、不透明度：80%］に設定した新規レイヤーを作成し、同じオレンジ・Gペンで強めの光を部分的に追加します。

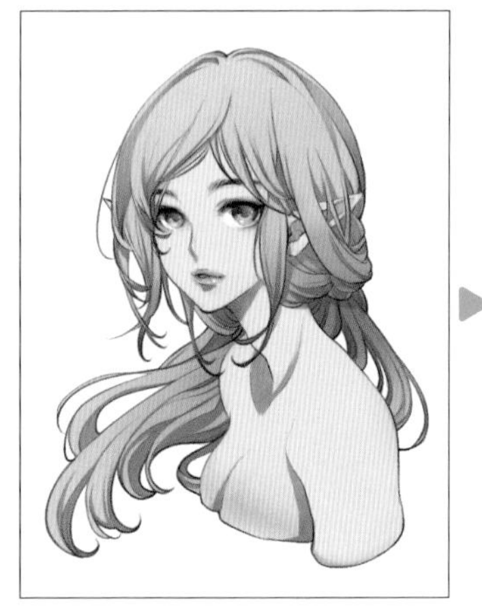

POINT 「下地の色」を活かせるのが利点

影や光の塗りに合成モードを使うメリットは、下地の色を活かせることにあります。合成モードは、下のレイヤーと「掛け合わせる」ことになるので、例えばキャラクターの髪の色を変えた場合も、その髪色に合わせて明暗を付けてくれます。右図は、先ほど塗ったイラストの髪色を変更したものです。

合成モードを使った塗り。
下地の髪色と自然になじむ

Chapter 5-17

合成モードとテクスチャで物の質感を出す

ここでは、テクスチャを貼り付ける際に合成モードを使用する例をご紹介します。合成モードを利用することで、そのまま貼り付けるより、よりイラストにテクスチャをなじませることができます。

テクスチャを配置する

1 [素材]パレットを開いて素材を探す

線画と塗りが完了しているイラストを用意します。[素材] パレット上部にある■を選択すると、縮小表示されていたパレットが開きます。■を選択して [素材] パレットに切り替え、左メニューから [カラーパターン] を選択すると、テクスチャのサムネイルが表示されます。

MEMO
[素材] パレットには、テクスチャ以外にブラシや3Dデータなどさまざまな素材が用意されています。詳しくはP.166を参照してください。

2 [素材]をキャンバスに配置する

サムネイルをキャンバスにドラッグすると、素材を配置することができます。試しに [豹柄_IS] を配置します。

MEMO
サムネイルの右上に■が表示された素材はダウンロードが必要です。キャンバスに配置したあと、[はい] を選択すると素材を利用できるようになります。

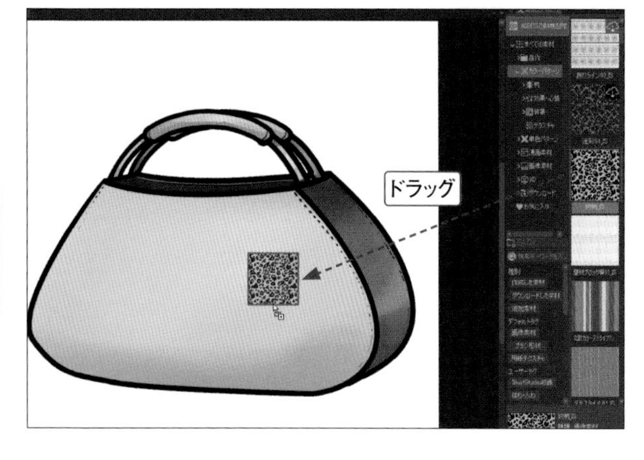

3 配置した素材を入れ替える

[レイヤー] パレットの一番上にテクスチャレイヤーが配置されます。このレイヤーを選択したままの状態で別の素材を選択し、[素材] パレットの右下にある■を選択すると、素材を入れ替えることができます。

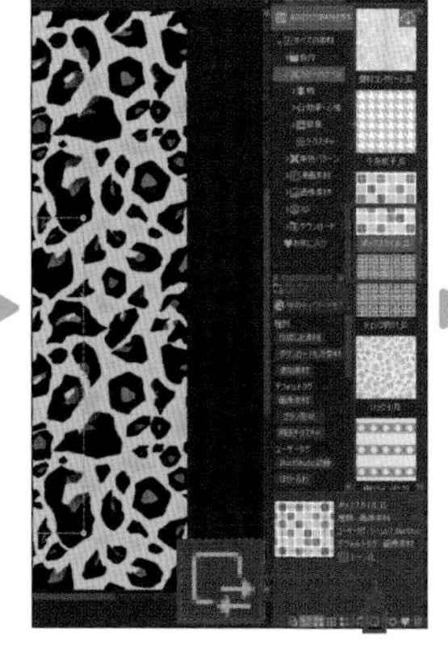

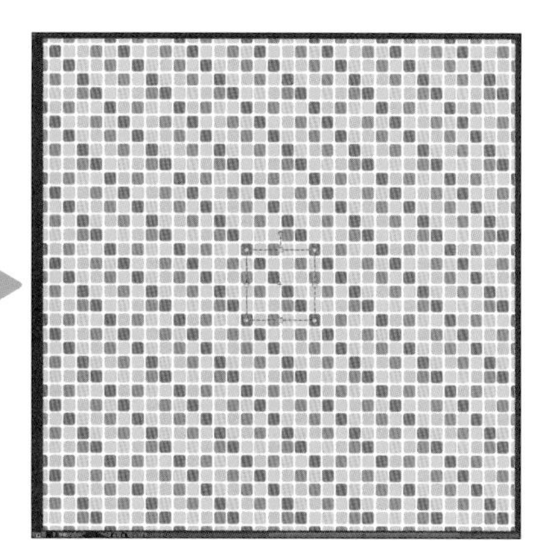

第5章 「本塗り」をする ～各種ブラシと色塗りツール

マスクでテクスチャの表示部分を指定する

1 選択範囲を作成する

テクスチャレイヤーを線画レイヤーの下に移動し、非表示にします。その後［選択範囲］ツールを使い、テクスチャを表示させる部分の選択範囲を作成します。あとでマスク範囲を修正するので、この段階では大まかでかまいません。

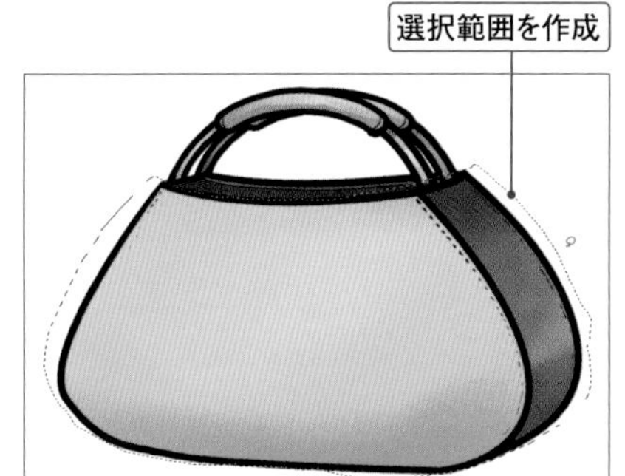

2 テクスチャレイヤーにマスクを設定する

選択範囲ができたらテクスチャレイヤーを再表示し、［レイヤー］パレットの［レイヤーマスクを作成］を選択します。すると、テクスチャレイヤーに選択範囲のマスクが作成されます。

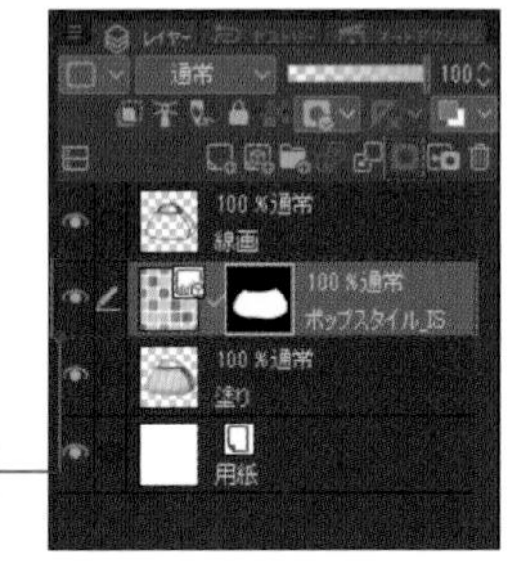

3 テクスチャのサイズや角度を変更する

テクスチャレイヤーを選択したまま、［ツール］パレットの［操作］→［オブジェクト］ツールを選択します。テクスチャを変形するための枠が表示されるので、好みのサイズ／角度／位置に変更します。

MEMO

変形枠は、初期設定では［編集］メニュー→［変形］ほど自由に変形できません。自由に変形するには、［オブジェクト］ツールの［ツールプロパティ］パレットにある［変形方法］を［自由変形］に変更します。

4 マスクの範囲を調整する

テクスチャレイヤーのマスクサムネイルを選択し、テクスチャの表示部分が線画にきちんと合うように、ブラシや消しゴムで調整します（→P.87）。

合成モードを変更して最終調整する

1 テクスチャレイヤーの合成モードを変更する

テクスチャレイヤーを選択し、[レイヤー]パレット左上の[合成モード]を変更します。色々と変更してみて一番なじむテイストを探します。今回は下地の塗りを活かしたかったので、[焼き込み(リニア)]にしました。

MEMO [合成モード]の上でマウスのホイールを動かすと、簡単に切り替えが可能です。

2 テクスチャレイヤーの不透明度を下げる

テクスチャが比較的濃いので、ここでは、もう少しなじませるためにテクスチャレイヤーの[不透明度]を60くらいに下げておきます。

3 マスクを編集して濃淡を付ける

テクスチャレイヤーのマスクを使って、もう少し濃淡を付けます。マスクサムネイルを選択し、消しゴムを使って明るい部分のテクスチャを若干薄くします。消しゴムの[ブラシ濃度]をかなり低くして塗るのがポイントです。

4 影を付ける

テクスチャレイヤーの上に影用の[新規ラスターレイヤー]を作成し、[合成モード]を[乗算]に変更します。今回は[ツール]パレットの[エアブラシ]→[エアブラシ]タブ→[柔らか]を選択して、Altキーを押しながら影の色をスポイトで取得し、影を追記していきます。これで完成です。

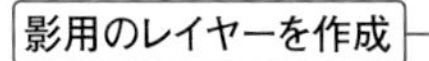

ゆがみツールで完成イラストを調整する

ドラッグしたところを拡大／縮小したり、進行方向に寄せたりできる[ゆがみ]ツールをご紹介します。例えば、目をもう少し大きくしたり、ウエストを細くしたりと細かい部分調整などに使えます。

[ゆがみ]ツールとは？

[ゆがみ] ツールはドラッグやクリックしたところを、拡大／縮小したり、寄せたり広げたりするなど、部分的な変更が行えるツールです。ブラシサイズを指定できるため、狭い範囲から広い範囲まで細かく対応することができます。
なお、この [ゆがみ] ツールは選択したレイヤー以外は変形しないので、使用する際は、変更したい対象のレイヤーを結合する必要があります。着色前の線画の微調整や、完成したイラストの最終調整などに使うとよいでしょう。

MEMO
変形を行うと画像が荒くなります。特に、小さいものを大きくすると、小さい画像を無理矢理拡大するのと同じで、画像がとても荒くなりますのでやりすぎに注意です。

[ゆがみ] ツールで目を大きくする

1 レイヤーを結合する

[ゆがみ] ツールは選択したレイヤーにしか使えないので、まずは絵全体のレイヤーを結合します。Shift キーを使ってイラストの全レイヤーを選択し、右クリックから [選択中のレイヤー結合] をクリックします。

MEMO
結合すると元に戻せなくなるので、予備のために結合前のレイヤーを複製して残しておくのがオススメです。

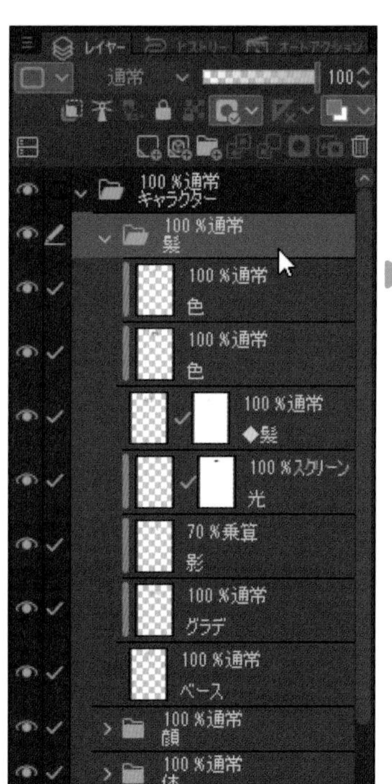

2 [ゆがみ]ツールを選択する

[ツール] パレットの [ゆがみ] → [ゆがみ] ツールを選択します。次に、[ツールプロパティ] パレットの [ゆがませ方] を変更します。今回は [膨張] にします。

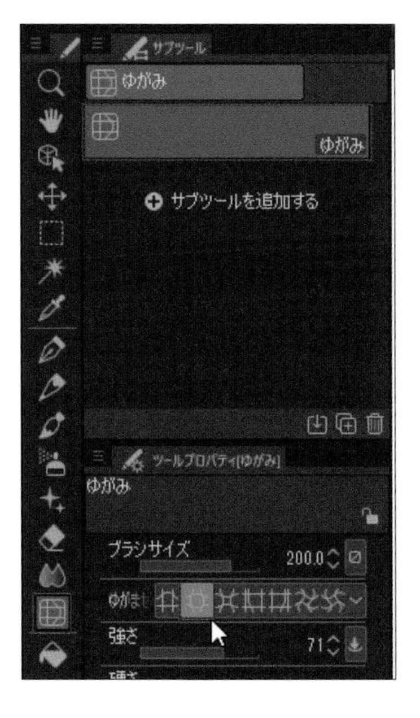

3 目を大きくする

ブラシサイズを目を覆うくらいの大きさに調整し、目の部分をペンで押してみます。ペンを押している間、目の部分が膨張するように大きくなります。効果が強すぎる場合は、[ツールプロパティ] パレットの [強さ] や [硬さ] の設定を調整しましょう。

> **MEMO** あらかじめ選択範囲を作成すれば、選択範囲内だけ[ゆがみ]ツールで調整することができます。

POINT [ゆがませ方] について

[ツールプロパティ] パレットの [ゆがませ方] を変更すれば、さまざまなゆがませ方ができます。Alt キーを押しながら使うと、選択したモードと反対の変形効果になります。例えば [膨張] モードの場合は収縮になります。

❶進行方向	ドラッグした方向にオブジェクトが変形します。
❷膨張	ペンを押している間、オブジェクトが拡大します。
❸収縮	ペンを押している間、オブジェクトが縮小します。
❹進行方向の左	右にドラッグすると上方向にゆがみ、左にドラッグすると下方向にゆがみます。
❺進行方向の右	[進行方向の左] の逆の動きをします。
❻時計回りに回転	ペンを押している間、時計方向に回転してゆがんでいきます。
❼反時計回りに回転	ペンを押している間、反時計方向に回転してゆがんでいきます。

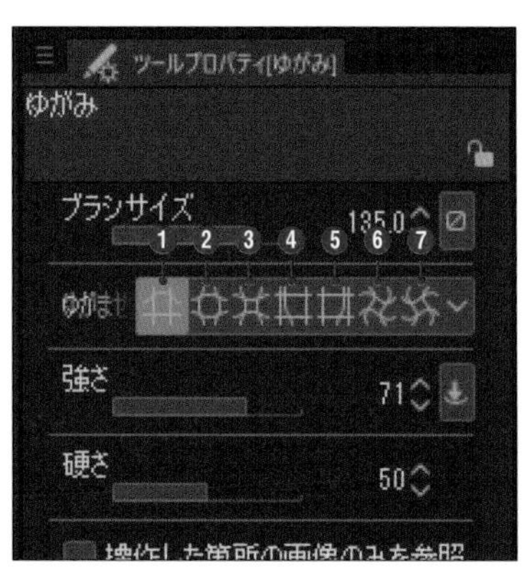

Column [素材]パレットについて

[素材]パレットは、ブラシ／テクスチャ／3D／画像素材／カラーセット／ワークスペースなど、イラスト制作用の素材を管理するためのパレットです。素材を配置する際に使うのはもちろん、オリジナルの素材も登録可能です。

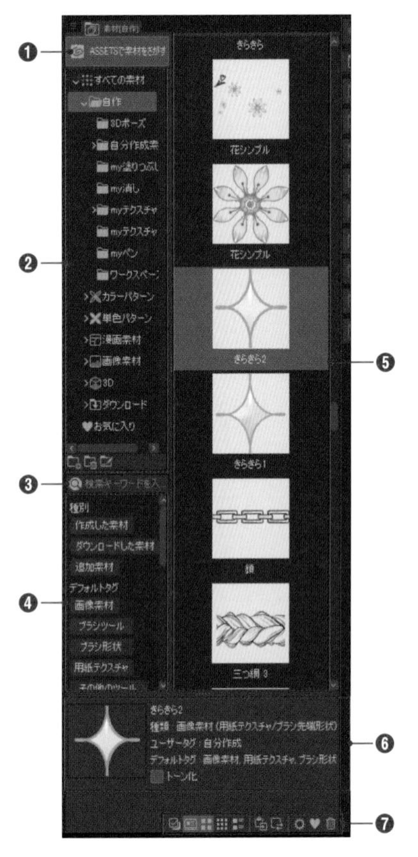

❶ **ASSETSで素材をさがす**	CLIP STUDIOが起動し、外部素材のダウンロード画面が表示されます。ダウンロードした素材は、ツリー表示内の［ダウンロード］フォルダーに登録されます。
❷ **ツリー表示**	素材が種類ごとに表示されます。左下の から、フォルダーの追加や削除が行えます。
❸ **検索バー**	キーワードを入力して素材を検索できます。
❹ **タグリスト**	素材に付けられたタグが表示されています。タグを選択すれば、タグの付いた素材が［素材一覧］に表示されます。タグは複数選択が可能です。
❺ **素材一覧**	［ツリー表示］で選択した種類の素材が一覧で表示されます。素材を選択して［素材］パレット右下の［素材を削除］ を選択すれば素材を削除でき、素材をダブルクリックすると［素材のプロパティ］画面を開くことができます。
❻ **素材の詳細情報**	［素材一覧］で選択中の素材の情報が表示されます。
❼ **コマンドバー**	［素材一覧］の表示変更や、素材の差し替え、削除などが行えます。また、 を押すと、ツリー表示内の［お気に入り］フォルダーに素材が登録されます。

POINT **素材をキャンバスに配置するには？**

素材はそのままキャンバスにドラッグすれば配置されますが、素材を選択してから［素材］パレット右下の を選択すると、キャンバスの中央に配置されるのでオススメです。

ここからでも配置が可能

Chapter 6

便利な機能を使いこなす

6-1 よく使う操作をまとめる　～［クイックアクセス］パレット
6-2 よく使う操作を自動化する
6-3 3D素材を作画の参考にする　［人物編］
6-4 3D素材を作画の参考にする　［背景編］
6-5 図形ツールを使いこなす
6-6 定規ツールを使いこなす
6-7 対称定規で「レース模様」を作成する
6-8 デコレーションツールを使う
6-9 オリジナルのブラシを作成する
6-10 図形ツールを消しゴムとして使う
6-11 デュアルブラシを使う
6-12 テキストを作成する
6-13 メッシュ変形を使いこなす
6-14 イラストやテキストをフチ取りする
6-15 フィルターを利用する
6-16 CMYK形式で書き出す
6-17 CMYKカラーで色味を確認する
6-18 別のファイルにイラストをコピーする
6-19 スマホを外部パレットとして使う　～コンパニオンモード
6-20 メイキング動画をタイムラプスで書き出す

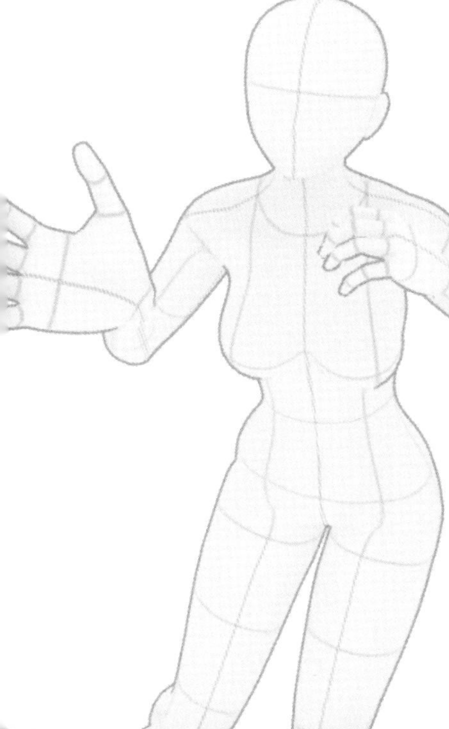

Chapter 6-1

よく使う操作をまとめる ～[クイックアクセス]パレット

[クイックアクセス]パレットを使えば、ツールや描画色のほか、さまざまな機能をまとめた独自のパレットを作成することができます。ショートカットを利用しなくてもツールの切り替えが素早くできる非常に便利な機能です。

[クイックアクセス]パレットとは？

[クイックアクセス] パレットは、よく使用するツールや描画色を登録しておくことで、目的の機能に素早くアクセスできるパレットです。ボタンの表示や並びも変更できるので、自分の使いやすいようにカスタマイズして使います。また、モノクロ用セット、カラー用セットのように、状況に合わせたグループを作成することもできます。

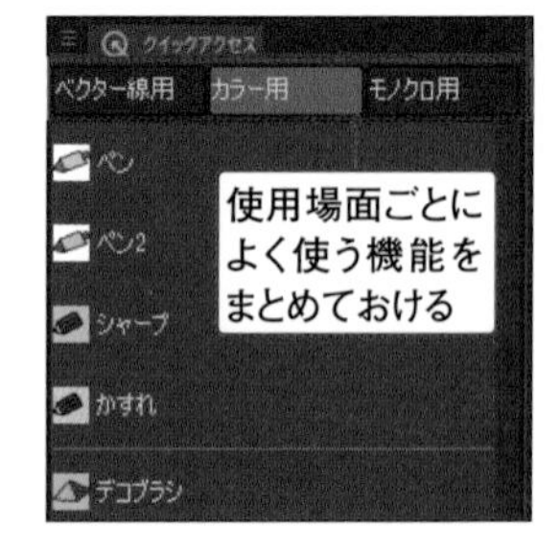

ボタンを追加／整理する

1 [クイックアクセス設定]画面を表示する

[素材] パレットの一番上にある🅠を選択して [クイックアクセス] パレットを表示します。今回は [セット2] タブに切り替え、[クイックアクセス設定] を選択します。

2 ボタンを追加する

[クイックアクセス設定] 画面から登録したいボタンを探して選択し、そのまま [クイックアクセス] パレットへドラッグするとボタンを追加できます。上部のプルダウンメニューから分類を切り替えられるので、色々と探してみましょう。

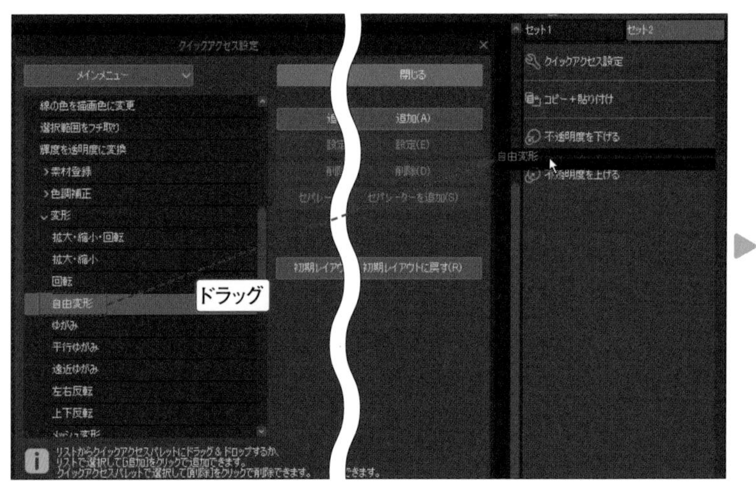

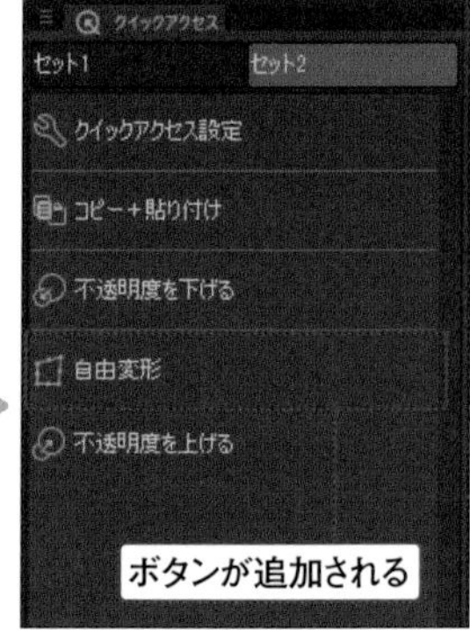

MEMO ボタンを削除したい場合は、ボタンの上で右クリックして [削除] を選択します。

3 ブラシやツールを追加する

[ツール] パレット内のツール、[サブツール] パレットのツールやタブグループは、[クイックアクセス] パレットへそのままドラッグしても追加することができます。

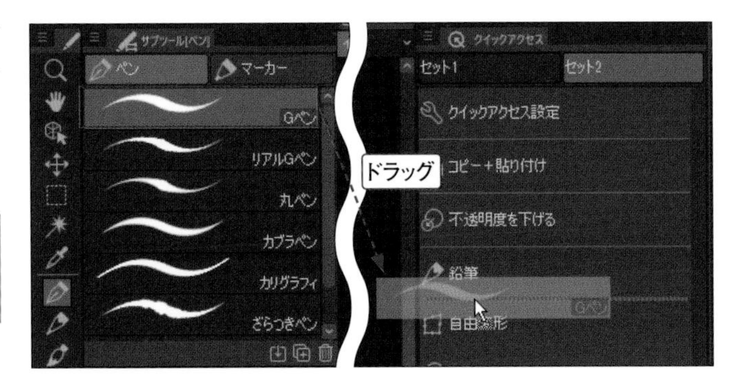

MEMO [オートアクション] パレットにあるアクションコマンドもドラッグで追加できます (→P.172)。

4 描画色を追加する

先にカラー系パレットで描画色を決定しておきます。[クイックアクセス] パレットのボタンがないところで右クリックし、[描画色を追加] を選択すると、現在選択中の描画色を登録できます。[カラーアイコン] で透明色を選択していれば、透明色も登録可能です。

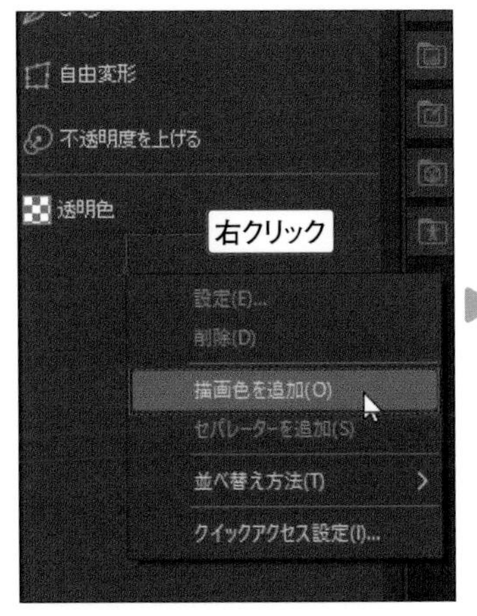

MEMO [クイックアクセス設定] 画面の [プルダウンメニュー:オプション] にある [描画色] には、カラーの切り替え周りの処理が用意されています。

5 ボタンを並べ替える

Ctrl キーを押しながらボタンをドラッグすると、ボタンの位置を変更することができます。

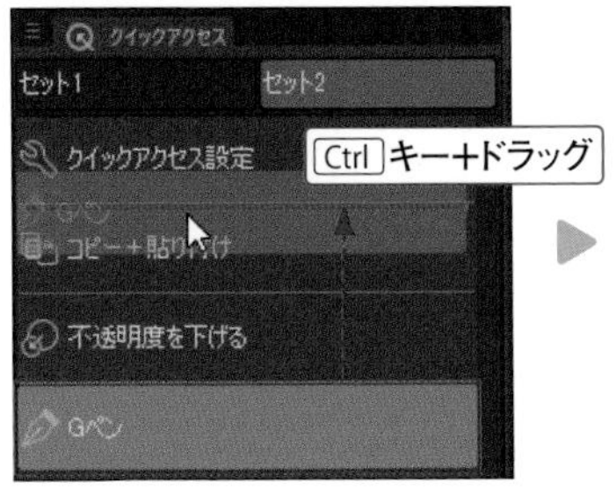

MEMO [クイックアクセス設定] 画面を表示しているときは、ドラッグするだけで位置を変更できます。

6 分類ごとに区切り線を入れる

ボタンとボタンの間にセパレーター(区切り線)を追加することができます。追加したい場所で右クリックし、[セパレーターを追加] を選択すると区切りの線が追加されます。

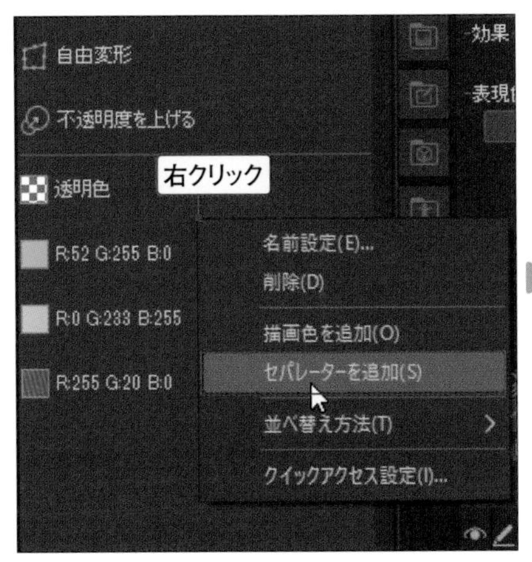

MEMO 区切り線を削除したい場合は、線の上で右クリックして [セパレーターを削除] を選択します。

ボタンの表示方法を切り替える

1 表示方法を変更する

［クイックアクセス］パレットの表示方法は、［メニュー表示］■→［表示方法］から変更できます。リストとタイルの2種類の表示があり、初期設定ではリスト型になっています。ここでは［タイル　小］を選択します。

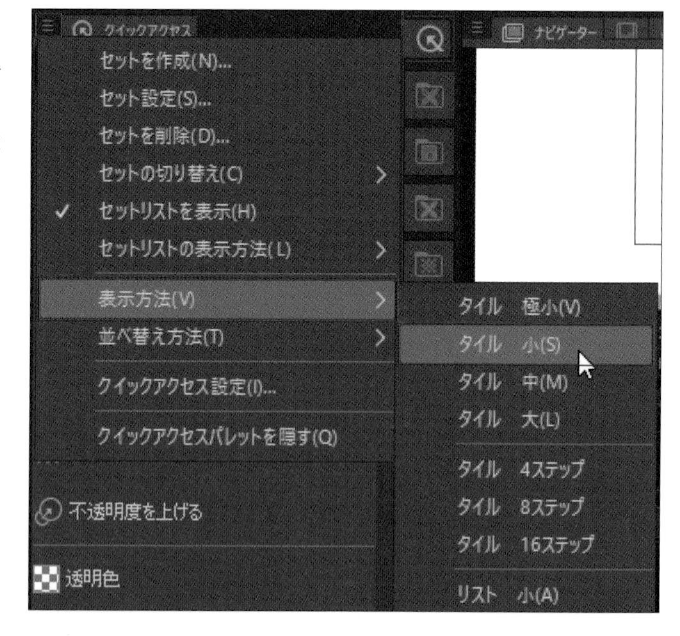

2 タイル型に変更された

タイル型に切り替わりました。リスト型とは異なり、ボタン名とアイコンが中央に表示されます。

> **MEMO**
> ［タイル　極小］はボタン文字が消えてアイコンだけになるので、登録するボタンが多い人にオススメです。

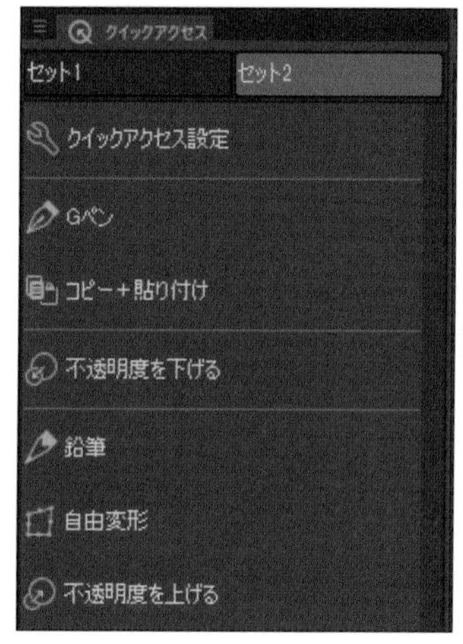

リスト型

タイル型

3 ステップの表示にする

リストとタイルはそれぞれ、［小］～［大］（タイルの場合は［極小］含む）と［ステップ］の項目に分かれています。［小］～［大］では「ボタンの大きさ」が固定され、［ステップ］では「1行に配置されるボタン数」が固定されます。例えば［リスト　3ステップ］を選択するとボタンが1行に3つ表示され、パレットの横幅を変更しても1行に3つのままです。

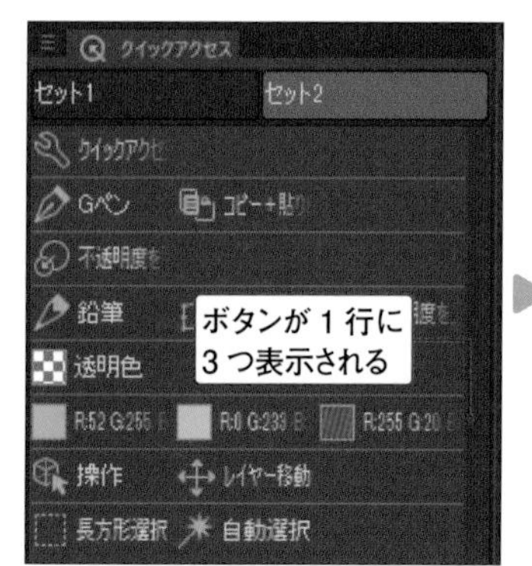

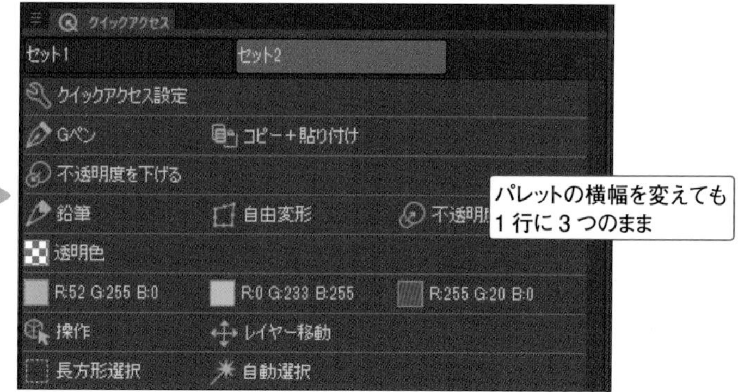

新しいセットを作成する

1 新規セットを作成し、ボタンを追加する

［メニュー表示］→［セットを作成］を選択し、セット名を入力して［OK］を選択すると新規のセットタブが追加されます。新規セットには［クイックアクセス設定］のボタンがないため、［メニュー表示］→［クイックアクセス設定］からボタンを追加しましょう。

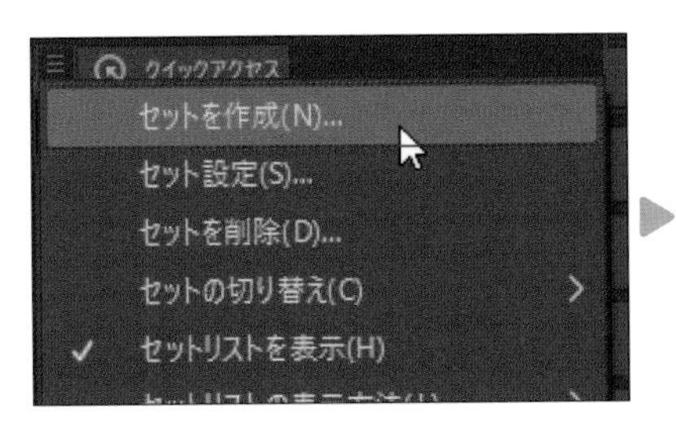

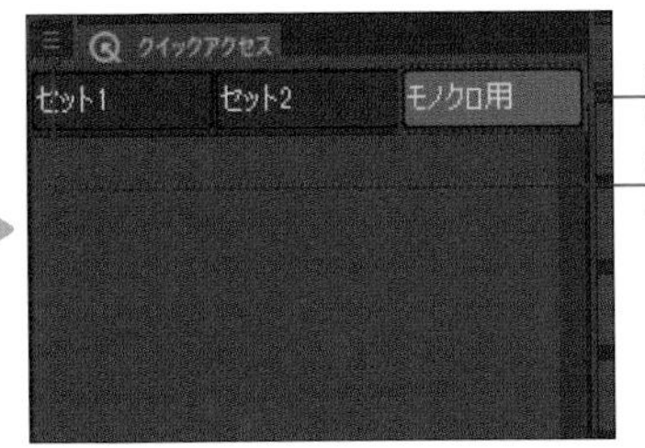

2 セットを並べ替える

ボタンの並べ替えと同様に、Ctrlキーを押しながらセットタブをドラッグするとセットの位置を変更できます。

MEMO セットタブの上で右クリックして、［セットを削除］でセットの削除、［セット設定］でセット名の変更ができます。

POINT ボタン名やアイコンは変更可能

ボタンの上で右クリックして［サブツール設定］（もしくは［アイコン設定］）を選択すると、ボタン名やアイコン画像、アイコンの背景色を変更できます。ボタンによってはカスタマイズできない項目もありますが、アイコンや背景色を変えることで似たようなツールと差別化するなど、独自のパレットを作成できます。なお、変更した内容は元のツールにも適用されます。

POINT クイックアクセスをポップアップ表示で使う

［ファイル］メニュー→［ショートカットキー設定］→［設定領域：ポップアップパレット］の［クイックアクセス］にショートカットキーを設定すると、ショートカットキーでクイックアクセスをポップアップさせて使えます。すぐにクイックアクセスを開けるので便利です。

第6章 便利な機能を使いこなす

Chapter
6-2 よく使う操作を自動化する

複数の画像に同じ処理を行いたいときや、自分が普段よく使う操作を自動化したいときは、複数の操作を記録することができる[オートアクション]パレットを利用します。

操作を自動化する

1 [オートアクション]パレットを表示する

ここでは例として、[拡大・縮小・回転]で回転する→[色相・彩度・明度]を変更する→[画像解像度を変更]でサイズを縮小する、までの操作を登録します。あらかじめ、操作対象のレイヤーを選択しておき、[ウィンドウ]メニュー→[オートアクション]を選択して、[オートアクション]パレットを表示します。

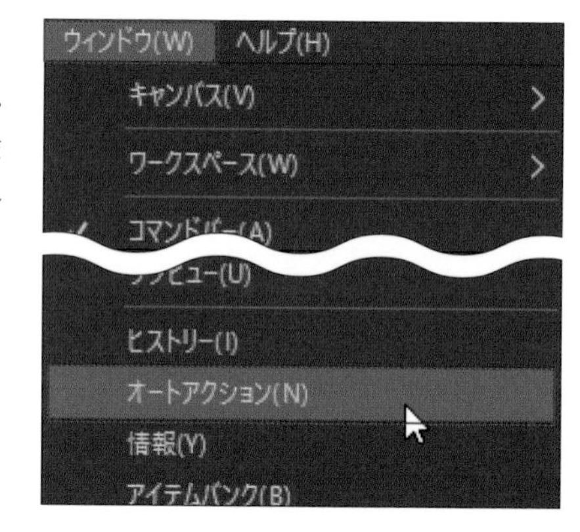

2 新規オートアクションを作成する

右下の[オートアクションの追加]を選択すると、一番下に新しいオートアクションが追加されます。任意の名前を付けましょう。

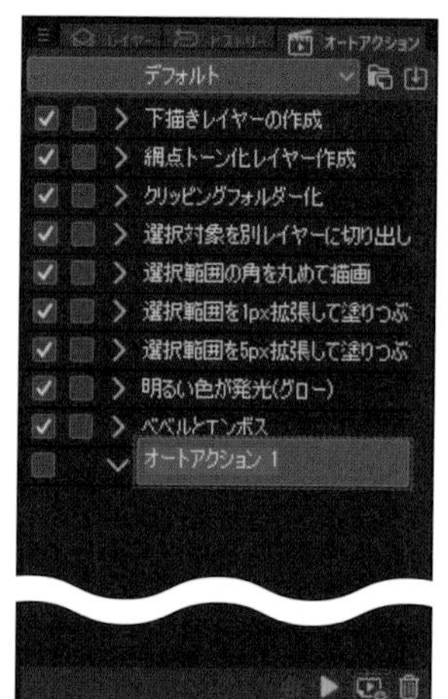

3 操作を記録する

右下の[記録開始]を選択すると録画モードになるので、[拡大・縮小・回転]で回転する→[色相・彩度・明度]を変更する→[画像解像度を変更]でサイズを縮小する、の操作を行います。

実際に操作する

4 操作の録画を終了する

操作が完了したら右下の［記録を停止］■を選択して録画モードを終了させます。行った操作の内容がオートアクション内に「コマンド」として記録されています。

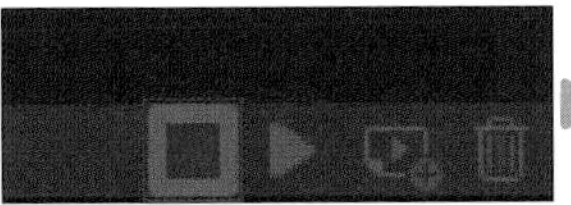

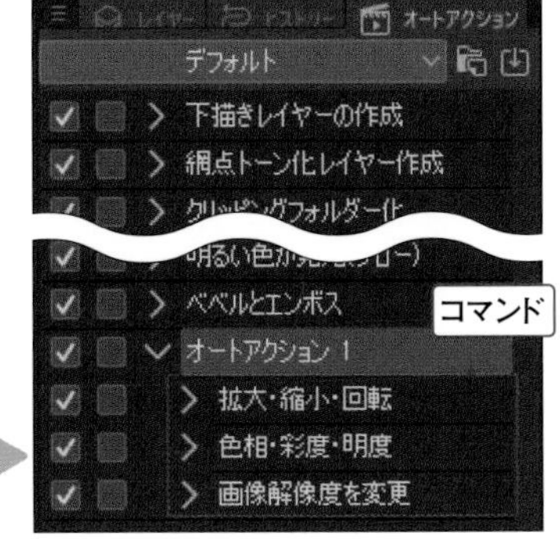

5 登録したアクションを別の画像で実行する

別の画像に先ほど登録したアクションを実行してみます。まず別の画像を開き、処理を行うレイヤーを選択します。先ほど新規作成したオートアクションを選択し、［再生を開始］▶を押すと、登録したアクションが実行されます。

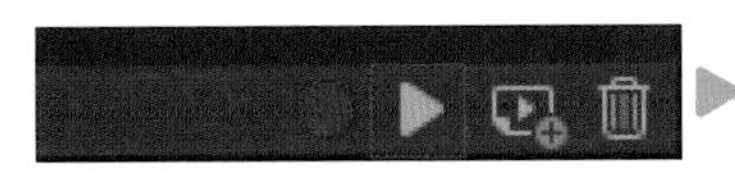

MEMO
アクションをダブルクリックしても実行できます。また、途中にあるコマンドをダブルクリックすれば、アクションを途中から実行可能です。

オートアクションを編集する

1 コマンドを途中に追加する

途中のコマンドを選択した状態で［記録開始］■を選択し、別の操作を行うと、その下にコマンドを追加することができます。［記録を停止］■を選択すれば追加が終了します。

MEMO
コマンドかオートアクションを選択し、［オートアクションを削除］🗑を選択すると、選択したものを削除できます。

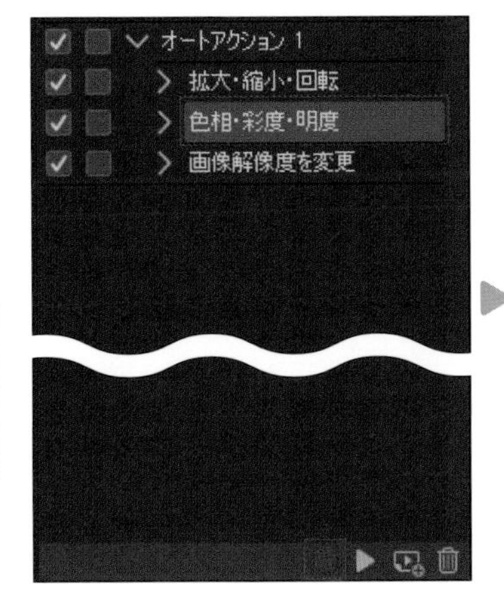

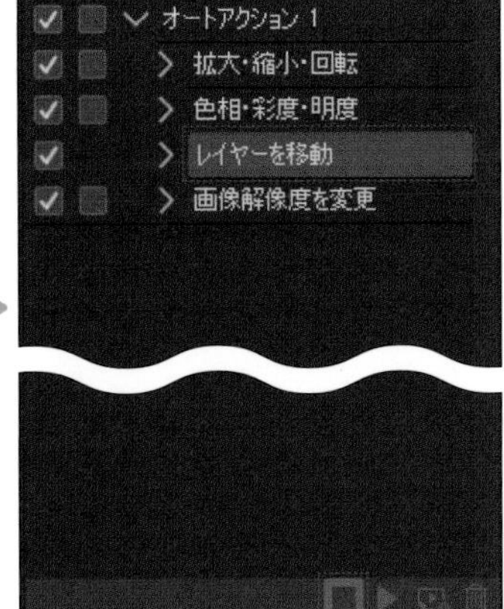

POINT ショートカット登録すればさらに便利に

登録したオートアクションは、ショートカット登録することですぐに使用できるようになります。［ファイル］メニュー→［ショートカットキー設定］を選択し、［設定領域］を［オートアクション］に変更します。ショートカット登録したいオートアクションを選択して、割り振りたいキーを登録しましょう（→P.34）。

Chapter 6-3

3D素材を作画の参考にする［人物編］

CLIP STUDIO PAINTの［素材］パレット内には、人物／小物／背景などのさまざまな3Dデータが最初から用意されています。ここでは3D素材の基本的な使い方をご紹介します。

3D素材とは？

［素材］パレットの［3D］の中には、［ポーズ］や［小物］、［背景］など、さまざまな3D素材が格納されており、キャンバス上に配置してから利用します。3D素材を配置すると、カメラワークやパース、サイズやポーズなどの変更が可能になるので、複雑なポーズの参考資料や、線画のトレースなどに利用することができます。

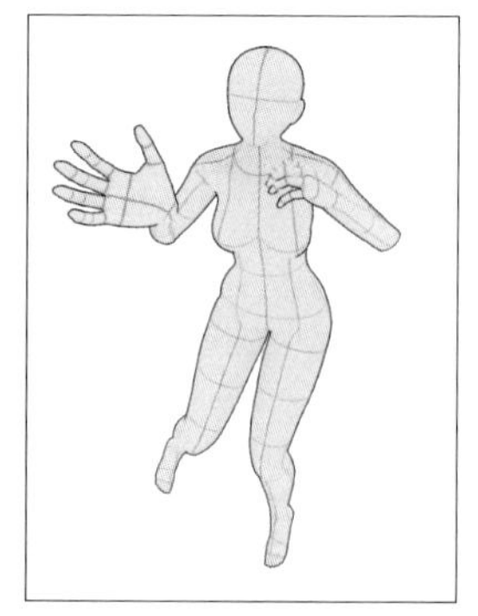

3D データ

3D データを元に描いた線画

3D素材の種類

ここでは代表的な3D素材をご紹介します。なお、3D素材はキャンバス上に複数配置できるので、例えば「机の上にボールを持った人物」といったように、素材を組み合わせて使用することも可能です。

3Dデッサン人形

3Dでできたデッサン人形です。3Dデッサン人形は性別や体型を変更したり、さまざまな方向に関節を曲げたりできるため、自由なポーズに変更することが可能です。

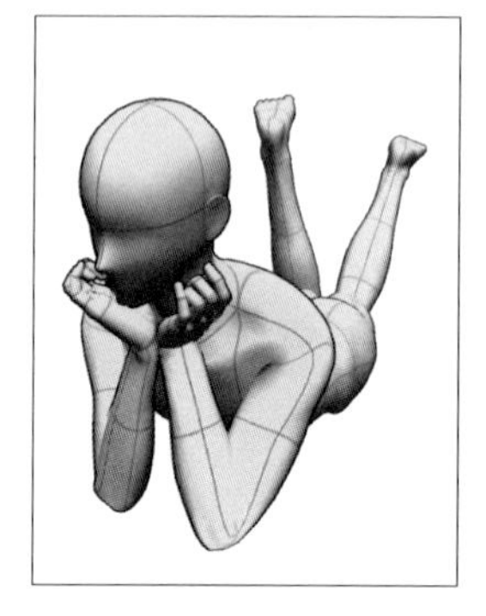

小物／3Dプリミティブ

ペン／車／銃／自転車などの小物のほか、立方体／円／角柱などの基本図形（プリミティブ）が用意されています。

背景

学校や駅、電車内など、背景の3D素材です。カメラアングルやパースの変更はもちろんのこと、例えば［学校］ならイスや机を木の素材にしたり、夕方の風景に変更したりできます。

POINT　外部素材のダウンロード

CLIP STUDIO（→ P.18）の［素材を探す］から、無料／有料のさまざまな3D素材をダウンロードできます。好みの素材を探してみましょう。ダウンロードした素材は［素材］パレットの［ダウンロード］フォルダー内に格納されます。

人物モデルを配置する

1 3Dデッサン人形を貼り付ける

■を選択して［素材］パレットを表示し、［すべての素材］→［3D］→［体型］を選択し、右の一覧から［3Dデッサン人形-Ver.2（女性）］を選択します。右下の［素材をキャンバスに貼り付け］■を選択すると、キャンバスに3Dデッサン人形が配置され、3Dレイヤーが作成されます。

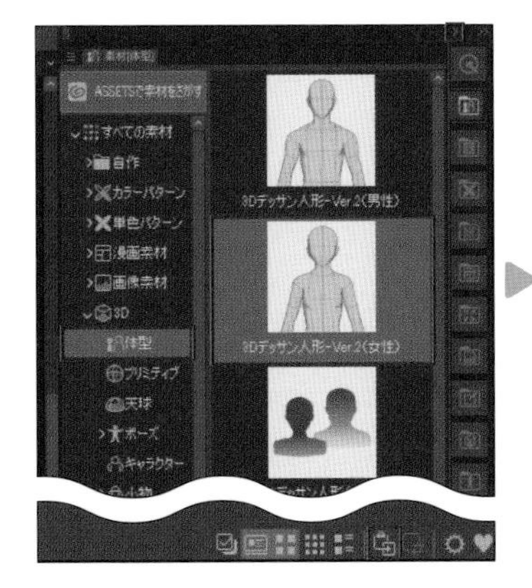

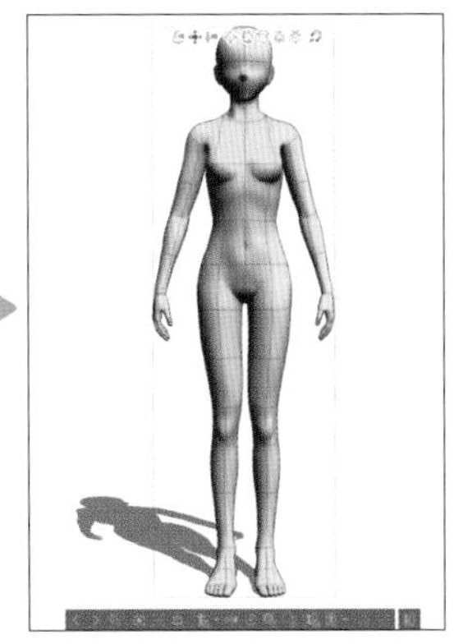

2 3Dデッサン人形に［ポーズ］を適用する

［素材］パレットの［すべての素材］→［3D］→［ポーズ］を選択し、タブリストで［歩く］を選択して条件を絞ります。一覧から［スタスタ歩く左前］を選択し、先ほど配置した3Dデッサン人形に重なるようドラッグするとポーズが適用されます。

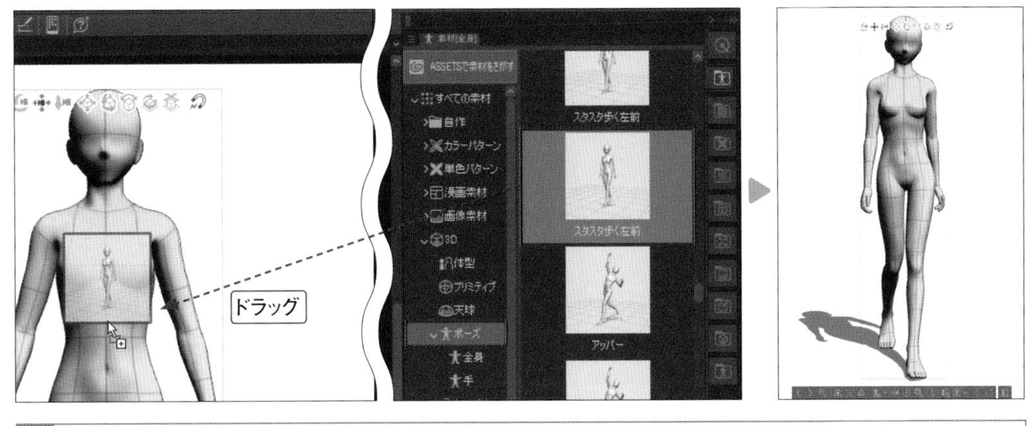

MEMO
3Dデッサン人形の性別は、あとから変更することができません。配置したあとで性別を変更したい場合は、作成したポーズを素材として登録し（P.176のPOINT）、性別を変えた人形にそのポーズを適用します。

3 体型を変更する

［オブジェクト］ツールを選択し、［レイヤー］パレットにある3Dレイヤーを選択します。すると、下にメニューパレットが表示されます。一番右のボタンを選択すると、体型変更の画面が開きます。■をドラッグすると体型を変更できます。プルダウンからパーツごとに変更することも可能です。

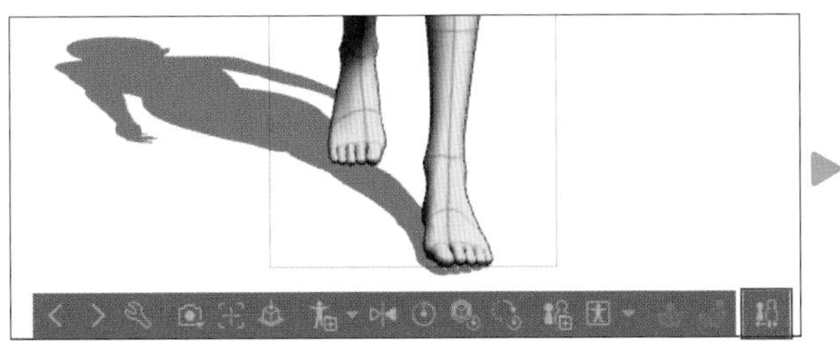

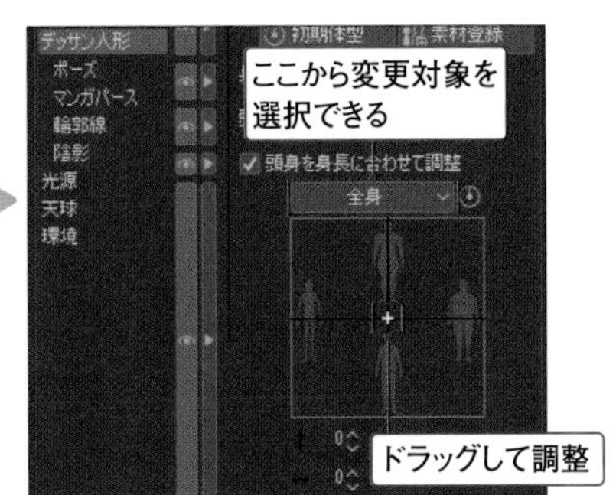

ポーズをカスタマイズする

1 パーツをドラッグして動かす

P.175を参考に、させたい形に近いポーズを適用します。［オブジェクト］ツールを選択し、ここでは、3Dデッサン人形の右手首付近を上に向かってドラッグします。すると右手腕が上がるのと同時に、連動して体が傾きます。

MEMO
1つのパーツを動かすと、ほかのパーツも連動して動きますが、連動させたくないパーツは右クリックすることで固定できます。もう一度同じ場所を右クリックすれば固定を解除できます。

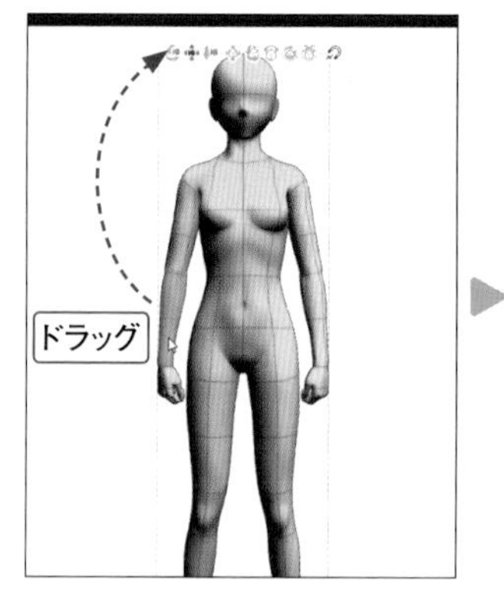

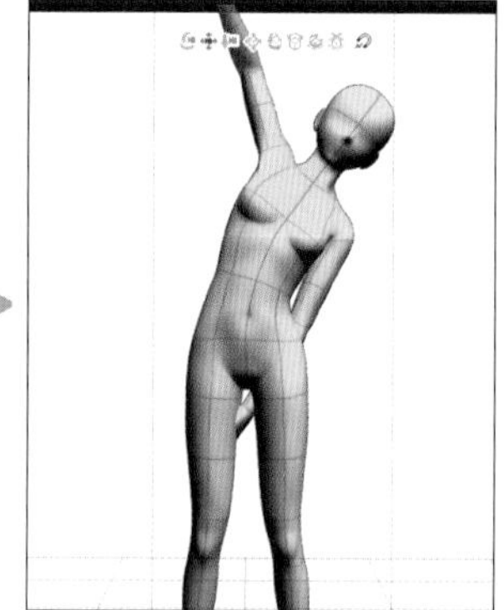

2 ［マニピュレータ］で動かす

膝やお腹など、関節が曲がるパーツ（ここでは脇）をクリックすると、［マニピュレータ］が表示されます。赤・青・緑のリングにポインターを重ねると色がオレンジになり、ドラッグすることでラインの方向にパーツを移動できます。完了したら、3Dデッサン人形以外の箇所をクリックして解除します。

MEMO
肘や膝など、回転できる軸が1つだけのパーツを選択した場合、表示される［マニピュレータ］のリングも1つだけになります。

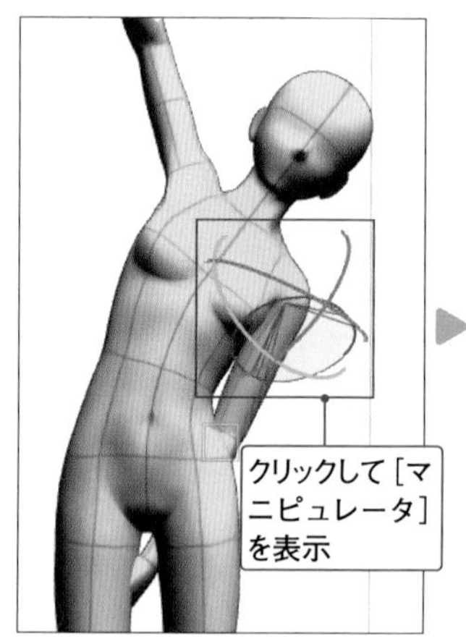

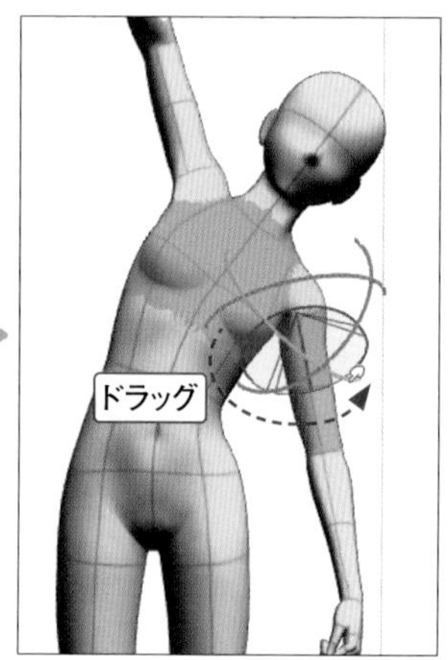

3 ［アニメーションコントローラー］で動かす

［オブジェクト］ツールで3Dデッサン人形を選択すると、［アニメーションコントローラー］という紫色の円が表示されます。もしクリックして表示されない場合は、同じ場所をもう1回クリックしてみましょう。この紫色の円をドラッグすると、さまざまなパーツが連動して動きます。ポーズを大きく変更したい場合に便利です。

MEMO
3Dデッサン人形の下に表示されるメニューパレットの■を選択すると、ポーズを左右反転できます。

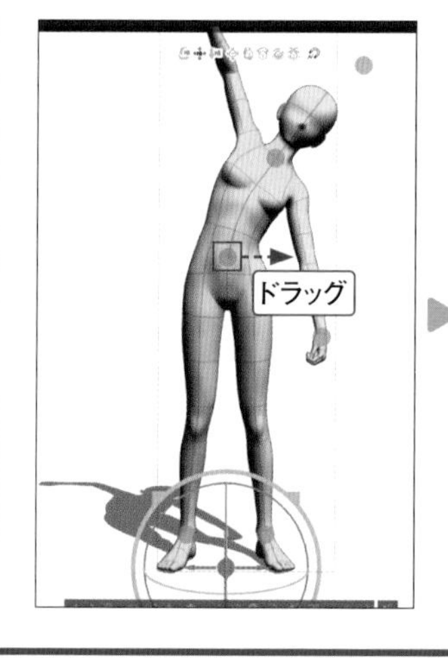

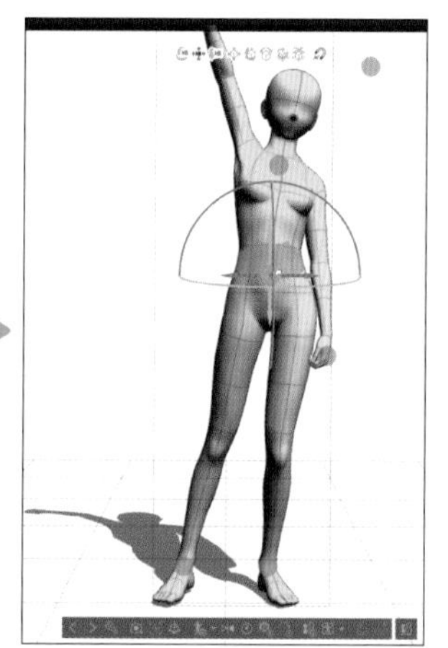

POINT ポーズや体型は素材として保存できる

カスタマイズした体型やポーズは［素材］パレットに登録できます。［オブジェクト］ツールで3Dデッサン人形を選択後、下のメニューの■からポーズ、■から体型を登録できます。［素材のプロパティ］画面が表示されたら、［素材名］と［素材保存先］を指定して［OK］を選択すれば、登録が完了です。

4 [ハンドセットアップ]で指の開き具合を調整する

[ツールプロパティ] パレットのを選択し、[サブツール詳細] パレットの [ポーズ] にある [ハンドセットアップ] を表示します。三角の枠内で[+]をドラッグすれば指の開き具合を調整でき、上部にあるをON／OFFすれば調整する対象の指を指定できます。片手のみに反映したい場合は、片方の手だけを選択した状態で調整します。

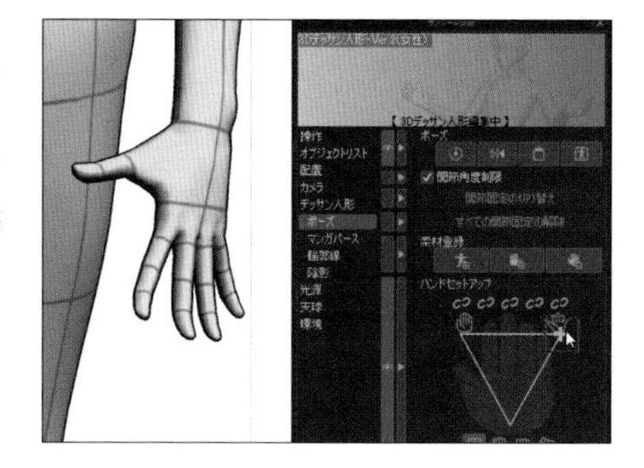

カメラや3D素材の位置をカスタマイズする

1 カメラの位置やアングルを変更する

[オブジェクト] ツールで3Dデッサン人形を選択すると、上にカメラアングルなどを変更するためのメニューが表示されます。左3つの項目を使うと、カメラの位置やアングルを変更できます。各項目を選択後、キャンバス上をドラッグして変更します。

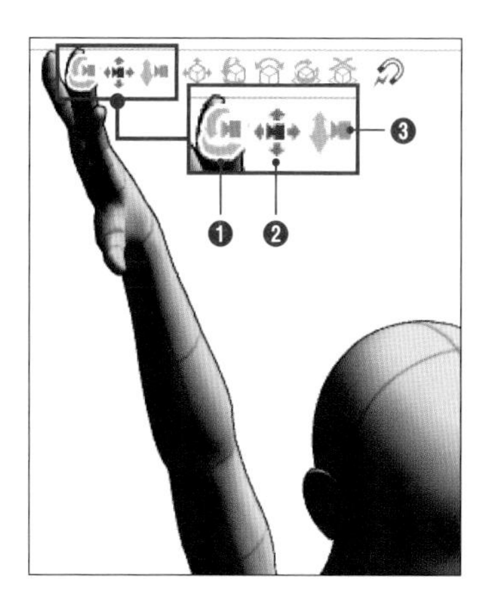

❶カメラの回転	3D素材を中心にカメラを回転します。
❷カメラの平行移動	カメラを上下左右に平行移動します。
❸カメラの前後移動	カメラが前後に動きます。

MEMO

[ツールプロパティ] パレットの [アングル] から、あらかじめ用意されたカメラアングルに変更することもできます。また、[アングル] 横のを選択すると、さらに細かいアングルやパースの調整が可能です。

2 3D素材を移動／回転する

右6つの項目を使うと、3D素材のみを回転させたり位置を移動させたりすることができます。こちらも各項目を選択後、キャンバス上をドラッグして変更します。

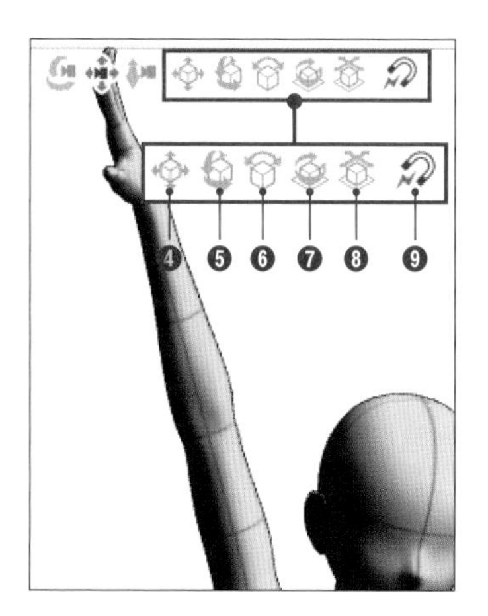

❹3D素材の移動	3D素材の位置を動かします。
❺3D素材を3D回転	3D素材を3D回転します。
❻3D素材を回転	3D素材を時計／半時計周りで回転します。
❼3D素材を水平回転	3D素材を水平回転します。
❽3D素材をベースにスナップ	3D素材を3D空間の地面に設置しながら、奥行きと横方向に動かします。
❾マグネット	3D素材同士のスナップ(吸着)のON ／OFFができます。特に3Dプリミティブ素材と相性が良いです。

POINT 3D素材を下絵のベースにするときのポイント

ポーズやカメラワークが完成したら、新規レイヤーを作成して下絵やラフを作成していきます。その際、誤って3D素材を動かさないように [レイヤーをロック] するのがオススメです。さらに、[ツールプロパティ] パレットにある [光源の影響を受ける] や [輪郭線幅] で線を見やすくしたり、3Dレイヤーの不透明度を下げて描きやすくするとよいでしょう。

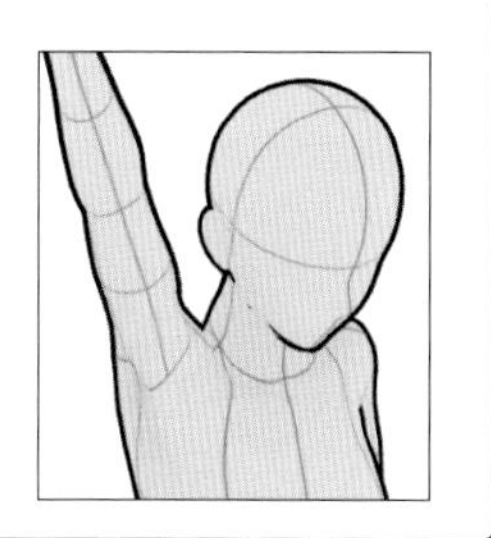

Chapter 6-4

3D素材を作画の参考にする［背景編］

CLIP STUDIO PAINTの素材の中には、背景制作の補助になるものが用意されています。ここでは、3Dプリミティブと天球についてご紹介します。

アタリに使える3Dプリミティブ

3Dプリミティブは立方体や球、角柱などの基本図形の3D素材です。図形は長さや位置を変更できるので、例えば図形を複数配置すれば、街並みや部屋の中などの背景のアタリに使うことができます。

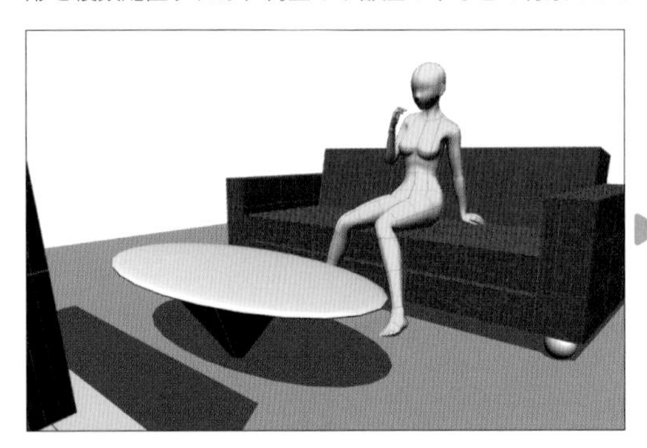

背景のアタリを作成する

1 立方体を配置する

今回はソファー、机、TVをつくります。［素材］パレットの［3D］タブ→［プリミティブ］を選択し、ソファー用に［立方体］をドラッグしてキャンバスに配置します。

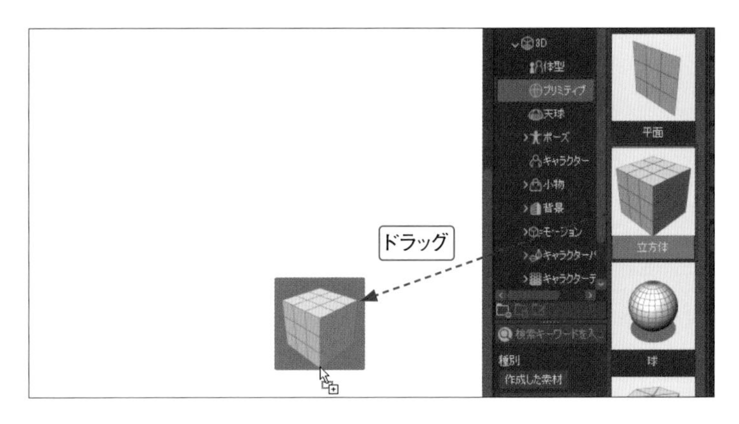

2 立方体の長さや高さを変更する

図形が見やすくなるように、前ページの方法でカメラアングルを変更します。
［オブジェクト］ツールを選択し、立方体をクリックすると［マニピュレータ］が表示されます。マニピュレータの四角部分をドラッグして高さや横幅を調整します。

MEMO
グレーの円をドラッグで拡大／縮小、湾曲した線をドラッグで回転できます。

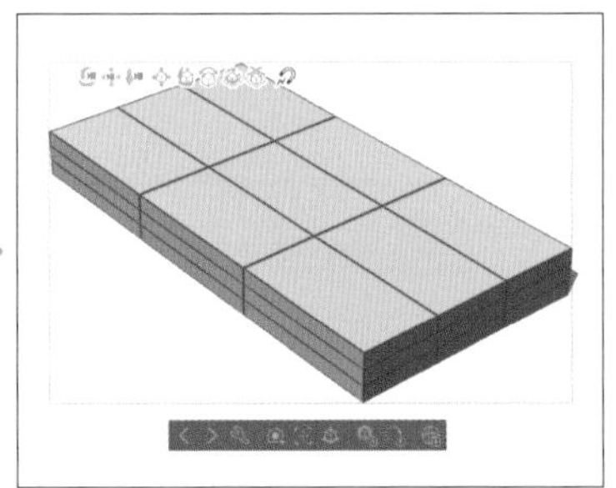

3 立方体を移動する

マニピュレータの真ん中にある丸や矢印をドラッグして、立方体を移動します。

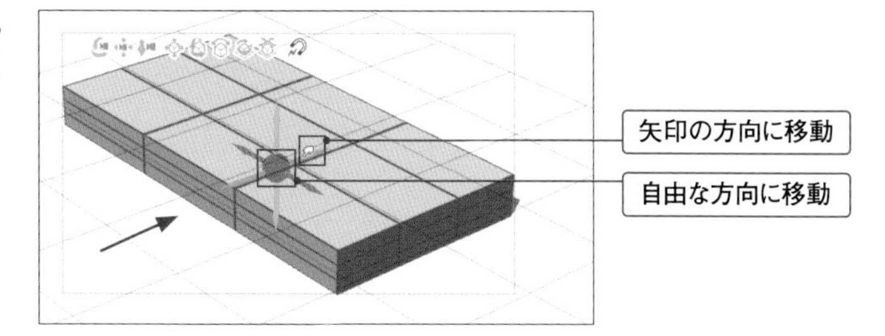

4 ソファや机、TVの形をつくる

手順1～3の繰り返しで、ソファや机、TVの形をつくります。このとき、[アイコン]をONにすることで3D素材同士を綺麗に配置できます。ほか、Ctrl＋C→Ctrl＋Vの複製や、Shiftキーを押しながらクリックで複数選択→まとめて変形／移動、の操作が便利です。

MEMO
［ツールプロパティパレット］の［プリミティブのテクスチャ］の＋を開くと、素材に色やテクスチャを貼り付けられます。

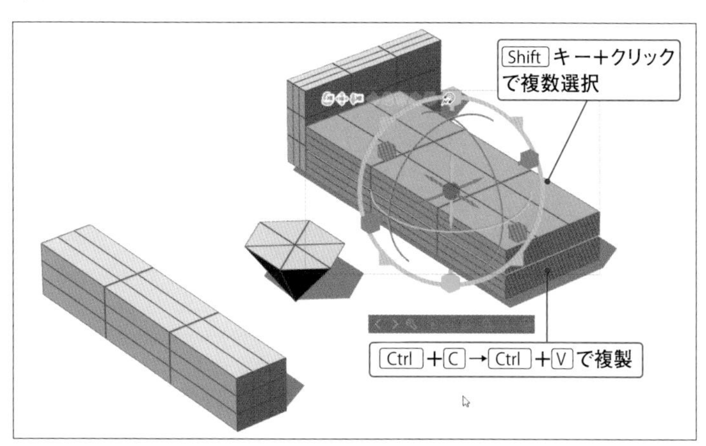

5 カメラアングルを変更する

適宜3Dデッサン人形を配置したら、次にカメラアングルを決めます。［オブジェクト］ツールで素材を選択し、左上に出てくるアイコンを使って調整します。

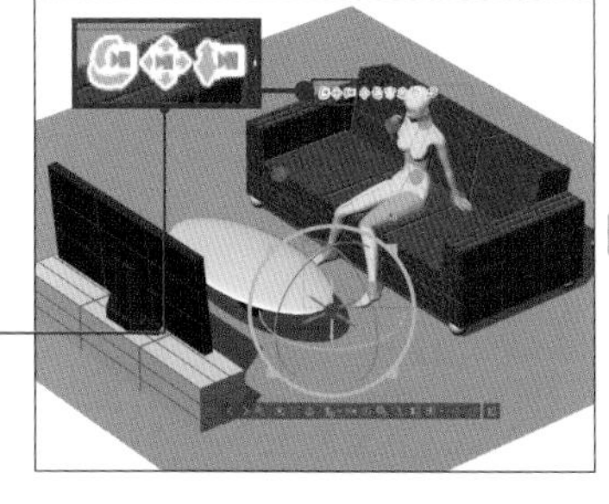

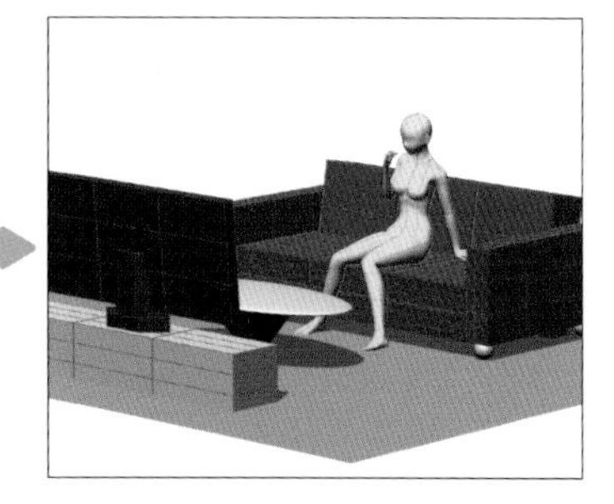

6 カメラにパースをつける

［ツールプロパティ］パレットで［アングル］の＋をクリックします。［パース］の数値を上げ、遠近感を付けたらアタリ（→前ページ冒頭の図）の完成です。

MEMO
線画を描く際は、素材を配置したレイヤーの不透明度を下げたり、レイヤーカラーを設定したりするのがオススメです。

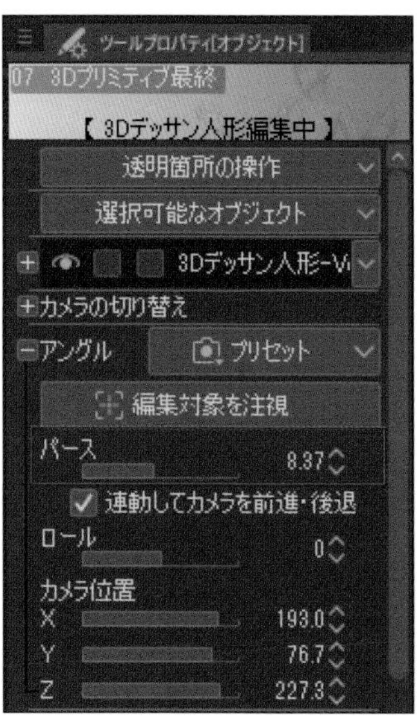

天球画像を背景に使う

天球とは、360度の全方向の画像をキャンバス上に配置できる機能です。アングルの変更や拡大／縮小も可能なので、例えばキャラクターの後ろに使うことで、簡単に背景付きのイラストを作成することができます。

1 天球画像を配置する

［素材］パレットの［3D］タブ→［天球］を選択し、使いたい画像をキャンバス上にドラッグすると配置されます。今回は［公園］を使います。

MEMO
360度背景の画像素材は、CLIP STUDIOの［素材から探す］から見つけることができます（→P.174）。

2 アングルを調整する

ここでは、キャラクターに合わせて画像のアングルを調整します。［ツール］パレットの［操作］→［オブジェクト］ツールを使うと360度回転、［レイヤー移動］→［レイヤー移動］ツールを使うと上下左右に移動できます。

元画像

［オブジェクト］ツールで回転

［レイヤー移動］ツールで移動

POINT より細かくアングルを設定するには？

［オブジェクト］ツールで背景画像を選択した状態で、［レイヤープロパティ］パレット→［アングル］の➕をクリックして開くと、［パース］を付けたり、［ロール］でカメラ自体を回転させたりできます。

Chapter

6-5 図形ツールを使いこなす

[図形]ツールを使用すると、直線や曲線、多角形や円など、さまざまな図形を描くことができます。フリーハンドで描くには難しい綺麗な線が必要なときなどに使用します。

[図形]ツールとは？

[図形]ツールとは、円や四角形などの図形や直線／曲線を直接描画できるツールです。[ツールプロパティ]パレットの項目をカスタマイズすることで、線の太さや形状、塗りつぶしなども変更可能です。

[図形]ツールを使用する

1 直線を描く

[ツール]パレットの[図形]→[直接描画]タブ→[直線]ツールを選択します。キャンバス上でドラッグすると、ドラッグした方向に直線が描画されます。このとき、描画される線は描画色と[ツールプロパティ]パレットで設定した内容が反映されます。

MEMO
Shift キーを押しながら線を描くと、一定の角度に固定された状態で描画できます。

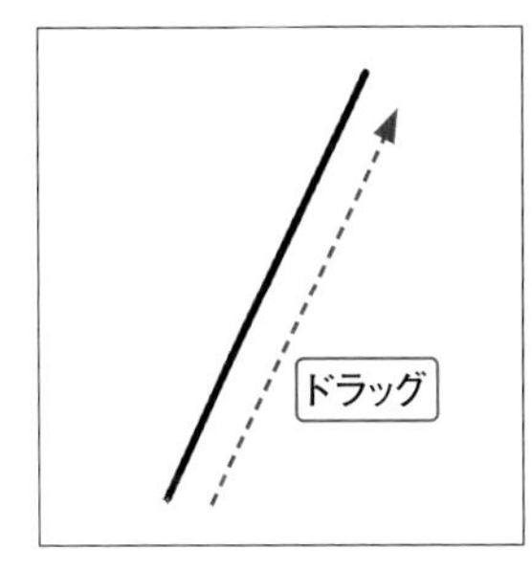

2 折れ線を描く

[ツール]パレットの[図形]→[直接描画]タブ→[折れ線]ツールを選択します。キャンバス上で1回クリックし、別の箇所でクリックすると、その位置まで直線が描画されます。同じ動作を繰り返すと折れ線を描くことができ、ダブルクリックすると線の描画が終了します。

MEMO
[直線]ツールと同じく、Shift キーで一定の角度で描画可能です。また、ダブルクリックで確定するまでは、Delete か Back space キーで1つ前の状態に戻ることができます。

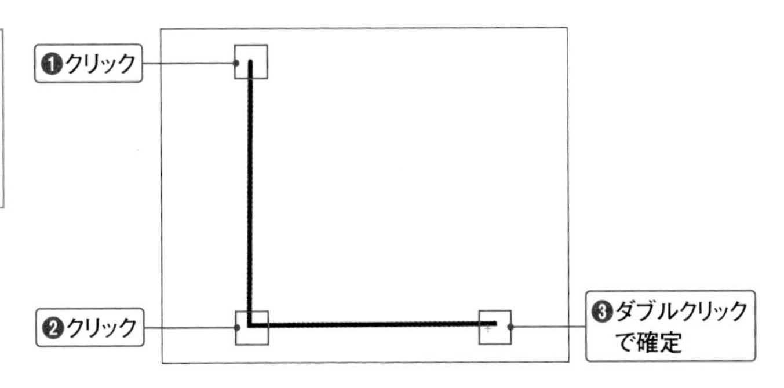

3 長方形を描く

［ツール］パレットの［図形］→［直接描画］タブ→［長方形］ツールを選択します。キャンバス上でドラッグすると、四角形の線を描くことができます。また、［ツールプロパティ］パレットの［線・塗り］を［塗りを作成］に変更すると、塗りつぶした長方形を作成できます。

MEMO
Shiftキーを押しながらドラッグすると正方形になります。

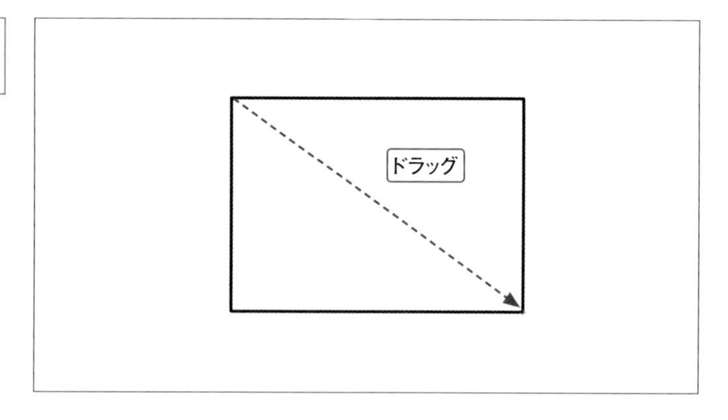

4 多角形を描く

［ツール］パレットの［図形］→［直接描画］タブ→［多角形］ツールを選択します。キャンバス上でドラッグすると大きさが確定し、ポインターを動かしてクリックすると角度が確定します。下の画像では、［ツールプロパティ］パレットの［図形］の＋から［多角形の頂点数］を5に、［線・塗り］を［線と塗りを作成］に設定しています。

MEMO
［楕円］ツールも同じ操作で描画が可能です。なお、Shiftキーを押しながらドラッグすると正多角形、正円になります。

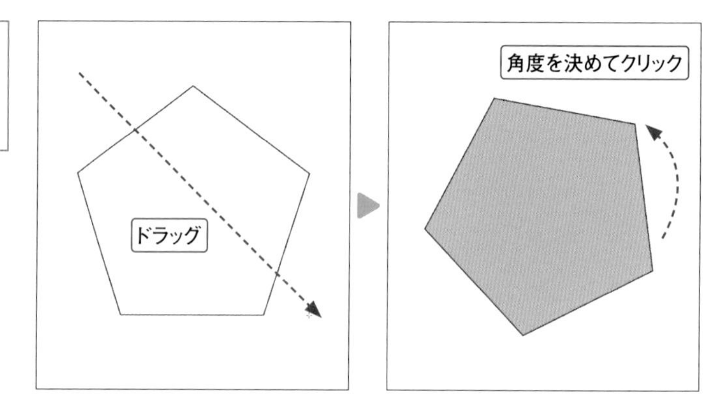

5 曲線を描く

［ツール］パレットの［図形］→［直接描画］タブ→［曲線］ツールを選択します。キャンバス上でドラッグして直線を引きます。そのままポインターを移動させると、線が湾曲します。好きな曲線になったらクリックして線を確定します。

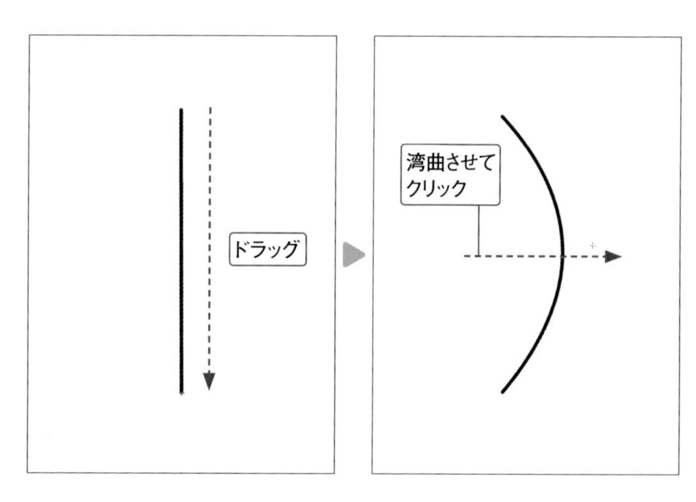

6 連続した曲線を描く

[ツール] パレットの [図形] → [直接描画] タブ→ [連続曲線] ツールを選択します。キャンバス上で1回クリックし、曲げたい点でクリックしていくと、連続した曲線を描くことができます。ダブルクリックで描画が終了します。

MEMO
Altキーを押しながら曲げる点をクリックすることで、直線にすることができます。

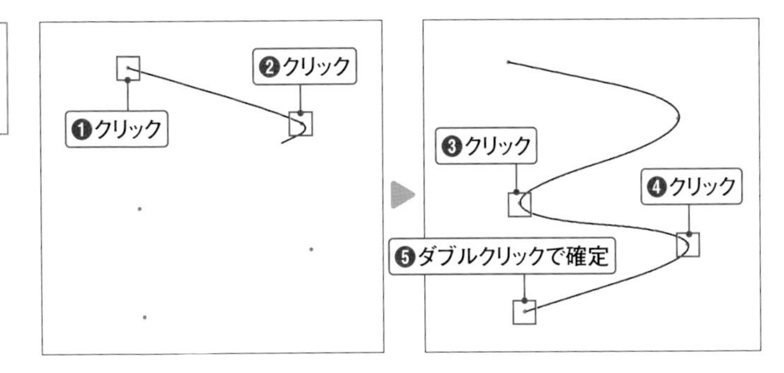

7 ベジェ曲線を使う

[ツール] パレットの [図形] → [直接描画] タブ→ [ベジェ曲線] ツールを選択します。キャンバス上で1回クリックし、移動させて次の場所でクリックする、を繰り返すと直線が描けます。

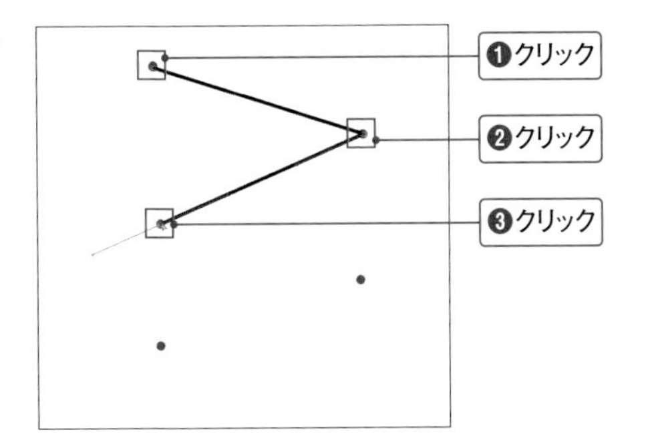

ドラッグしてみると線が曲線に変化します。自分の好きな角度にしてからペン先を離せば線が確定されます。ダブルクリックで描画が終了します。

MEMO
Shiftキーを押しながら描くと、一定の角度に固定された状態で描画できます。

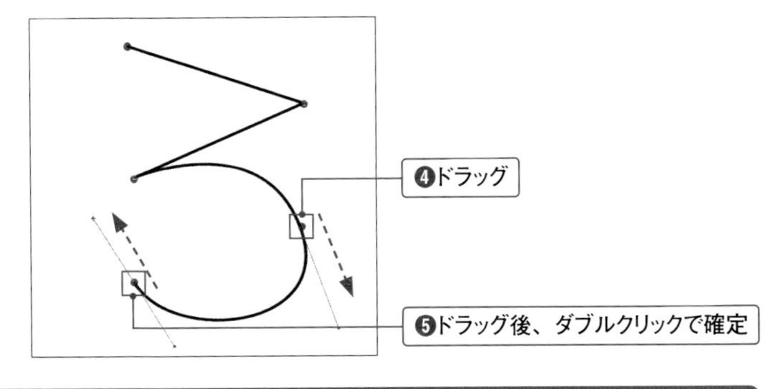

POINT 線を別の形に変更する

[ツールプロパティ] パレットの [ブラシ形状] を変更することで、[図形] ツールで描画される線の形状をカスタマイズできます。また、[サブツール詳細] パレットの [ブラシ先端] なら、自分で作成した画像の形で線を変更できます。
線をベクターレイヤーに描いた場合は、[オブジェクト] ツールで選択してから同様の操作で、後からでも変更可能です。

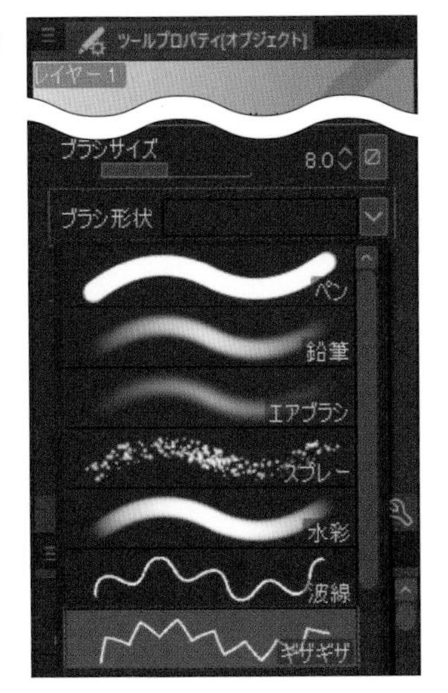

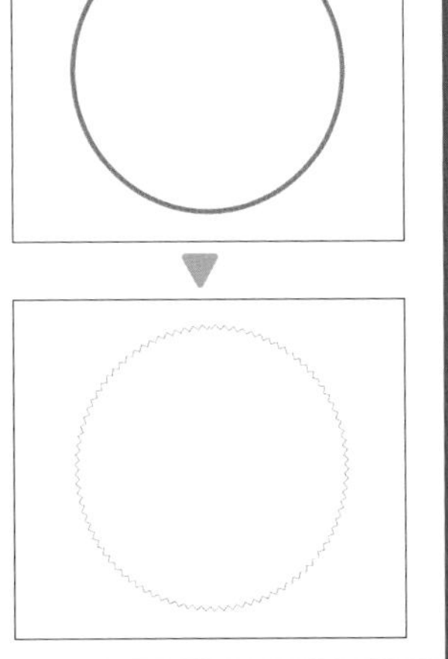

第6章 便利な機能を使いこなす

Chapter
6-6 定規ツールを使いこなす

CLIP STUDIO PAINTには、さまざまな形の定規を作成できる[定規]ツールがあります。ものさしのように、まず定規で形を作成し、上からブラシでなぞることで、定規の形通りの線を描くことができます。

[定規]ツールとは？

[定規] ツールは、まず最初にキャンバスに補助線（定規）を配置してから、ブラシなどで線を定規に吸着（スナップ）させながら描く、というように使います。ブラシの筆圧や形状が有効なので、線に強弱をつけたり、さまざまな質感の図形を描いたりと、自由な図形を描画できるのがポイントです。基本的な定規の作成方法は［図形］ツールと同じですが、［対称定規］(→P.186)や[パース定規](→P.264)などの特殊な定規も用意されています。また作成した定規は繰り返し使用することもできます。

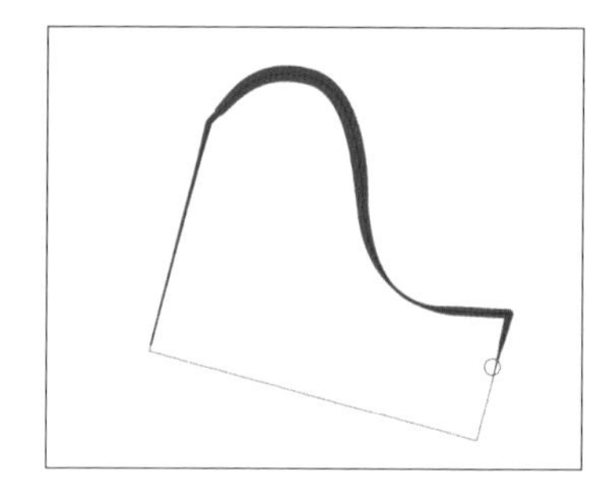

[定規]ツールを使用する

1 [図形定規]ツールを選択する

新規レイヤーを作成し、[ツール] パレットの［定規］→［図形定規］ツールを選択します。今回は円の定規を作成するため、[ツールプロパティ] パレットの［図形］を［楕円］にします。

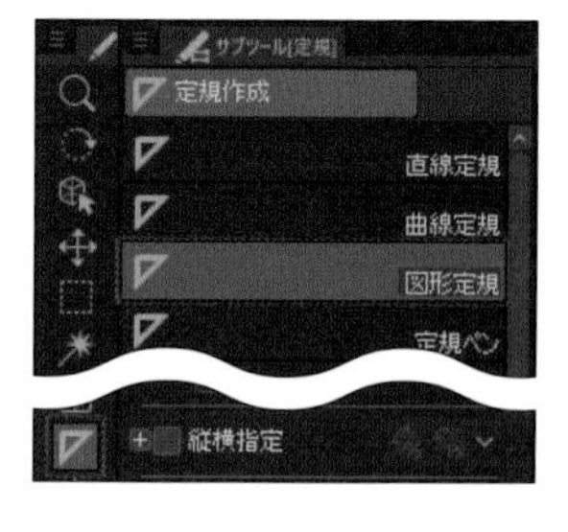

MEMO

[図形] を変更することで、長方形や多角形を書くこともできます。

2 図形定規をキャンバスに配置する

キャンバス上でドラッグして円の形を決め、ポインターを動かして方向を決めたらクリックします。すると、紫色の円の定規が配置され、先ほど作成したレイヤーに［定規アイコン］が追加されます。

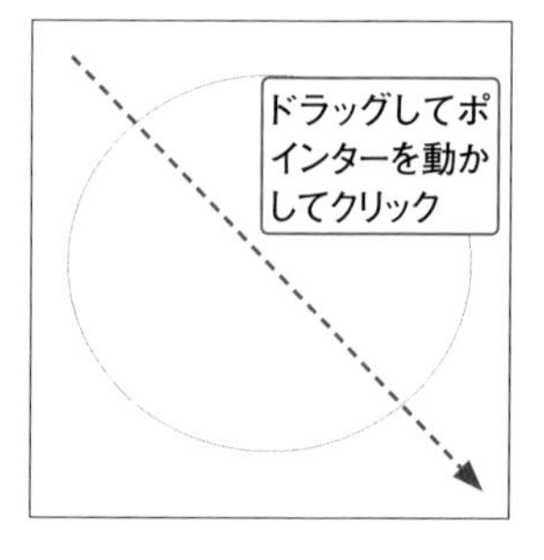

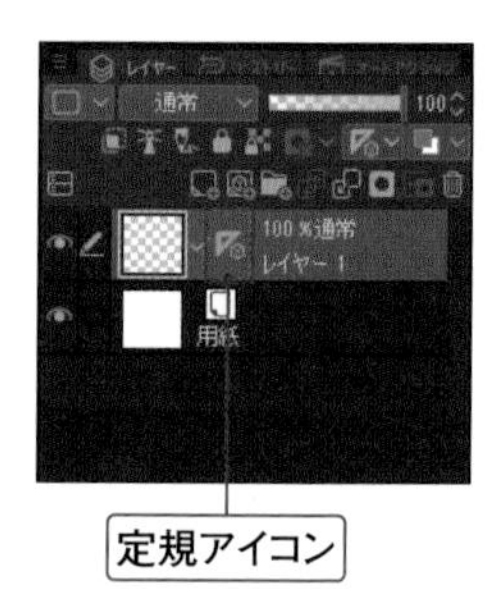

MEMO

初期設定では、定規は配置されたレイヤーでのみ表示されますが、[レイヤー] パレットの [定規の表示範囲を設定] を選択すれば、ほかのレイヤーでも表示可能です。

3 ブラシで描画する

今回は［ツール］パレットの［ペン］→［ペン］タブ→［Gペン］を選択します。定規の近くを描いてみると、円のラインにスナップされながら線が描画されます。もちろんブラシの筆圧なども反映されます。

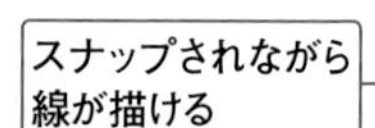

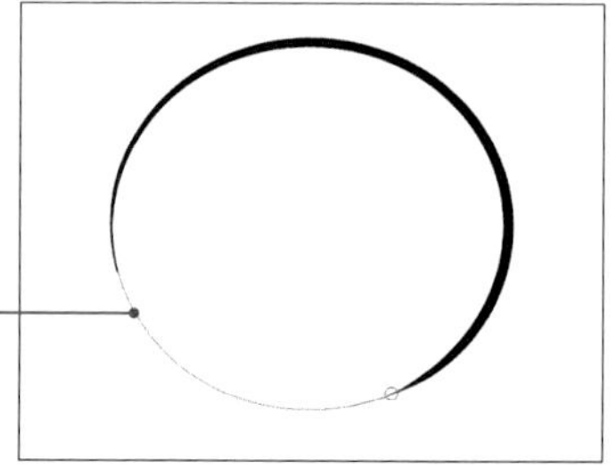

MEMO

[消しゴム] ツールは、基本的に定規にスナップされません。[消しゴム] ツールを定規にスナップさせたい場合は、[スナップ消しゴム] を利用するか、[サブツール詳細] パレットの [補正] → [スナップ可能] にチェックを入れましょう。

定規を編集／削除する

1 定規のサイズや位置を変更する

［オブジェクト］ツールでキャンバスにある定規を選択すると、ハンドルが付いた枠が表示されます。これを動かすことで定規のサイズや位置などを変更可能です。なお、［対称定規］や［パース定規］などは操作が異なるので注意してください（→P.186, 264）。

MEMO
［定規］の形状は、［ベクター線］を変形するときに使う［制御点］ツールや［ベクター線つまみ］ツールなどでも変更することができます。

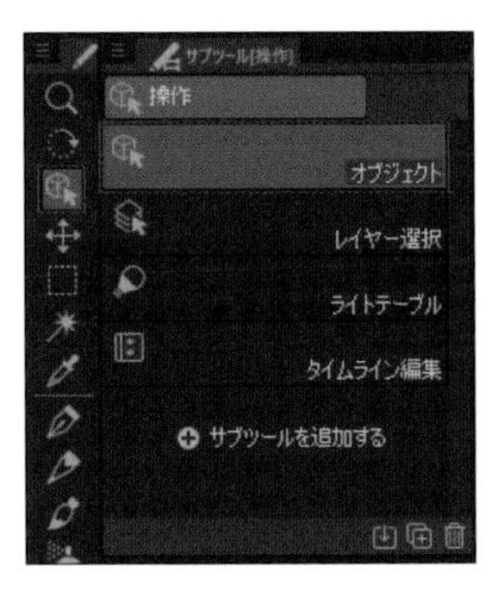

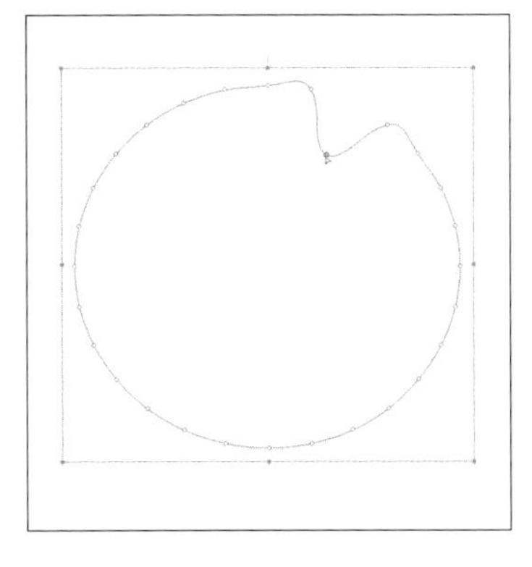

2 スナップのON／OFFを切り替える

［コマンド］バーにある［定規にスナップ］で、通常の定規のスナップのON／OFFを切り替えられます。右の［特殊定規にスナップ］は、［特殊定規］［対称定規］［パース定規］のON／OFFが切り替わります。

MEMO
［定規にスナップ］はCtrl＋1、［特殊定規にスナップ］はCtrl＋2のショートカットを使うのもオススメです。

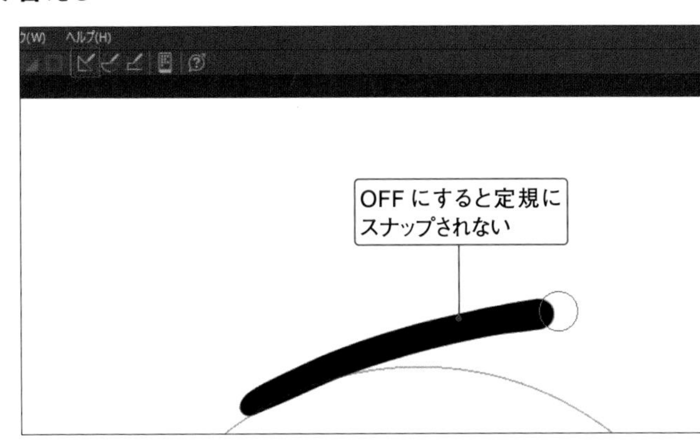

3 定規の表示／非表示を切り替える

［レイヤー］パレットの［定規アイコン］をShiftキーを押しながらクリックすると、キャンバス上の定規の表示／非表示を切り替えることができます。

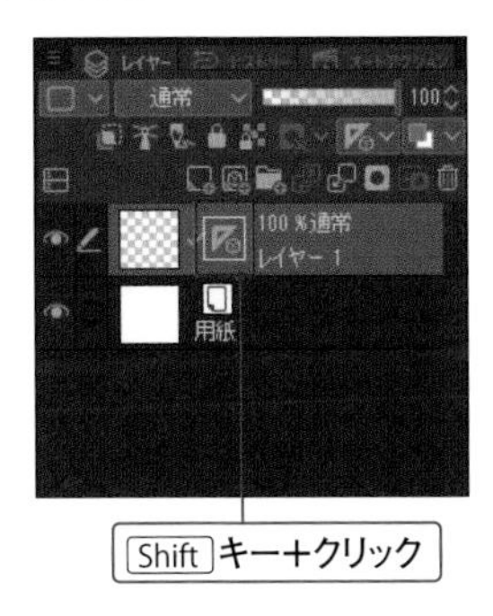

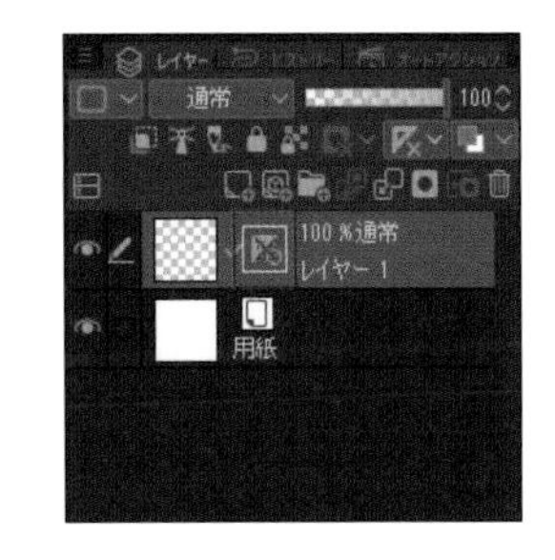

4 定規を削除する

キャンバス上の定規を［オブジェクト］ツールで選択してBack spaceキーかDeleteキーを押すと、定規が削除されます。複数の定規を1つのレイヤーに配置している場合、レイヤーの［定規アイコン］をゴミ箱へドラッグすると、定規をすべて削除できます。

MEMO
定規を［オブジェクト］ツールで選択した状態で、そのままコピーや切り取り→貼り付けを行うと、［定規］を複製、移動することができます。

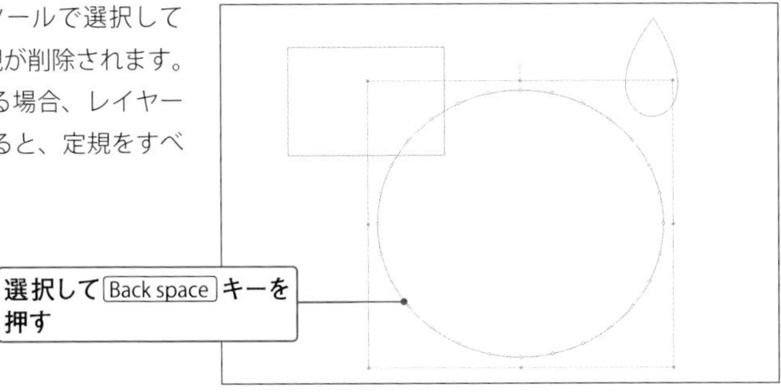

Chapter

6-7 対称定規で「レース模様」を作成する

［対称定規］ツールを使えば、瓶や茶碗などの左右対称の形になっているものや、レース／魔法陣などの複雑な模様を、素早く簡単に描くことができます。

「レース模様」を作成する

1 ［対称定規］ツールを設定する

［ツール］パレットの［定規］→［対称定規］ツールを選択し、［ツールプロパティ］パレットの［線の本数］を16に変更します。［線の本数］を変更すると、対称として描画される数が変わります。

MEMO

［ツールプロパティ］パレットの［線対称］のチェックを外すと、対称先に描画される方向を変更することができます。

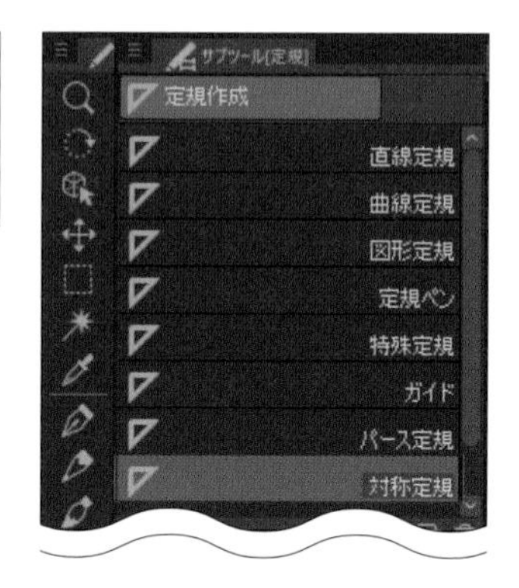

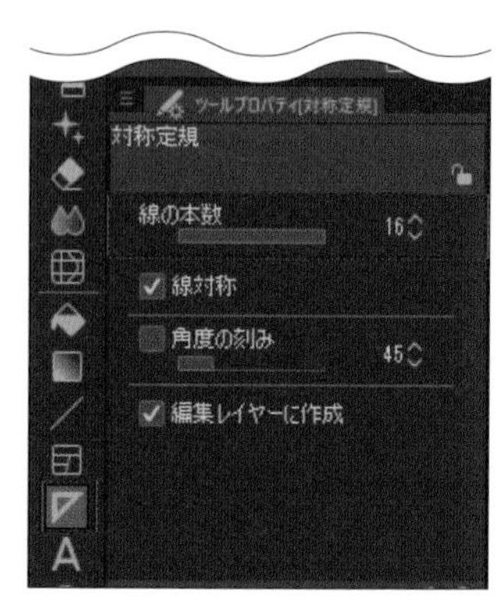

2 対称定規を配置する

新規レイヤーを作成してキャンバス上をクリックすると、クリックした所を中心に放射状の16本の定規が作成されます。

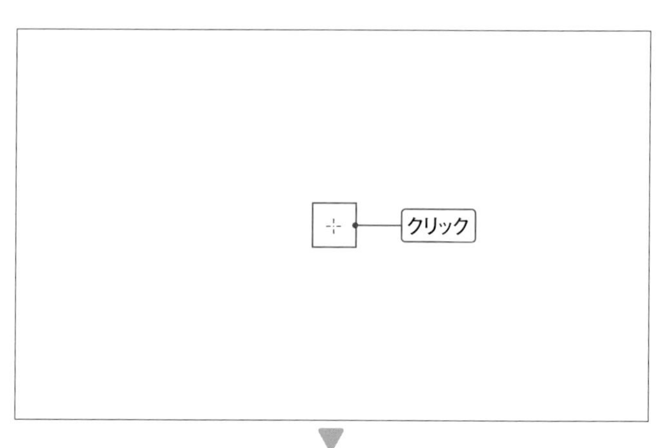

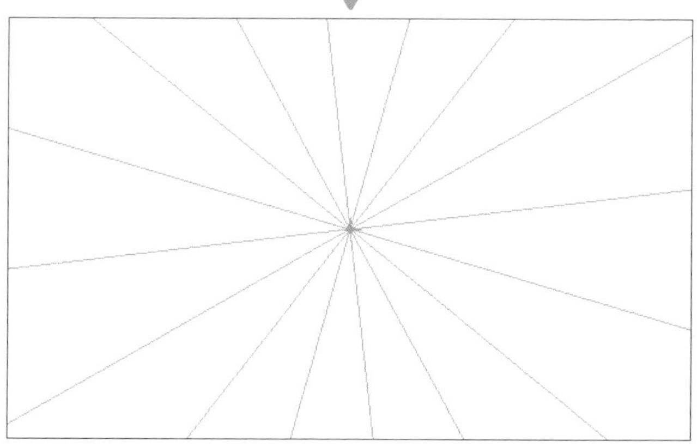

3 対称定規の位置や角度を調整する

配置した定規を［オブジェクト］ツールで選択すると、ハンドルマークが表示されます。定規のライン上をドラッグすると位置を変更でき、◉をドラッグすると角度を調整できます。また、◇はスナップのON／OFFを切り替えられます。

> **MEMO**
> ［ツール］パレットの［ペン］から下のツールを使用中なら、Ctrlキーを押している間だけ［オブジェクト］ツールに切り替え可能です。

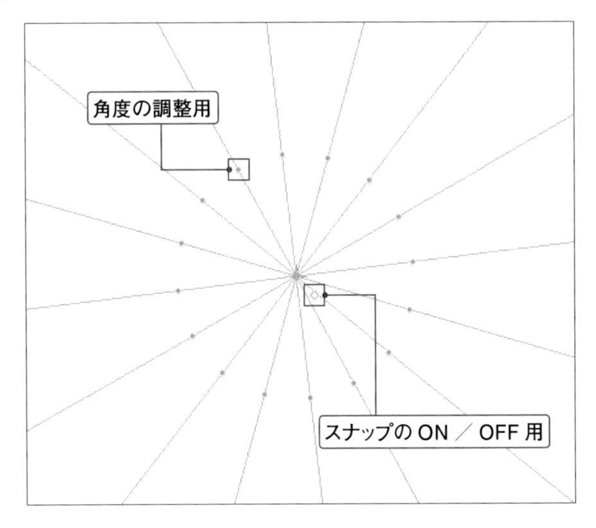

4 模様を描く

今回は［ツール］パレットの［ペン］→［ペン］タブ→［Gペン］を選択します。定規の線の間に描画すると、対称先にも同じ内容が描画されていきます。

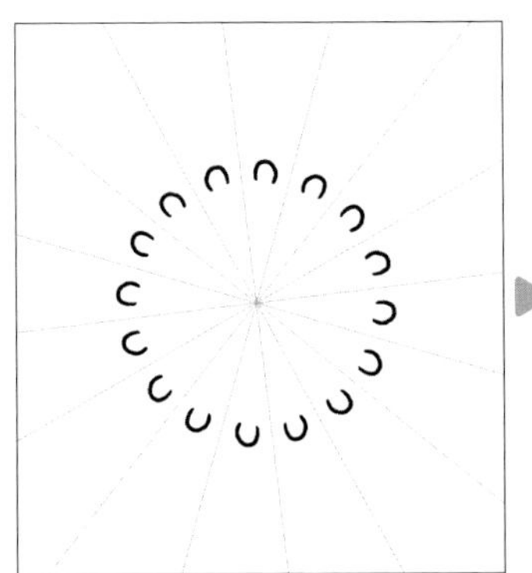
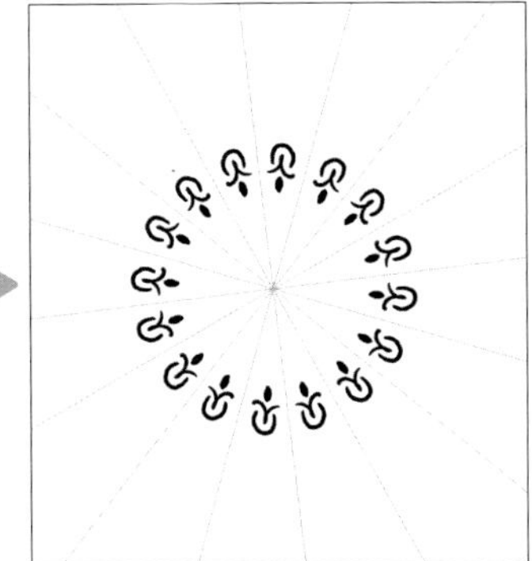

POINT 模様を描くときはフチ機能と合わせるのがオススメ

［レイヤープロパティ］パレットの［境界効果］を設定してから描画すると、フチを付けた状態で描画することができます（→ P.202）。今回のように模様を作成するときにオススメの機能です。

［境界効果］なし

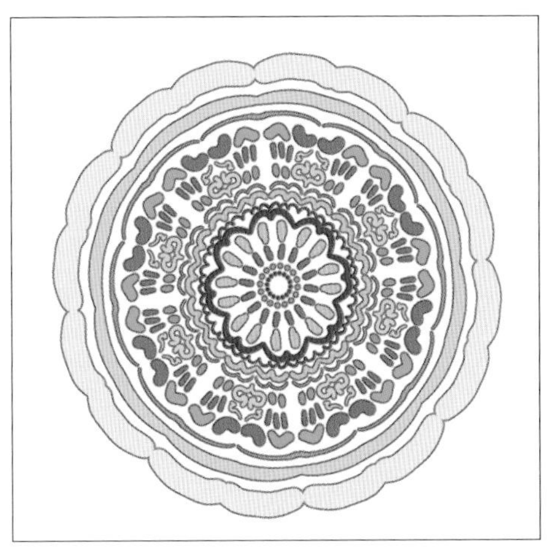
［境界効果］あり

Chapter

6-8 デコレーションツールを使う

花畑や森林、羽や星が舞い散る表現のように、画像が密集しているような絵を1つ1つ描いていくのは大変ですが、[デコレーション]ツールを使えば面倒な作業を素早く手軽に描画することができます。

[デコレーション]ツールとは？

[デコレーション] ツールは登録した画像をスタンプのようにして、連続して描画できる機能です。[ツール] パレットの [デコレーション] には最初からたくさんの種類が用意されています。なお、[デコレーション] ツールはラスターレイヤーとベクターレイヤー両方で使用可能です。ベクターレイヤーで使うと、一度描いたスタンプの方向を変更することもできます。

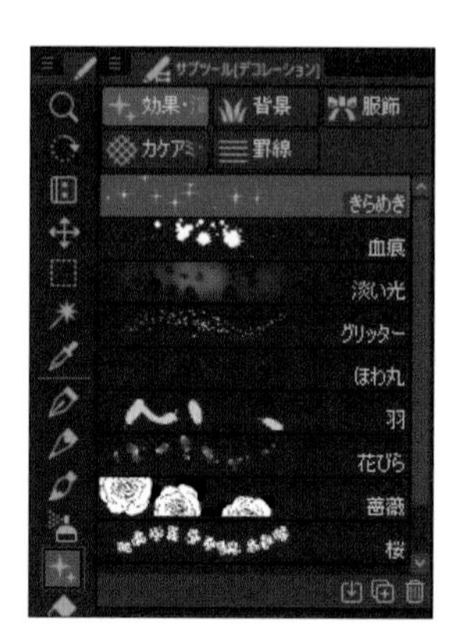

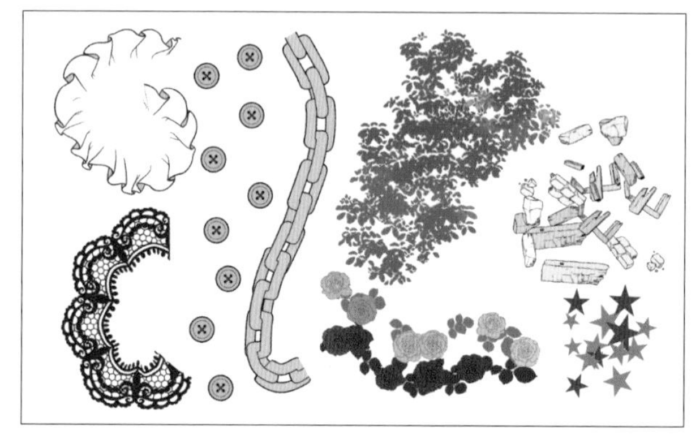

カスタマイズが簡単にできる

[デコレーション] ツールは、画像を入れ替えたり設定を変更したりすることで、簡単にカスタマイズができます。画像を複数設定することもできるので、例えば異なる色や形の花束を、一筆でまとめて描画することも可能です。実際に画像を追加する方法はP.193を参照してください。

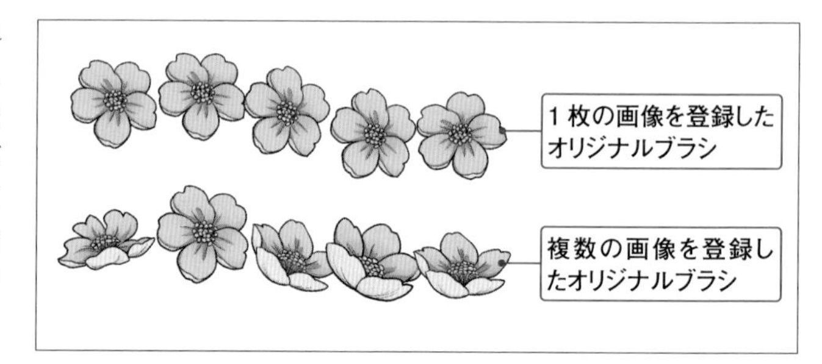

POINT [デコレーション] ツールのカラーについて

[デコレーション] ツールには、描画色を反映させるブラシと、登録された画像の色をそのまま使うブラシの 2 種類があります。初期設定ではほぼ描画色を反映させるブラシになっていますが、ブラシによってカラー設定は異なるので、実際に描画して確認してください。

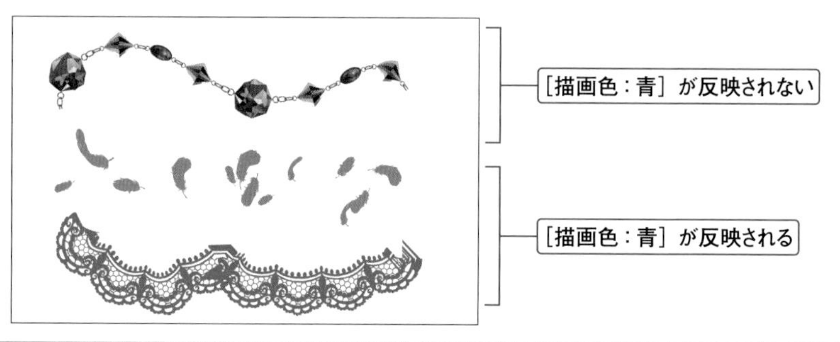

[デコレーション]ツールの分類とカスタマイズ

[デコレーション] ツールは大きく分けて3種類のタイプがありますが、それぞれ設定できる項目が非常に多いです。主に [サブツール詳細] パレットを使用してカスタマイズを行います。

スタンプブラシ

画像を一列に、一定の間隔をあけて描画します。[サブツール詳細] パレットの [ストローク] → [間隔] を [固定] ■にした状態で、下のスライドバーを変更すると間隔の幅を変更できます。

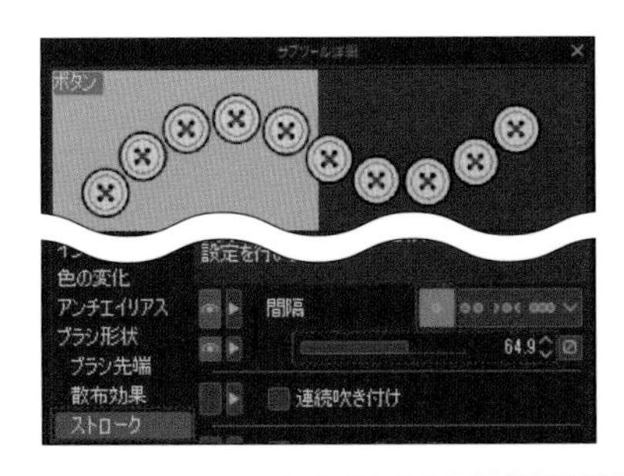

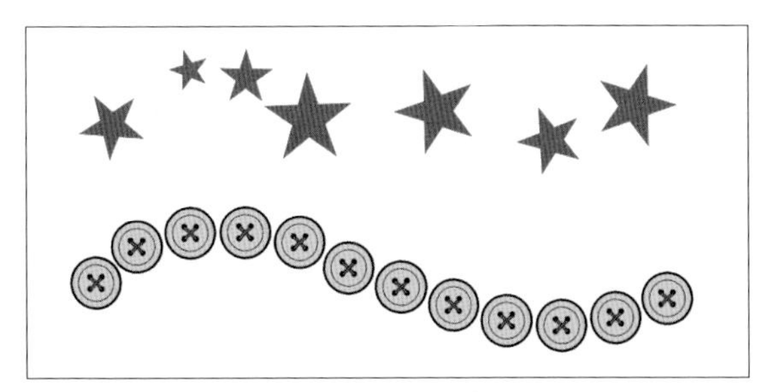

MEMO [ツールプロパティ] パレットの [ブラシサイズ] の右にあるボタンや、[サブツール詳細] パレットの [ブラシ先端] → [向き] の右にあるボタンから、筆圧による画像のサイズ設定や向きを調整できます。

散布ブラシ

画像をちりばめて描画します。[サブツール詳細] パレットの [散布効果] → [散布効果] にチェックが入っていると、散布ブラシの設定になります。さらに下にある [粒子サイズ] や [粒子の向き]、各項目の右端にある [影響元設定] ■などで、密集度合いや向きを変更可能です。

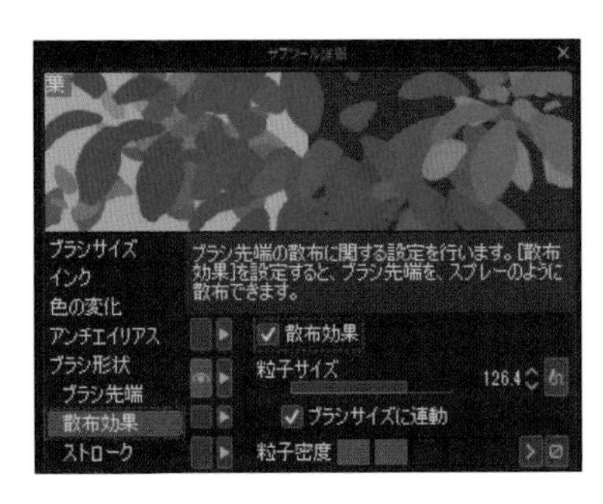

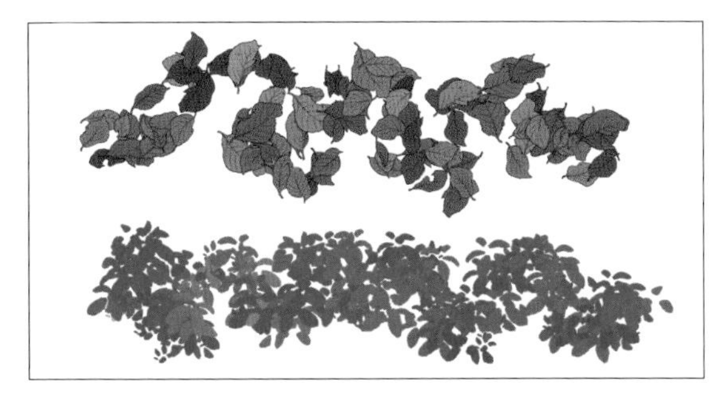

リボンブラシ

画像を連続して描画します。[サブツール詳細] パレットの [ストローク] → [リボン] にチェックが入っていると、リボンブラシの設定になります。リボンブラシは曲線でも画像を変形させて描画します。同パレットの [補正] → [後補正] にチェックを入れると、変形が綺麗になるのでオススメです。

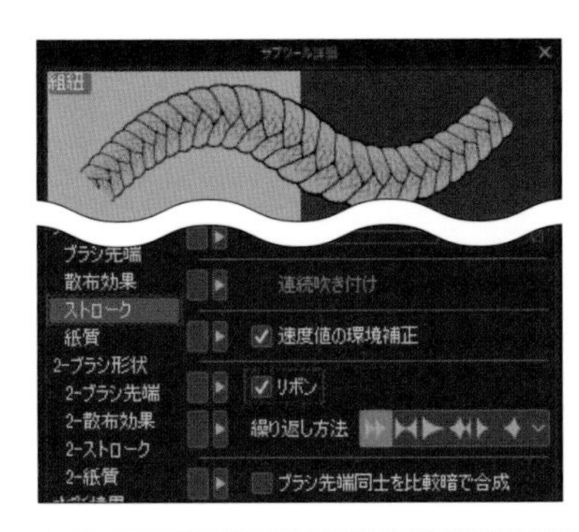

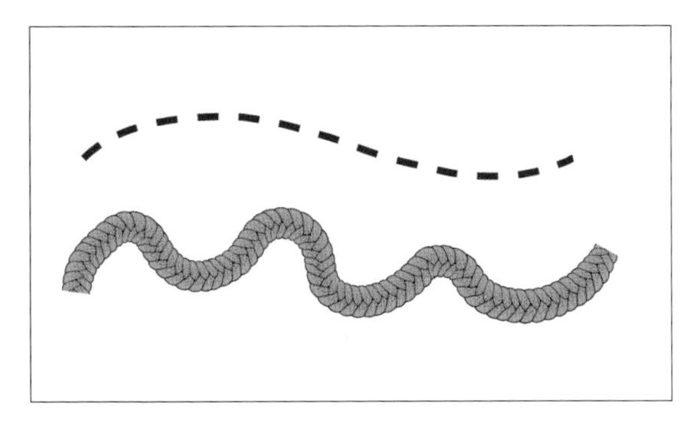

MEMO [リボン] は [散布効果] にチェックが入っていると設定できません。

Chapter 6-9

オリジナルのブラシを作成する

CLIP STUDIO PAINTでは、自分用のオリジナルブラシを作成することができます。イラストの状況に合わせたブラシや、自分に合ったブラシを作成することで、作業の効率化を図れたりテイストの違いを表現できたりします。

オリジナルのブラシ／消しゴムをつくるには？

オリジナルのブラシ／消しゴムを作成するには、まず［ブラシの先端］となる画像を用意して、それを［素材］パレットに登録するところからはじまります。このときに使用する画像は、「CLIP STUDIO PAINTで素材を描いて使う場合」と「画像を取り込んで使う場合」の2種類があります。それぞれ若干操作が異なりますので、次ページから解説しています。基本的には以下の流れになります。

❶ 素材の画像を用意する

❷ ［素材］パレットに素材を取り込む

❸ 既存のブラシを複製する

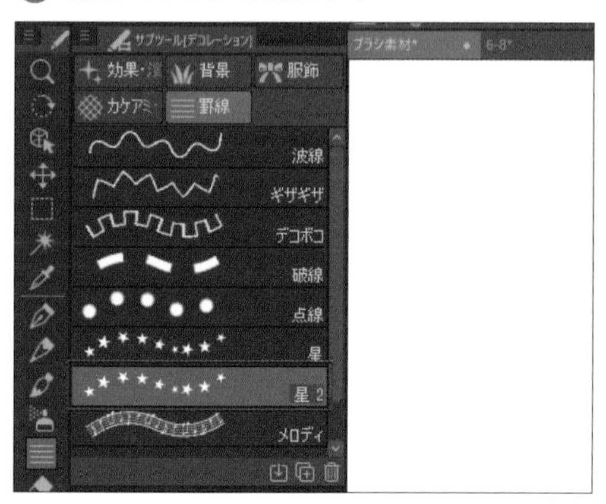

❹ ブラシ先端を変更してカスタマイズする

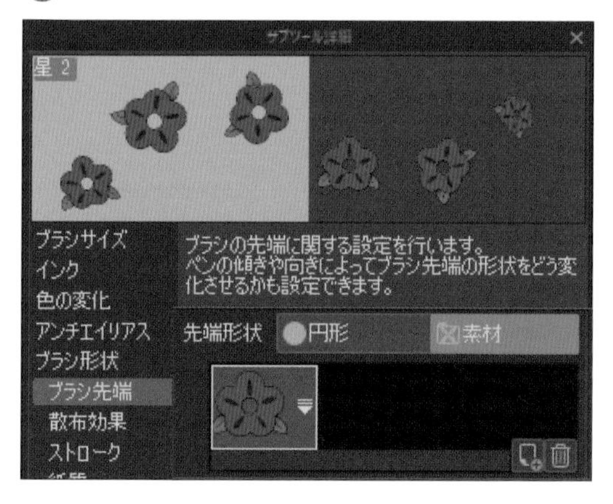

❺ オリジナルブラシの完成

ブラシの素材を描いてオリジナルブラシを作成する

1 レイヤーの表現色を[グレー]に変換する

[新規ラスターレイヤー] を作成し、[レイヤープロパティ] パレットの[表現色]を[グレー]に変更して、レイヤーを[グレー] モードにします。

MEMO ベクターレイヤーで作成した画像はブラシやパターンには使用できません。もし登録したい場合は、一度ラスターレイヤーに変換しましょう。

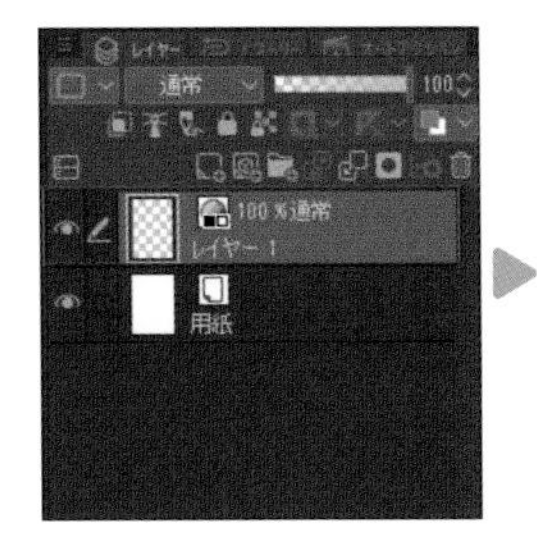
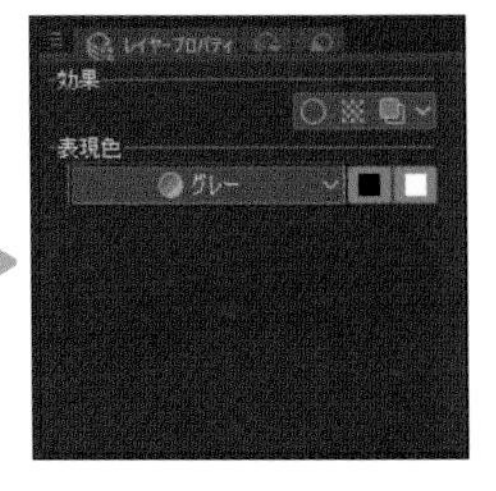

2 ブラシの先端を描く

ブラシや消しゴムを使って、ブラシの先端になる形を描いていきます。このとき、「黒」で描いた部分は [メインカラー] が、「白」で描いた部分は [サブカラー] が反映されるようになります。今回は「黒」のみで作成します。なお、ブラシは拡大して使用する場合もあるため、少し大きめのサイズで作成するのがオススメです。

MEMO ブラシの素材登録は、1枚のレイヤーを選択しているときのみ、描画内容が認識されます。レイヤーは分けず、1枚のレイヤーに描くようにしましょう。

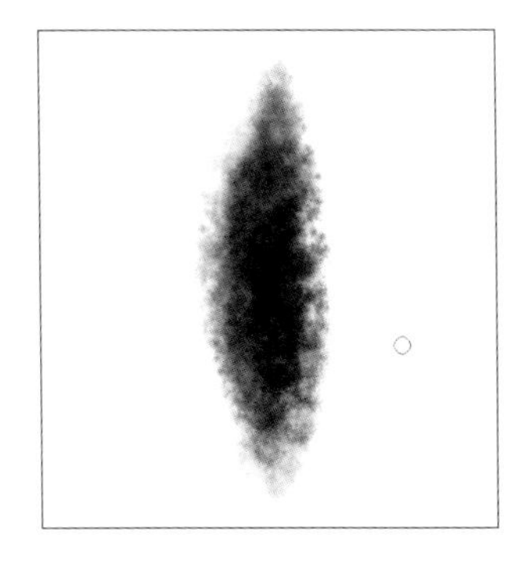

3 素材パレットに登録する

ブラシ先端を描いたレイヤーを選択します。[編集] メニュー→ [素材登録] → [画像] を選択し、[ブラシ用素材設定] の [ブラシ先端形状として使用] にチェックを入れ、[素材保存先] で保存先のフォルダーを指定します。[OK] を選択して [素材] パレットを確認すると、指定したフォルダー内に素材が登録されています。

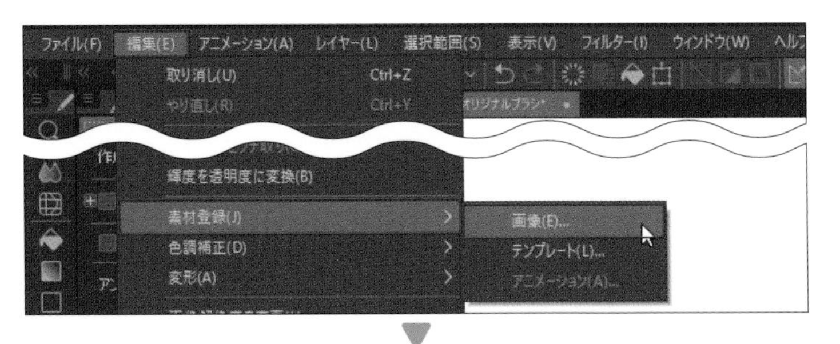
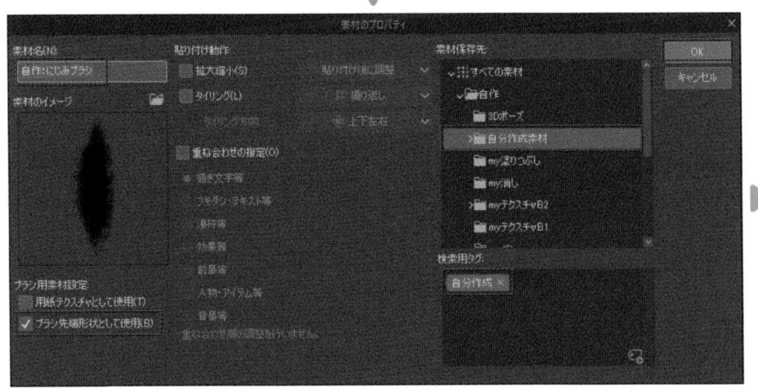
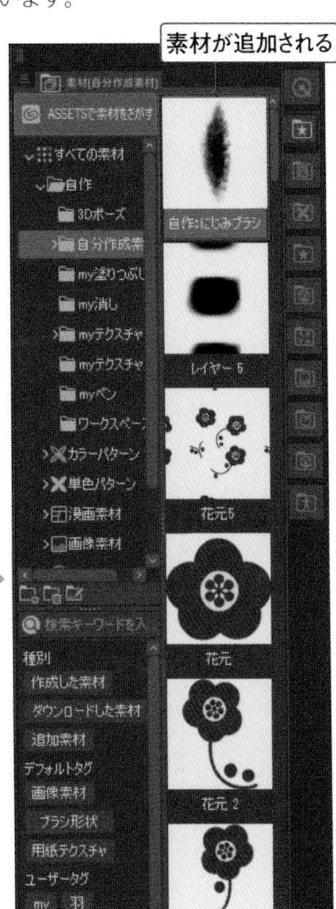

MEMO このとき [検索用タグ] の からタグを作成しておくと、素材が見つけやすくなるのでオススメです。ここでは [自分作成] というタグを作成しました。

4 ブラシを複製する

表現したいテイストに近いブラシ（今回は［鉛筆］→［鉛筆］タブ→［シャーペン］）を選択します。［サブツールのコピーを作成］ を選択し、そのまま［OK］を選択してブラシを複製します。

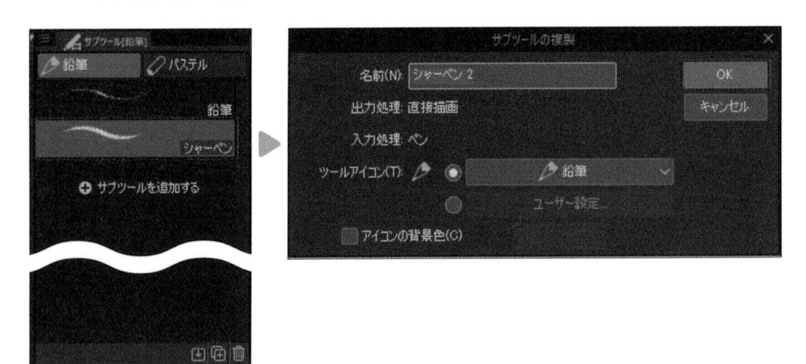

5 ブラシの先端を変更する

複製した［シャーペン］ツールを選択して［サブツール詳細］パレットを表示します。［ブラシ先端］→［先端形状］タブから［素材］を選択して、登録されている画像の横にある を選択します。先ほど登録した素材を選択して［OK］を選択すると、ブラシの先端形状の素材が変更されます。

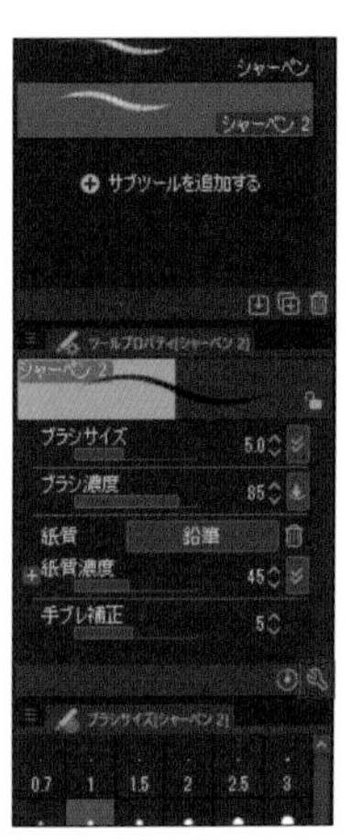

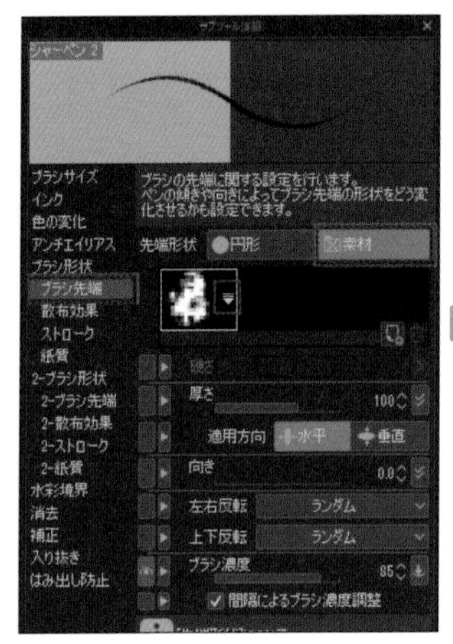

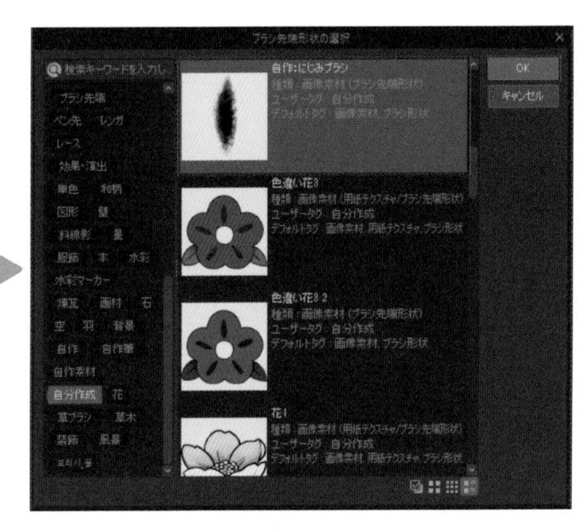

6 実際に描画してみる

実際に描いてみましょう。［新規レイヤー］を作成し、描画色を赤色にして描画してみると、画像が描画色を反映したブラシになったことが分かります。筆圧や濃度など、ブラシを［サブツール詳細］パレットなどでさらにカスタマイズすると、さまざまな表現が可能になります。

MEMO
手順1で作成した［グレー］モードのレイヤーを選択したまま描画テストをすると、色がグレーになるので注意しましょう。

POINT 描画色を反映するブラシとしないブラシ

手順1でレイヤーを［グレー］モードに変換していますが、こうすると、手順6のように描画色がブラシに反映されるようになります。［カラー］モードのレイヤーでブラシを作成した場合は、描画色は反映されず、登録した画像の色がそのまま使われるようになります。つくりたいブラシに合わせて使い分けましょう。

画像を使ってオリジナルブラシを作成する

1 画像を読み込む

次はあらかじめ用意した画像をブラシにします。[ファイル] メニュー→ [読み込み] → [画像] を選択し、今回は2枚の画像を選択して [開く] を選択します。するとキャンバスに画像が配置され、新規の画像素材レイヤーが2枚作成されます。

2 画像をラスタライズして余白を消す

画像に余白があるので消しゴムなどで消します。しかし、このままの状態では消しゴムを使えないため、読み込んだレイヤーを選択し、[レイヤー] パレットの [メニュー表示] →[ラスタライズ] で編集可能状態にしてから作業します。

> MEMO
> [ラスタライズ] を選択すると、レイヤーをラスターレイヤーに変換できます。ベクターレイヤーや今回の画像素材レイヤーなど、加工に制限がかかるレイヤーは変換することで編集がしやすくなります。

3 画像を[素材]パレットに登録する

[素材] パレットを開いて保存したいフォルダー先を開いておきます。画像レイヤーを1枚だけ選択して [素材一覧] にドラッグすると、画像が素材として登録されます。もう1枚も同様に登録します。

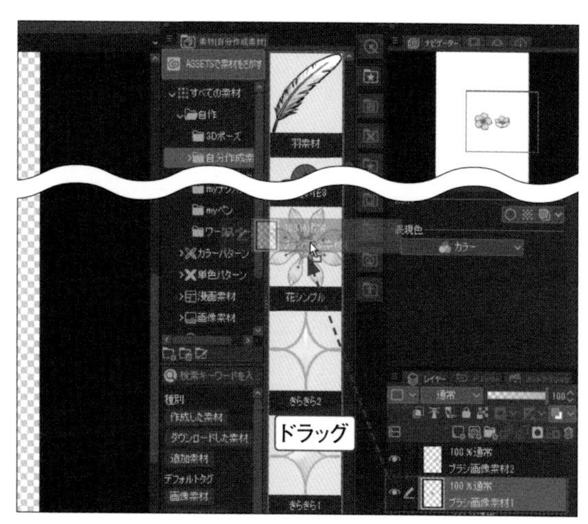

> MEMO
> 今回は画像の色を維持したまま登録するため、レイヤーは [カラー] モードのままの状態で登録します。

4 素材のプロパティを変更する

先ほど登録した素材をダブルクリックして [素材のプロパティ] 画面を開きます。[ブラシ用素材設定] の [ブラシ先端形状として使用] にチェックを入れ、[検索用タグ] にタグを設定してから [OK] を選択します。もう1枚も同様に変更します。

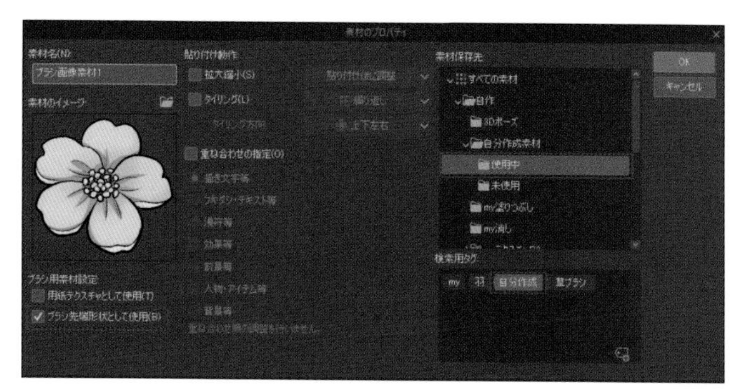

第6章 便利な機能を使いこなす

5 [デコレーション]ツールを複製する

今回は、[ツール] パレットの [デコレーション] → [罫線] タブ→ [星] をベースにします。ブラシを選択し、右下の [サブツールのコピーを作成] を選択してブラシを複製します。

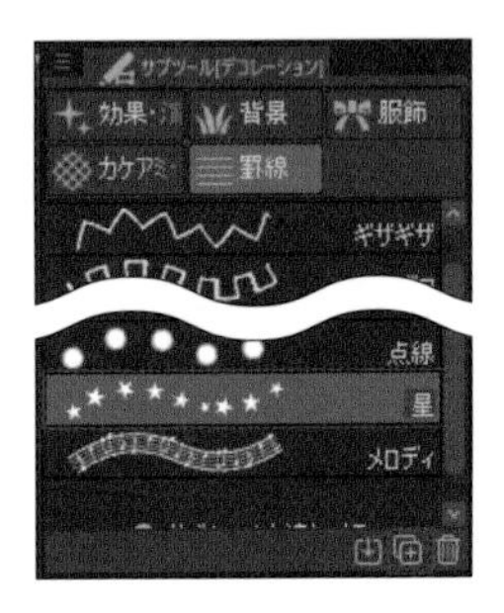

6 ブラシの先端を変更する

[サブツール詳細] パレットの [ブラシ先端] → [先端形状] タブを [素材] に切り替え、右下にある [ブラシ先端形状を追加] をクリックします。先ほど登録した素材を選択し、[OK] で画像を追加します。P.192 手順5を参考に、もう1枚の画像も変更します。

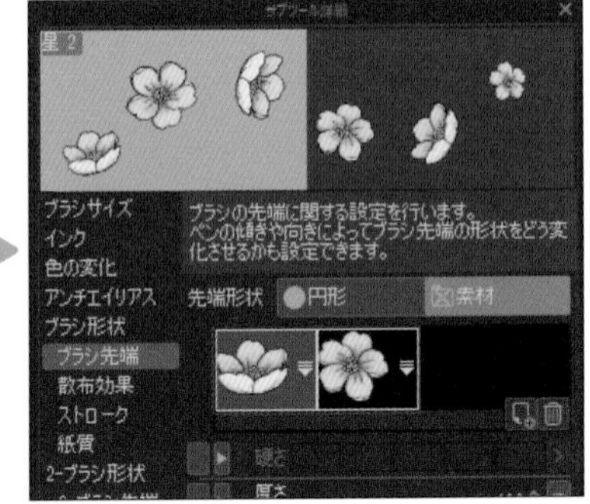

MEMO 追加した素材をドラッグすると、順番の入れ替えが可能です。

7 実際に描画してみる

実際に描いてみましょう。先ほど登録した画像の [デコレーション] ツールができたことが分かります。

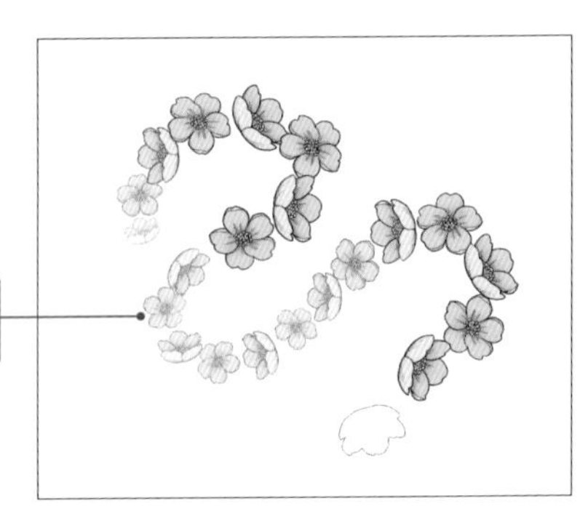

ブラシ濃度や間隔など、設定を色々変えて描画

POINT ブラシを素材パレットに保存する

作成したオリジナルのブラシを [素材] パレットの [素材一覧] にドラッグすると、ブラシを保存することができます。登録したブラシは、[素材] パレット下の [素材をキャンバスに貼り付け] を選択することで、現在表示されている [サブツール] パレットに追加可能です。

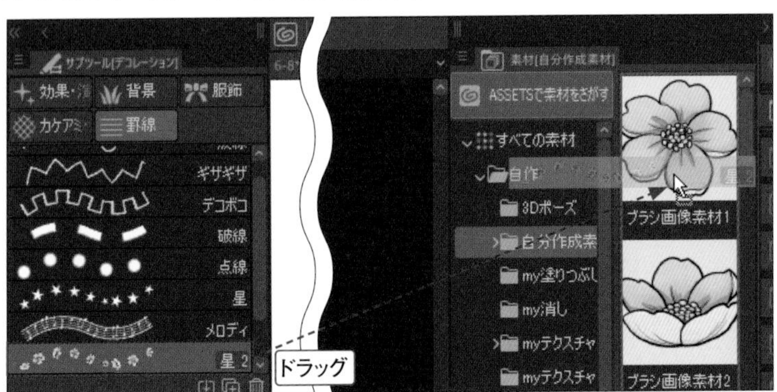

Chapter 6-10

図形ツールを消しゴムとして使う

描画色を[透明色]にすることでブラシを消しゴムとして使うことができますが、[図形]ツールや[塗りつぶし]ツールでも同じことができます。今回は[図形]ツールを消しゴムとして使う方法をご紹介します。

図形を透明色で描く

1 描画色を[透明色]に変更する

今回は［ツール］パレットの［図形］→［直線描画］タブ→［長方形］ツールを選択し、［カラーアイコン］の描画色を［透明色］に変更します。消し具合を見えやすくするため、今回はブラシサイズを太めに設定しておきます。

［透明色］を選択

MEMO

［合成モード］を［消去］に変更することでも消しゴムにすることが可能です。［合成モード］が［ツールプロパティ］パレットに表示されていない場合は、［サブツール詳細］パレットの［インク］から変更しましょう。

2 実際に消してみる

実際に図形を描いてみると、四角形の形でイラストが消されていることが分かります。このように、ほかの［図形］ツールを利用したり、［ツールプロパティ］パレットにある、［線・塗り］や［ブラシ形状］などをカスタマイズすることで、さまざまな形の消しゴムを作成できます。

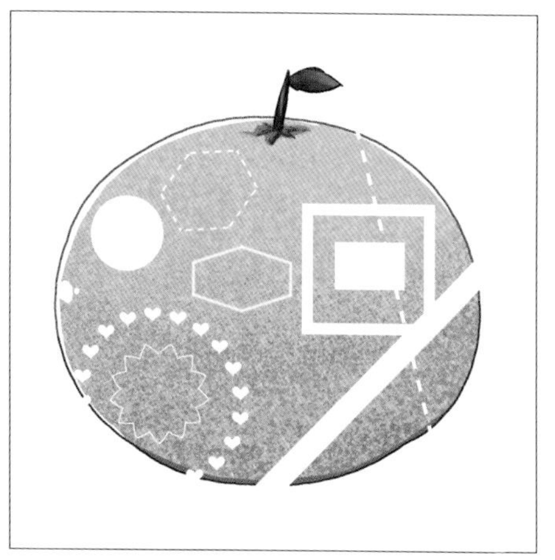

POINT ［デコレーション］ツールも消しゴムにできる

［デコレーション］ツールも同じ方法で消しゴムにすることが可能です。消しゴムにしているときは、［デコレーション］ツールが保持する描画色は無視されます。

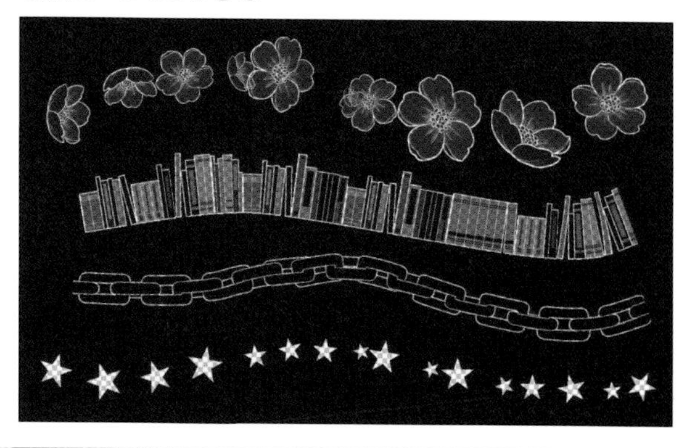

Chapter 6-11

デュアルブラシを使う

CLIP STUDIO PAINTには、1つのブラシに2種類以上のブラシ形状を設定できる［デュアルブラシ］という機能があります。

デュアルブラシの特徴

［デュアルブラシ］とは、違うブラシの形状を登録することで、それぞれを混ぜあわせたブラシがつくれたり、ペンを立てて描いたときと、横に傾けて描いたときでブラシの形状が変わるブラシのことです。
デフォルトのブラシとしても用意されていますし、オリジナルを作成することもできます。

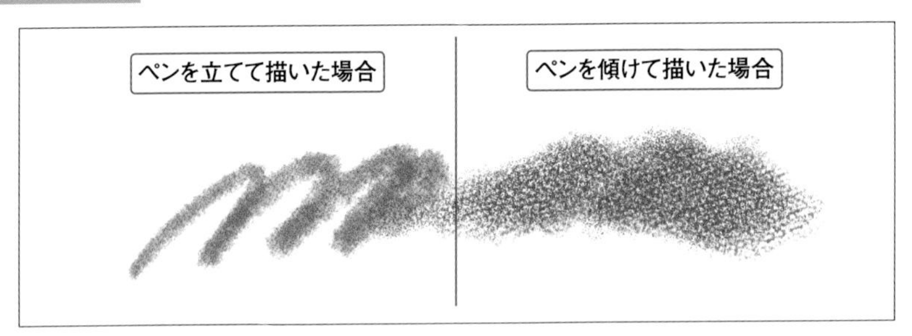

［鉛筆］→［鉛筆］タブ→［鉛筆］ブラシ

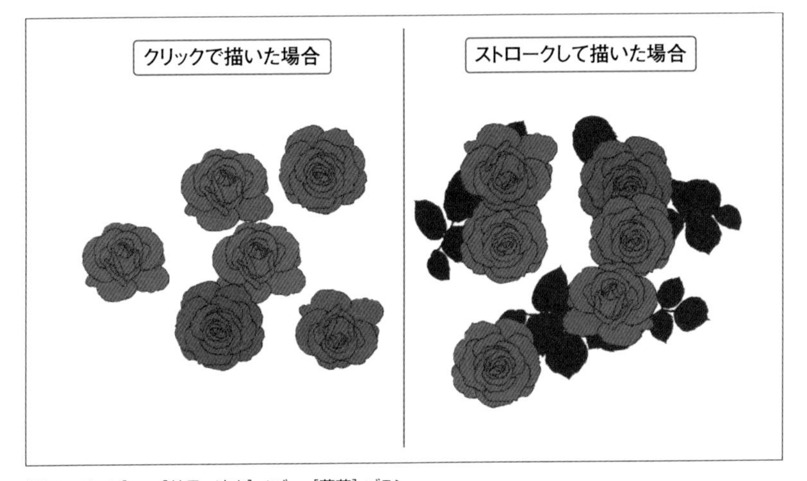

［デコレーション］→［効果・演出］タブ→［薔薇］ブラシ

効果を切り替えられる［ジッパー］ブラシ

設定で［デュアルブラシ］のチェックを外せば、通常のブラシのように、片方のブラシ形状だけで描画できます。これをうまく利用したのが［デコレーション］→［服飾］タブ→［ジッパー］ブラシです。［デュアルブラシ］をOFFにすると、片方のジッパーだけを描けるようになります。

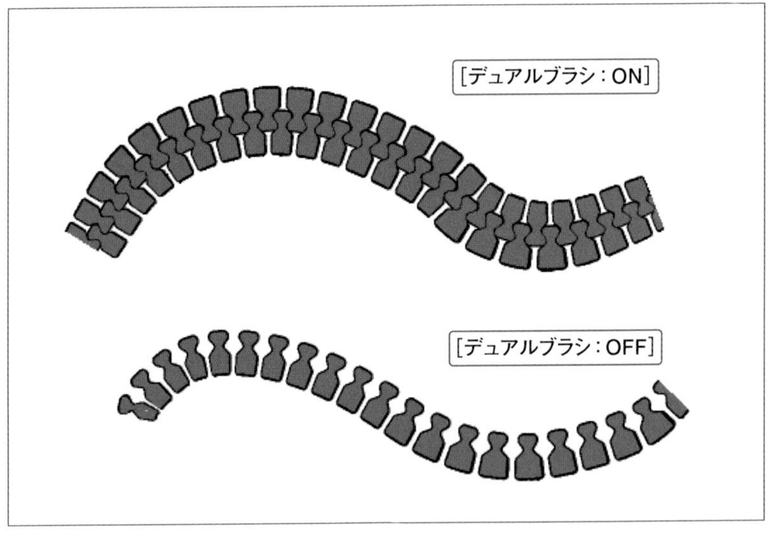

オリジナルのデュアルブラシを作成する

1 ブラシを複製する

［デコレーション］→［背景］タブ→［葉］ブラシを選択し、右下の▣を選択してブラシを複製します。今回はこのブラシに質感を付けたブラシを作成します。

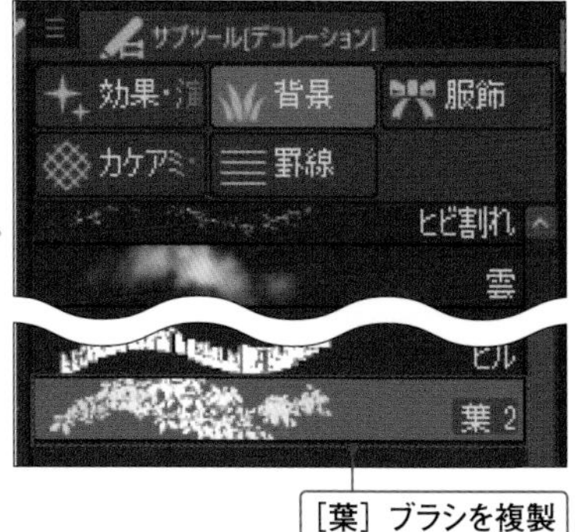

［葉］ブラシを複製

2 デュアルブラシに設定する

［ツールプロパティ］パレットの▣を押して、［サブツール詳細パレット］を表示します。［2-ブラシ形状］→［デュアルブラシ］にチェックを入れ、［2-ブラシサイズ］を［250］前後に変更します。次に［2-ブラシ先端］→［2-先端形状］→［素材］から、素材の質感になるブラシ形状を追加します（→P.194手順6）。

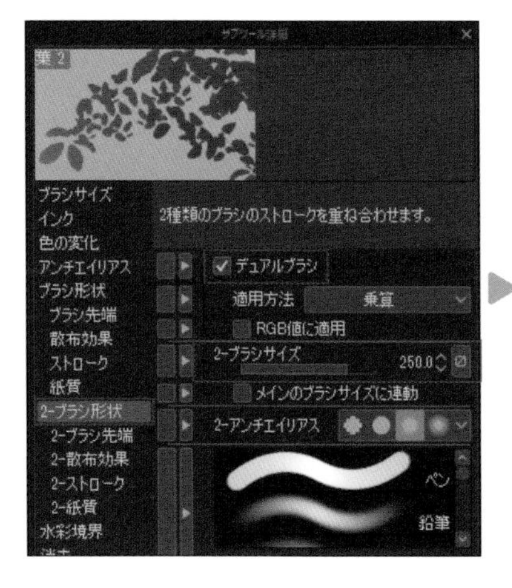

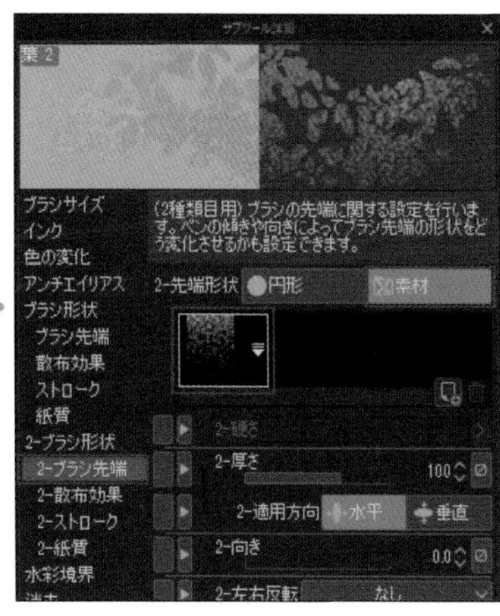

3 実際に描いてみる

実際にキャンバスに描いてみましょう。通常の［葉］ブラシに、2つ目に登録したブラシ形状の素材が適応されたブラシになりました。

> **MEMO**
> ［サブツール詳細］パレットの［2-ブラシ形状］→［デュアルブラシ］の下にある［適用方法］を［乗算］以外にすると、ブラシの混合の状態が変わります。

> **POINT 色を混ぜたブラシをつくる**
>
> ［サブツール詳細］パレットにある［色の変化］→［ブラシ先端色の変化］にチェックを入れると、描画色のカラーサークルに近い色がランダムに出たり、描画色／サブ描画色の色を混合するなど、色を混ぜたブラシを作成することができます。

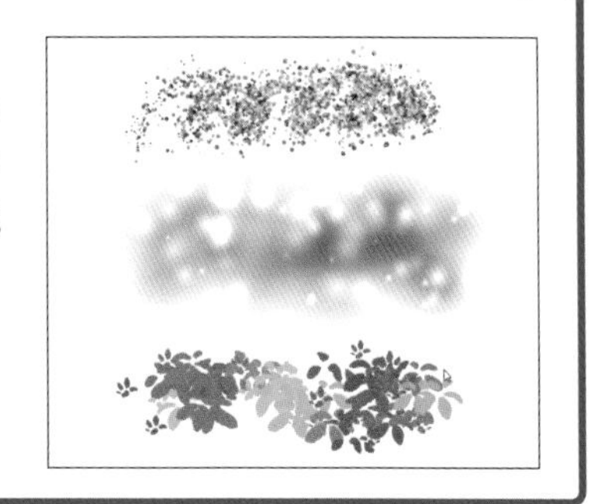

Chapter 6-12

テキストを作成する

CLIP STUDIO PAINTでは、さまざまな種類のフォント／サイズ／形状をしたテキストを作成することができます。また通常のレイヤーと結合させれば、通常のイラストとして加筆や修正などの加工を行うことができます。

テキストを作成する

1 [テキスト]ツールを選択する

[ツール]パレットの[テキスト]→[テキスト]ツールを選択します。描画色を指定し、[ツールプロパティ]パレットからフォントの種類やサイズ、スタイル、行揃えなどを指定します。

MEMO 設定は、文字を入力したあとで変更することも可能です。

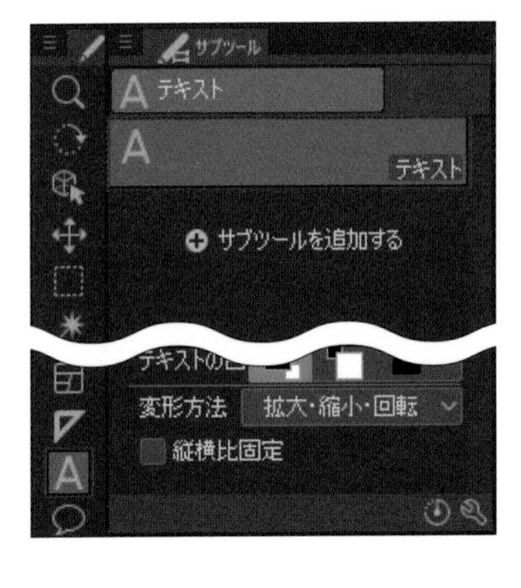

フォントの種類などを変更可能

2 テキストを入力する

キャンバスをクリックすると、新しくテキストレイヤーが作成されます。そのまま入力すると、指定した設定通りに文字が入力されます。枠の外をクリックすると、入力が確定します。

MEMO 枠下にあるランチャーの をクリックしても入力が確定します。

3 テキストの位置を変更する

[テキスト]ツールを選択した状態で[レイヤー]パレットからテキストレイヤーを選択すると、テキストの周りにハンドルが付いた枠が表示されます。この枠にポインターを合わせるとアイコンが に変わり、そのままドラッグすれば位置を変更できます。

MEMO [オブジェクト]ツールや[レイヤー移動]ツールでも、テキストをドラッグして移動できます。

テキストを編集する

1 文字を再入力する

［テキスト］ツールを選択した状態でキャンバスのテキストをクリックすると、フレームが水色になり、テキストが編集可能な状態になります。文字の再入力はこの状態で行います。

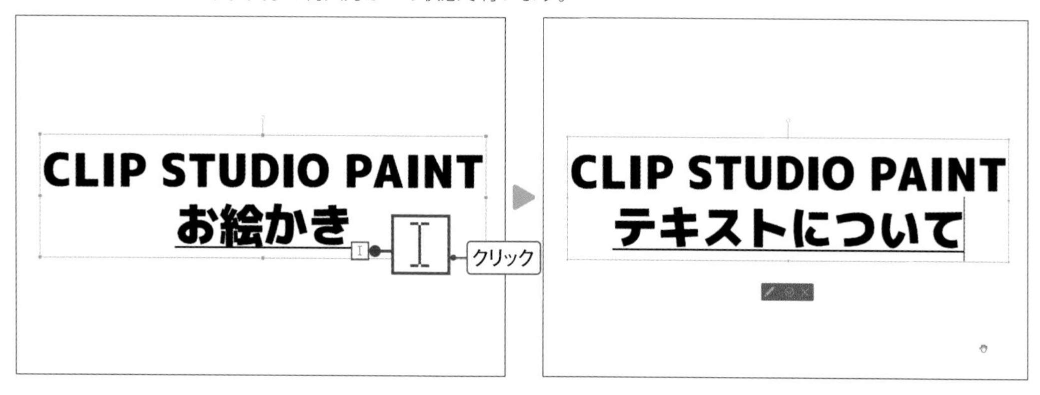

2 一部の文字の色を変更する

テキストが編集可能なとき、文字の一部をドラッグで選択してから描画色を変更すると、その部分の色を変更することができます。

MEMO　色の変更だけでなく、［ツールプロパティ］パレットの各項目も、ドラッグした部分に適用可能です。ただし、［文字方向］や［アンチエイリアス］のように全体に変更が反映される項目もあります。

3 文字を拡大／縮小する

テキストの枠にあるハンドルをドラッグすると、文字を拡大／縮小することができます（Shift キーを押しながらで縦横比が固定）。一部の文字を変更したい場合は、手順2のようにドラッグで選択してから［ツールプロパティ］パレットの［サイズ］で変更しましょう。

4 文字を回転する

［ツールプロパティ］パレットの［変形方法］で［伸縮回転・平行ゆがみ］を選択します。ハンドル枠にある▣にマウスを近づけ、アイコンがに変化した状態でドラッグすると、文字全体を回転させることができます。

MEMO 変形中、Shiftキーを押しながら動かすと一定の角度で回転できます。

5 文字を平行にゆがませる

同じく［変形方法］が［伸縮回転・平行ゆがみ］の状態で、ハンドル枠の真ん中の▣をドラッグすると、文字を平行にゆがませることができます。

MEMO ［伸縮回転・平行ゆがみ］は平行だけでなく、拡大／縮小や回転、移動などすべての変形操作を行えます。どの操作になるかは、▣などにマウスを近づけた際、操作に応じて変化するポインターの形で判断します。

MEMO テキストレイヤーをもっと自由に変形したり、ブラシや消しゴムなどで加筆修正したりするには、ラスタライズする必要があります（［レイヤー］パレットの［メニュー表示］→［ラスタライズ］）。ただし、一度ラスタライズすると文字の再入力ができなくなるので注意してください。

POINT ［サブツール詳細］パレットで細かく設定する

［テキスト］ツールにはほかにも、行間指定やルビなど、さまざまな設定項目が用意されています。［サブツール詳細］パレットを使い、テキストをより細かくカスタマイズしましょう。

Chapter 6-13

メッシュ変形を使いこなす

[メッシュ変形]ツールを使用すれば、通常の変形よりもさらに複雑な形に変形することができます。今回はTシャツの凹凸に合わせて文字を貼り付けてみます。

メッシュ変形でTシャツに文字を貼り付ける

1 画像を範囲選択する

P.63手順5を参考に、テキストレイヤーをラスタライズしておきます。この文字のレイヤーを選択し、[ツール]パレットの[選択範囲]→[長方形選択]ツールを使って範囲を指定します。このとき、範囲を大きめ／小さめにすることで変形具合を調整することができます。

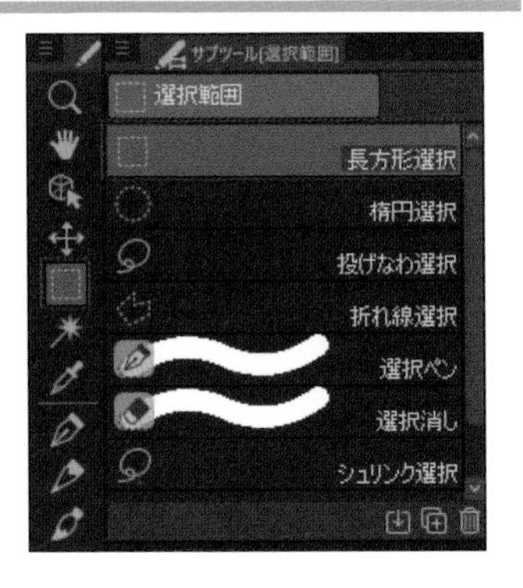

MEMO
テキストレイヤーや画像素材レイヤーは、ラスタライズしないとメッシュ変形が行えません。

2 メッシュ変形を選択する

[編集]メニュー→[変形]→[メッシュ変形]を選択すると、選択範囲内にガイド線とハンドルが表示されます。[ツールプロパティ]パレットの[横格子点数]と[縦格子点数]を変更して、ガイド線の本数を決定します。本数が多いと細かな変形になり、少なければおおまかな変形になります。

MEMO
一度変形すると、格子の数を変更できなくなります。変形する前に点数を決めておきましょう。

3 変形する

各ハンドルをドラッグすると画像が変形するので、Tシャツの凹凸に合わせて調整します。変形中、Spaceキーを押している間はガイド線を非表示にできるので、適宜確認しましょう。変形が完了したら、Enterキーを押して確定させます。

MEMO
ガイドの枠より外側にポインターを持っていくと、ポインターが⤾に変わり、画像全体を回転できます。また、変形をやり直したいときは[ツールプロパティ]パレットの●を選択しましょう。

Chapter 6-14 イラストやテキストをフチ取りする

[レイヤープロパティ]パレットにある[境界効果]や、編集メニューの[フチ取り]機能を使えば、描いたイラストやテキストに[フチ]を付けることができます。

イラストやテキストをフチ取りする

1 レイヤーを選択してフチを付ける

フチを付けたい画像のレイヤー（またはフォルダー）を選択し、[レイヤープロパティ] パレットの [効果] の [境界効果] を選択します。すると、画像に白いフチが追加されます。

MEMO　レイヤーを複数選択している場合は、の付いた編集レイヤーのみにフチが適用されます。

2 フチの色と太さを変更する

描画色を設定し、[レイヤープロパティ] パレットの [フチの色] の右端のをクリックすると、フチの色が変更されます。また、[フチの太さ] を変更することで太さも変更可能です。

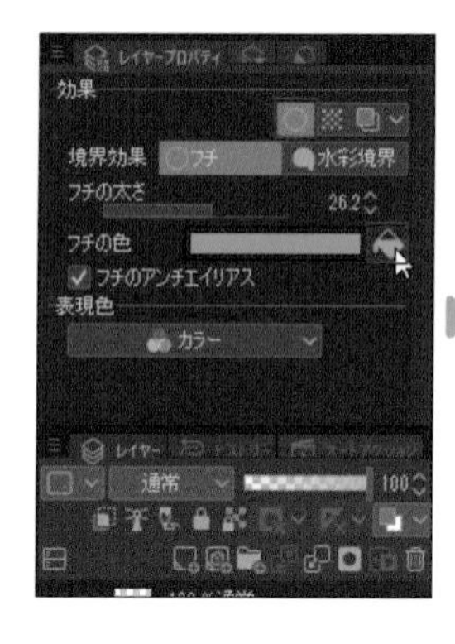

3 フチの効果を変更する

[レイヤープロパティ] パレットでは、[境界効果] を [水彩境界] に切り替えることができます。[水彩境界] に切り替えると設定項目が変わり、フチの表現も変化します。[水彩境界] はイラストの周囲の色をぼかしてフチを作成します。[フチ] よりボカシが強めなので、やわらかいフチを付けたいときなどにオススメです。

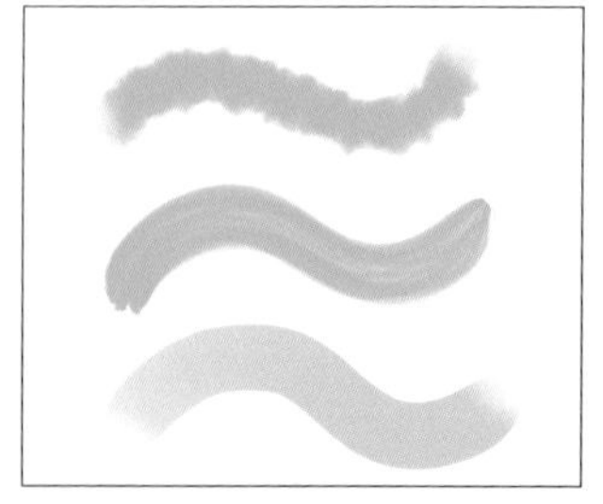

フチなし

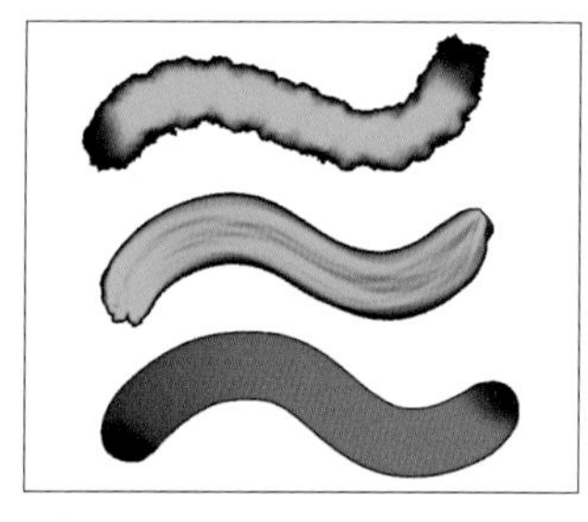

フチ

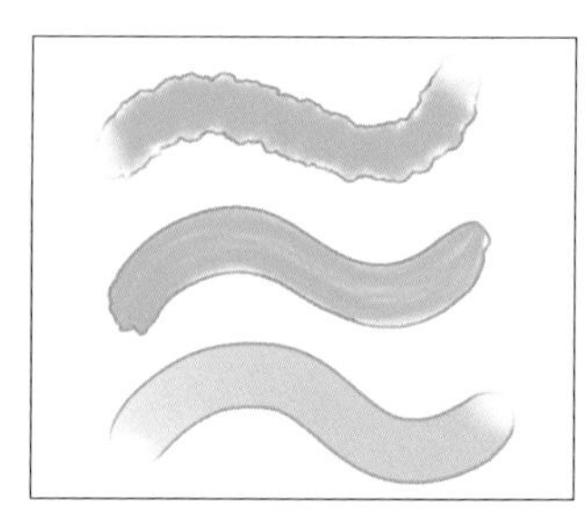

水彩境界

MEMO　もう一度 [境界効果] を選択すると、フチを解除できます。

フチだけを別レイヤーに描く

1 選択範囲を取得する

フチを付けたい画像のレイヤーを選択します。［レイヤー］パレットの［メニュー表示］→［レイヤーから選択範囲］→［選択範囲を作成］を選択して、選択範囲を取得します。

MEMO

Ctrl キーを押しながらレイヤーサムネイルを選択しても、選択範囲を取得することができます。

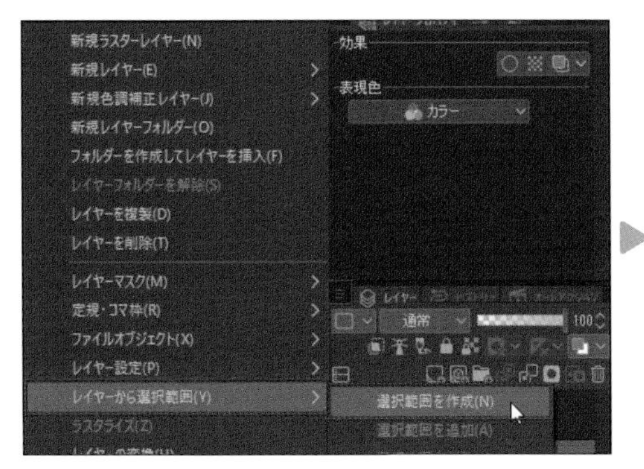

2 レイヤーを作成して描画色を設定する

フチ用の新規レイヤーをキャラの下に作成します。フチには描画色が反映されるので、ここで描画色も設定しておきます。

3 フチを付ける

［編集］メニュー→［選択範囲をフチ取り］を選択し、境界の描画方法（今回は［外側に描画］）や線の太さなどを設定して［OK］を選択します。作成したレイヤーにフチだけが描画されます。

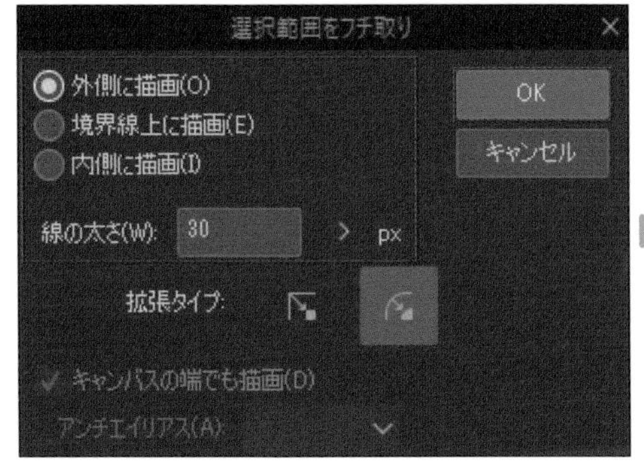

POINT フチを別レイヤーに描く利点

フチを別レイヤーに描くことで、フチだけを編集できるようになります。これにより例えば、フチの一部だけを色変えしたり、消去したりするなど、さまざまな表現をすることができます。

［透明ピクセルをロック］やクリッピングでフチの色を変える

マスクや［ぼかし］ツールで、一部を非表示にしたりぼかしたりする

Chapter

6-15 フィルターを利用する

[フィルター]機能を使えば、イラスト全体や指定した範囲に、ぼかしやモザイクなどのさまざまな効果を付けることができます。ぼかしやシャープで遠近感をつけたり、波や風の動きに合わせた効果をつけたいときなどに便利です。

フィルターとは？

[フィルター] とは、指定した画像にシャープやモザイク、波型、魚眼レンズ型の変形など、さまざまな効果を付けることができる機能です。[フィルター] メニューにさまざまな効果が用意されています。

元画像

波

シャープ（強）

放射ぼかし

フィルターをかける

1 レイヤーを選択する

フィルターをかけたいレイヤーを選択します。このとき、レイヤーを複数選択した状態ではフィルターをかけることができないので注意してください。

MEMO
テキストレイヤーや画像素材レイヤーにはフィルターをかけることができません。[レイヤー] パレットの [メニュー表示] ☰→ [ラスタライズ] で、ラスタライズしておきましょう。

2 フィルターをかける

今回は [フィルター] メニュー→ [シャープ] → [アンシャープマスク] を選択します。各バーをドラッグして効果を調整し、好みの効果になったら [OK] を選択して確定させます。

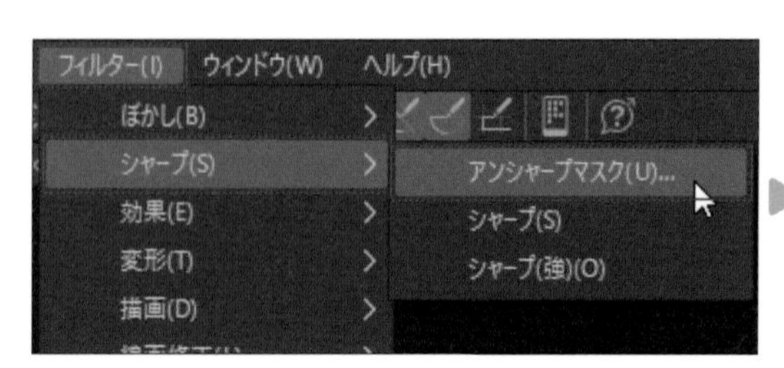

MEMO
選択範囲を指定してから操作を行うと、選択範囲内にだけフィルターをかけることもできます。

❶半径	輪郭線の強調度合いを設定します。
❷強さ	加工処理の強さを設定します。
❸閾値	フィルターの適用範囲を設定します。数値が大きいほど色の境界を認識しなくなります。

Chapter 6-16

CMYK形式で書き出す

印刷所に印刷を依頼する場合は、[CMYK]カラーのデータが求められます。CLIP STUDIO PAINTは[RGB]カラーでしか作業できないので、データ出力時に[CMYK]に変換する必要があります。

印刷用データをCMYK形式で書き出す

1 [複製を保存]から保存する

[ファイル] メニュー→ [複製を保存] から、[CMYK] を指定できる [.psb (Photoshop ビックドキュメント)] [.psd (Photoshop ドキュメント)] のいずれかを選択します。今回は [.psd (Photoshop ドキュメント)] を選択します。

MEMO
[ファイル] メニュー→ [画像を統合して書き出し] から [.jpg (JPEG)] [.tif (TIFF)] を選択しても [CMYK] を指定できます。操作を進め、[表現色：CMYK カラー] に設定して出力しましょう。

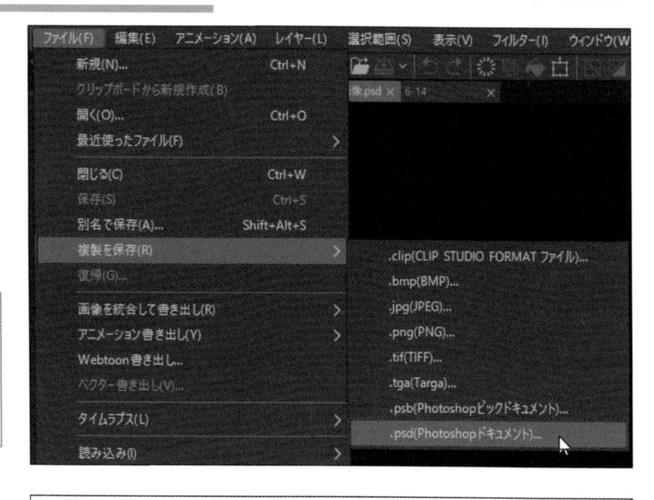

2 ファイルの保存先を指定する

ファイルの保存先とファイル名を指定して [保存] を選択します。メッセージが出た場合は内容を確認して、[はい] を選択して進めます。すると [psd 書き出し設定] 画面が表示されます。

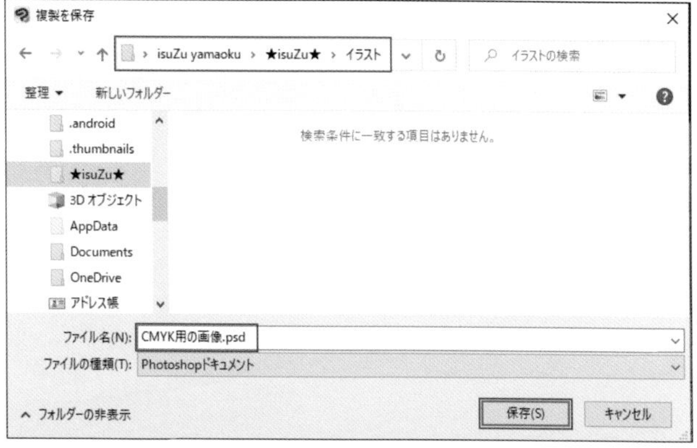

3 データを書き出す

[表現色] を [CMYKカラー] にし、[ICCプロファイルの埋め込み] にチェックを入れて [OK] を選択すると、[CMYK] 形式のデータが作成されます。

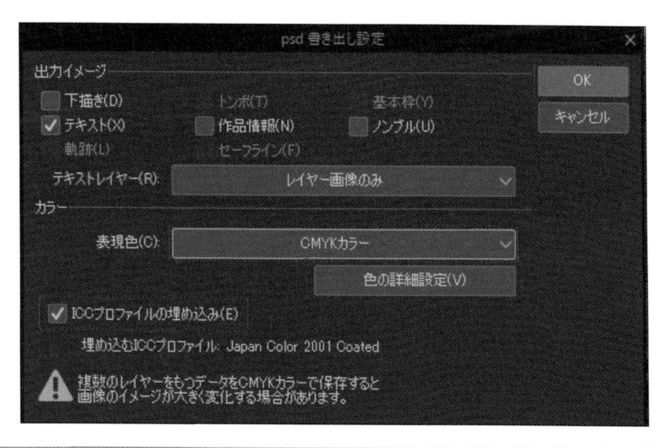

MEMO
ICC プロファイルとは、デバイス間で色が変わることを防ぐためのデータです。初期設定では [Japan Color 2001 Coated] が設定されていますが、[ファイル] メニュー→ [環境設定] → [カラー変換] タブ→ [CMYK プロファイル] の項目から変更できます。印刷所から ICC プロファイルを指定された場合などは変更しましょう。

Chapter 6-17

CMYKカラーで色味を確認する

CLIP STUDIO PAINTでは[RGB]での作業しかできませんが、画像を[CMYK]カラーでプレビュー表示する機能があります。ただしあくまでも色を再現しているだけで、実際の画像は[RGB]カラーのままです。

CMYK カラーでプレビューする

1 設定画面を開く

[表示] メニュー→ [カラープロファイル] → [プレビューの設定] を選択して、[カラープロファイルプレビュー] 画面を表示します。

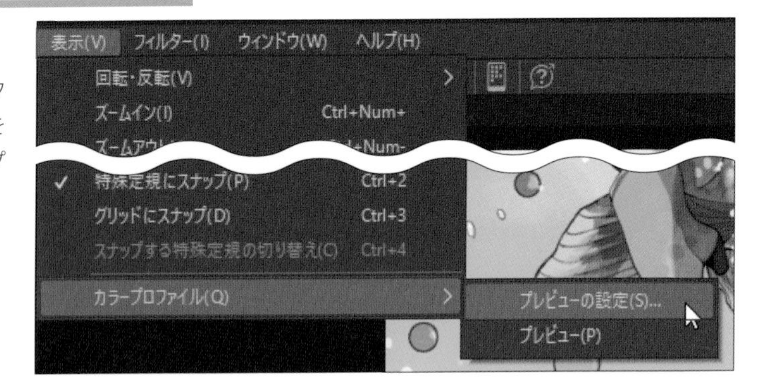

2 プレビューさせるプロファイルを設定する

[プレビューするプロファイル] から、表示させたいプロファイルを選択します。CMYKデータを作成する場合、[CMYK：Japan Color 2001 Coated] を使用することが多いですが、印刷所によって指定がある場合は指示に従ってください。

3 プレビュー表示する

[OK] を選択すると、キャンバスの表示が [CMYK] カラーに変化します。[表示] メニュー→ [カラープロファイル] → [プレビュー] にチェックが入り、チェック中は [CMYK] カラーで表示され、外すと [RGB] カラーの表示に戻ります。

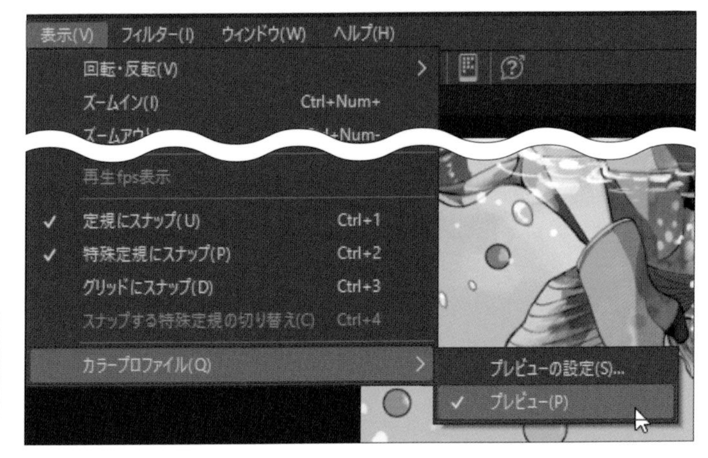

> **MEMO**
> [プレビュー] の切り替えをショートカット登録しておくと、[RGB] と [CMYK] の表示をすぐに切り替えることができます (→P.34)。

> **POINT 印刷用のイラストは、できるだけ印刷用の環境で描く**
>
> ディスプレイと印刷時の色の差異を減らすためには、今回のように [CMYK] カラーでプレビューしたり、[カラースライダー] パレットの [CMYK] で色を作成したりするなど、極力 [CMYK] カラー環境に合わせて描くのがオススメです。ただし、ディスプレイ／プリンターの性能や設定、用紙によって、たとえ CMYK の環境で描いたとしても色の違いは出てしまうものです。テスト印刷が可能な環境なら、印刷したものを確認しながら画像を再調整したり、プリンターに合わせてディスプレイ色の調整を行ってから絵を描くなどしましょう。

Chapter 6-18

別のファイルにイラストをコピーする

CLIP STUDIO PAINTでは、別のファイルから別のファイルへとデータをコピーすることができます。別のファイルのデータを流用したいときなどに便利です。

別ファイルにイラストをコピーする

1 複製したいレイヤーをコピーする

複製したいレイヤーまたはフォルダーを選択し、Ctrl+Cキーを押して内容をコピーします。今回は、線画と塗りのレイヤーが入っているフォルダーをコピーします。

2 もう1つのファイルを開いて貼り付ける

もう1つのファイルを開きます。Ctrl+Vキーを押すと、コピーした内容がレイヤー階層を維持したまま貼り付けられます。

MEMO

レイヤーやフォルダーは、複数選択してまとめてコピーすることもできます。ただし、量が多いと動作が重くなることがあるので、その場合は数回に分けてコピーするのがオススメです。

POINT **解像度やサイズが違う場合の注意点**

キャンバスサイズや解像度が異なるファイル間でコピーすると、イラストのサイズが、貼り付け先のサイズに合わせて大きくなったり小さくなったりします。特に、貼り付けるイラストに対して貼り付け先が大きい場合、画像が小さくなってしまい、たとえ［変形］機能で拡大しても画像が荒くなってしまいます。そのためファイル間のコピーは、近いサイズどうしや、大きいサイズから小さいサイズへコピーする場合に行いましょう。

コピー元
［サイズ：500×500px］
［解像度：72］

貼り付け先
［サイズ：4093×2894px］
［解像度：350］

Chapter 6-19

スマホを外部パレットとして使う～コンパニオンモード

コンパニオンモードは、スマホをPC／タブレット版のCLIP STUDIO PAINTと連携させて、外部パレットとして使える機能です。

コンパニオンモードのオススメの使い方

コンパニオンモードには、[クイックアクセス]、[カラーサークル]、[ジェスチャーパッド]、[色混ぜ]など、さまざまな機能があります。ただし、PC版のCLIP STUDIO PAINTを使う場合、操作はショートカットキーを使うことが多いです。そのような人には、PC画面から目を離さずに使える[カラーサークル]と、[ジェスチャーパッド]の2つがオススメです。

カラーサークル

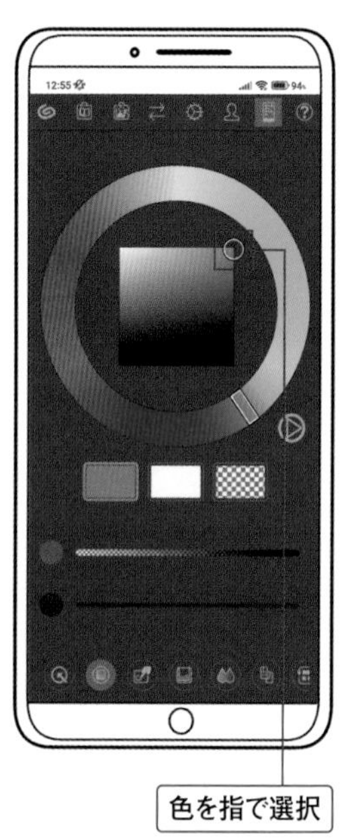

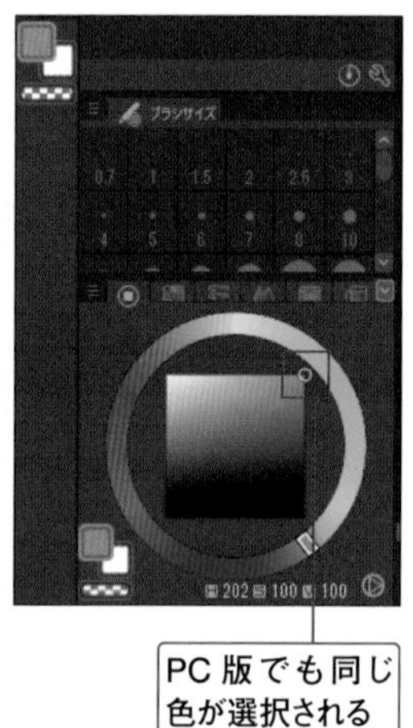

ジェスチャーパッド

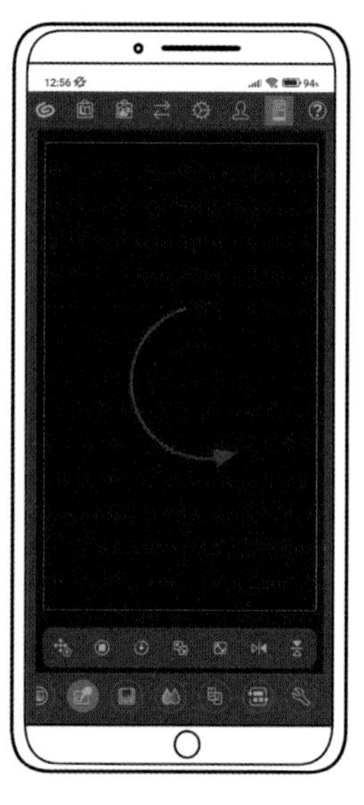

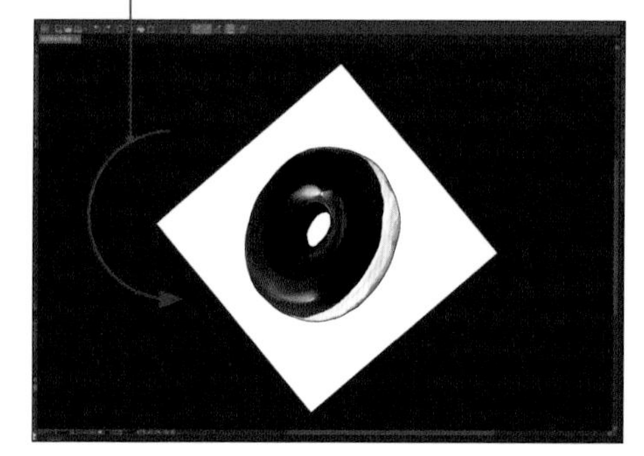

コンパニオンモードは無料で使える

スマホ版CLIP STUDIO PAINTは本来月額制のサービスですが、「毎日1時間無料」で使えるようになっています。コンパニオンモードはその制限も関係なく利用できるので、時間制限なしで使うことができます。

スマホとPCを連携する

1 スマホにアプリをインストールする

スマホにCLIP STUDIO PAINTのアプリをインストールします。スマホ、PCともに最新バージョンにアップデートしておきましょう。

MEMO
スマホとPCは、同じアクセスポイント（Wi-Fi）を使用したネットワーク環境でインターネットに接続しておきます。

2 スマホでアプリを起動する

スマホでCLIP STUDIO PAINTアプリを起動し、[はじめる]をタップします。「毎日1時間無料」と書かれていますが、コンパニオンモードはその時間制限と関係なく利用できます。

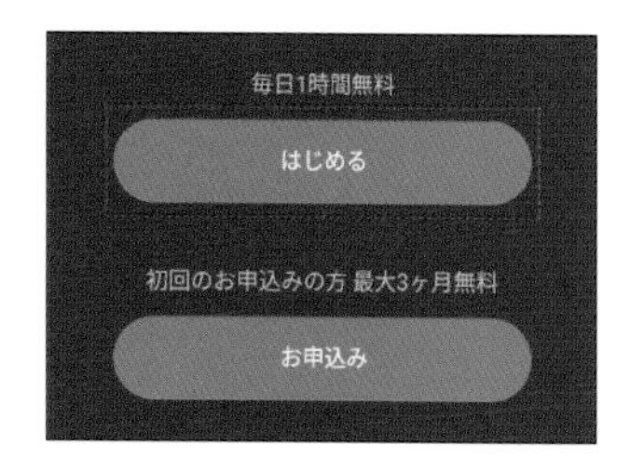

3 PCでリンク用QRコードを表示する

PC版CLIP STUDIO PAINTのコマンドバーにある[スマホを接続]をタップし、QRコードを表示させます。

4 スマホとPCを接続する

スマホ側で、右上の[コンパニオンモード]をタップします。次に[QRコードを読む]をタップすると、カメラが起動するのでPCに表示されたQRコードを読み込みます。すると、コンパニオンモードに切り替わります。

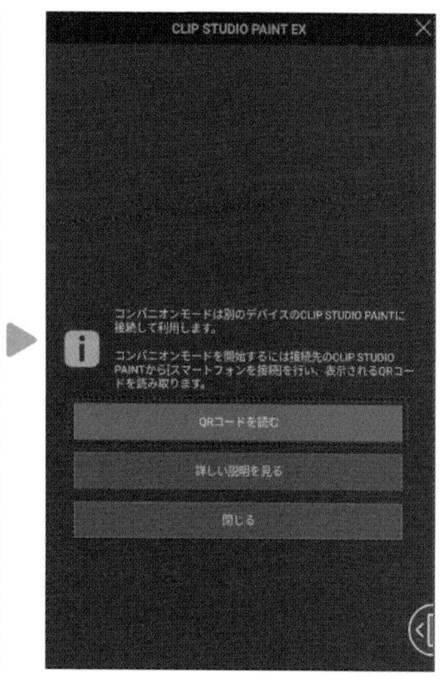

5 機能を切り替える

コンパニオンモードの各機能は、画面下部のメニューから切り替え可能です。メニューを左にスワイプすると他のメニューも表示できます。

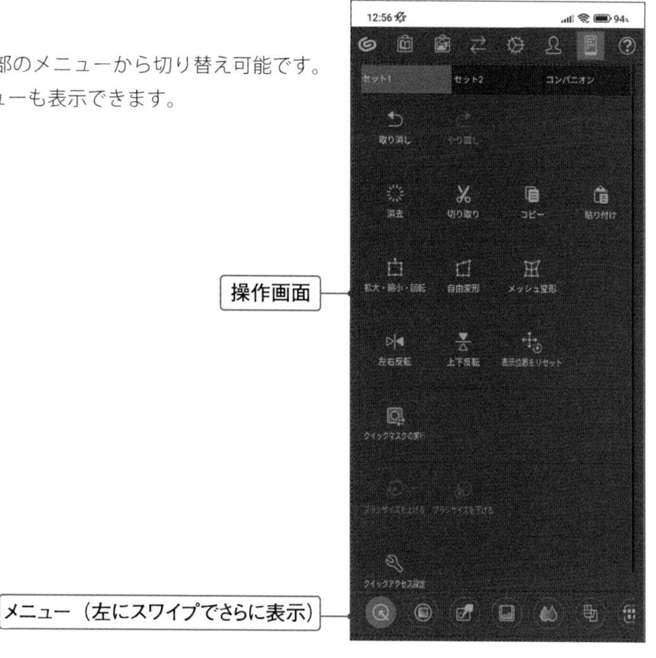

第6章 便利な機能を使いこなす

Chapter 6-20

メイキング動画をタイムラプスで書き出す

[タイムラプス]機能を使えば、自分が描いたイラストのメイキング動画をSNSなどで共有したり、記録として残したりすることができます。

描画シーンを記録する

1 記録を開始して絵を描く

[ファイル] メニュー→ [タイムラプス] → [タイムラプスの記録] をONにします。これで記録が開始されるので、通常通りに絵を描きます。

MEMO

動画のデータは、イラストデータ(clip形式のファイル) の中に保存されていきます。そのため、タイムラプスを記録中はファイル容量が大きくなります。

2 動画を書き出す

絵が描けたら動画を書き出します。[ファイル] メニュー→ [タイムラプス] → [タイムラプスの書き出し] を選択し、[書き出しオプション] で好みの設定にしたら [OK] をクリックします。ファイル保存先を指定したら [保存] をクリックすれば、mp4形式のメイキング動画ファイルが出来上がっています。

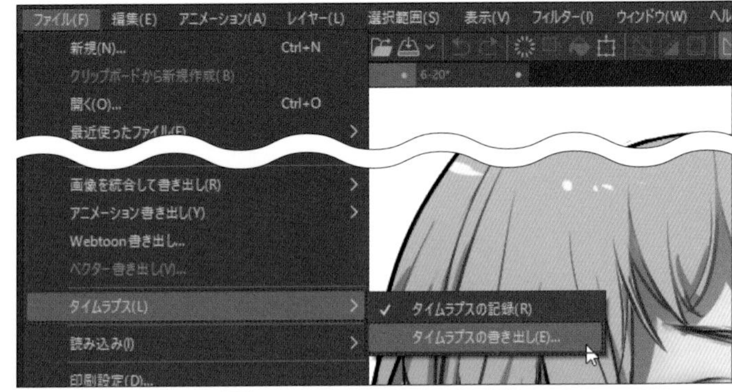

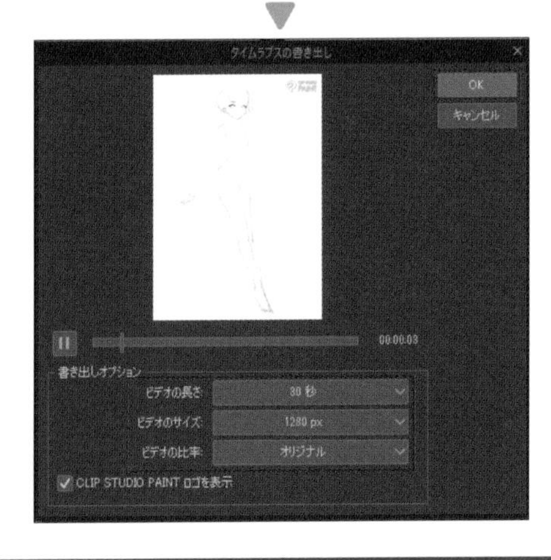

POINT 動画出力後も続けて記録が可能

動画出力後でもタイムラプスの記録は続きます。途中で止めたい場合は [タイムラプスの記録] のチェックを外しましょう。ただし、[タイムラプスの記録] のチェックを外すと、キャンバスに保存されているタイムラプスの記録はすべて削除されるので、前もって動画を出力しておくなどの対策をするようにしてください。

Chapter 7

実践!「人物」メイキング

準備編 環境をカスタマイズする
7-1 「お絵かき少女」 ～アイデア出しから仕上げまで
7-1-1 ラフ／アイデアを描き出す
7-1-2 下描きを描く
7-1-3 線画を描く
7-1-4 下塗り①：ベースを塗る
7-1-5 下塗り②：色を決める
7-1-6 本塗り：濃淡を付ける
7-1-7 残りのパーツを作成する
7-1-8 仕上げ

準備編

環境をカスタマイズする

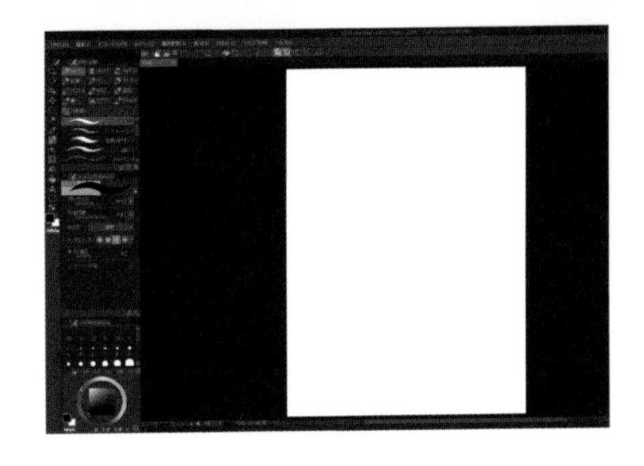

イラストを描く前に、まずワークスペースのカスタマイズやショートカット登録など、自分用の作業環境を整えます。今回は私が普段イラストを描いている作業環境をご紹介します。

1 各パレットの幅を調整する

各パレットの配置は初期状態からほぼ変更していません。ただ、キャンバスの幅をより広くとるために、使用していない［タイムライン］パレットは折りたたみ、右側のパレットの横幅を少し狭くしています。また狭くしても使用上問題がない［カラー］パレットと［ナビゲーター］パレットも縦幅を狭くし、ほかのパレットを見やすくします。また私はレイヤー数が非常に多くなる描き方のため、［レイヤー］パレットは状況に合わせて縦幅を長くする場合があります。

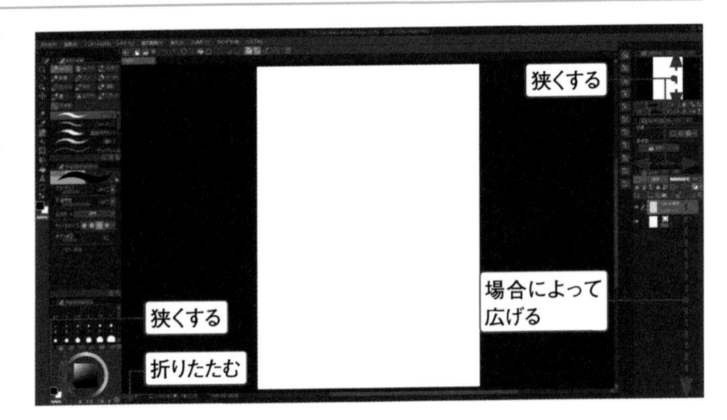

2 ［ツール］パレット内の各ツールをまとめる

［ツール］パレットの各ツールのショートカットは、［テキスト］=Tキー、［フキダシ］=Tキーのように、同じキーが重複している項目がいくつかあります。これは同じキーを繰り返し押すことで切り替えることができますが、個人的には1つのキーに対し1項目が作業しやすいため、P.33手順4の方法で［サブツール］パレットにある各タブを片方のツールにまとめてしまいます。［テキスト・フキダシ］のほかに、［定規・コマ枠・図形］、［塗りつぶし・グラデーション］でひとまとめにします。

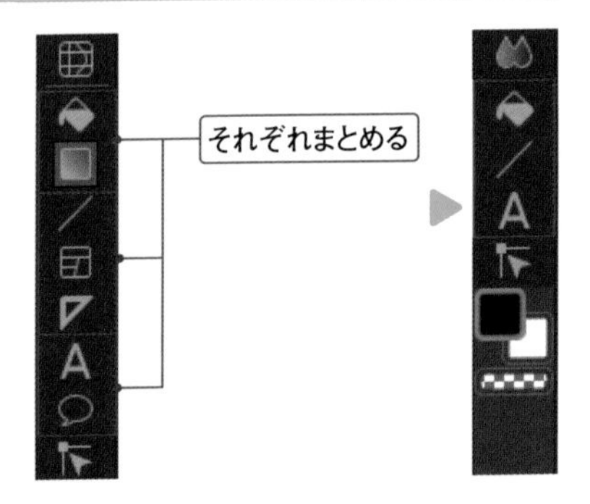

3 デコレーション以外のブラシを 1 つのタブにまとめる

ブラシはすべてBキーにまとめたいので、［ペン］、［鉛筆］、［エアブラシ］の［サブツール］パレット内にあるブラシ達を、すべて［筆］内に格納させておきます。なお、［サブツール］パレット内のタブも位置変更をしています。

MEMO

［デコレーション］ツールは数が多いためそのままにします。

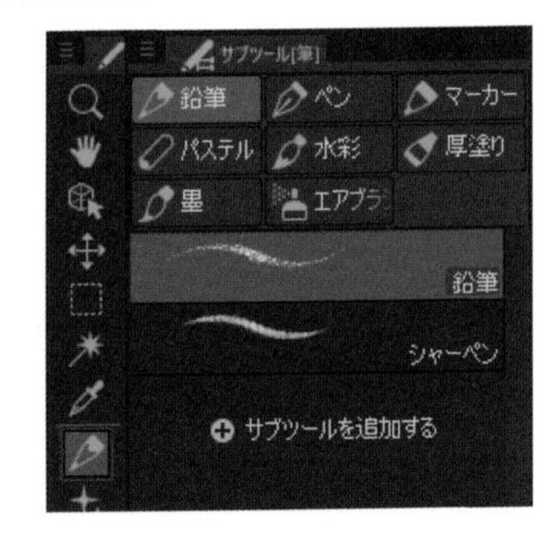

4 新規タブにお気に入りのブラシをまとめる

よく使うブラシについては複製して1つのタブにまとめます（→P.192手順4）。このように、お気に入りのブラシや自分で作成したブラシを別タブにしてまとめておけば、ツール選択に時間をとられません。タブ内でもよく使用するブラシを上のほうに配置しています。また、消しゴムも同様に自分で作成したものをまとめています。

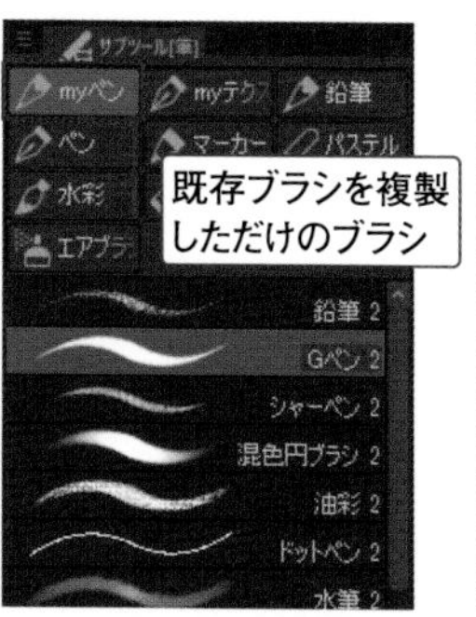

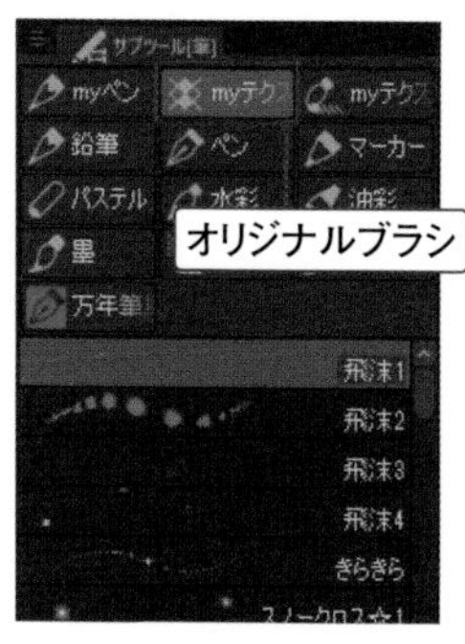

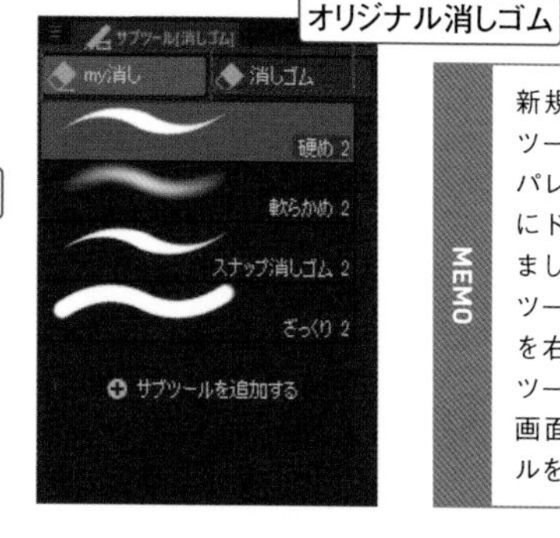

MEMO
新規タブは、複製したツールを［サブツール］パレットのタブエリアにドラッグして作成しましょう。また、［サブツール］パレットのタブを右クリック→［サブツールグループの設定］画面で、タブのタイトルを変更可能です。

5 ［ツールプロパティ］パレットによく使う項目を表示させる

ブラシと［消しゴム］ツールは、［ツールプロパティ］パレットの［不透明度］と［合成モード］の項目をよく使います。そのため、この2つの項目が表示されていないブラシは［サブツール詳細］パレットからすべて表示させておきます（→P.104「③表示／非表示」）。

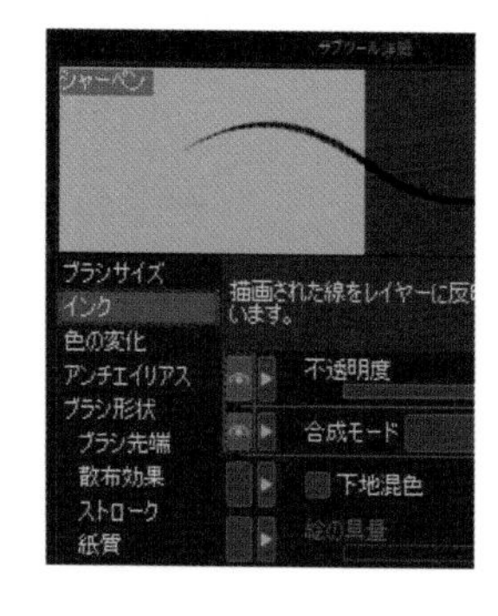

MEMO
［ツールプロパティ］に項目を表示する作業は、まとめて一括で行うことができないため、ブラシ1つ1つに設定する必要があります。

6 ショートカットを新規登録＆変更する

ショートカットに設定されていない項目の登録や、他ソフトで使い慣れたショートカットへの変更を行います。新規登録したショートカットについてはP.282を参照してください。オススメのショートカットとしては、ブラシの不透明度の変更です。［ショートカットキー設定］画面から［オプション］→［ツールプロパティ］パレット→［インク］→［不透明度を○%にする］項目に1〜0までの数字を設定すると、描きながら簡単にブラシの不透明度を変更できるようになります。

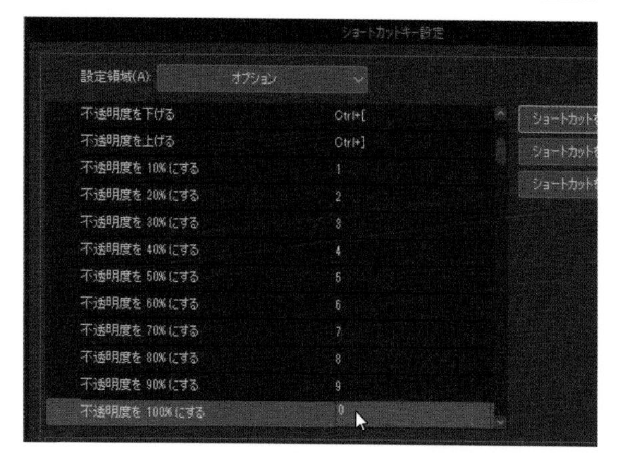

7 ペンのサイドスイッチを設定する

ペンのサイドスイッチ下側は、［修飾キー設定］画面から［ブラシサイズを変更］に設定しています（→P.35）。このボタン設定をすれば、場面に合わせて感覚的にブラシサイズを変更することができます。

MEMO
そのほかに、［変形］機能と［テキスト］ツール下に表示されるランチャーは使用しないため、［表示］メニュー→［変形ランチャー］と［テキストランチャー］のチェックを外して非表示にします。

Making

7-1 「お絵かき少女」~アイデア出しから仕上げまで

1 ラフ／アイデアを描き出す

どんな絵にするか、最初にアイデア出しをして描きたいことを整理してから、ラフを描きはじめます。

▼

2 下描きを描く

ラフを元に、それぞれのパーツが具体的にどんな形か分かる程度に線を整理していきます。

▼

3 線画を描く

線画は完成段階でそのまま使うので、下描き段階の雑な線を、綺麗な線に描き直します。

▼

4 下塗り①:ベースを塗る

色を塗る前に、パーツごとに塗る範囲を設定する「ベース塗り」を行います。

5 下塗り②:色を決める

キャラクターをどういう色にしていくか、各パーツの色を決めていき、色に合わせて影を追加します。

▼

6 本塗り:濃淡を付ける

各パーツの塗る範囲に、グラデーションの濃淡やハイライトを付けて、立体感を出していきます。

▼

7 残りのパーツを作成する

スカートのレースや水玉模様を、レイヤー複製やテクスチャを使って仕上げます。

▼

8 仕上げ

最後の仕上げとして、影やハイライトをさらに追加し、テクスチャ素材を貼り付けます。

アナログで線画のあとに色塗りをする描き方は、デジタルでも一般的に行われる基本の描き方です。CLIP STUDIO PAINTのさまざまな機能を使えば、より効率よく描くことができます。今回はこの基本の描き方でキャラクターを描いていきます。

完成

7-1-1

ラフ／アイデアを描き出す

いきなり本番できちんと描くと、描く内容が整理されていなかったり、統一感がなかったりと、あとからの修正が大変です。そのため、最初にどのようなイラストを描くかアイデア出しを行います。

1 写真などの参考資料を用意する

イラストを描く上で写真などの資料は非常に重要です。アイデアのネタ出しのほかに、ものを正確に描くためにも必要で、長年数をこなしてきているプロでも何も見ないで描くことはほぼありません。書籍やTV、映画、インターネットなどから情報を仕入れたり、普段から写真を撮影したりするとよいでしょう。その際、好みのものばかりではなく、知らない情報も仕入れるようにするとアイデアの幅が広がります。

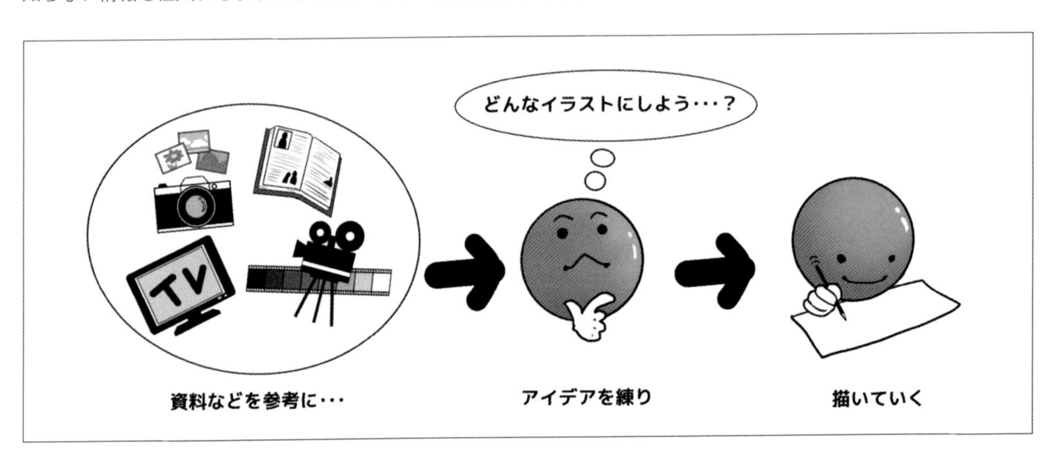

2 サムネイルラフを描く

小さい四角の枠を描き、そこにサムネイルサイズのラフを描いていきます。小さいサイズにすることで手軽にたくさんの数が描けるため、アイデアを出す際に非常に便利です。このとき、きっちりと描く必要はなく、棒人間やシルエットくらいのレベルで間違ったら次のサムネイルラフに行く……という感覚でOKです。また、絵だけでなく描きたいもの／テーマ／ネタなどを文字としてメモすることもあります。

MEMO

サムネイルラフの作業は、スケッチブックとペンを使ってアナログで描く場合もあれば、CLIP STUDIO PAINTで描く場合もあります。またこの時点で没にしたラフはあとから見返すと別のアイデアに使えることがあるため、削除せずデータとして残しておくのがオススメです。

3 キャンバスに描いてバランスを見る

サムネイルラフでアイデアがまとまったら、気に入ったものをいくつかキャンバスに大きく描いてみて全体のバランスを見ます。[A4]［解像度：350］の縦向きの新規キャンバスを作成→[新規ラスターレイヤー]を追加。[ペン]タブ→［Gペン］を選択して、[描画色：黒]、[ブラシサイズ：40〜50前後]、[不透明度：100］で描いていきます。あくまでラフ作業のため、1から描き直したり複数描いたりすることを前提に、レイヤーは1枚で1構図くらいで描くようにしましょう。

> **MEMO**
> 人によっては水色などの薄い色の細線で描く場合もありますが、私はハッキリ見えるほうがやりやすいため、濃いめの太線で描くことが多いです。もちろん、イラストに合わせて線を変える場合もあります。

4 加筆／修正する

大きく描いてみると、思ったより構図の収まりがよくなかった……ということが多々あります。ここから加筆／修正を行い、描くイラストの構図を決定します。なお、全体が駄目な場合は別のラフを描き直したり、最初のサムネイルラフ作業に戻ってアイデアを練り直したりします。

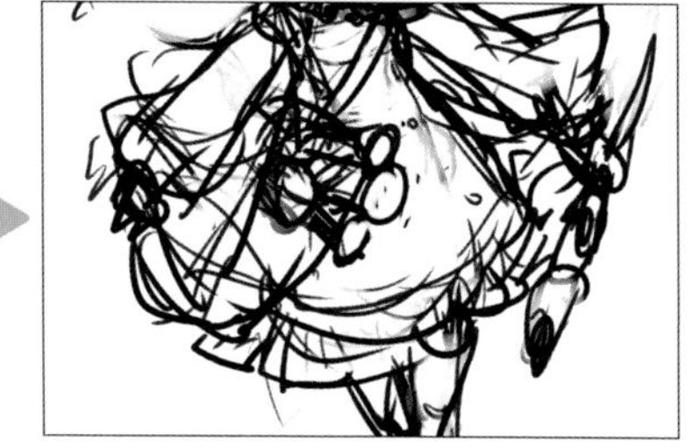

5 構図を決定する

今回は右のようなイラストにしてみました。ラフのイラストは、自分が見ておおよそ分かるレベルで問題ありません。

7-1-2

下描きを描く

ラフを元に具体的にどういう顔や服装をしているかなどを決めていきます。ラフと線画の間くらいのクオリティで、各パーツに何が描かれているか分かるレベルまで描きます。

1 ラフレイヤーの不透明度を下げる

ラフの構図バランスを元にして描いていくため、まずラフを描いたレイヤーを［不透明度：10〜20］まで落としておきます。

2 下描きのブラシを選択する

ラフレイヤーの上に下描き用の［新規ラスターレイヤー］を作成し、［Gペン］を選択します。［描画色：黒］［ブラシサイズ：10〜20］［不透明度：100］に設定。［ブラシサイズ］はラフのときよりも細めに設定していますが、場所に合わせてブラシサイズや不透明度の数値は変更します。

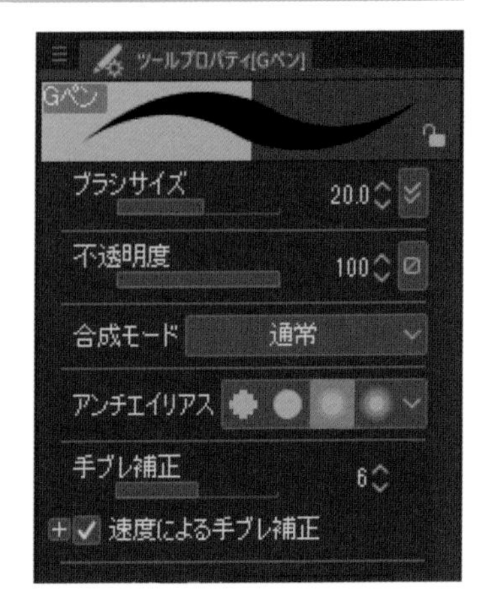

3 下描きをする

ラフの構図を参考に、「顔の表情がどうなっているのか」「どのような髪型／服装／飾りを付けているか」など、各パーツの動き／大きさ／方向／形がどのくらいか、具体的に分かる程度に描いていきます。ラフからいきなり具体的に描くのが難しい場合は、少しずつ修正していきましょう。また、ラフ線で見えにくい場合はラフレイヤーを一時的に非表示にして描きやすい状態で描いていきます。

ちなみに下描きを描くときは、眼鏡や髪型のように途中でパーツを入れ替える場合があるため、ある程度パーツごとにレイヤーを分けて描くのがオススメです。どのくらいパーツ分けをするかは絵によって変わるため、実際に描きながら都度レイヤーを追加していきましょう。パーツ分けの考え方はP.220で解説している内容と同じです。

表情が分かるようにして、髪形は三つ網からロングに変更

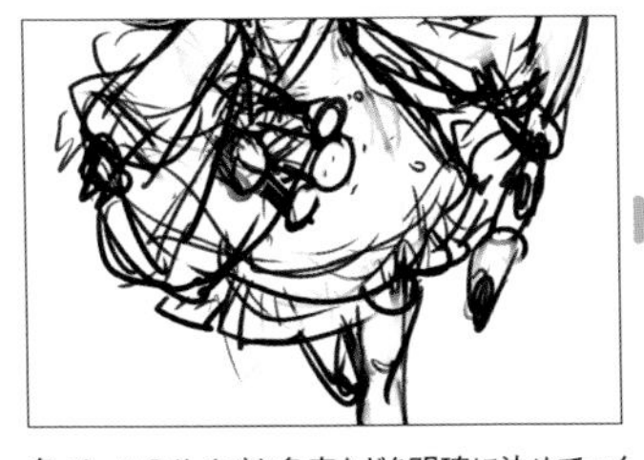
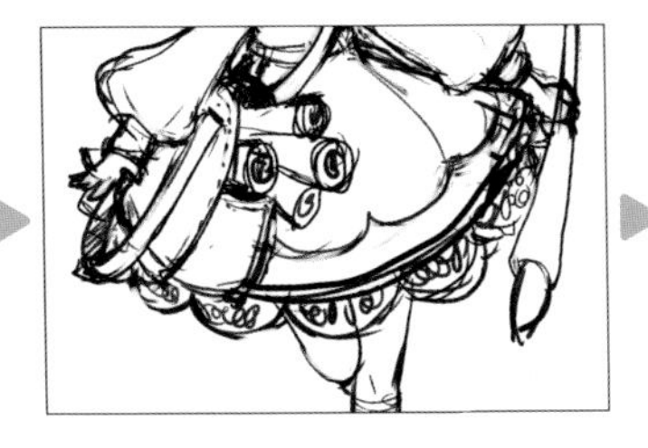
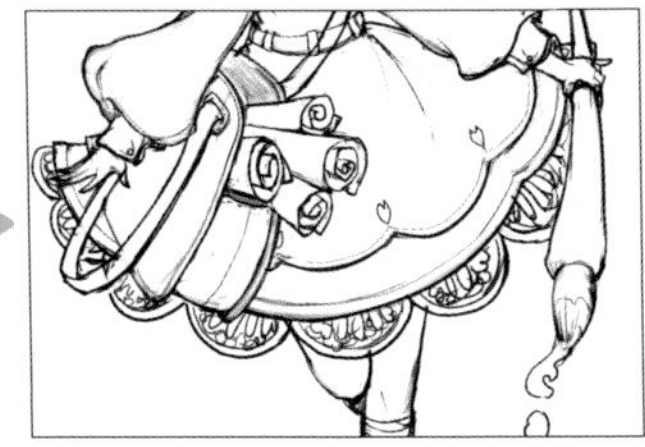

各パーツのサイズや角度などを明確に決めていく

模様なども入れてみる

4 バランスを確認して完成させる

下描き段階ではあくまで線の綺麗さよりも全体のバランスが大事です。そのため、全体が把握できる［全体表示］の状態で描くのをオススメします。また、色を付けると印象が変わるため、途中段階でざっくり色を塗る場合もあります。

MEMO ときには変形などを使って、形を修正する場合もあります。

5 下描きのレイヤーに下描きレイヤーを設定する

下描きが完成したら、［新規フォルダー］を作成して下描きレイヤーをすべてまとめておきます。さらに下描きのフォルダーを選択し、［下描きレイヤーに設定］を選択して、フォルダー内のレイヤーすべてを下描きレイヤーに設定します。ラフレイヤーは今後使わないので非表示にしておきます。

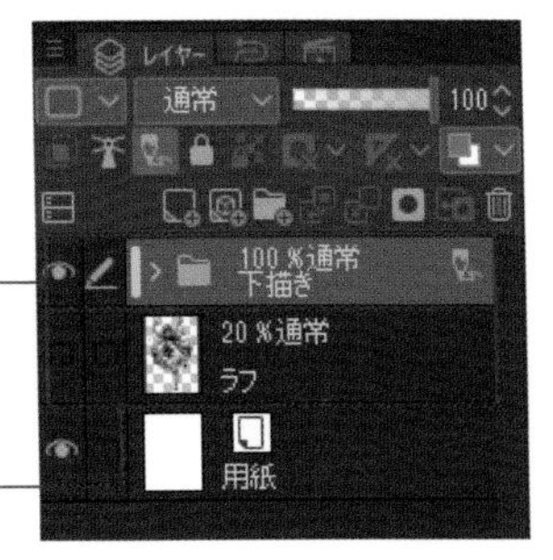

7-1-3

線画を描く

下描きの次は線を綺麗にする「線画」作業を行います。線画の線は最終的に完成イラストでそのまま使用するため、線に強弱を付けるなど、最終的な仕上がりを考慮して描きます。

1 下描きレイヤーの色を変える

線画は下描きを元にして別レイヤーに描いていきます。描く際に下描きと線画の線を区別しやすくするため、下描きフォルダーを選択し、［レイヤープロパティ］パレットの［レイヤーカラー］から下描きの色を青色に変更します。さらに、下描きフォルダーを［不透明度：20］あたりまで下げて薄くしておきます。

MEMO　下描きフォルダーは、下描きを描いている状況に合わせてその都度非表示にしたり不透明度を変更したりします。

［レイヤーカラー］で下描きを青色に

［不透明度］を20前後に

2 線画のブラシを選択する

［ペン］→［ペン］タブ→［Gペン］を選択し、［描画色：黒］で、［ブラシサイズ：7〜9］を基本値として描く場所に合わせて大小させます。筆圧などはそのままで、最初は［不透明度：100］にしておき、これも場所によって数値を変更しながら描いていきます。

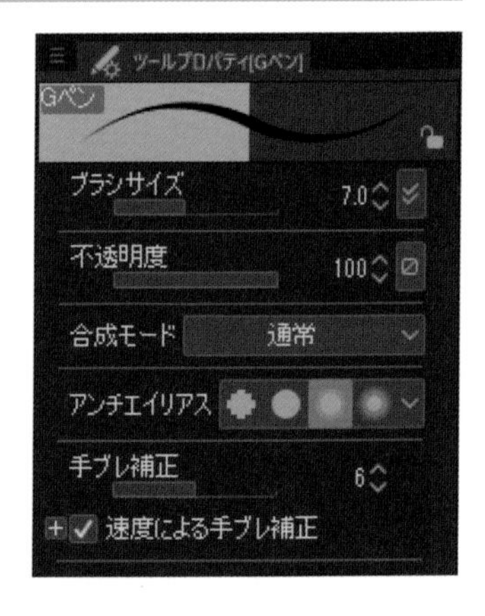

MEMO　ショートカットで［不透明度：10〜100］にそれぞれ数字キーを設定すると、描きながら簡単に不透明度を切り替えることができます（→P.213）。

3 パーツをレイヤーで分けながら描く

下描きフォルダーの上に［新規ラスターレイヤー］を作成して、線画を描いていきます。このとき、線画を描きながら同時にパーツ分けの作業も行います。パーツは細かく分けるほど各パーツの編集／修正がやりやすくなりますが、その分レイヤー管理やファイル容量が大変になります。数を描くうちに「独自のパーツ分けルール」ができ上がるため、方法に正解はありませんが、最初のうちは髪／顔／眼鏡／上半身服／スカート／手／足／靴などの部位ごとにパーツを分けるところからはじめましょう。今回は画像のようなパーツ分けにしました。

レイヤー分けしたパーツごとに色分けした状態

4 手前のパーツと奥のパーツはレイヤーを分ける

パーツ分けでもう1つ気を付けることは、「レイヤーの前後関係」によってパーツを分けることです。例えば同じ部位である髪の毛でも、手前と後ろのパーツを分けて描けば、後々色塗りをする際に、手前の塗りのおかげで後ろの重なった部分が見えなくなります。これを利用すれば、重なった部分の細かいはみ出しなどを修正しなくて済むようになります。なお、手前のパーツほどレイヤー順が上になるよう、レイヤーの前後関係も注意しておきます。

上のレイヤー　下のレイヤー

MEMO
髪と顔のように線が重なる部分は、あとからマスクを使って非表示にするため、パーツ分けをしつつ、線どうしが重なるように描いていきます。

5 髪は弱い線でふんわり描く

線を描く際、場所によって太い線や細い線、濃い線、薄い線を描き分けることで、立体感をより強調させたり、絵にメリハリを出したりすることができます。例えば今回は、髪の毛などの内側を細い線にして柔らかい印象にさせています。線が太く濃ければよりハッキリした印象になり、線が薄く細ければフワっとした印象になります。

6 パーツの重なりや輪郭線は強い線で描く

パーツとパーツが重なって影が強く出るような部分や、パーツの輪郭線は太く濃いめの線で描きます。これにより、パーツに立体感が出るように調整しました。

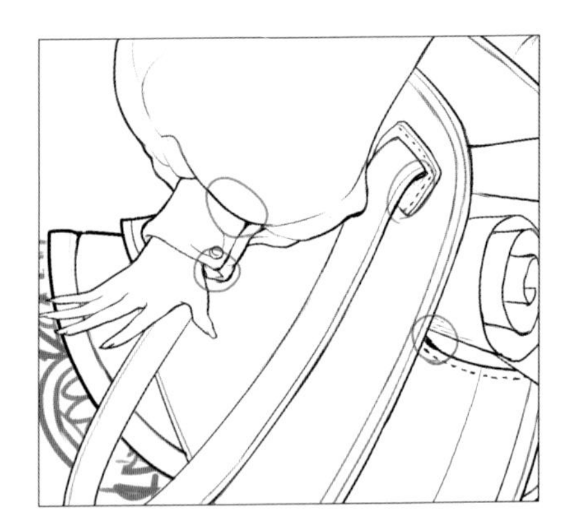

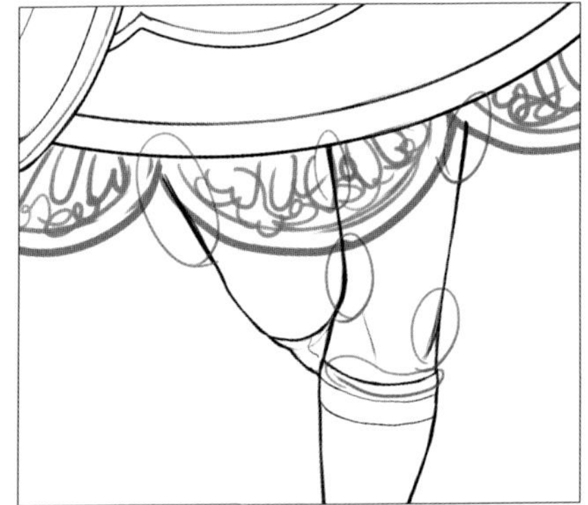

7 長い曲線は［図形］／［定規］ツールで描く

ペンやリボン、スカートなどの長い曲線を一気に描くのは難しいため、［図形］ツールの［曲線］や、［定規］ツールの［曲線定規］を利用します。特に［曲線定規］は、ブラシの筆圧で強弱を付けながら描けるのでオススメです（→P.184）。

［曲線定規］を使って長いラインを描く

8 一部のパーツはあとから描く

眼鏡や、スカート下のレースや模様はあとから描きます。顔とのバランスを取る必要がある眼鏡は、ほかの線画を描き終えたあとにバランスを見ながら別レイヤーで線画を描きましょう。レースはあとで複製して作成するので線画を描く必要はありません。模様も塗りの段階で追加するので線画は必要ありません。

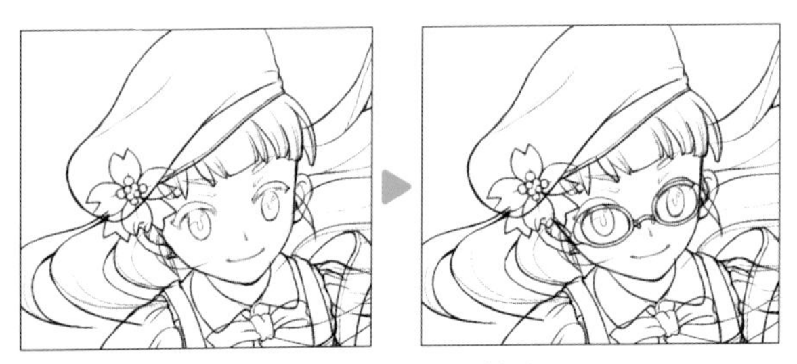

眼鏡は顔をすべて描いたあとに、バランスを見ながら追加する

9 パーツの形や位置を調整して全体のバランスを確定する

線画の段階で最終的な形をほぼ決定させるため、［変形］機能（→P.91）や［レイヤー移動］ツール（→P.51）を利用して各パーツの微調整を行います。特に顔のパーツは位置が数ミリ違うだけで違う印象になるため、バランスに注意します。

顔の各パーツが離れ気味だと大人びた印象になる

今回は少し幼くしたいため顔のパーツを近めにする

足が太かったので［変形］機能で細くする

10 マスクで重なり部分を非表示にする

線画を描き終えたら、線と線が重なった部分で不要なところをマスク（→P.86）を使って非表示にします。いらない部分を非表示にして全体のバランスを再度確認し、問題なければ線画は完成です。なお、下描きフォルダーは今後不要になるため非表示にしておきます。

MEMO ［レイヤープロパティ］パレットの［レイヤーカラー］■を設定すると、線が違う色になるので判別しやすくなります。線の重なりが見づらい場所で、一時的に使用するのがオススメです。

POINT 全体のバランスを見ながら描こう

デジタルで絵を描く場合は、拡大／縮小などの表示変更を頻繁に使用します。しかし、ずっと拡大表示で描き続けて、いざ線画が完了したら全体の形がおかしい……というのがデジタルイラスト初心者によくある失敗です。これを防ぐためにも、絵を描いている最中は定期的にキャンバスを［全体表示］にして、絵全体のバランスを確認するようにしましょう。「1つのパーツを描き終えたら引きで確認」を基本とし、場所によっては一息ついたり、1本線を描いたら確認するくらい頻繁に行ってもよい作業です。

7-1-4

下塗り①:ベースを塗る

線画ができたら次は色塗りです。色塗りの方法はさまざまですが、今回は線画の下に色を付ける方法で塗っていきます。まずは各パーツごとに塗る範囲を指定する「ベース塗り」を行います。

1 ベース塗りは塗る範囲を決める作業のこと

ベース塗りとは、パーツごとの塗る範囲を1色で塗って指定する作業のことを指します。色塗りは、この範囲を元にして濃淡を付けることで、はみ出さずに塗ることができます。ベース塗りで使う描画色は、パーツどうしの重なりやはみ出し具合が分かりやすいハッキリとした色を選択するのがオススメです。色はあとから変更するので、この時点では色合いを気にしないで大丈夫です。

作成したベース塗りを元にして色を塗っていく

2 線画レイヤーを参照レイヤーに設定する

ベースはあとから何度も編集するため、線画とは違うレイヤーに塗っていきます。線画のレイヤーを参照しながら別レイヤーに色塗りするため、まず線画のレイヤーをすべて選択し、[参照レイヤーに設定] で参照レイヤーに設定します（→P.120)。さらに線画レイヤーとすぐ分かるように、[レイヤー] パレットの [パレットカラーを変更] で線画レイヤーに色を付けておきます。

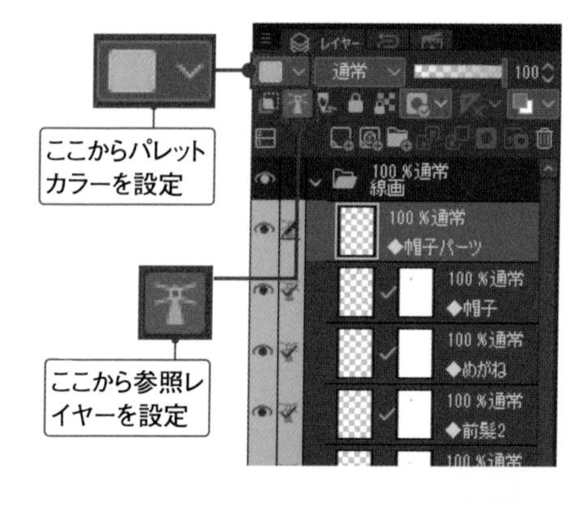

3 線画のパーツ間にベースのレイヤーを作成する

ベースのレイヤーは、各パーツの下に位置するように、線画のパーツとパーツの間に作成していきます。線画のパーツ間にベースの塗りを入れることによって、絵の前後関係で非表示にしたい部分が自動的に見えなくなります。

> **MEMO** 手前にあるパーツほど上層のレイヤーになるように、レイヤーの前後関係は整理しておきましょう。

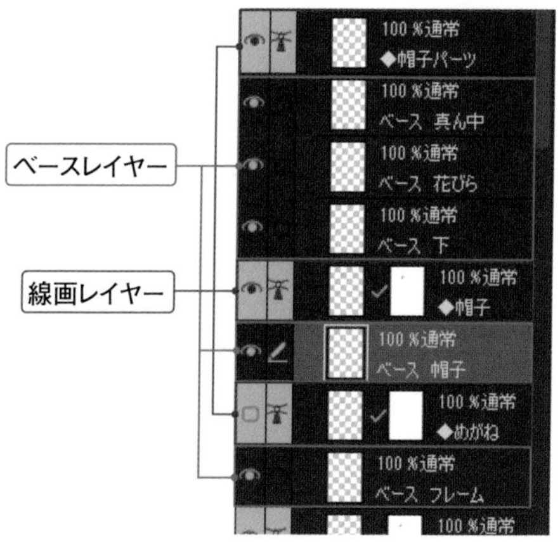

4 色の変わる場所ごとにレイヤーを分ける

ベースのレイヤーの分け方は、「色が変わる場所ごとにレイヤーを分ける」を基準とします。例えば今回、顔の部分の線画は1枚のレイヤーになっていますが、ベースは肌／白目／目／眉の4枚にレイヤーを分けておきます。こうすることによって、ほかのパーツに干渉せず、個別に濃淡を付けることが可能になります。

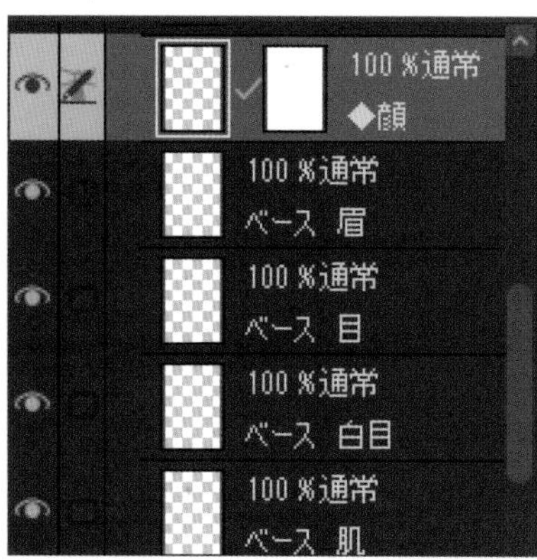

肌

白目

目

眉

MEMO 手前にあるパーツほど上層のレイヤーになるように、レイヤーの前後関係は整理しておきましょう。

5 ［塗りつぶし］ツールでざっくりと塗る

ベース用のレイヤーを選択したら、［ツール］パレットの［塗りつぶし］→［他レイヤーを参照］ツールを選択します。［ツールプロパティ］パレットで［複数参照］を［参照レイヤー］に設定し、パーツごとに塗る範囲を塗りつぶしていきます。細かい塗り残しや多少のはみ出しは、あとで個別に塗るため、気にせずそのままにします。また、色が大きくはみ出してしまう部分も設定を変更してから塗るため、いったん塗らないでおきます。

塗り残し部分があっても問題なし

大きくはみ出す部分はいったん塗らない

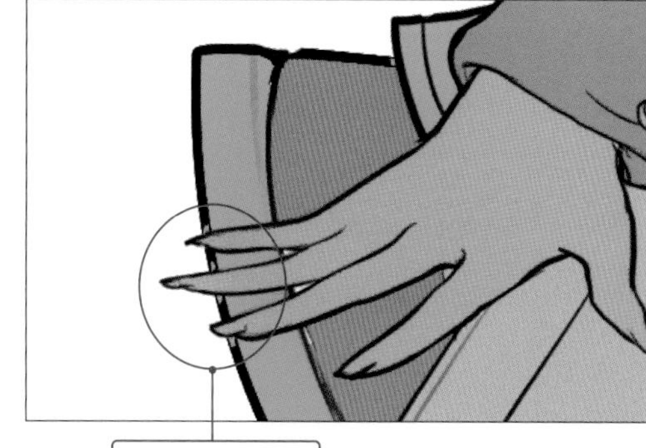

少しはみ出すのは問題なし

MEMO 眼鏡とスカート下レースはいったん非表示にし、他を塗りつぶしてから眼鏡のフレームを塗ります。

6 同じ色の部分はドラッグでまとめて塗る

髪の毛のように密集している部分で、線画で区切られているけれど色が同じになっているような場所は、塗りつぶす範囲をドラッグしてまとめて塗ってしまいます。ドラッグで塗ることで、クリックがやりづらい細い隙間も範囲に含めることができます。

7 間違った部分は［透明色］で修正する

まとめて塗っていくと、誤った場所を塗りつぶしてしまうこともあります。このような場合は、描画色を［透明色］にして間違った場所をクリックします。大きく塗って、細かい場所はあとから修正したほうが効率的です。

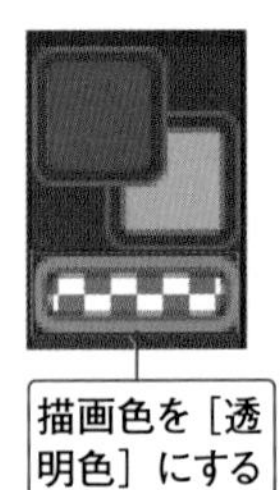

8 はみ出す部分は［塗りつぶし］ツールをカスタマイズして塗る

［塗りつぶし］ツールで色が大きくはみ出してしまう部分は、［ツールプロパティ］パレットの設定を調整することで、はみ出さずに塗れる場合があります。今回の場合、耳元のように線と線に隙間がある場所や、かばん紐の後ろのようにレイヤーの前後関係で塗りがはみ出てしまう場所は、設定を変更して塗りつぶしを試してみましょう。

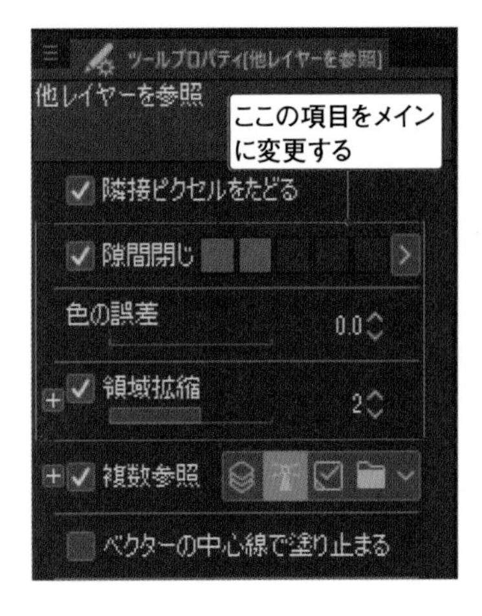

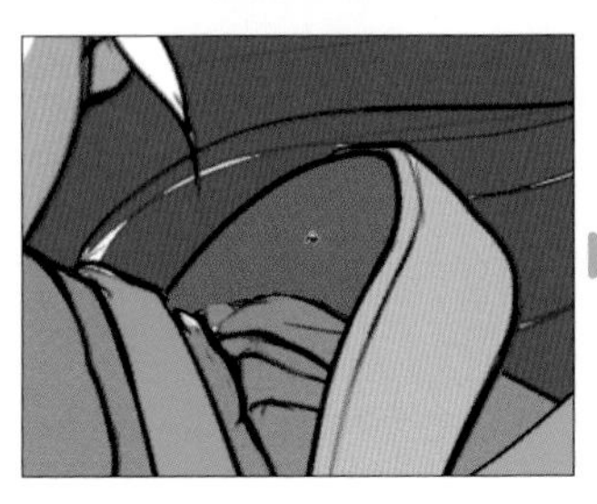

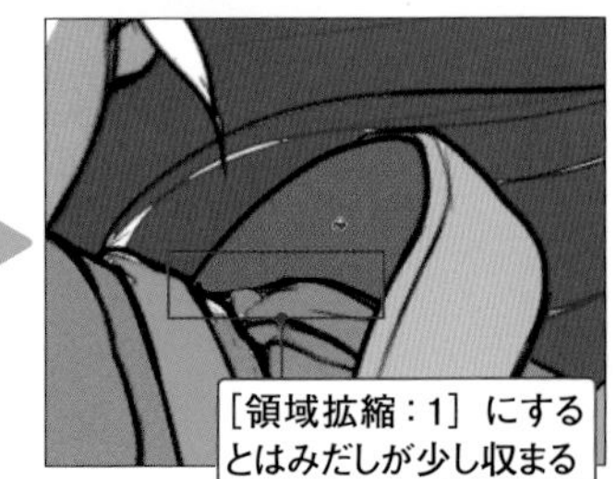

9 大きな隙間がある部分は線で閉じてから塗る

［ツールプロパティ］パレットを調整してもはみ出してしまう部分は、［塗りつぶし］ツールと同じ描画色に設定したブラシを使い、隙間を線で閉じてから塗りつぶします。線画のない目の白目部分は、これを利用してベースを塗りつぶしました。

10 細かい隙間を塗りつぶす

［塗りつぶし］→［囲って塗る］ツールを選択します。［ツールプロパティ］パレットの［対象色］を［透明以外は閉領域にも］に変更し、［色の誤差：0.0］、［領域拡縮小：－2］、［複数参照：参照レイヤー］に設定し、その状態で隙間のある部分を囲うと、囲った範囲にある塗り残し部分を綺麗に塗れます。色がうまく塗れない場合は、囲う範囲をもう少し狭めてみたり、［色の誤差］と［領域拡縮］の数値を変更してみましょう（→P.118, 119）。

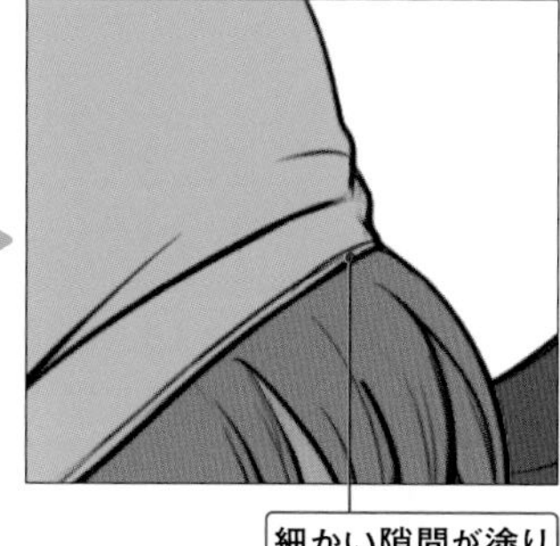

MEMO ［塗りつぶし］→［塗り残し部分に塗る］ツールでも、隙間のある部分を塗りつぶすことができます。場所によって［囲って塗る］ツールと使い分けるとよいでしょう。

11 ブラシと消しゴムで最終調整をする

［塗りつぶし］ツールだけでは、すべて綺麗に塗ることはできません。マツゲ部分のように境界線が曖昧な部分や、少しはみ出してしまった部分、塗りが足りないような部分などは、ブラシと［消しゴム］ツールを使って最終調整を行います。これでベース塗りが完了です。

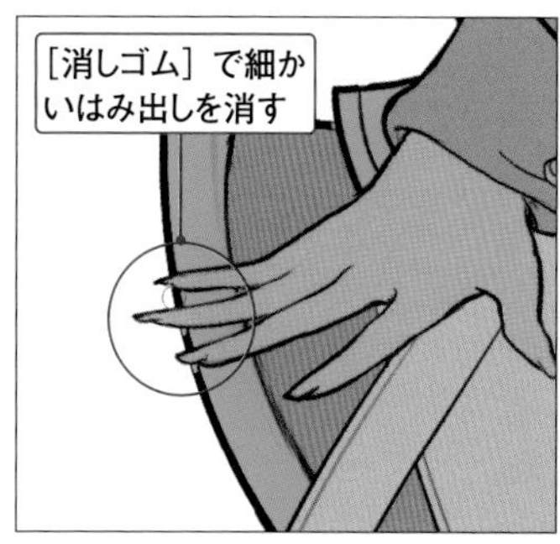

7-1-5

下塗り②:色を決める

ベース塗りが完了したらベースの色を変更して、最終的にどういう色味にするか、配色バランスを見ながら決めていきます。影のベースも付け足すので最終イメージがつかみやすくなります。

1 ベースレイヤーに［透明ピクセルをロック］を設定する

まずはブラシを使ってベースを塗り替える作業を行うため、ベースレイヤーをすべて選択し、まとめて［透明ピクセルをロック］を設定します。また、ベースレイヤーを区別しやすいように［パレットカラーを変更］でレイヤーを別の色に設定しておきます（→P.48）。

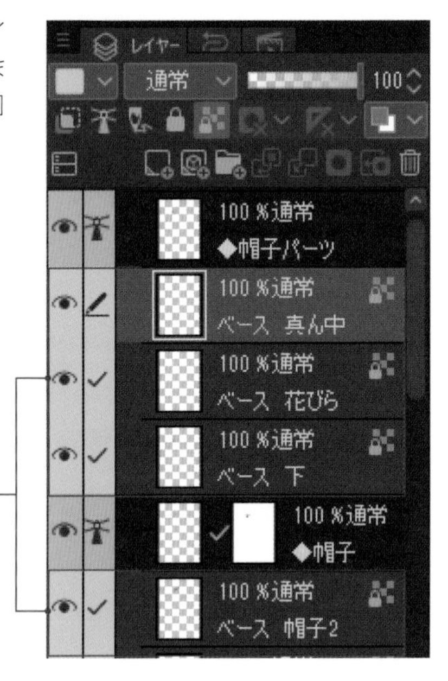

2 ブラシで肌色を塗り替える

肌のベースレイヤーを選択します。ブラシは［Gペン］を選択し、描画色を肌色にして［ブラシサイズ：500前後］、［不透明度：100］に設定して、そのまま肌に塗られているベースをすべて肌色に塗り替えます。

MEMO
色の塗り替えは全体のバランスを見ながら行うため、［全体表示］にしながら行うのがオススメです（→P.25）。

3 ほかのパーツも塗り替えていく

ほかの箇所も同様にブラシで塗り替えていきます。色の組み合わせに迷う場合は、肌や目、髪などの「色がほぼ決まっている箇所」から先に塗り替え、その色に合わせてメイン部分の色を決めうちしてしまい、そのメイン色に合わせてほかのパーツを色変えする方法がオススメです。ここでは、同じ色の面積が大きいワンピース部分をメイン色としています。色々組み合わせて全体のバランスを見ながら塗り替えていきましょう。スカートや靴下の模様も、この段階で別レイヤーに描いておきます。

顔と髪の色を決める

ワンピースの色を決める

ほかのパーツの色を決めていく

4 色調補正レイヤーで色味を調整する

ベースの色変え作業では、色調補正レイヤーも合わせて使用します（→P.150）。色調補正レイヤーは色の全体調整や再変更が手軽に行えるので、ほかの場所に合わせて濃さや明るさを再調整したり、まったく違う色味にしたりするときに便利です。このとき、単一のベースレイヤーに対して適用したいので、ベースレイヤーの上に［色相・彩度・明度］の色調補正レイヤーを作成してからクリッピングします（→P.133）。クリッピングしたら、色調補正レイヤーをダブルクリックして色を編集しましょう。

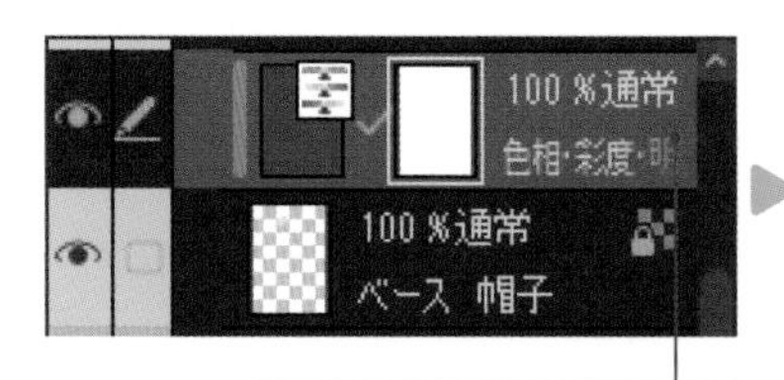

今回は2種類の色パターンを作成してみましたが、青の方に影を付けていきます。

同じ方法で別の色 ver を作成

第7章 実践！「人物」メイキング お絵かき少女

5 パーツごとにレイヤーをフォルダーにまとめる

基本の色が決まったら、多くなったレイヤーを管理しやすくするために、パーツごとにフォルダーにまとめます。また、クリッピングしていた［色相・彩度・明度］レイヤーは、ベースレイヤーに結合させてしまいます（→P.53）。

MEMO
今回の塗り方はレイヤー数が非常に多くなるため、定期的にレイヤー整理が必要になります。

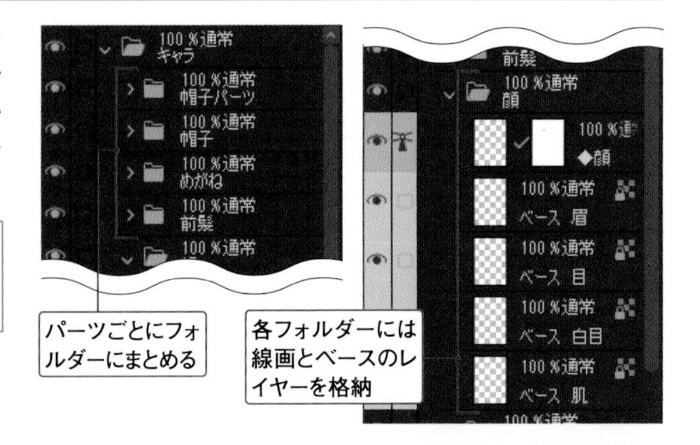

6 影用の新規レイヤーをクリッピングする

次に影を付けていきます。ベースレイヤーの上に影用の［新規ラスターレイヤー］を作成して、クリッピングします。影のレイヤーは、ベース1枚に対してレイヤー1枚を目安に、場所に応じて増やしていきましょう。

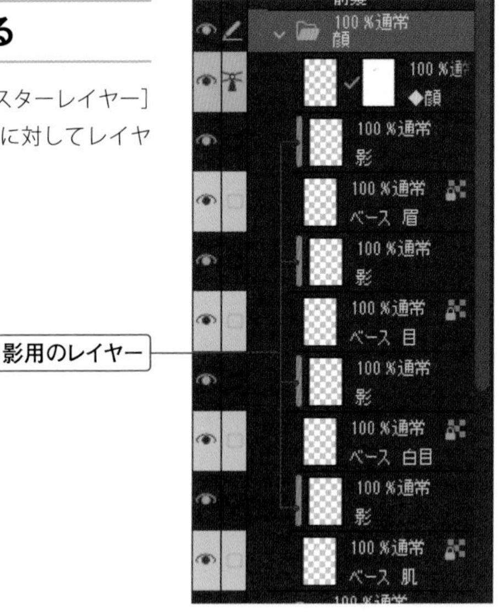

7 光の方向を考えて影を描く

［Gペン］を選択し、［不透明度：100］でアニメのセル画のようにクッキリと塗っていきます。影は光源の位置によって向きが変わるので、最初に必ず「どの方向から光が当たっているか」を決めておきましょう。その上で、パーツの凹凸を想定して、光の当たる方向の反対側に影を塗ります。ただし、すべてを正確に描く必要はありません。例えば、顔を極力シンプルに見せるために影を少なくしたり、髪のように影の多い部分では影が邪魔になることもあるので省いたりと、その状況に合わせてわざと変える場合もあります。

光が左上方向から当たっている場合

光が上方向から当たっている場合（今回はこちらを使用）

8 影の色を変える

影の色は1パーツにつき基本1色で塗ります。また、色味はベースの色を単純に暗くしたものを選びがちですが、それだけだと単調になりやすいため、あえて違う色を混ぜると変化が出てオススメです。例えば今回は、肌を茶色ではなくあえて紫色にしています。色味にはベースの色を残すことがポイントなので、ベースの色を少し混ぜた色がすぐにつくれない場合は、一度ブラシの不透明度を下げて塗ってから［スポイト］ツールで色が混ざった部分の描画色を取得するとよいでしょう。混色を簡単につくれるオススメの方法です。

［不透明度：50%］で明るめの紫色を重ねる

［スポイト］ツールで色を取得

影の色を塗り替える

9 完成

影を塗り終えたら、色決めが完了です。

POINT 乗算で影を描く

影を塗る方法の１つに、レイヤーの［合成モード］を［乗算］にして描く方法があります。［乗算］で塗ると影の色がベースの色と掛け合わさった色になるため、ベースの色をあとから変更すると、影の色の見え方も自動的に変わります。以降の作業でベースに濃淡を追加していきますが、この方法で塗ると濃淡を残しながら影を付けることも可能です。

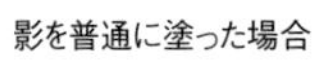
影を普通に塗った場合

影を［乗算］にした場合

影を［乗算］でベースの色を変更した場合

［乗算］で塗るとどうしても描画色より暗くなるため、レイヤーを［不透明度：50 ～ 70］あたりまで下げて利用するのがオススメです。また明るい色が追加しづらくなるので、その下にある濃淡を残したい場合は［乗算］にして、あまり影響がない部分は通常のブラシで塗るなど、イラストに応じて使い分けるようにしましょう。乗算で塗ったあとに別の明るい色を付ける方法についてはP.233を参照してください。

7-1-6

本塗り:濃淡を付ける

次にベースや影に濃淡を付けていきます。濃淡が付くことでより立体感が生まれ、キャラクターが生き生きとしてきます。また、顔や眼鏡などのより細かく塗りたい部分も個別に仕上げます。

1 濃淡用のレイヤーを作成してブラシを選択する

まずはベースに濃淡を付けていきます。ベースと影の間に［新規ラスターレイヤー］を作成し、ベースレイヤーにクリッピングします。濃淡はベースの色より明るい色や暗い色を塗ることでグラデーションとして表現します。ブラシは［エアブラシ］タブ→［柔らか］を選択し、塗ったときに境目があまり目立たないように、場所に合わせて［硬さ］や［不透明度］を低めに設定します。以降、基本的に［エアブラシ］タブ→［柔らか］を使って塗っていきます。

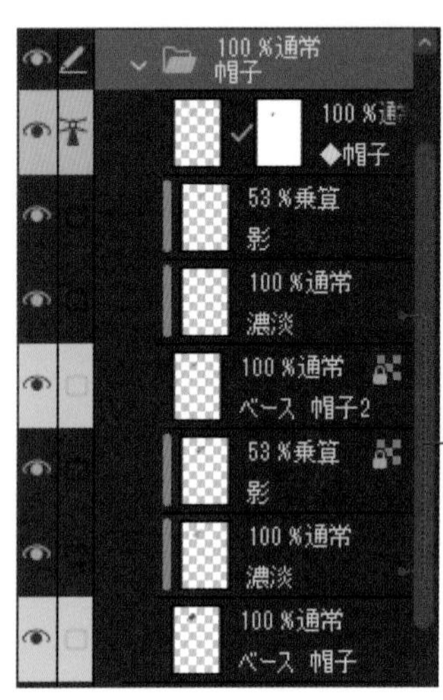

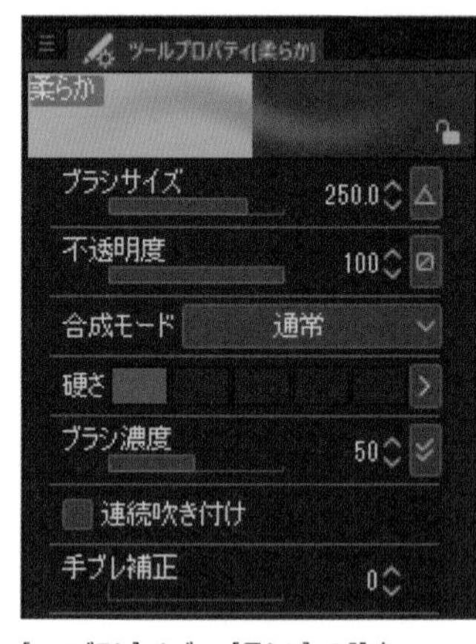

［エアブラシ］タブ→［柔らか］の設定

MEMO

ベースと影がクリッピング状態なら、ベースレイヤーを選択した状態で［新規ラスターレイヤー］を作成すれば、ベースレイヤーにクリッピングされたレイヤーが自動的に作成されます。

2 大きめのブラシでベースに濃淡を付ける

塗ったときに綺麗でムラのないグラデーションにするため、ブラシサイズは塗りたい部分に対して大きめにして一塗りで塗れるようにします。明るい色と暗い色の両方を塗りますが、このときも光の方向を意識し、明るい色は光の当たる方向に、暗い色は影側に塗るようにします。今回は髪の毛の上側に明るい色、下側を暗い色にしています。

3 場所に応じて濃淡を塗り分ける

スカートや髪などは「全体的に大きく塗る方法」、袖や紙の部分などは「影の付近にだけ少し塗る方法」で塗っていきます。濃淡の塗りは基本的にこの2パターンです。場所に応じて、バランスを見ながら描き分けましょう。また影のときと同じように、あえて違う色も入れると変化が出るのでオススメです。ちなみに顔と眼鏡は個別に描き込むため、この時点ではまだ濃淡を付けません。

4 影に色を追加する

影にも色を追加していきます。影レイヤーを［透明ピクセルをロック］に設定し、手順3と同じようにグラデーションの濃淡を塗ります。影はすべてに色付けするのではなく、袖部分には要所要所に色付けしたり、髪の毛のように影の面積が多い部分は、1色でなく別の色も混ぜたグラデーションにしたりすると変化が出ます。

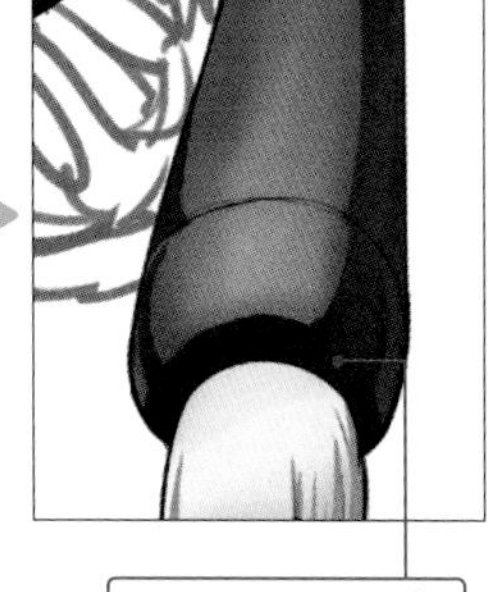

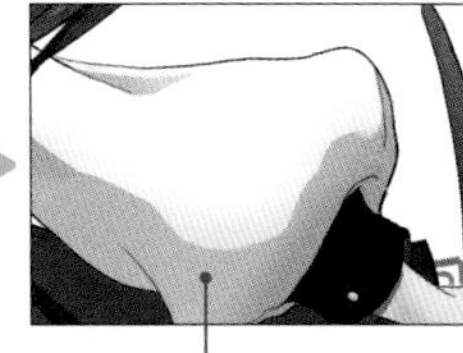

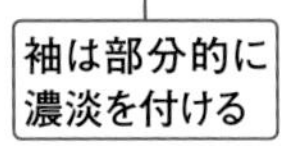

POINT 影を［乗算］モードで描いている場合

影を［乗算］モードで色付けしていると、グラデーションを塗る際に描画色通りの色に塗ることが難しくなります。これを回避するには、影レイヤーの選択範囲を取得→［新規ラスターレイヤー］を選択して、影型のマスクが付いた［新規ラスターレイヤー］を影レイヤーの上に作成→ベースにクリッピングしてから塗る、という方法が有効です。ただし、グラデーションは通常レイヤーに塗るため、その下にある濃淡や模様は見えなくなります。

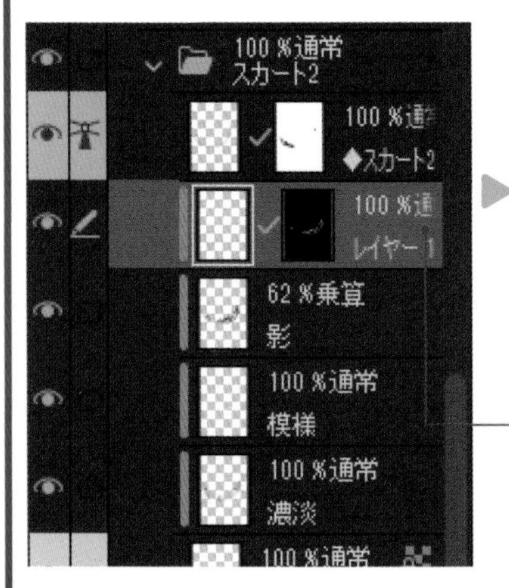

5 影の一部をマスクでぼかす

次に、影レイヤーに［レイヤーマスクを作成］◼でマスクを設定し、ぼかしが強い［消しゴム］で影の境界線をぼかしながら非表示にしていきます。すべてをぼかすのではなく一部だけをぼかしたり、ハッキリした部分とぼかしの部分を織り交ぜたりすると、メリハリを残せます。個人的にはクッキリとした影が好きなので、今回はぼかす部分を比較的少な目にしておきます。

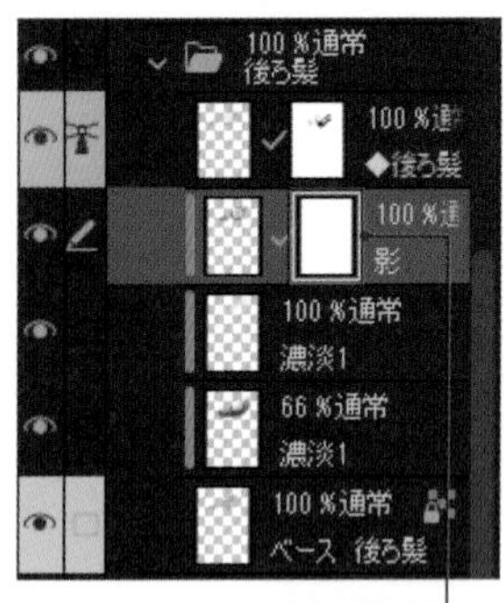

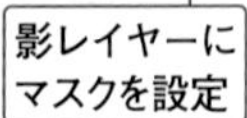

6 顔を個別で仕上げる

顔はキャラクターで一番目につく箇所のため、個別に細かく仕上げていきます。手順❶と同じようにベースと影の間に［新規ラスターレイヤー］を作成し、眼鏡レイヤーはいったん非表示に。［エアブラシ］タブ→［柔らか］を［不透明度30～50］［硬さ：1］に設定し、影との境界線付近や、口／頬／目の周り、輪郭周りなど、部分的に赤味のぼかしを足します。次に唇の下と端に強めの赤を追加し、最後に［不透明度：100］［硬さ：5］で下唇にハイライトを少しだけ追加します。

7 目元を仕上げる

目は段階的に仕上げていきます。影レイヤーの上に［新規ラスターレイヤー］を作成し、影と同じようにベースにクリッピングします。最初に目の下に明るめの色をぼかしで追加。次に一番暗くなる瞳孔と上部分に、ぼかしを少なくしたブラシで濃いめの色を足してから、瞳孔と目のフチに明るいラインを追加します。再度［新規ラスターレイヤー］を作成し、今度はクリッピングせずに、目の周りに濃いめの紫色でぼかしを付け、部分的にハイライトを入れれば目元は完了です。

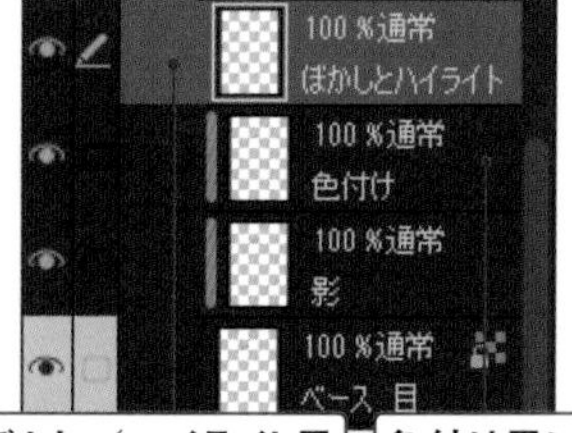

8 メガネを仕上げる

眼鏡を再表示します。［新規ラスターレイヤー］をフレームのベースより下に作成し、眼鏡のレンズ部分を一度白色で塗りつぶします。そのままレイヤーを［不透明度：70］に下げたあとに、［レイヤーマスクを作成］でマスクを設定します。ブラシの描画色を［透明色］、［不透明度：50〜100］でぼかしを少なく設定し、レンズの一部を非表示にしていきます。目はほとんど見えるけれど、下部分から一部だけレンズの反射が見えるくらいに調整しました。

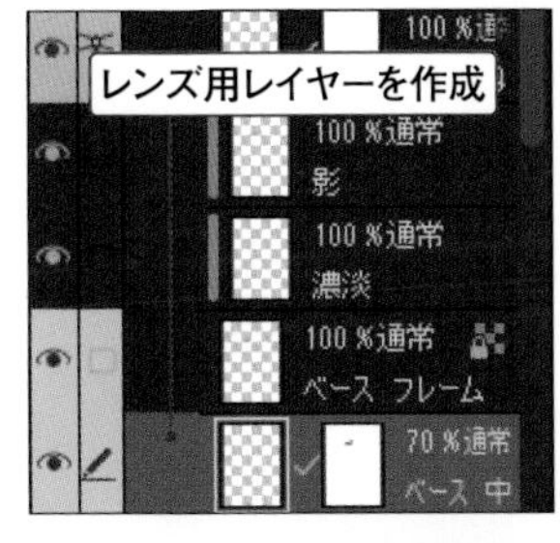

9 部分的にハイライトを入れる

最後の〆として、各パーツの線画レイヤーの下に［新規ラスターレイヤー］を作成し、ハイライトを追加していきます。ブラシは［Gペン］にしました。あまり入れすぎるとうるさくなってしまうため、各パーツの一番光っているところや、角や端のラインなど、一部にポイント的に付けていきます。また、描画色は真っ白だけではなく、その場所に合った色味を混ぜたり、不透明度を調整したりしながら描いていきましょう。ハイライトを入れ終われば完了です。

7-1-7

残りのパーツを作成する

スカート部分の水玉模様とレース部分を作成します。水玉模様はテクスチャとしてパターン化させることで均一な模様にし、レースは対称定規と複製を利用して作成していきます。

1 背景に暗いべた塗りレイヤーを配置する

模様とレースは白色で作成するので、見やすくするためにキャンバスの背景を一時的に暗い色に変更します。[レイヤー] パレットの一番下にある [用紙] レイヤーを選択し、[レイヤー] パレットの [メニュー表示] ■→ [新規レイヤー] → [べた塗り] →暗め色を指定→ [OK] を選択して、暗いべた塗りレイヤーを作成します。これでキャンバスの背景が暗くなります。

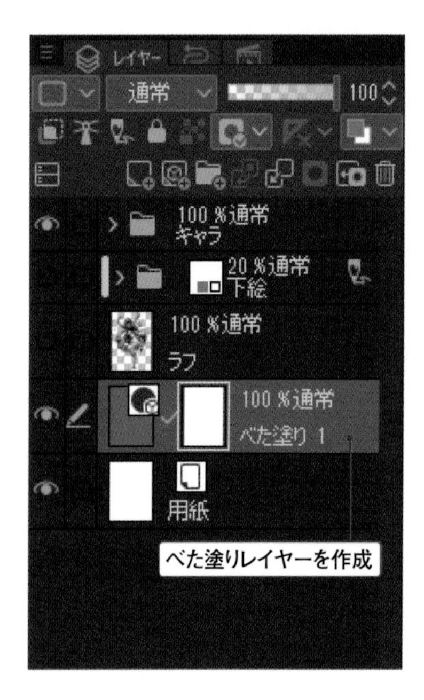

2 テクスチャを描く

[レイヤー] パレットの一番上に [新規ラスターレイヤー] を作成します。[Gペン] を選択し、[描画色：白] [不透明度：100] に設定したら、ブラシサイズをスカートの水玉模様に合わせたサイズに変更します。キャンバスの何もない場所に、マウスの左ボタンで1クリックして筆圧のない白い丸を1つ描きます。

MEMO マウスを利用すると筆圧のない線を描くことができます。

3 テクスチャを素材に登録する

［選択範囲］→［長方形選択］ツールを選択し、Shiftキーを押しながらドラッグして白丸を正方形で囲います。このとき、白丸を中心に、少し大きめに囲うのがポイントです。［編集］メニュー→［素材登録］→［画像］から［素材のプロパティ］画面を表示し、［用紙テクスチャとして使用］［拡大縮小］［タイリング］にチェックを入れ、保存先を指定して［OK］を選択します。これで素材が登録されました。素材を登録したら白丸のレイヤーと、スカートの模様レイヤーは削除しても問題ありません。

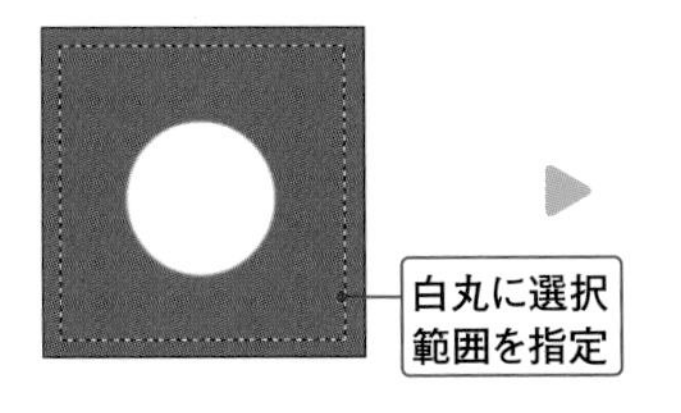

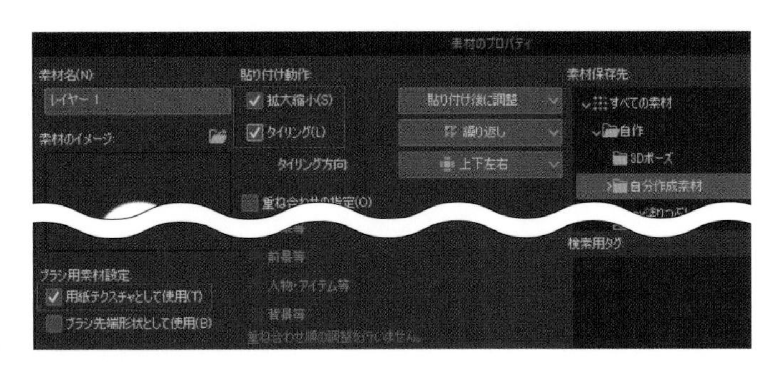

MEMO 範囲選択で指定すると、余白も含めて素材として登録されます。

4 テクスチャをキャンバスに配置する

［素材］パレットから先ほど登録した白丸をキャンバスにドラッグします。すると、パターン化された白丸のテクスチャ素材が配置されます。そのままスカートの模様部分にある影と濃淡レイヤーの間に白丸のレイヤーを移動し、クリッピングしておきます。これにより余計な部分が非表示になります。

MEMO 模様の上にある影レイヤーを［乗算］で描いている場合、下地の白丸模様を残した状態で影が付きます。

5 テクスチャの位置／角度／サイズを修正する

白丸のレイヤーを選択し、［操作］→［オブジェクト］ツールに切り替え、表示される枠を使ってテクスチャの位置や角度、サイズを調整すれば完了です。

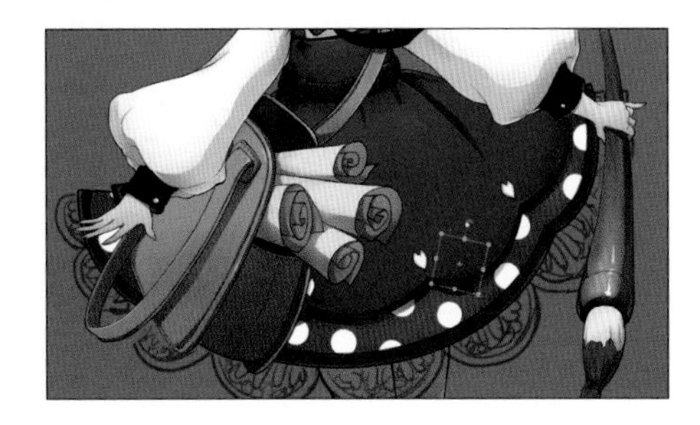

テクスチャを配置したあとに、マスクを使って一部を薄くする場合もあります。

6 レイヤーに対称定規を配置する

次はレースです。スカート下のレース部分に［新規ラスターレイヤー］を作成します。［定規］→［対称定規］ツールを選択し、［ツールプロパティ］パレットで［線の本数：2］に設定して、レースの中心を通るように縦方向の対称定規を配置します。

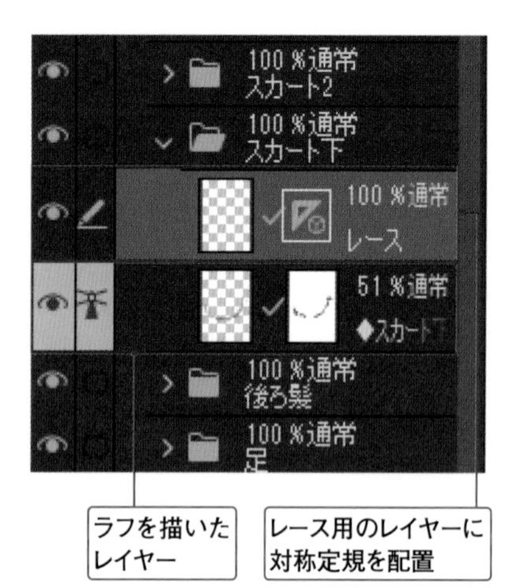

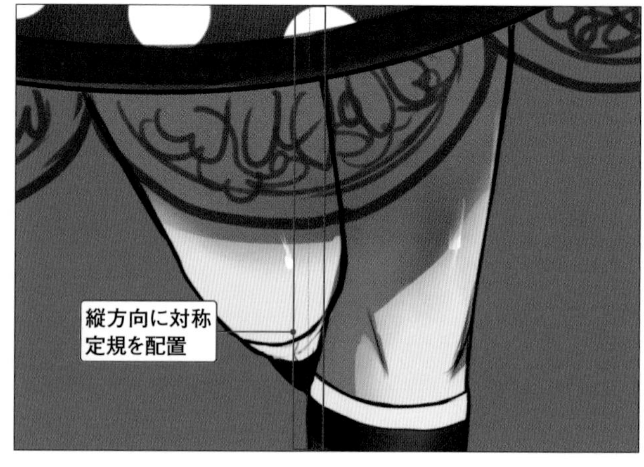

7 レース素材を 1 枚分描く

手順6で作成したレイヤーを選択し、［レイヤープロパティ］パレットの［境界効果］で［フチの太さ：2］の黒いフチを設定します。［Gペン］を［描画色：白］［不透明度：100］にし、ラフを元にレースを1枚分描きます。対称定規を使ったレースの詳しい描き方はP.186を参照してください。レースを描き終えたら対称定規は削除しておきましょう。

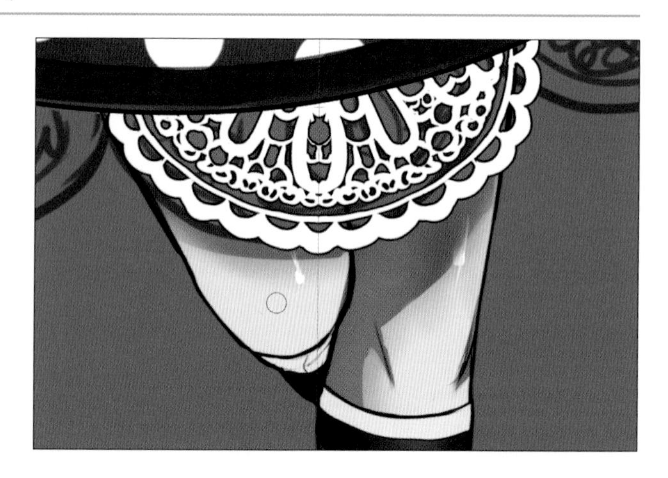

8 レースを複製して配置する

レースを描いたレイヤーを8枚複製し、［レイヤー移動］→［レイヤー移動］ツールを使って、スカートのラインに合わせて1枚ずつ位置を調整します。このとき、手前の2枚レースの間に1枚のレースが来るよう、レイヤー順を調整しておきます。

9 レースを変形してはみ出し部分をカットする

1枚1枚のレースに対して［編集］メニュー→［変形］→［拡大・縮小・回転］ツールを使い、スカートの曲線に合わせて変形します。変形時はただ角度を合わせるだけでなく、端になるほど幅が狭くなるようにも調整します。また、端部分のはみ出した部分は［消しゴム］ツールで削除し、［Gペン］で加筆して綺麗に収まるよう処理します。

スカートラインに合わせて変形する

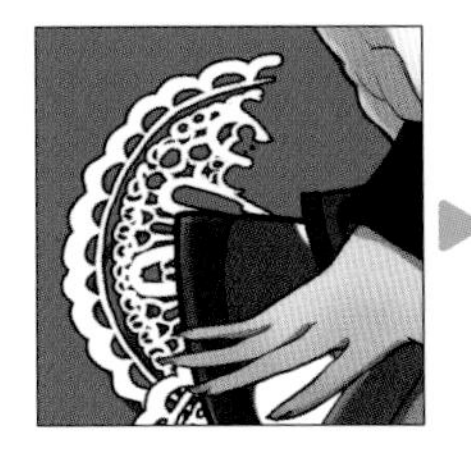

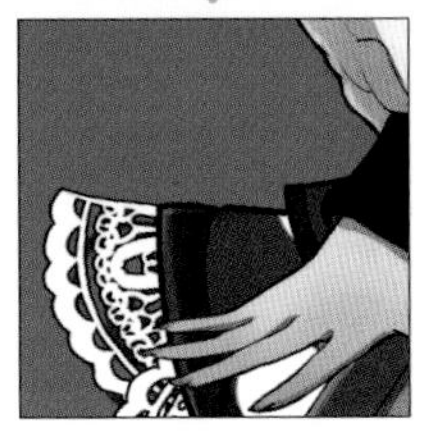
端は消しゴムでカットしてブラシで追記して閉じる

端のレースほど真ん中より狭くする

10 レースのレイヤーを結合する

レースに濃淡を付けますが、暗い背景のままだと印象が変わるため、この時点で最初に作成した［ベタ塗り］レイヤーを削除しておきます。また、下描きのレースレイヤーも削除して問題ありません。その後、レースのレイヤーをすべて結合して1枚のレイヤーにまとめます。なお、結合すると縁の濃さが変わるので注意してください。

MEMO レイヤーを1枚に結合することで、［レイヤープロパティ］パレットの［境界効果］が編集できなくなります。

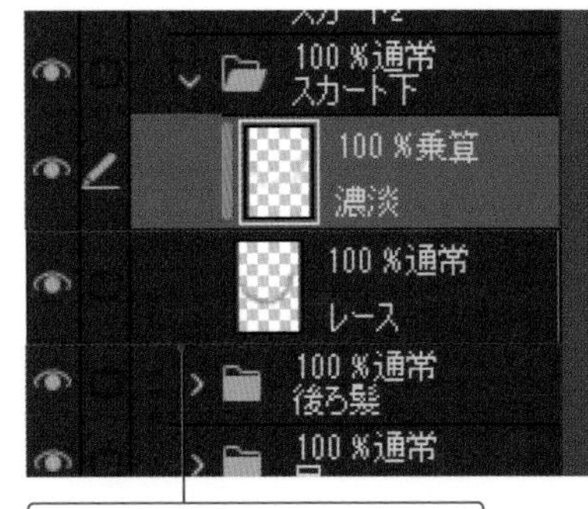

レースを1枚のレイヤーにまとめる

11 レースに濃淡を付ける

レースのフチの太さやバランスを確認したら、上に［乗算］に設定した［新規ラスターレイヤー］を作成してレースレイヤーにクリッピングし（右上の画像を参照）、［エアブラシ］タブ→［柔らか］を使用してレースに薄めの濃淡を付けます。濃淡が塗れたら模様とレースが完成です。

薄く濃淡を付ける

7-1-8

仕上げ

最後の仕上げとして、線画の色を変更して色と線をなじませて、さらに影と光を追加します。また、テクスチャを使用してキャラクター全体に質感も付けていきます。

1 線画の色を変えてなじませる

線画の黒を部分的に茶色や紫色にすることで、線と塗りをなじませます。各線画のレイヤーを［透明ピクセルをロック］状態にして、［エアブラシ］タブ→［柔らか］で塗り替えていきましょう。線すべてを薄めの色にしてしまうと全体の印象が薄くなるので、黒をメインに残しつつ、光の当たるところに部分的に明るい色を付けます。またレースの線を色変えする場合は、クリッピングされたレース本体と濃淡の間に、合成モードを［比較（明）］に設定した［新規ラスターレイヤー］を作成し、そこに色を付けます。

MEMO
明るい色を付けると柔らかい印象になるため、袖部分などは多めに色変えしています。

線画の色を部分的に変える

レースの線は［比較（明）］を利用して色を変える

2 モチーフの重なりに影を付ける

眼鏡の下や、体とカバンの隙間、腕とスカートの間など、モチーフが複数重なっている間に、［乗算］に設定した［新規ラスターレイヤー］を作成し、［Gペン］と［エアブラシ］タブ→［柔らか］を使って影を追加していきます。このようにモチーフが複数重なっているところに影を付けたい場合は、各ベースごとに1つ1つ影を付けるよりまとめて影を付けたほうが、統一感が出てレイヤー数も少なく済みます。

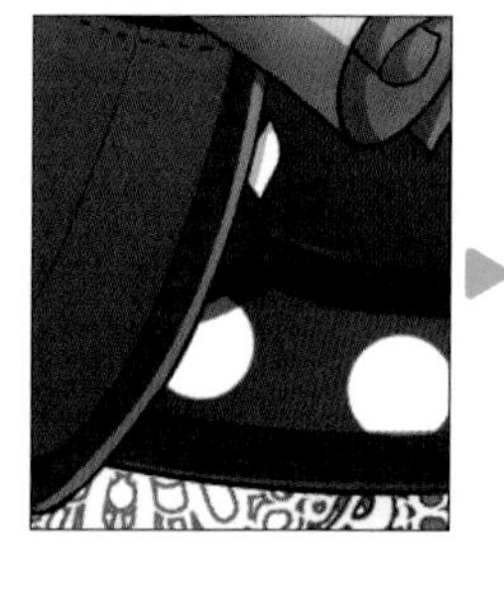
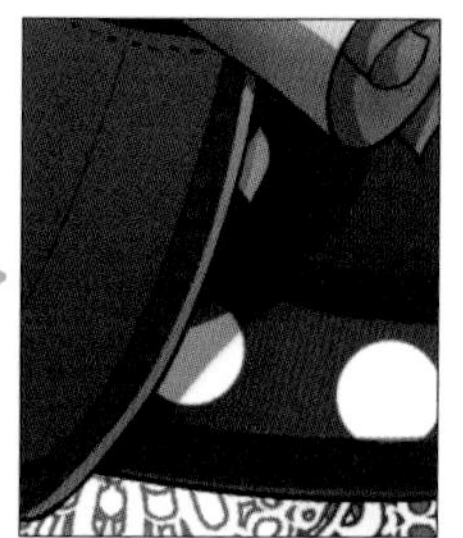

3 ハイライト用のレイヤーを追加する

キャラクター全体に合成モードを利用したハイライトを追加しますが、そのままフォルダー内の一番上に追加すると、余白部分などがうまく描画されません。これを回避する方法としては、人物のレイヤーが入っているフォルダーのすぐ上に、合成モードを［覆い焼き（発光）］にした新規レイヤーを作成し、そのまま人物レイヤーフォルダーへ［下のレイヤーでクリッピング］でクリッピングします。これにより、フォルダー内の人物にだけハイライトを付けることができます。

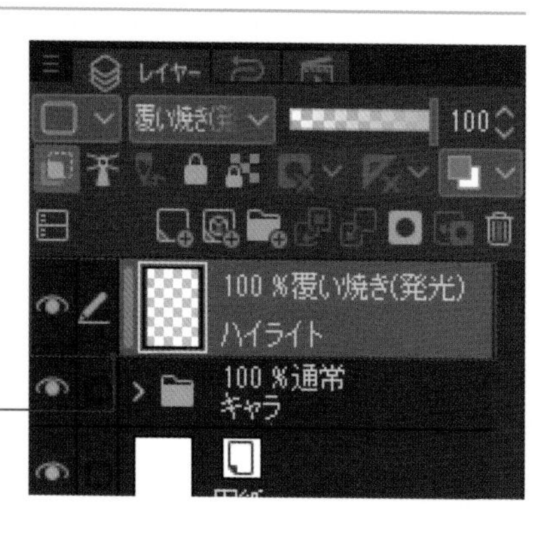

キャラクターのフォルダーにクリッピング

4 キャラクター全体にハイライトを描く

先ほど作成した［覆い焼き（発光）］モードにした新規レイヤーを選択し、［描画色：青］の［エアブラシ］タブ→［柔らか］で、ぼかしを強くし、大きめのブラシサイズで頭付近を描画します。すると描画した部分が少し発光した雰囲気になります。同じようにペンの部分も光を追加して光沢感を出します。あまり入れると明るくなりすぎるので、ブラシの［不透明度］を薄めにして少しずつ追加していきましょう。

> MEMO
> ［覆い焼き（発光）］モードは、描画した部分を発光させる効果を付けることができます。

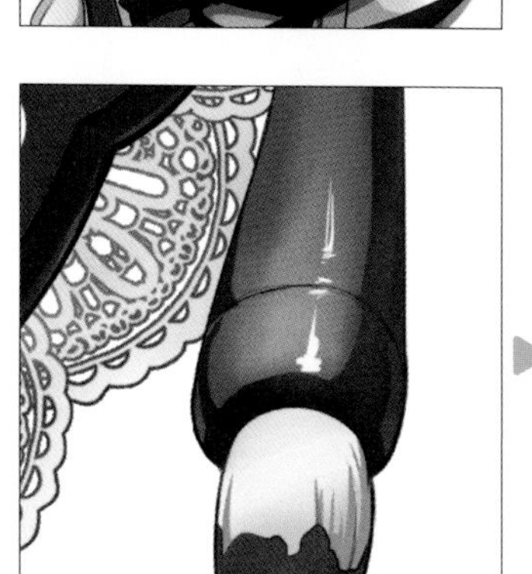

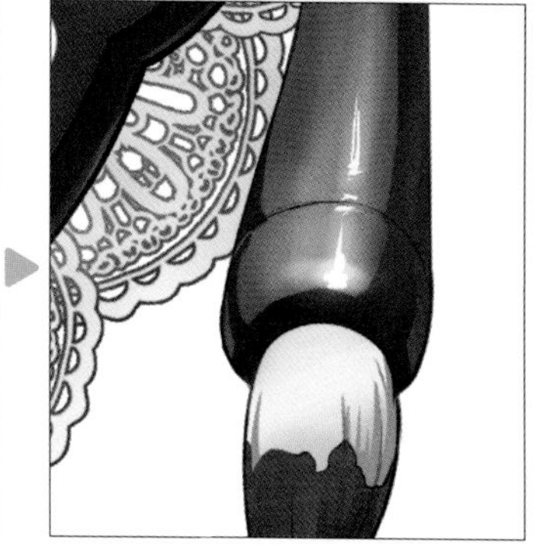

5 テクスチャを配置する

最後にキャラクター全体にテクスチャを配置して、表面に質感を付けていきます。［素材］パレットを開き、左メニューの［単色パターン］→［テクスチャ］から［油絵］を選択し、ドラッグしてキャンバスに配置します（→P.161）。

> MEMO
> 素材が見つからない場合は、［素材］パレットの［検索］欄を利用しましょう。

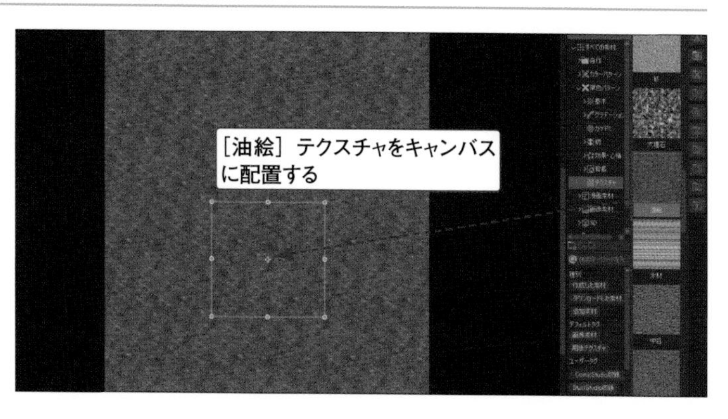

［油絵］テクスチャをキャンバスに配置する

6 [テクスチャ] レイヤーをクリッピングする

先ほど配置した［テクスチャ］レイヤーを選択した状態で、［下のレイヤーでクリッピング］を選択し、キャラクターフォルダーへクリッピングします。

7 テクスチャをキャラクターになじませる

［テクスチャ］レイヤーを［不透明度：49］にし、合成モードを［オーバーレイ］に変更します。すると、キャラクターにテクスチャの質感が付いた状態になります。

8 完成

テクスチャが張り終われば、これで完成です。

Chapter 8

実践!「背景」メイキング

8-1 「青空の広がる風景」 ～線画を使わずに描く
8-1-1 ラフを描く
8-1-2 雲を描く
8-1-3 草原と道を描く
8-1-4 手前の長い草を描く
8-1-5 花などの残りの部分を描く
8-1-6 仕上げ
8-2 「夕暮れの高層ビル」 ～ベクターレイヤーとパース定規で描く
8-2-1 パースの基本とラフ
8-2-2 パース定規を配置する
8-2-3 ビル外枠の線画を描く
8-2-4 右側の窓を描く
8-2-5 左側の窓を描く
8-2-6 空と木々を描く
8-2-7 ビルを塗る

Making

8-1 「青空の広がる風景」～線画を使わずに描く

1 ラフを描く

線は描かず、各モチーフを色のシルエットで描いていくイメージで、ラフを描いていきます。

▼

2 雲を描く

雲の形をブラシや消しゴムで整え、影や光を追加して仕上げていきます。

▼

3 草原と道を描く

草用に作ったオリジナルブラシを使って草原を仕上げ、手前の道もブラッシュアップしていきます。

4 手前の長い草を描く

道付近をもう少し目立たせるため、道の左右に長い草を追加してボリュームを増やします。

▼

5 花などの残りの部分を描く

残っている花、雑木林、山も、描き直したり、形を整えた後に濃淡を付けることで仕上げていきます。

▼

6 仕上げ

最後の仕上げとして、キラキラを追加したり、全体がもう少し明るくなるよう調整していきます。

完成

絵の描き方には、線画を使わずモチーフをざっくりと描いてから徐々にブラッシュアップしていくという技法があります。油絵で色を塗り重ねていく方法に似ていますが、線画がないため強く主張しない調和した仕上がりになります。今回はこの方法で自然風景を描きます。

8-1-1

ラフを描く

キャンバスにラフを描きます。今回は線画を描かず、それぞれのモチーフを色のシルエットで描くイメージで、ざっくりと描いていきます。

1 キャンバスをグラデーションで塗りつぶす

［A4］［解像度：350］の横向きの新規キャンバスを作成します。まずはじめに、［グラデーション］→［青空］ツールを選択し、［ツールプロパティ］パレットの［描画対象］を［グラデーションレイヤーを作成］に変更して青空のグラデーションをキャンバス一面に塗ります。

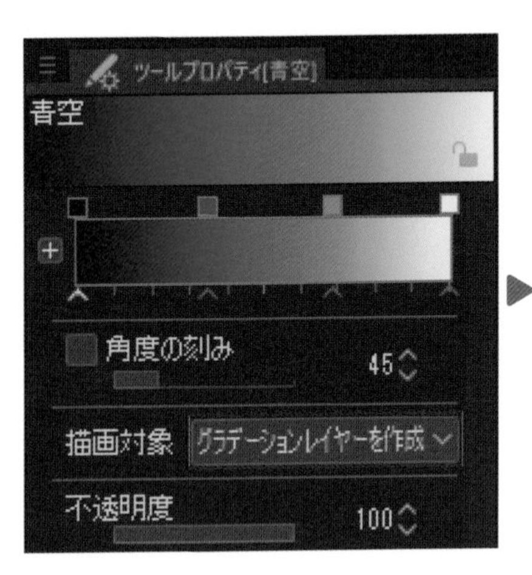

MEMO グラデーションレイヤーでグラデーションを作成すると、あとからでも手軽にグラデーションを変更できるようになります。

2 グラデーションの方向を調整する

［ツール］パレットの［操作］→［オブジェクト］ツールで先ほど作成した青空のグラデーションレイヤーを選択し、青色部分が多めになるようにグラデーションの方向を調整します。

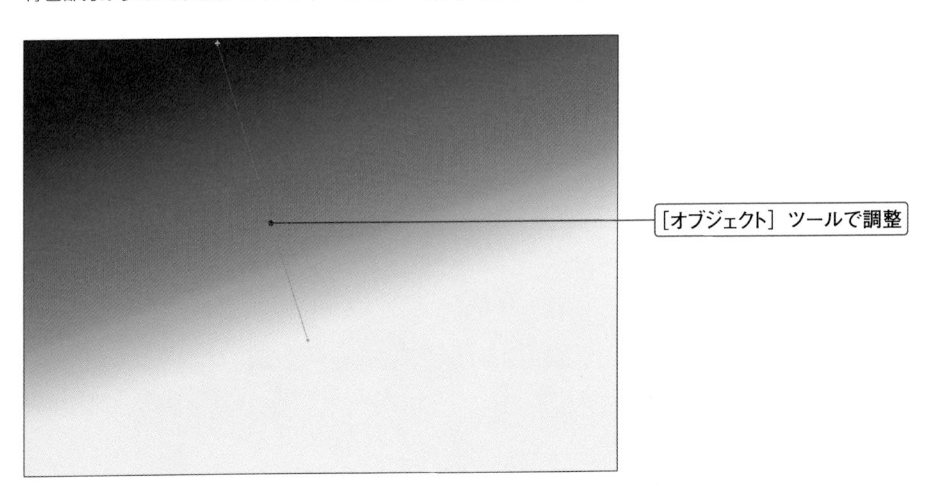

［オブジェクト］ツールで調整

3 全体のモチーフをラフに描く

グラデーションレイヤーの上に［新規ラスターレイヤー］を作成し、［ペン］→［ペン］タブ→［Gペン］を［不透明度：60～100］にして、モチーフごとにレイヤーを分けながらラフを描いていきます。このとき、線で描くのではなく、モチーフのシルエットを塗りつぶすイメージで描きます。正確な形で描く必要はありませんが、モチーフの形や濃淡がおおよそ分かるように描いておきましょう。いきなりシルエットで描くのが難しい場合は、最初にアタリを描いてからシルエットを描くとよいかもしれません。

何を描くかをざっと描いてからシルエットを描いていく

MEMO

各モチーフごとにレイヤー分けしておくと、このあと行う形の調整や仕上げの作業がやりやすくなります。今回の塗り方はレイヤー数がそこまで増えないため、「1つのモチーフにつき1枚」くらいで分けています。

4 構図を考えてラフを修正する

一部をより目立たせたり、周りのモチーフを減らしてスッキリさせたりすることで、目線を意図的に誘導させ、よりメリハリの効いたイラストにすることができます。今回は、一番手前にある道付近に白い花を追加することでより目立たせ、さらに、手前の葉をなくし、雲の分量を減らしたり方向を変更したりすることで、青空感を強くして周囲をスッキリさせます。最後にポイント的に薄めの飛行機雲を追加すれば、ラフが完成です。

完成したラフ

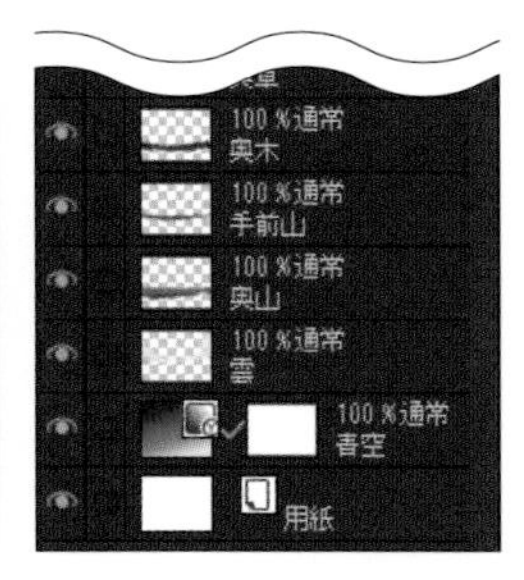

今回のレイヤー分け

POINT 背景を描く上でのポイント

背景を描く際は、遠近感を表現することが大事です。風景で遠近感を表現するには、手前にあるものは大きく、細かい描写にします。逆に遠くにあるものは小さく描き、また、霞がかって薄くなるように描きます。ラフの時点では細かく描く必要はありませんが、形の大小と色の濃淡で遠近感が出るように描いておきましょう。

❶手前の丘	最初にこの場所に目線を誘導するため、ほかの部分より細かめに描画します。さらに、花／長い草／道などを追加することで目線が行く範囲を絞っています。
❷奥の丘	手前の丘より距離があるため、草などはあまり細かい描写にならないようにします。
❸奥の並木道	さらに奥にあるため、小さく、曖昧に描きます。
❹山	山はモチーフとしては一番遠くにあります。奥になるほど空の青色に近い色になるため、色を変えながら描いています。

8-1-2

雲を描く

ラフができたら、個々のモチーフを描き込むことで仕上げていきます。まずは雲から。雲の形は季節や天気によりさまざまに変化します。今回は比較的ハッキリとした形にしていきます。

1 雲の形を整える

雲を描き込んでいきます。まずラフで描いた雲のレイヤーを選択し、[厚塗り] タブ→ [ガッシュ細筆] (絵の具濃度：100) と、[消しゴム] ツールを使って雲の形を一色で整えていきます。雲は丸の集合体をイメージすると描きやすく、最初に大きめの円を描いたあと、フチ部分を細かな円で形づくります。同じ形の部分が出ないように、盛り上げたり減らしたりしてランダム感を出すことがポイントです。さらに、風に引っ張られているような部分もところどころに追加します。

MEMO　描画色は、[スポイト] ツールで雲の色をとりながら描くと周りの色になじみやすくオススメです。

円を意識して描く (黒い線はイメージ)

縁に細かく円を付け足す

引っ張られているような部分を追加する

2 雲に影を付ける

全体の形が整ったら次は影を追加します。先ほどと同じように円を描くイメージで、雲の下側に影を一色で追加していきます。ただし雲は凹凸がバラバラのため、下側だけでなく上側にも影が入る箇所があります。バランスを考えながら、影の入れる箇所を調整しましょう。なお、影も同じレイヤーに描画して問題ありません。影の形を修正したくなった場合は、まず雲の明るい色を [スポイト] ツールで取得し、影の上から取得した明るい色をのせていくことで整えていきます。

雲の下に影を追加

上のほうにも影を追加

MEMO　雲の影は灰色ではなく空の青が混ざった色にします。この色を取得するには、青空を [スポイト] ツールで取得し、ブラシを [不透明度：50] 程度に下げた状態で、雲の上に一度塗ってから再度 [スポイト] ツールで取得する方法がオススメです。

3 影の境目やフチの周辺をぼかす

雲の明るい部分の色を［スポイト］ツールで取得し、［エアブラシ］タブ→［柔らか］を［不透明度：30〜90］［硬さ：パネル1］に設定します。そのまま雲の輪郭や、光と影の境目の一部をぼかすように描画していきます。場所によってぼかしに強弱を付けるなどしてランダムに描きましょう。さらに、影の下部分にも少しだけ明るいぼかしを足していきます。これでより立体感が出ます。

ぼかす前

輪郭や影の境界線をぼかす

影の下にも明るい色を少し追加する

MEMO　雲レイヤーを複製して、ぼかしを入れる前のデータを残しておくと、やり直しができるのでオススメです。

4 ［指先］ツールで引き伸ばす

［色混ぜ］→［指先］ツールを選択し、［不透明度：40〜60］［色伸び：40〜70］に設定します。この状態で雲の一部を横に引き伸ばしたり、逆に内側に入れたりして、風に引っ張られている感じを表現します。

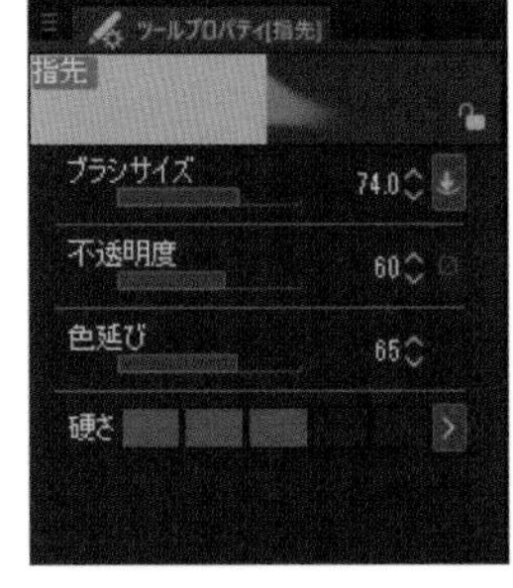

［指先］ツールの設定

5 光とぼかしを追加する

雲レイヤーの上に［合成モード：覆い焼き（発光）］にした［新規ラスターレイヤー］を作成してクリッピングします。空の青色を［スポイト］ツールで取得したら、［エアブラシ］タブ→［柔らか］で雲の下側を中心に少しだけ青白く発光させます。あまり強く入れると発光しすぎるため、［不透明度：30］［硬さ：パネル2］くらいで薄めに少しずつ入れましょう。また、背景と雲をなじませるため、雲と青空のレイヤーの下に［新規ラスターレイヤー］を作成し、ブラシサイズを大きめにして雲の周りに白色のぼかしを入れます。最後に飛行機雲のラインを整えれば雲が完成です。

8-1-3

草原と道を描く

草や木などの同じような形が密集したものは、オリジナルブラシを作成して効率的に描きます。一度作成しておけばほかのイラストでも使えるので、色んなブラシを作成しておくと便利です。

1 草原用のブラシを作成する① ～素材を描く

次は草原を描き込んでいきます。草原は草の形をしたオリジナルブラシで塗っていくため、まずは草ブラシを作成します。[新規ラスターレイヤー]を作成し、[レイヤー]パレットの［メニュー表示］→［レイヤーの変換］で［表現色：グレー］に変更します。［Gペン］を［不透明度：100］に設定し、画面の草原部分に［描画色：黒］で草の一部を描きます。草は下から上に向かって払うイメージで描きましょう。今回は3種類のブラシ素材を、レイヤーを分けて描きました。

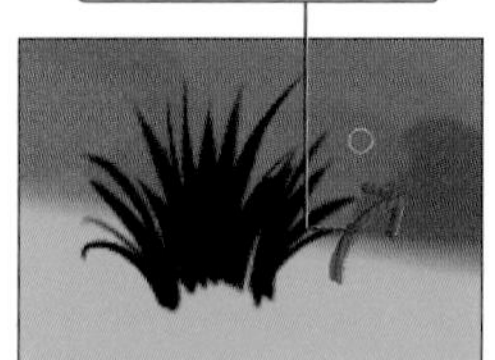

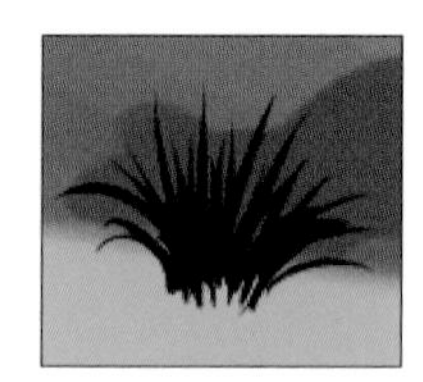

計３種類の草を描く

MEMO 今回は描画色を反映させるブラシを作成するため、レイヤーを［グレー］モードにして描いています（→P.192のPOINT）。

2 草原用のブラシを作成する② ～ブラシをカスタマイズする

描いた3種類の草をそれぞれ［素材］パレットへ登録します（→P.191）。［Gペン］を複製し、［サブツール詳細］パレットの［ブラシの先端］に3つの素材を呼び出して、そのほかの項目も画像のように変更しておきます。これでオリジナルの草ブラシが完成です。

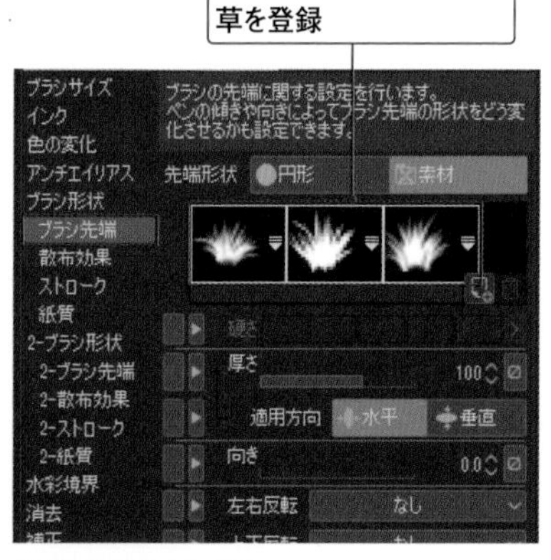

各項目を画面のように設定

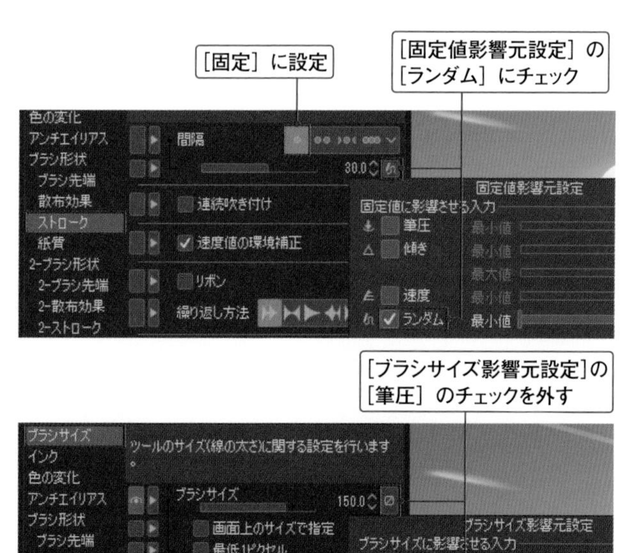

MEMO 細かな設定は、試し描きをしながら都度調整していきましょう。

3 手前の草原を１色で塗る

草の明るい部分の色を［スポイト］ツールで取得します。ラフで描いた手前の草のレイヤーと、先ほど作成した［草ブラシ］を選択し、ブラシを［ブラシサイズ：60～150］［ブラシ濃度：60～100］にして手前の草原を塗っていきます。草原の輪郭部分はブラシサイズを変更したり、あえて描かない部分を入れたり、同じところをもう一度なぞったりしながらランダム感が出るように描いてきます。草原の内側部分は1色でベタっと塗りつぶして問題ありません。

MEMO
手前の草を描く際は、左側にある長い草／道／花を非表示にしておくと描きやすいです。もし1枚レイヤーで描いている場合は、各パーツを塗りつぶさないよう注意しながら塗りましょう。多少なら、塗りとかぶっても問題ありません。

4 草の影を塗る

手順3で描いた草レイヤーを選択して［透明ピクセルをロック］を設定します。描画色を暗めの色に変更し、草ブラシのまま、［不透明度：60～100］で草を追加していきます。これは草の影になります。このとき、上側と内側のところどころに明るい色を残しつつ、ほぼ塗りつぶす感じで塗っていきます。

MEMO
影の草を削りたい場合は、明るい色を［スポイト］ツールで取得して、草ブラシで上から塗りつぶすことで修正します。

5 影の上から草を重ねる

草の明るい色を再度［スポイト］ツールで取得し、草ブラシを［不透明度：40～80］に設定して、影を上から消していくイメージで草を重ねていきます。すべてを消すのではなく、一部に影を残すようにするとリアリティが出ます。

6 ハイライトを塗る

草レイヤーの上に、[合成モード：スクリーン] に設定した [新規ラスターレイヤー] を作成してクリッピングします。草ブラシを [不透明度：30〜40] の低めの設定にして、描画色は草の明るい色のままで光の当たる部分にハイライトを追加していきます。一気に明るい色を追加するのではなく、薄い色を少しずつ塗り重ねることで濃淡のムラが出るようにしましょう。これで手前の草原は完成です。

7 奥の草原を描く

手前の草原と同じ方法で奥側の草原も描いていきます。奥の草原には遠近がついていて手前より小さい草の集合体になるため、草ブラシを小さめにして描きます。さらに手前の草原をより目立たせるために、奥の草原は手前より暗い色に塗っていきます。そのため最後の [スクリーン] でハイライトを塗る作業は、[乗算] で影を追加する作業に変更しています。

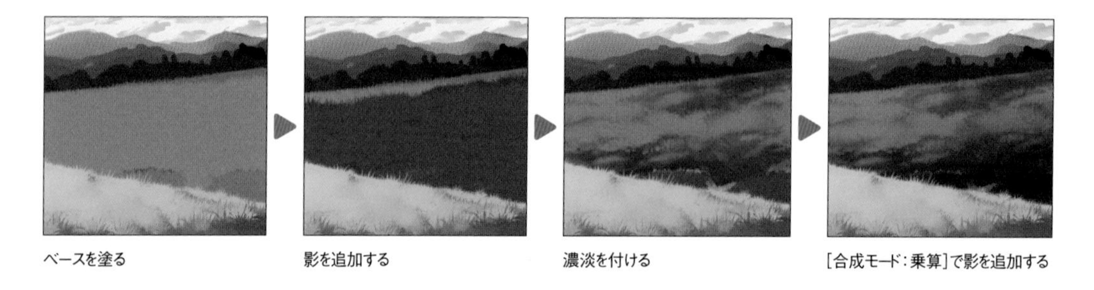

ベースを塗る　影を追加する　濃淡を付ける　[合成モード：乗算] で影を追加する

8 道のベースを描く

手前にある道を描き込んでいきます。道のレイヤーを選択し、[Gペン] を [不透明度：100] にして、影と明るい色の2色で道をベタッと塗ります。きっちり描くのではなく、ラフな感じで描いたほうが自然の感じが出ます。次にそのまま [Gペン] で、端の影が左右にはみ出るように大雑把に描いていきます。ここもはみ出す箇所や量をランダムにしますが、あまり長すぎるはみ出しがないように注意します。

ラフ　2色で塗る。端が影、真ん中が道になる　端の影を左右にはみ出すように描く

MEMO　草原を描いたときと同じように、道を描く際も手前の長い草と花を非表示にしておくと描きやすいです。

9 影のはみ出しをぼかしながら引き伸ばす

道の内側の色を［スポイト］ツールで取得し、［ガッシュ細筆］を［ブラシサイズ：70〜100］［不透明度：60〜100］［絵の具量／絵の具濃度／色延び：70〜40］に設定します。そのまま端にある影からを内側に向かってブラシを動かすと、影が内側に引き伸ばされたようになります。時々外方向にも引き伸ばすとよいですが、外まではみ出さないように注意しましょう。

10 道にラインを描き込む

道のレイヤーの上に［新規ラスターレイヤー］を作成し、両端の影の色を［スポイト］ツールで取得します。［Gペン］を［ブラシサイズ：30〜40］［不透明度：50〜100］に設定して、道の内側に細いラインを描いていきます。基本的に横方向にランダムに追加しますが、ところどころ段差のある線や太い線を混ぜましょう。描き終えたら手前の道が完成です。

ラインだけを表示させた画像

11 奥側にも土を描き込む

同じ方法で奥側にも［新規ラスターレイヤー］を作成して土を描き込んでいきます。奥は手前の道より暗めの色にし、奥にいくほど手順10のラインを多く入れないようにして仕上げています。これで道部分が完成です。

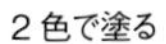
２色で塗る

影を内側にはみ出させる

［ガッシュ細筆］でぼかす

今回は形を削りつつ筋を追加する（明るい色部分も追記）

8-1-4

手前の長い草を描く

手前の道にアクセントになる長い草を追加します。ラフから無駄な部分を消して整えたあと、上から描き込んで仕上げます。また、先ほどつくったオリジナルブラシも再利用します。

1 手前の長い草を整理する

手前の長い草を仕上げていきます。まず長い草のラフを再表示し、道側の無駄な部分や草の出っ張りを［消しゴム］ツールで削除して形を整理します。次に道の端付近に苔の要素を追加するため、［Gペン］を［不透明度：100］にして道付近に暗めの緑を上から追記します。下に描かれた道の影を残しつつ、場所によって道の内側にはみ出すようにしながらランダムに描いていきます。

ラフ

余分な部分を削って形を整える

道側に暗めの緑を追加

MEMO

白い花は邪魔なので非表示にして描いています。

2 長い草のベースを描く

先ほど描いた緑のレイヤーの上に［新規ラスターレイヤー］を作成し、草原のベース色を［スポイト］ツールで取得して、［Gペン］のまま長い草を一色で描いていきます。このときも、草のオリジナルブラシを作成したときと同様に、下から上に向かって払うように描きます。ところどころぐっと曲がった部分を入れつつ、草の密集ができるまで1本1本草を追加すれば、草のベースが完了です。

MEMO

今回は思い通りの箇所に草を描きたかったので行いませんでしたが、草原の草ブラシのように、長い草用のオリジナルブラシを作成して描いてもよいでしょう。一度作成しておけば、別のイラストを描く際にも再利用できるのでオススメです。

3 影を入れたあとに草を追加する

先ほど長い草を描いたレイヤーの上に［新規ラスターレイヤー］を作成します。P.250で作成した草ブラシを選択し、［ブラシサイズ：100〜150］［不透明度・ブラシ濃度：100］にして、長い草の下部分に濃い緑色で影を追加します。［Gペン］に戻したら、隙間から影が見えているイメージで草をさらに上から描き足していきます。

4 ハイライトを追加する

手順2、3で描いた長い草のレイヤーを結合して1枚のレイヤーにまとめます。その上に［新規ラスターレイヤー］を作成してクリッピングし、［Gペン］を［不透明度：40〜70］にしてハイライトを追加していきます。草の上部分を中心に、明るい色の草を追加していくイメージで描きましょう。ハイライトを付け終わったら長い草が完成です。

5 地面に影を追加する

長い草を描き終えたら、最初に塗った地面の緑に影を付けて、道になじませていきます。［Gペン］を［不透明度：80〜100］にして、道と接している部分を中心に横方向に影を描いていきます。地面に近く、草でほとんど隠れている部分なので、影の範囲が多めになるように意識して描きます。描き終えたら手前の草が完成です。

MEMO 今回は［Gペン］を使用しましたが、草ブラシを小さいサイズにして描けば、草の形をした影が付くのでコケのようなイメージにできます。

8-1-5

花などの残りの部分を描く

残っている花と雑木林、山を描いていきます。ベースとなるシルエットを描いたあとに濃淡を付けるのは変わりませんが、「近くにあるもの」と「遠くにあるもの」の描き分けに注意します。

1 花のシルエットと芯を描く

まずは長い草の上に白い花を追加していきます。ラフは大雑把に描きすぎたので、1から追加する形にします。一番上に［新規ラスターレイヤー］を作成し、［Gペン］を［不透明度：100］［描画色：白］にして、花を白いシルエットで描きます。小さめの花なので、花びらを1枚1枚しっかり描く必要はありませんが、4〜5枚の花びらがくっついている形にしたり、つぼみのように一粒の白い塊にしたりと、変化を付けて描きましょう。花のシルエットが描けたら、開いてる花の中心にオレンジ色の芯も追加しておきます。

白い花のシルエットを描く

開いている花にオレンジ色の芯を追加

2 花に濃淡を付ける

花のレイヤーの上に［乗算］に設定した［新規ラスターレイヤー］を作成して、クリッピングします。［エアブラシ］タブ→［柔らか］を［硬さ：パネル1］［不透明度：30］あたりのぼかしが強い設定にし、下側に薄くオレンジ色をのせて花全体に濃淡を付ければ花は完成です。

下側に薄くオレンジ色の濃淡を付ける

3 雑木林のベースを描く

奥の雑木林も、ベースを描いてから濃淡を付ける方法で描きます。まず［デコレーション］→［背景］タブ→［樹木］を複製します（→P.192手順❹）。［ブラシサイズ：300］［不透明度：100］にして、［サブツール詳細］パレットの［ストローク］タブで［間隔：固定・30前後］に変更します。ラフで描いた雑木林のレイヤーを選択し、ブラシを横方向に動かして濃いめの緑色でベースを描いていきます。このとき、ブラシの木の幹が見えないように下部分はなるべく塗りつぶします。

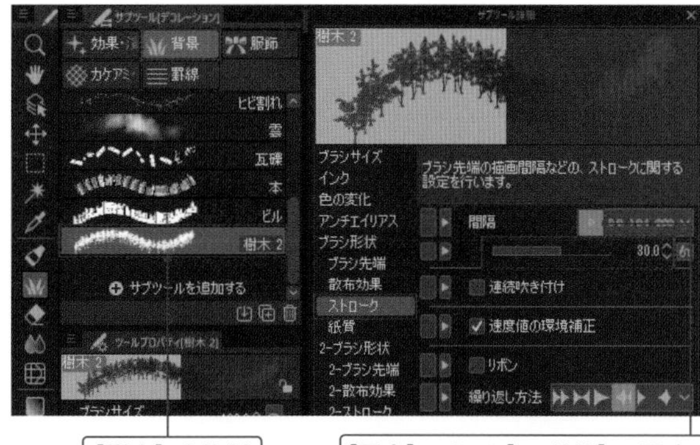

木の下部分が見えないよう、上の葉の部分を活かしたシルエットを描く

4 影を描く

雑木林レイヤーに［透明ピクセルをロック］を設定し、［樹木］ブラシを［不透明度：60〜90］にして、ベース色より濃いめの緑色や茶色に変更しながら影を描き込みます。ベース色がところどころに見えるよう、まばらに影を追加するのがポイントです。

MEMO

影を描き込んだ上から再びベースの色で塗れば、より影の形にランダム感が出ます。

5 雑木林の上部を薄くして背景に溶け込ませる

雑木林を背景に溶け込ませるため、青味がかった色を追加します。雑木林レイヤーの上に［新規ラスターレイヤー］を作成してクリッピングし、［エアブラシ］タブ→［柔らか］を［ブラシサイズ：300〜500］［不透明度：30〜50］［硬さ：パネル1］に設定します。後ろの山の紫色を［スポイト］ツールで取得して、雑木林の上部に紫色を少しずつ追加していけば雑木林が完成です。

6 山のベースを整える

残りの山は遠くにあるので、そこまでしっかり描き込む必要はありません。まずはラフを元に［不透明：100］の［Gペン］を使って一色で塗りつぶし、［消しゴム］ツールなどでベースの形を整えます。

ラフで描いた山

形を整え、べた塗りした山

MEMO 後々の編集のため、手前と奥の山はそれぞれレイヤーを分けておくのがオススメです。

7 手前の山に濃淡を付ける

手前の山にだけ、ほんの少しムラのある濃淡を付けます。山レイヤーに［透明ピクセルをロック］を設定した状態で、［ガッシュ細筆］を［ブラシサイズ：50〜100］［不透明度：10］［絵の具量：100］［絵の具濃度：55］［色延び：70］に設定し、空の青色を［スポイト］ツールで取得して山の上部を中心に塗ります。ここもすべて塗りつぶすのではなく、ムラが出るように少しずつ色を足していき、ほんのり青色が見える程度にします。

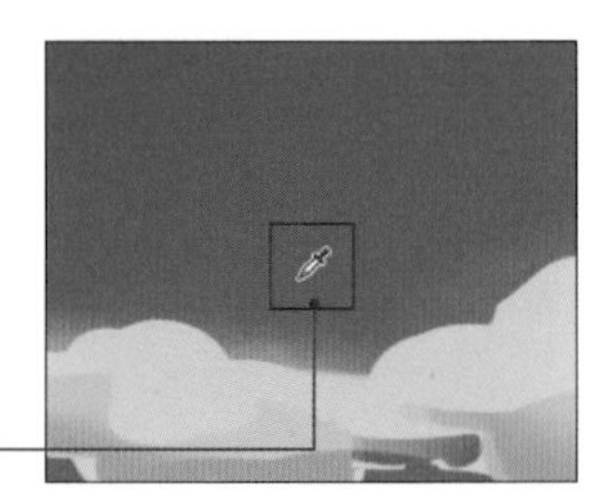

8 山に水色を追加して空に溶け込ませる

山レイヤーの上に［新規ラスターレイヤー］を作成してクリッピングします。［エアブラシ］タブ→［柔らか］を［ブラシサイズ：300前後］［不透明度：30〜50］［硬さ：パネル2］に設定し、青空の下側にある明るめの水色を［スポイト］ツールで取得します。そのまま山の上部にぼかしの強い水色を追加していきます。山は一番奥にあるため奥になるほど水色を多めに入れることで、より遠近感が出るようになります。塗り終えたら各パーツはすべて完成です。

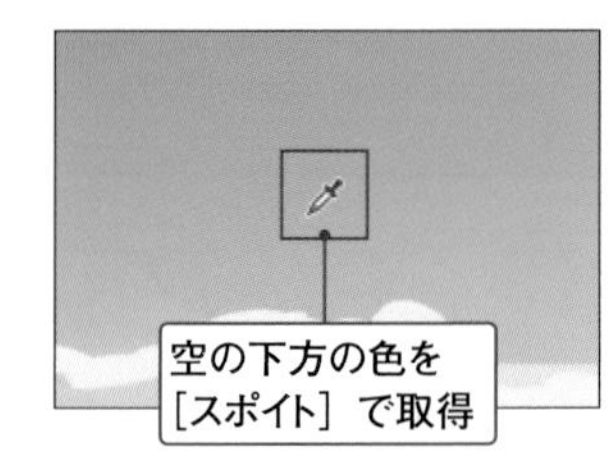

8-1-6

仕上げ

手前の花の付近にキラキラを追加し、画面全体の色を調整して最後の仕上げを行います。

1 手前にキラキラを追加する

手前の花周辺にキラキラした粉を追加することで、少しだけ神秘性を出すとともに、より目線が行くよう調整します。一番上に［新規ラスターレイヤー］を作成し、［エアブラシ］→［エアブラシ］タブ→［飛沫］を選択します。［描画色：白］［ブラシサイズ：300］にし、［サブツール詳細］パレットから［ストローク］→［間隔：固定・190］にして、花の上周りに白のキラキラを追加します。

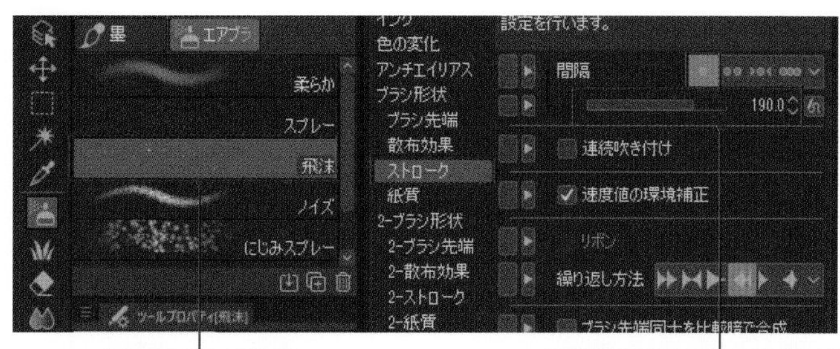

2 画面に明るさを追加する

全体をもう少し明るくします。一番上に［覆い焼き（発光）］モードにした［新規ラスターレイヤー］を作成します。［エアブラシ］→［エアブラシ］タブ→［柔らか］を［ブラシサイズ：1000〜2000］［不透明度：10〜30］に設定し、明るめのオレンジ色で画面の中央を中心に明るさを追加していきます。入れすぎると白とびしてしまうため、少しずつ明るさを追加します。さらに一番上に［明るさ・コントラスト］の色調補正レイヤーを作成し、［明るさ：6］［コントラスト：10］にして画面全体の明るさとコントラストを調整すれば完成です（→P.151）。

明るさを調整すれば完成

MEMO 色の変更は全体に影響されるため、できるだけ［全体表示］の状態で全体を見ながら調整しましょう（→P.25）。

Making

8-2 「夕暮れの高層ビル」～ベクターレイヤーとパース定規で描く

1 パースの基本とラフ

絵におけるパースの基本を理解し、パーツのついたビルのラフを作成します。

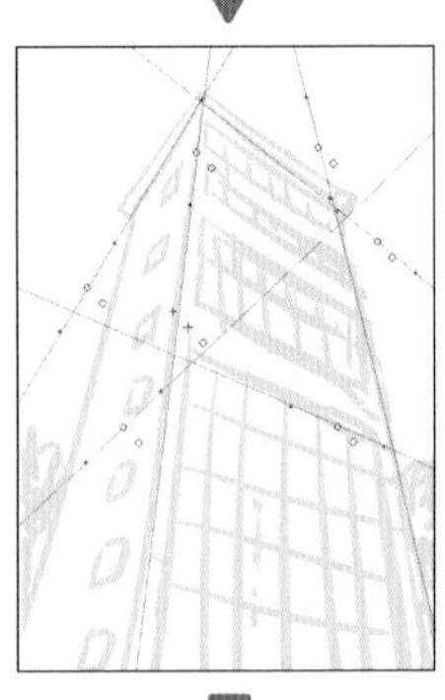

2 パース定規を配置する

パースのついたビルの線画を描くため、三点透視用のパース定規を配置し、設定していきます。

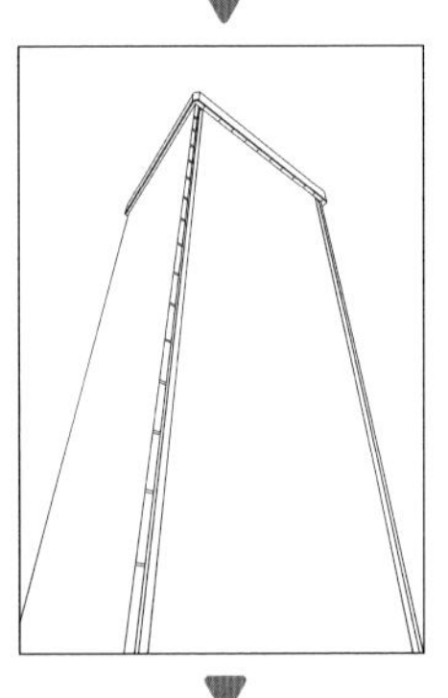

3 ビル外枠の線画を描く

パース定規のスナップ機能やグリッド表示機能を使い、ビルの外枠になる線を描いていきます。

4 右側の窓を描く

コピーを利用して窓を複数並べ、変形して右側にはめこんだあと、濃淡を付けていきます。

5 左側の窓を描く

パース定規を使い、左側に窓の線画を追加していきます。

6 空と木々を描く

夕焼け色の空や雲を描き、[デコレーション] ツールを使って下部分に木々を追加します。

7 ビルを塗る

ビル本体を塗ったあと、夕日を反射させているように影や光を強めに追加していきます。

ビルの高層感を出すため、「パース定規」を使って遠近のついたビルを描いていきます。今回も線画のあとに色を付けていきますが、ここでは線画はベクターレイヤーを使い、ベクター線の特殊な削除機能を利用しながら描いてきます。

8-2-1

パースの基本とラフ

イラストにおける「パース」とは「遠近／遠近法」のことを指し、遠近法を使えば、3次元のものを奥行きがあるように描くことができます。

1 透視図法とは？

「透視図法」とは遠近法の1つで、日本ではパース＝透視図法として使われることも多いです。透視図法では、まず見ている位置である「水平線（アイレベル）」を決定し、そのライン上に「消失点」を設定します。その消失点に向かって奥行き方向の線を描くことで、物体が消失点に向かって小さくなっていき、奥行きや距離感などが表現されます。

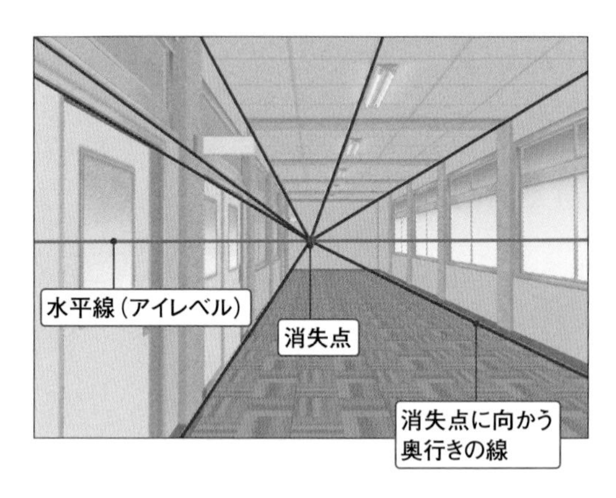

一点透視図法

MEMO パースはパース専用の本があるほど内容が濃いため本誌では軽くしか紹介しませんが、しっかりパースを身に付けると説得力のある絵を描けるようになっていきます。応用が利く技術なので、ぜひ専門の本で学習してみてください。

2 3つの透視図法とは？

透視図法は主に一点透視図法、二点透視図法、三点透視図法の3種類に分けられます。この名称は、消失点が1つの場合は一点透視図法、のように消失点の数によって変わります。消失点が増えるとパースのつき方が変わるため、描きたい絵に合わせてそれぞれ使い分けます。

一点透視図法

水平線（アイレベル）上に消失点が1つだけで、奥行きの線が消失点に向かってすべて収束されていく一番シンプルな透視図法です。キャンバスに対して正面を向いている面はすべて平行になるためパースはつかず、奥行きにだけパースがついたイラストになります。

MEMO 一点透視図法は、長い廊下や奥行きのある風景などでよく使用されます。

二点透視図法

水平線（アイレベル）上に消失点が2つあり、物体の2辺がそれぞれの消失点に収束されていく透視図法です。高さ以外の2つの方向にパースがついた図になります。

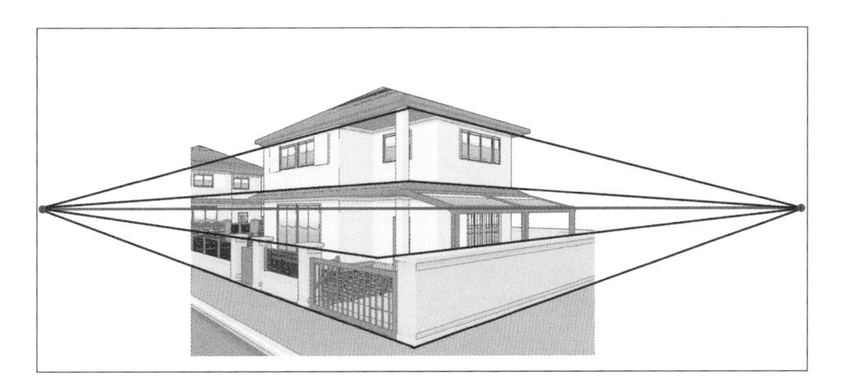

三点透視図法

二点透視図法のように、水平線（アイレベル）上に置いた2つの消失点のほかに、上下方向のどちらかに消失点をもう1つ追加した透視図法です。高さ／幅／奥行きの3つの方向すべてにパースがつくため、フカンやアオリのある図になります。今回のビルのイラストはこの三点透視図法を使用します。

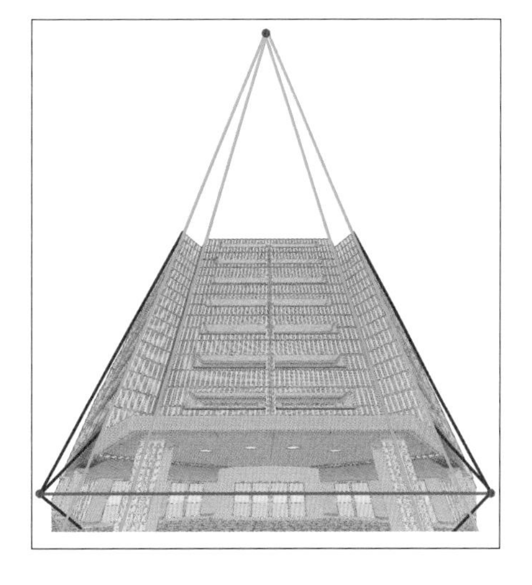

MEMO

透視図法における消失点は、必ずしもキャンバス内に設定する必要はありません。一般的にはキャンバス外に消失点があるほうが多いです。

3 ラフを作成する

今回は、高層ビルを下から見上げた構図で描いてみます。アオリの構図になるため、3つの消失点を設定した三点透視図法を使用します。まず［A4］［解像度：350］の縦向きで新規キャンバスを作成し、［新規ラスターレイヤー］を追加します。［ペン］→［ペン］タブ→［Gペン］を［不透明度：100］で太めのサイズにし、ビルをどのくらいの大きさ／角度にするかを大雑把に描いていきます。ここで重要なのは「キャンバスの中にビルをどう配置するか」なので、窓などは適当に入れます。ラフが描けたら［レイヤープロパティ］パレットの［レイヤーカラー］で線を水色にし、レイヤーを［不透明度：25］に下げた状態で［レイヤーをロック］をかけてラフが動かないようにしておきます。

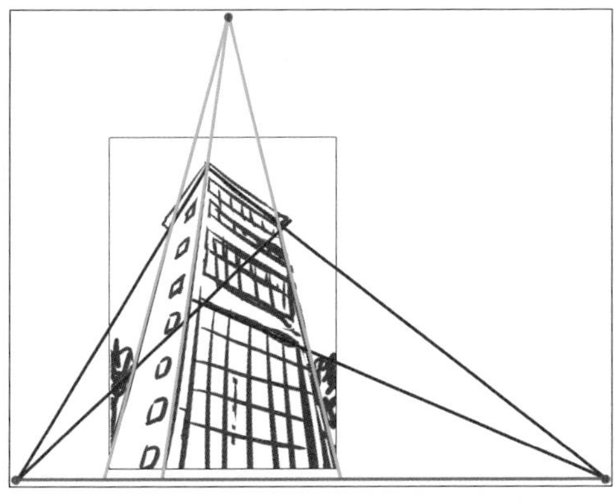

正確でなくてもよいので、三点透視のラインを意識してラフを描く

［レイヤーカラー:水色］
［不透明度：25］
［レイヤーをロック］

MEMO

今回のラフは最初にパース定規を設定する際に一時的に使用するだけなので、下描きレイヤーを設定する必要はありません（→P.66）。

8-2-2

パース定規を配置する

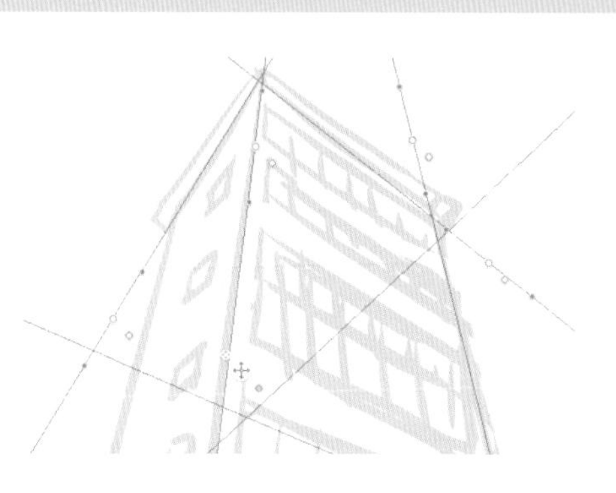

ラフを元に三点透視のパース定規を配置していきます。今回は、アイレベル／消失点が付属している三点透視用のパース定規を作成し、それぞれ位置を調整していきます。

1 三点透視のパース定規を作成する

まずは三点透視のパース定規を配置します。［レイヤー］メニュー→［定規・コマ枠］→［パース定規の作成］を選択し、［タイプ：3点透視］と［レイヤーを新規作成］にチェックを入れて［OK］を選択します。すると、キャンバスとレイヤーに三点透視用のパース定規が配置されます。青色の線はアイレベルのラインで、紫色の線は各消失点に収束されるラインになります。

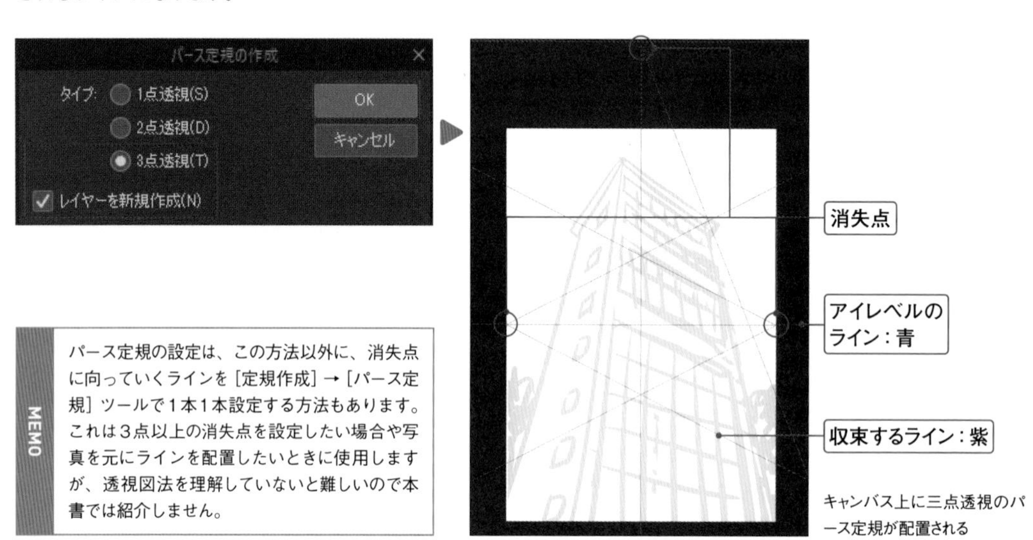

キャンバス上に三点透視のパース定規が配置される

MEMO

パース定規の設定は、この方法以外に、消失点に向っていくラインを［定規作成］→［パース定規］ツールで1本1本設定する方法もあります。これは3点以上の消失点を設定したい場合や写真を元にラインを配置したいときに使用しますが、透視図法を理解していないと難しいので本書では紹介しません。

2 アイレベルの位置を調整する

まず、どこから見ているかのアイレベルの位置を設定します。［オブジェクト］ツールでパース定規の青色の線をクリックし、真ん中のボタン◎をドラッグすると線が移動します。今回は下からビルを見上げている構図なので、キャンバス枠よりさらに下の位置になるように設定しました。

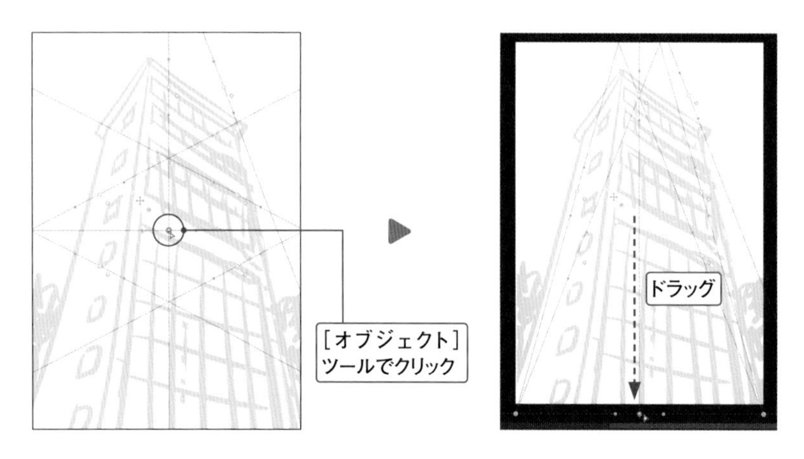

3 左側の消失点を調整する

次に、3つの消失点の位置をそれぞれ変更します。まずは左下のボタン◎から。［オブジェクト］ツールで再度青色の線を選択し、左下のボタン◎を左方向にドラッグします。このとき、ビル頂上の左側のラインと、紫色のラインがおおよそ平行になるようにします。

ここでは線の収束方向が正確か確認するため、紫ラインとビル頂上の左側のラインを合わせます。図の位置の丸ボタン◎を上方向にドラッグしましょう。もしこのとき、あまりにラフの線と紫のラインが合わない場合は、アイレベルや消失点の位置を再調整するようにします。

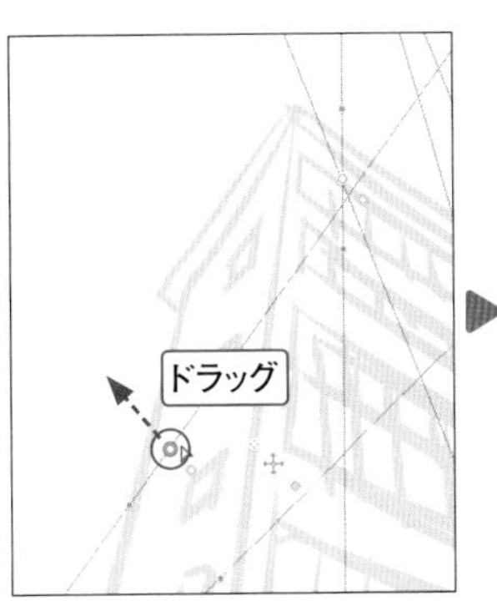

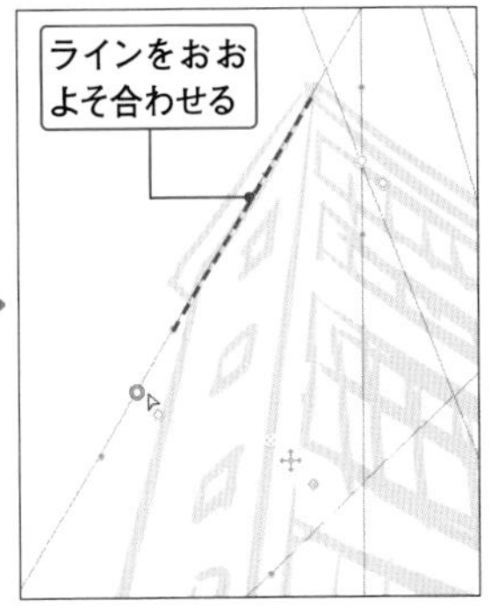

MEMO

この時点で試し描きをすると、紫ラインの方向に、消失点に収束されるように直線が描けることが分かります。試し書きの際は、［表示］メニュー→［特殊定規にスナップ］にチェックが入っているかを確認します。なお、試し書きの線は確認が済んだら削除しておきましょう。

4 右側の消失点を調整する

同じやり方で右側の消失点も調整しましょう。このときも、紫ラインが頂上の右側ラインに合うようにします。右側の紫ラインは頂上から少しずれていますが、ラフはあくまでおおよそで描いたため、このくらいのズレは修正しないことにします。

5 上側の消失点を調整する

最後に上側の消失点の位置を変更します。操作は同様で、パース定規の上部にあるボタン◎を上方向に移動し、右側の紫ラインがビルの右側縦に合うように丸ボタン◎で調整します。これで、三点透視のパース定規の配置が完了です。

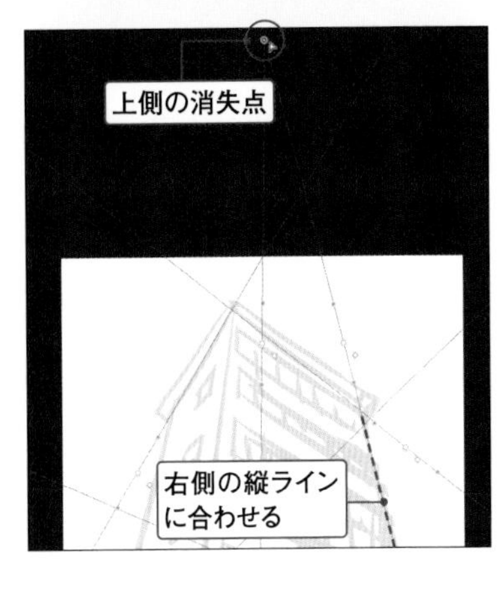

8-2-3

ビル外枠の線画を描く

ラフを参考に、パース定規に線をスナップさせながらビルの外枠の線画を描きます。今回はベクター線の特殊な消去機能を利用したいので、線画はベクターレイヤーで描いてきます。

1 ビルの縦のラインを描く

それではまず、ビルの大きな枠を描いてきます。ラフレイヤーの上に［新規ベクターレイヤー］を作成し、［Gペン］を選択します。［描画色：黒］［ブラシサイズ：8］［不透明度：100］、さらに［ツールプロパティ］パレットの［ブラシサイズ］横のを選択して［筆圧］のチェックを外します。［コマンド］バーの［特殊定規にスナップ］がONになっていることを確認し、ビルの大枠になる3本の縦ラインをラフより少し長めに描きます。3本の縦線が描けたら、ビルのフチとして画像のように縦線を数本追加しておきます。

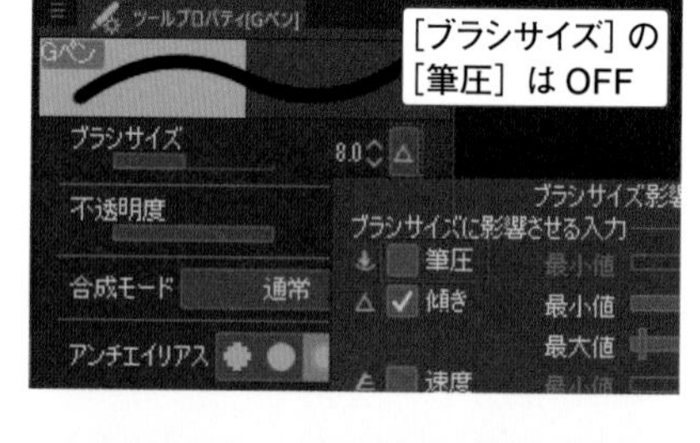

ウィンドウ(W)　ヘルプ(H)

［特殊定規にスナップ］はON

MEMO パース定規が設定されている状態でブラシを縦方向に動かすと、自動的に上の消失点に向かった線を描くことができます。

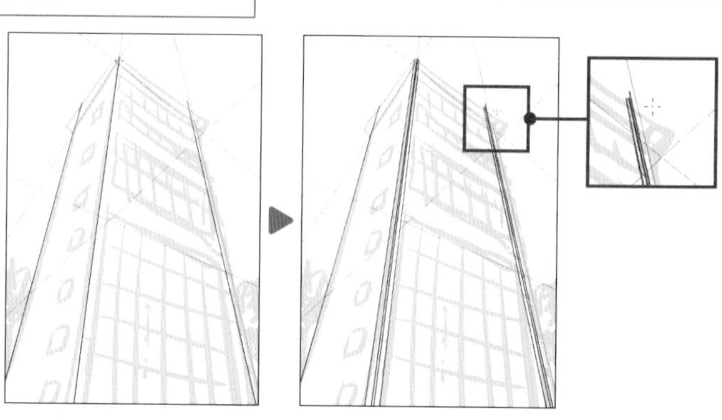

2 ビルの横のラインを描く

次は［ブラシサイズ：6］に変更して、頂上の横方向のラインを描きます。ブラシで右下方向に描画すると右側の消失点に、左下方向に描画すると左側の消失点に向かって線が描かれます。このように、ブラシを動かした方向によって収束される消失点が変わります。横のラインもはみ出しや重なりなどは気にせず、長めに描いておきましょう。さらに、上に2本ずつ隙間の細い線を追加します。

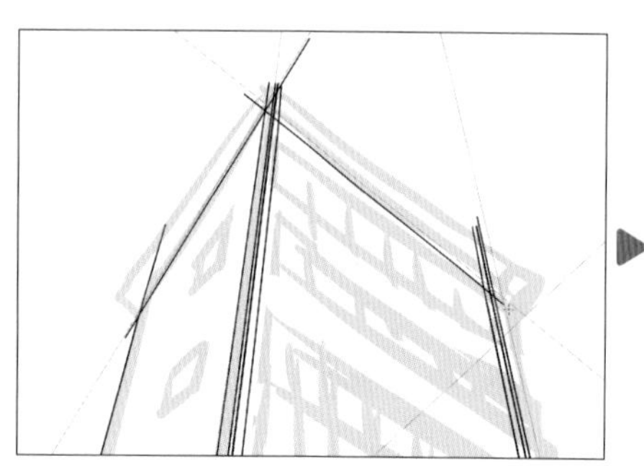

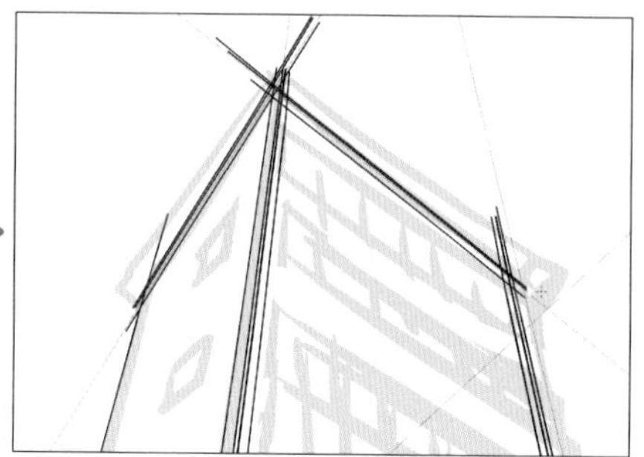

3 余分な部分を消して整える

はみ出している余分な部分を削除します。[消しゴム] → [消しゴム] タブ→ [スナップ消しゴム] を選択し、[ツールプロパティ] パレットで [ベクター消去：交点まで] に変更します (→P.102)。そのままはみ出している一部を消すと、ほかの線との交差部分まで自動的に線が消去されます。同じ方法でほかの余分な部分もすべて消します。消去が完了したら両端の開いている部分に奥行きの線を追加し、さらに右側の内側縦2本線の上部分を少しだけ三角形型に塗りつぶしして、一部の面が少しだけ前に出ているようにします。

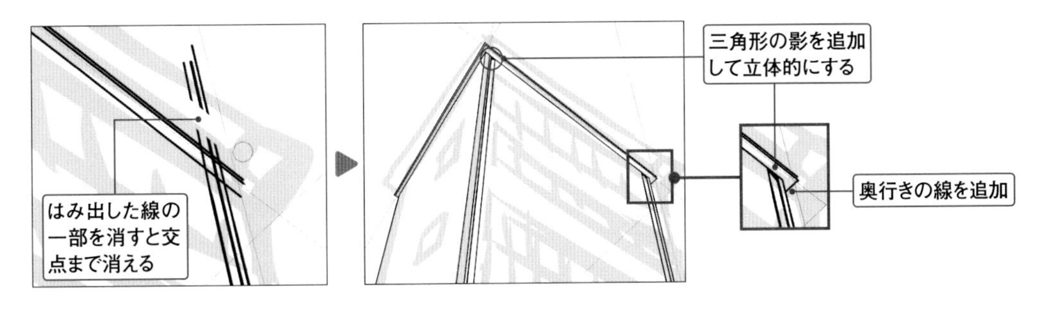

4 頂上にパーツを追加する

頂上をもう少し追加しますが、真ん中の角は少し丸めた形にします。まず先ほどと同様に、[Gペン] で図のように頂上に横線と縦線を追加します。次に [特殊定規にスナップ：OFF] にした状態で、真ん中の細い隙間に合わせて2本の横線を描きます。最後に余分な部分を [スナップ消しゴム] で消去すれば完了です。[特殊定規にスナップ] はONに戻しておきましょう。

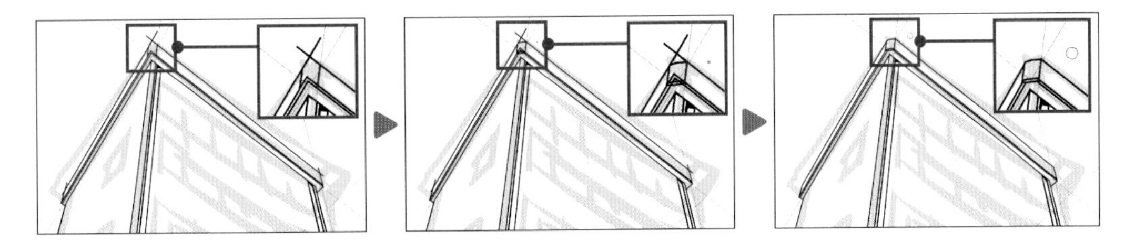

5 ビルのつなぎ目のラインを描く

最後にビルのつなぎ目のラインを描いていきます。まず [オブジェクト] ツールで三点透視のパース定規を選択し、[ツールプロパティ] パレットの [グリッド：XY平面] を選択します。さらに横の⊞を選択して [グリッドサイズ：1.8] にします。この設定を行うと、キャンバス上にパース定規に合わせたマス目 (＝グリッド) が表示されます。この状態で [ブラシサイズ：6] でつなぎ目の線を描きますが、このとき、線と線の間隔が同じマス目の数になるように描いていきます。これでビル外枠の線画が完成です。ラフレイヤーはもう使わないので非表示にしておきましょう。

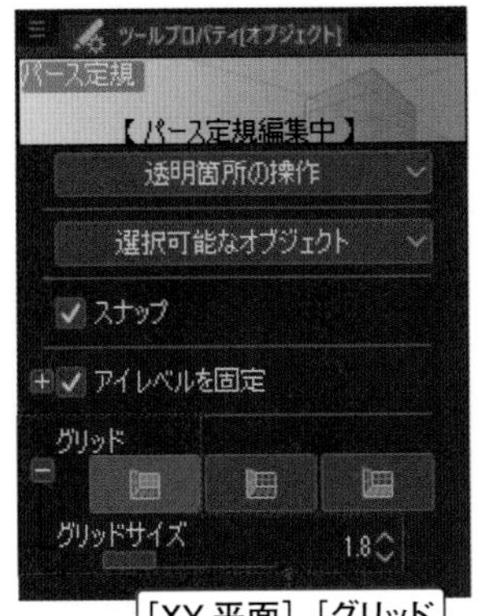

[XY平面] [グリッドサイズ：1.8] に設定

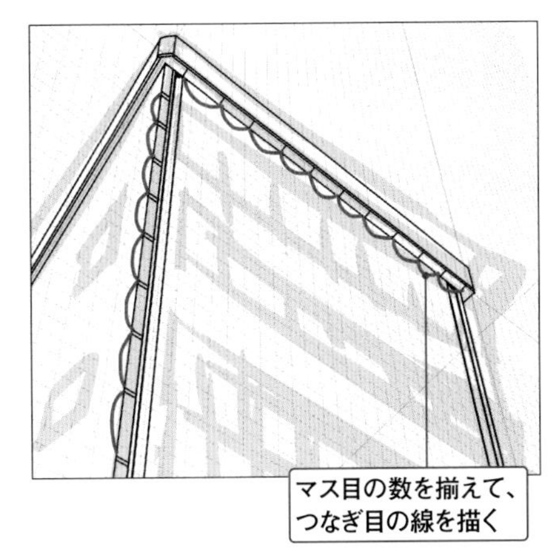

マス目の数を揃えて、つなぎ目の線を描く

MEMO

グリッドのマス目は、遠くになればなるほどマス目の幅が狭くなり、近くなればなるほどマス目の幅は大きくなっています。これは遠近によって起きる差です。パース定規のグリッドは均等間隔のマス目をパースに合わせて表示してくれるため、マス目の数を合わせて描けば、自動的に遠近がついた等間隔のパーツを描くことができます。

8-2-4

右側の窓を描く

ビルの外側の線画ができたので、次に右側の窓を作成します。窓は正面方向に描いたあとに変形して右の面にはめ込みます。さらにガラス張りなので、光を反射した質感も付けていきます。

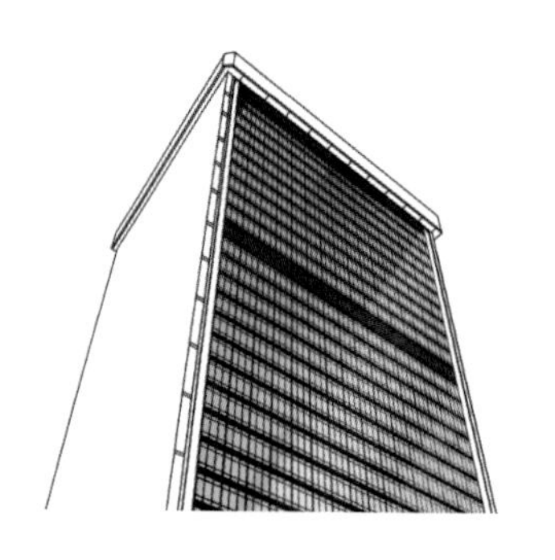

1 グリッドとパース定規を設定する

まず［表示］メニュー→［グリッド］を選択してキャンバスに正面のマス目を表示させ、三点透視のパース定規レイヤーを非表示にしておきます。次に、正面方向に描く用のパース定規を作成します。［定規作成］→［パース定規］ツールを選択し、［ツールプロパティ］パレットの［編集レイヤーに作成］にチェックがないことを確認して、Shiftキーを押しながら横方向の直線ラインを2本引きます。作成されたパース定規のレイヤーを選択し、［レイヤー］パレット右上の［定規の表示範囲を設定］を［すべてのレイヤーで表示］にして、ほかのレイヤー選択中もパース定規が表示／有効になるよう設定します。これで縦横方向にスナップさせながら直線を描くことができます。

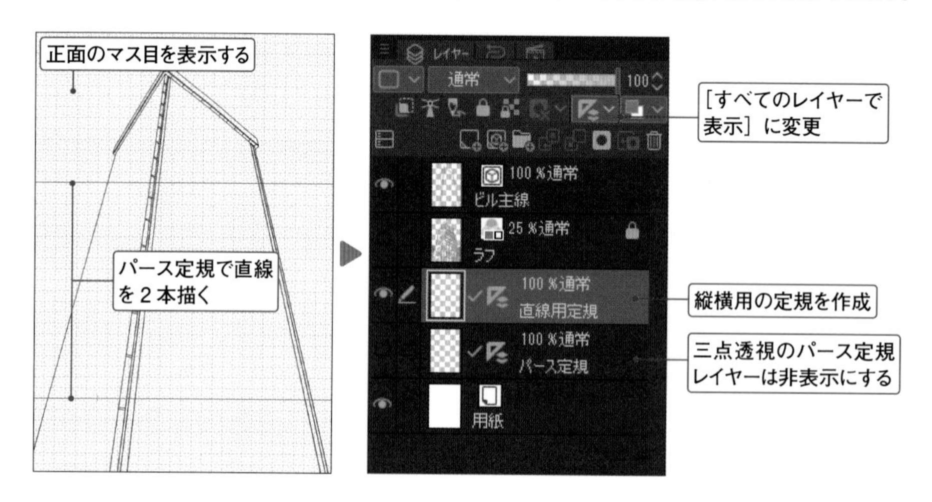

2 窓のパーツを正面で描く

一番上に［新規ベクターレイヤー］を作成します。［Gペン］を［ブラシサイズ：8］［不透明度：100］にして、マス目の幅に合わせて画像のような格子のラインを描きます。［スナップ消しゴム］などで不要な部分を削除し、3つの窓枠が並んだパーツを作成します。

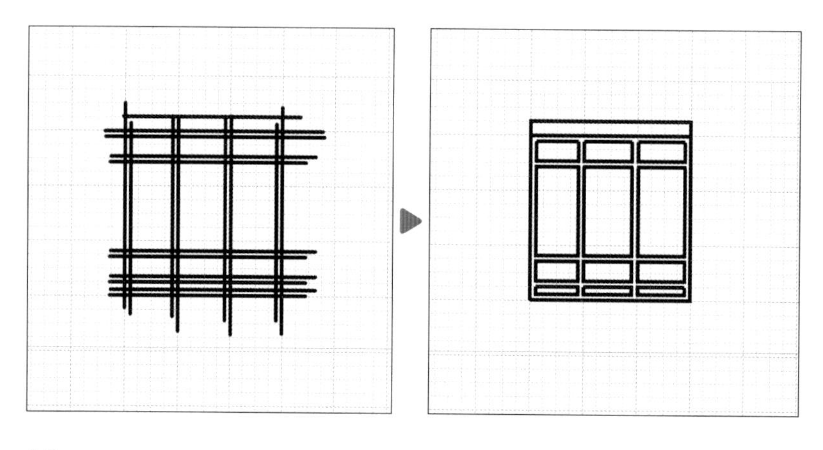

3 窓のベースの色を塗る

窓は細かい部分が多く、あとから塗るのは大変なので、この時点でベース（塗る範囲）を作成していきます。先ほど描いた線画レイヤーを選択して、[参照レイヤーに設定]を選択します。線画レイヤーの下に［新規ラスターレイヤー］を作成し、［塗りつぶし］→［他レイヤーを参照］ツールを使って、各パーツごとにレイヤーを分けながらベースの色を塗っていきます。今回はフレーム／上の黒／窓／下の黒の計4つでレイヤーを分けました。

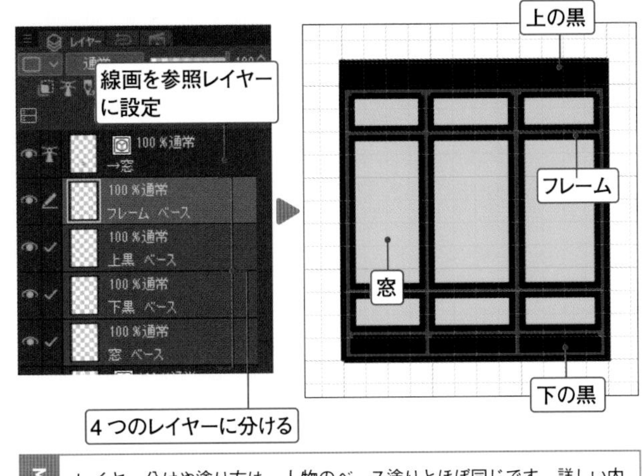

MEMO　レイヤー分けや塗り方は、人物のベース塗りとほぼ同じです。詳しい内容はP.220を参照してください。

4 窓を横に複製していく

線画とベースのレイヤーをすべて選択して複製します（→P.52）。複製したレイヤー達を選択したまま、［レイヤー移動］→［レイヤー移動］ツールを選択し、Shiftキーを押しながら横方向にドラッグして並べます。並べ終えたら複製した各レイヤーをそれぞれの複製元に結合し（→P.53）、それぞれが1枚のレイヤーになるようにまとめます。さらに「2つ結合したものを複製→横に並べる→結合」の作業を3回繰り返して、はじめに作成した窓のパーツを計16個並べます。

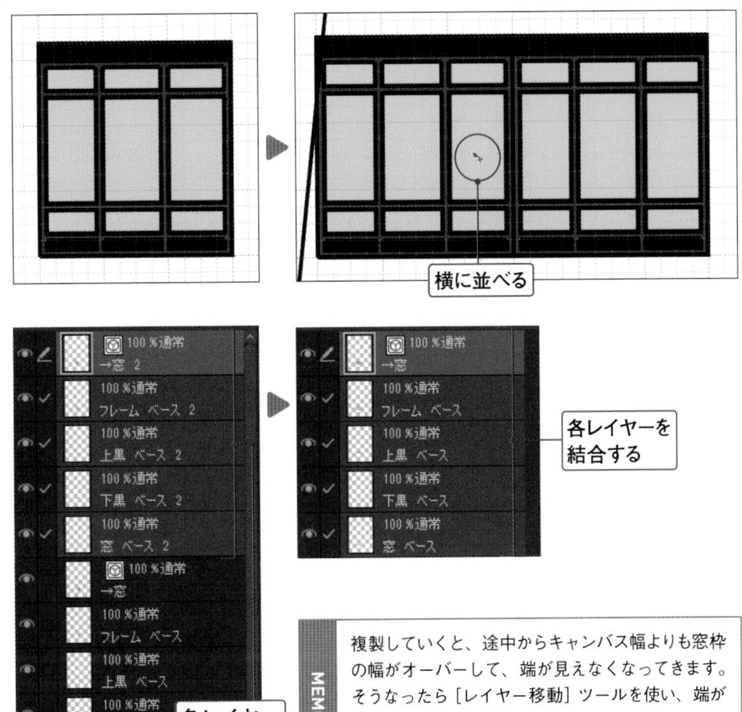

MEMO　複製していくと、途中からキャンバス幅よりも窓枠の幅がオーバーして、端が見えなくなってきます。そうなったら［レイヤー移動］ツールを使い、端が表示されるまで窓枠を移動させてから、複製→再度並べるようにしましょう。

5 窓を縮小してキャンバス幅に収める

このままだと大きすぎるため縮小します。先ほど作成した窓枠のレイヤーをすべて選択し、［編集］メニュー→［変形］→［拡大・縮小・回転］を選択します。［ツールプロパティ］パレットの［ベクターの太さを変更：チェック］［縦横比固定：チェック］にした状態で、キャンバスの幅に収まるように窓枠を縮小します。

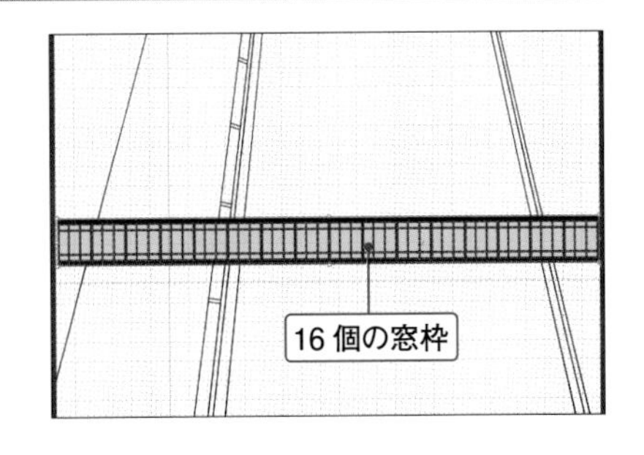

6 窓を縦に複製する

手順4と同じやり方で、今度は窓のパーツを縦方向に計32個分複製します。先ほどと同じようにそれぞれパーツごとにレイヤーをまとめておきましょう。

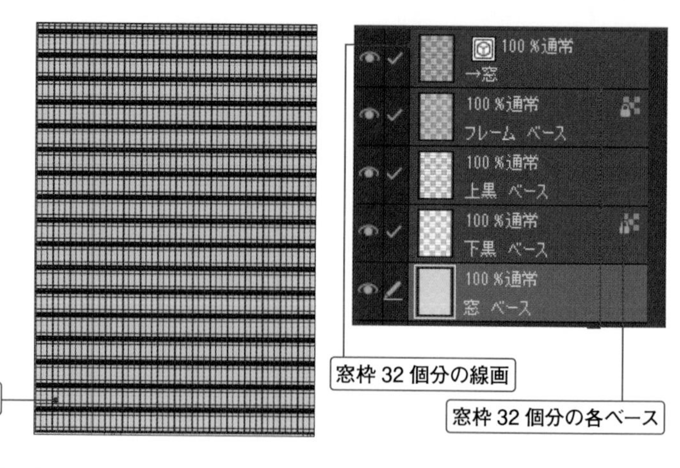

7 窓を縮小する

手順5と同じように、［拡大・縮小・回転］ツールで全体を縮小します。縮小する際、横幅はビル右面（窓をはめ込む場所）より少し大きめに、縦幅はキャンバスより少しはみ出すくらいを目安にします。縮小が完了したら［表示］メニュー→［グリッド］のチェックを外してグリッドを非表示にし、直線用のパース定規も非表示にしておきます。

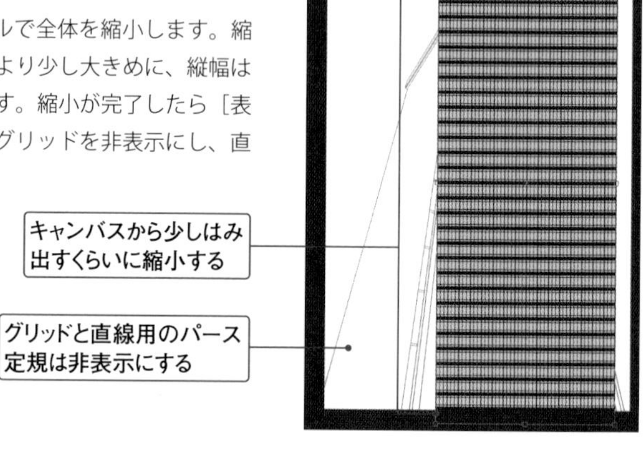

8 窓をビルにはめ込む

三点透視のパース定規を再表示します。先ほど作成した窓枠のレイヤーをすべて選択し、［編集］メニュー→［変形］→［拡大・縮小・回転］を選択して、［ツールプロパティ］パレットで［ベクターの太さを変更：チェック］［縦横比固定：チェックなし］に設定します。今度は四隅のハンドルをCtrlキーを押しながらドラッグし、ビルの右面に合うように窓枠を変形します。最初に上のラインを合わせてから、ビルの縦ラインに合わせて下のハンドルを動かすようにしましょう。はめ込んだら変形を確定させ、三点透視のパース定規は非表示にしておきます。

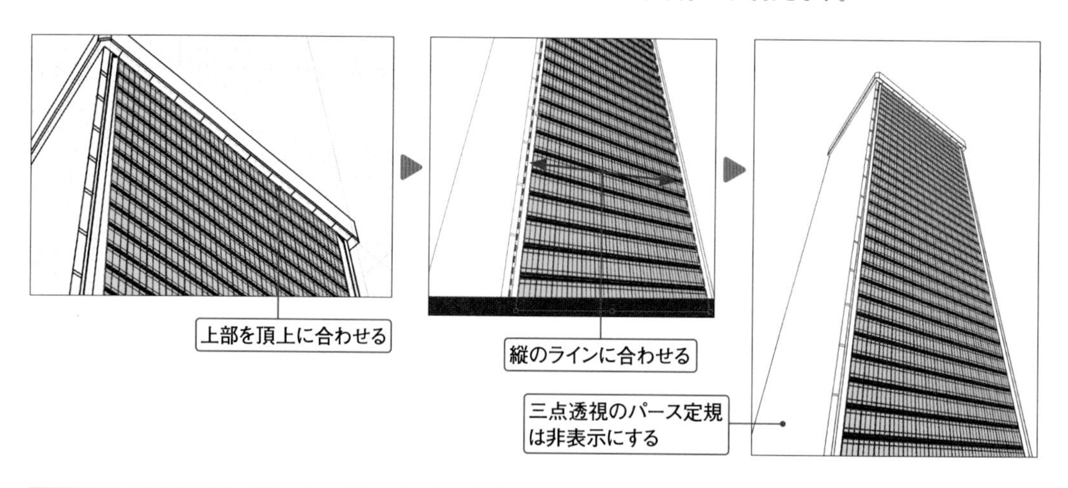

MEMO

今回のようにモチーフにパースをつけて変形したいときは、［拡大・縮小・回転］ツールを利用します。［拡大・縮小・回転］ツールの詳しい使い方はP.91を参照してください。

9 窓のベースに濃淡を付ける

窓のベースレイヤーの上に［新規ラスターレイヤー］を作成してクリッピングします。［エアブラシ］タブ→［柔らか］を［ブラシサイズ：100〜800］［不透明度：20〜70］［硬さ：パネル2〜3］に設定し、右上方向から光が当たっているイメージで、ベース色を暗くした色や少しグレーを混ぜた色で影を付けます。次に、［厚塗り］タブ→［ガッシュ細筆］を［ブラシサイズ：100〜400］［不透明度：30〜100］［絵の具量：100］［絵の具濃度：55］［色延び：70］に設定し、明るい描画色で、ビルの右上角から左下へかかるように光を追加します。影のときより境界線をはっきりめにして光を描くことで「反射している感」を強く表現できます。また右下にも少し光を追加します。

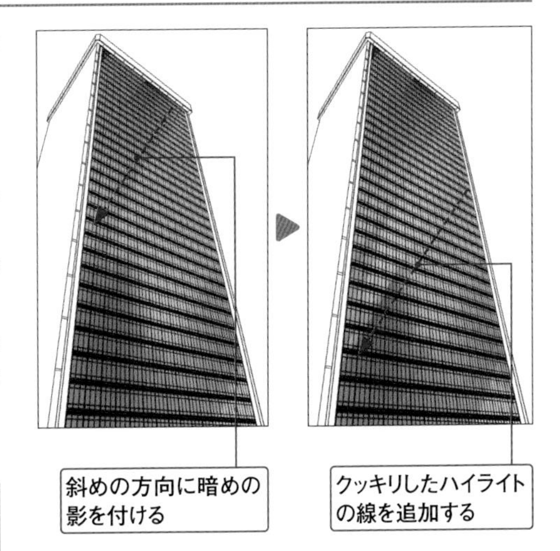

MEMO ところどころベースの色を残しながら右上から左下の方向に塗ることで、斜め方向に流れているような濃淡が付きます。

10 窓に黒のラインを追加する

窓をすべてガラス張りにしてもよいのですが、メリハリを付けるために黒のラインを追加します。先ほど付けた濃淡レイヤーの上に［乗算］にした［新規ラスターレイヤー］を作成し、濃淡レイヤーと合わせて窓のベースレイヤーにクリッピングします。［Gペン］で［ブラシサイズ影響元設定：筆圧ON］［不透明度：70〜100］［描画色：焦げ茶や紺色］にし、少し濃淡を付けながら窓の横列を塗りつぶします。その後、［レイヤーマスク］を設定し（→P.86）、［不透明度：20前後］［硬さ：パネル2］［描画色：透明色］にした［エアブラシ］タブ→［柔らか］で、右側から光が当たっているように、右側がより薄くなるように調整します。

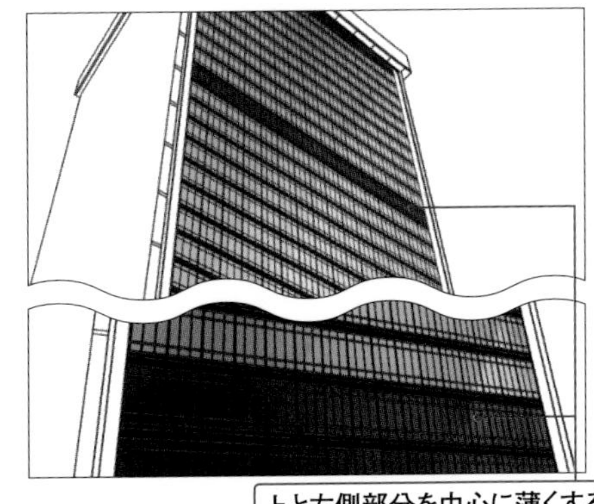

11 窓の濃淡に合わせてほかの部分も濃淡を付ける

窓に付けた濃淡に合わせて、ほかのベースにも濃淡を少し追加します。フレームのベースレイヤーに［透明ピクセルをロック］を設定し、手順9と同じ塗り方で、影が付いている部分は黒や紺色の濃いめの色に、中間色部分は青色に、光が付いている部分は明るい色にそれぞれを塗りかえていきます。これで右側の窓が完成です。窓の各レイヤーをフォルダーにまとめておきましょう。

フォルダーにまとめる

100％通常 →窓
100％通常 →窓
100％通常 フレーム ベース
100％通常 上黒 ベース
100％通常 下黒 ベース
100％乗算 黒
100％通常 濃淡
100％通常 窓 ベース

MEMO 今回は、光が付いた部分は窓の色より少し明るめの黄色混じりの色にしたり、窓に入れなかったところにも少しだけ光を追加したりして反射感を強めました。

8-2-5

左側の窓を描く

右側はガラス張りでしたが、左は出っ張った柱の中にガラス窓が埋め込まれている形にします。基本は右側の窓と同じで、まず正面を描いてから変形させてはめ込みます。

1 左側の窓を描く準備をする

左側の窓を正面方向で描くため、まず［表示］メニュー→［グリッド］でグリッドを再表示し、直線用のパース定規も再表示します。また、［特殊定規にスナップ：ON］になっているかも忘れずに確認します。次に、左窓を描く際にビルの線画が邪魔なので、線画レイヤーを［不透明度：57］くらいに下げて、線が動かないように［レイヤーをロック］をかけます。最後にビルの線画レイヤーの上に［新規ベクターレイヤー］を作成して、ここに窓を描いていきます。

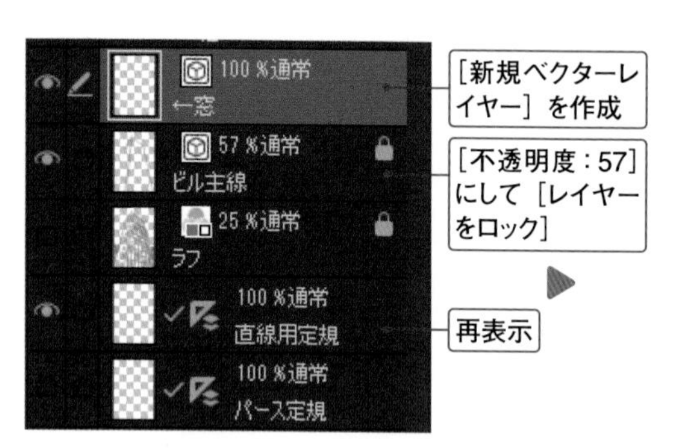

グリッドと直線用のパース定規を表示

2 窓の縦線を正面で描く

［Gペン］を［ブラシサイズ：8］［ブラシサイズ影響元設定：筆圧OFF］［不透明度：100］に設定して、グリッドを参考に同じマス目の幅の柱を2本描きます。次に柱の右に奥行きとなる線を狭めに追加し、柱の間に縦線を等間隔に追加します。なお、縦の線はこのあと変形するため、ビル左面の高さより長めに描いておきます。

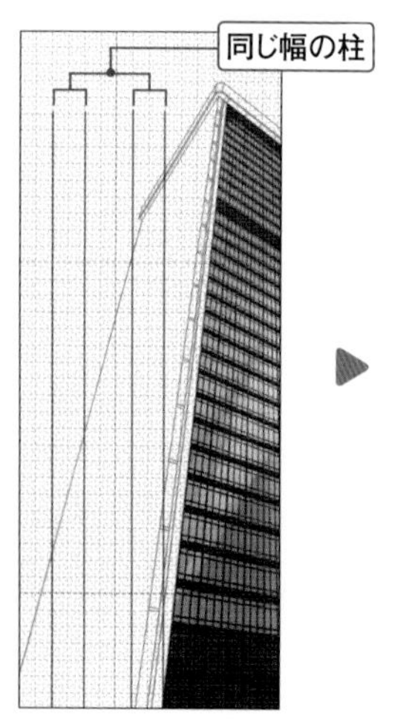

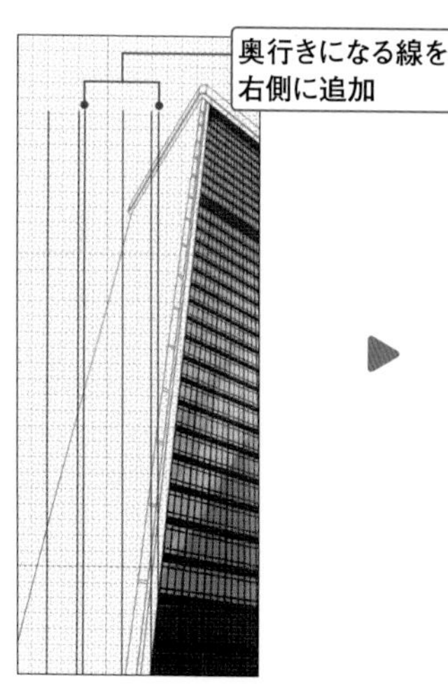

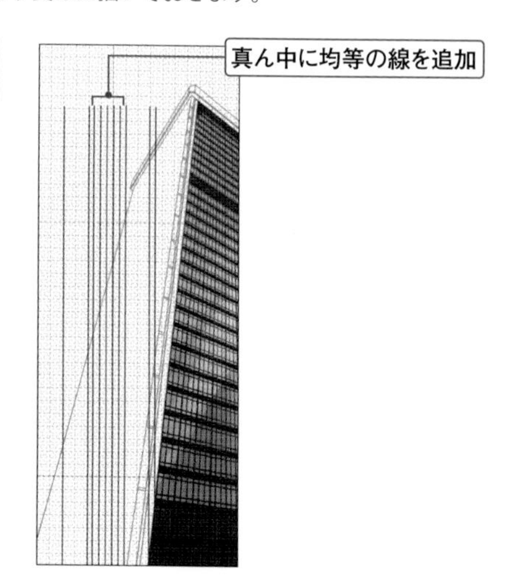

3 窓の横線を正面で描く

頂上に蓋をするように横線を描き、はみ出し部分を［ベクター消去：交点まで］に設定した［スナップ消しゴム］で削除します。なお、右端の線はあとで奥行きの線を追記するため、画像のように空けておくようにします。

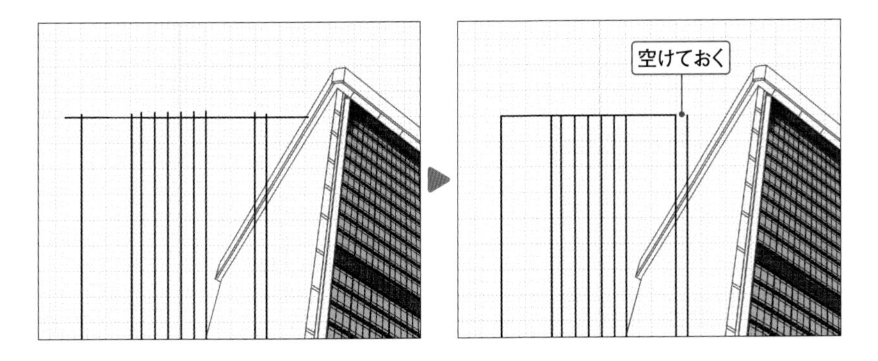

4 変形してはめ込む

グリッドと直線用のパース定規は非表示にして、三点透視のパース定規を再表示します。先ほど描いた窓の線画レイヤーを選択し、［編集］メニュー→［変形］→［拡大・縮小・回転］を選択します。［ベクターの太さを変更：チェックなし］［縦横比固定：チェックなし］に設定した状態で、Ctrlキーを押しながら四隅のハンドルを動かして左側の面に合うよう変形します。右側の窓のときと同様に、まず頂上を合わせてから、パース定規のグリッドを参考に下側を調整しましょう。今回は、左面の全部に配置するのではなく、左右に幅を空けて配置しました。

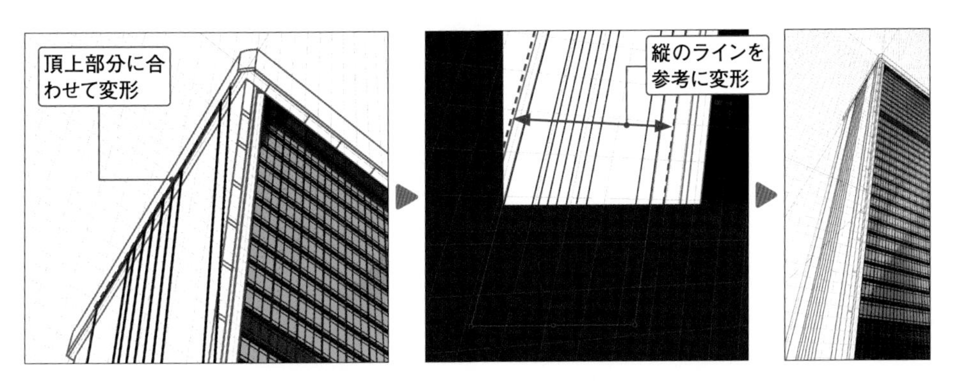

5 角に奥行きの線を描く

最後に右端の開いた空間に奥行きのラインを引けば、左側の窓の線画が完成です。なお、左面の色塗りはビルの色や全体の濃淡に合わせてあとで色を付けていきます。手順❶で設定したビル外枠の線画レイヤーの［不透明度］や［レイヤーをロック］は戻しておき、パース定規は非表示にしておきます。

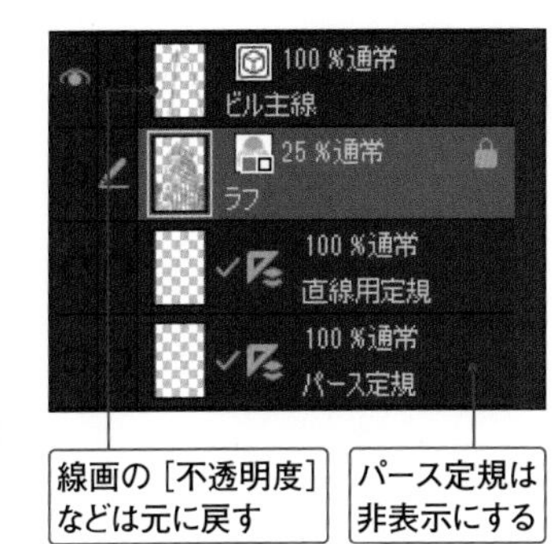

線画の［不透明度］などは元に戻す

パース定規は非表示にする

8-2-6

空と木々を描く

空の色によってビルの色も変わってくるため、ビルを塗る前に背景を仕上げます。今回は夕方の設定です。空間が寂しくないよう、夕焼け色の雲のほかに木々も追加していきます。

1 空にグラデーションを付ける

［グラデーション］→［夕焼け］ツールを選択し、［ツールプロパティ］パレットの［描画対象：グラデーションレイヤーを作成］に設定します。キャンバス左下から右上に向かってドラッグし、夕焼け色のグラデーションレイヤーを作成します。［オブジェクト］ツールでグラデーションの位置を調整したあと、グラデーションレイヤーはビルの後ろになるよう一番下に配置しておきます。

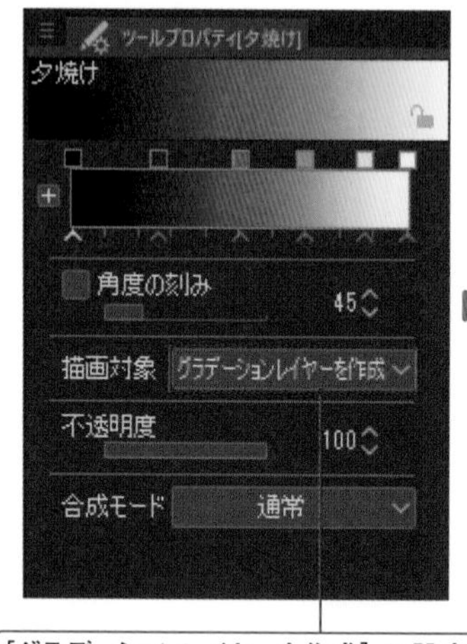

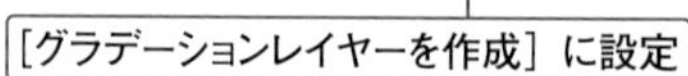

MEMO グラデーションの角度が気に入らない場合は、［オブジェクト］ツールでグラデーションレイヤーを選択して、グラデーションの角度を調整しましょう。

2 ブラシでグラデーションに色を追加する

先ほど作成したグラデーションレイヤーの上に［新規ラスターレイヤー］を作成します。［エアブラシ］→［エアブラシ］タブ→［柔らか］を選択し、［ブラシサイズ：900～950］、描画色は青色や暗めのピンク色で右上に青味を追加していきます。時々［スポイト］ツールで中間の色を取得するなどして、下にあるグラデーションの色となじむようにします。

3 木々のシルエットを描く

ビルの下に木々を描いてきます。ビルの後ろに［新規ラスターレイヤー］を作成し、［デコレーション］→［背景］タブ→［樹木］を選択します。［ブラシサイズ：500前後］［不透明度：100］［描画色：暗めの黄土色］、さらに［サブツール詳細］パレット→［色の変化］→［ブラシ先端色の変化：チェックなし］に設定し、ビルの下で円を描くようにブラシを動かして木のシルエットを描きます。このとき、下の方は塗りつぶして木の幹が見えないようにします。

4 木々に濃淡を付ける

木のシルエットレイヤーの上に［新規ラスターレイヤー］を作成してクリッピングします。［樹木］ブラシを［不透明度：30］に下げ、明るい色にして木の上部分に明るい色の葉っぱを追加します。今度は［不透明度：70］にして、［スポイト］ツールで空のグラデーション下方の色を取得し、木の下部分を中心に影をまばらに描いていきます。

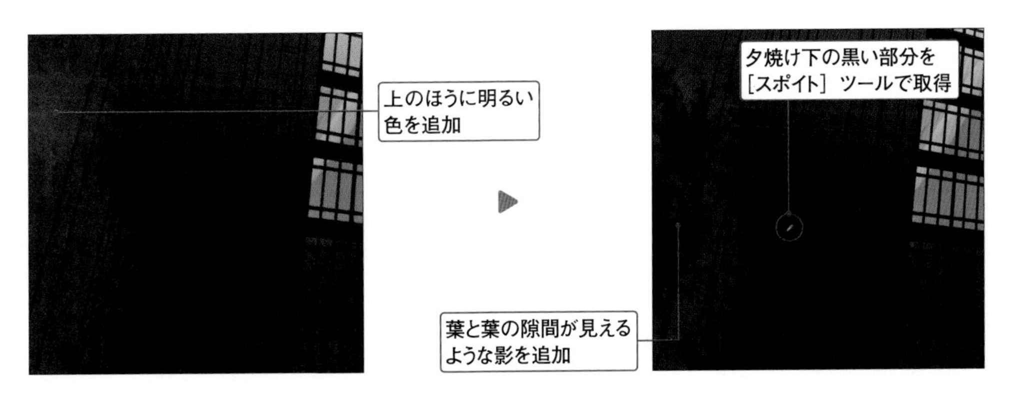

MEMO 影を追加する際は葉と葉の隙間が見えるように、1本1本影を追加するイメージでクリックを繰り返すか、ゆっくりとブラシを動かして描いています。

5 手前に木々を追加する

一番上に［新規ラスターレイヤー］を作成し、同じ方法で手前にも木々を追加していきます。最初のシルエットは［描画色：黒］で描きますが、このときも下の木の幹が見えないよう葉っぱで埋めるようにします。シルエットが描けたら［樹木］ブラシを［不透明度：10］に下げ、［透明ピクセルをロック］を設定して葉の上部に赤茶色を薄く追加します。手前の木々はこれで完了です。

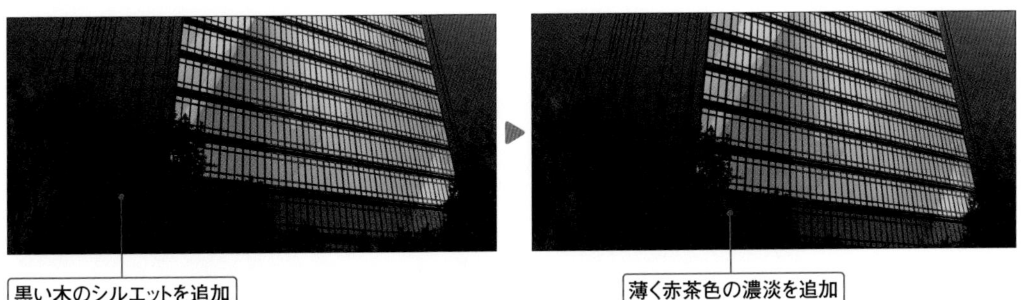

MEMO 後ろの木と差別化するため、あえて色はほとんど黒のままにしています。

6 雲のシルエットを描く

最後に雲を作成していきます。夕焼けのグラデーションの上に［新規ラスターレイヤー］を作成し、［厚塗り］タブ→［ガッシュ細筆］を［不透明度：100］［ブラシサイズ：200前後］［絵の具量：100］［絵の具濃度：55］［色延び：70］にし、明るめの黄色でまずは雲のシルエットを描きます。雲は大まかでよいので、右下の消失点に向っているようなイメージで描きます。ところどころモコモコとしたふくらみも入れましょう。

7 雲のシルエットに濃淡を付ける

シルエットが塗れたらその上に［新規ラスターレイヤー］を作成し、雲シルエットレイヤーにクリッピングします。［エアブラシ］タブ→［柔らか］を［ブラシサイズ：800〜1000］に設定し、下方の雲を中心にオレンジ色のグラデーションを付けます。

8 雲に影を付ける

さらに上に［新規ラスターレイヤー］を作成してクリッピングします。［Gペン］を［不透明度：100］［ブラシサイズ：100前後］に設定し、線画のときにOFFにした筆圧をONに戻しておきます（→P.266）。雲の周りからベースの明るい色が見えるイメージで、紫が混じったグレーの影を雲の下部分に追加します。

9 雲の影をぼかす

影が描けたら［色混ぜ］→［色混ぜ］ツールを選択し、［ブラシサイズ：30〜60］で明るい黄色と影の境目をなぞってぼかします。この作業は、影の一部をところどころぼかすだけで問題ありません。ぼかし終えたら最後に［レイヤーマスク］を設定し、下側は濃く、上側に行くつれて薄くなるように、［エアブラシ］→［エアブラシ］タブ→［柔らか］を［描画色：透明色］にして影全体の色を調整します。

10 雲の後ろをぼかしてなじませる

雲シルエットレイヤーの下に［新規ラスターレイヤー］を作成し、［エアブラシ］タブ→［柔らか］を［ブラシサイズ：100〜200］［不透明度：50〜90］［硬さ：パネル2〜5］に設定します。［スポイト］ツールでベースの明るい黄色を取得したら、雲の後ろにぼかしを追加して雲の境界線をぼかしていきます。ぼかしは雲全体に入れますが、ところどころ薄めのぼかしにして、雲のシルエットがはっきり見える部分を残しましょう。さらに、上の方に少しだけ暗めのピンク色のぼかし雲を追加しておきます。

11 ピンクの雲の上に縦線を追加する

ぼかしの上に［新規ラスターレイヤー］を作成し、［ガッシュ細筆］の設定を［不透明度：70］［絵の具量：100］［絵の具濃度：55］［色延び：70］に変更して、［スポイト］ツールで雲の明るい黄色を取得します。［ブラシサイズ：14〜20］で、先ほど追加したピンクのぼかし雲のフチ上に斜めの縦線を入れていき、雲が風に流されている感じを出します。雲が描けたら背景が完成です。レイヤー数が多くなったので、空と雲のレイヤーはフォルダーにまとめておきます。

8-2-7

ビルを塗る

最後にビルに色を付けて仕上げていきます。今回は夕暮れ風景なので強めの影と光を入れ、ビルに夕日が当たって強く反射しているように塗っていきます。

1 ビル全体のベースを作成する

まずビルの外観のベースを作成していきます。ビル外枠の線画レイヤーを選択し、［参照レイヤーに設定］を選択して参照レイヤーにします。［塗りつぶし］→［他レイヤーを参照］ツールを選択し、［ツールプロパティ］パレットで［複数参照：参照レイヤー］に変更したら、［新規ラスターレイヤー］を作成して場所ごとにレイヤーを分けながら塗りつぶしていきます。なお、塗りつぶす際に左窓の線画と下の木々は邪魔になるため、いったん非表示にしておきます。

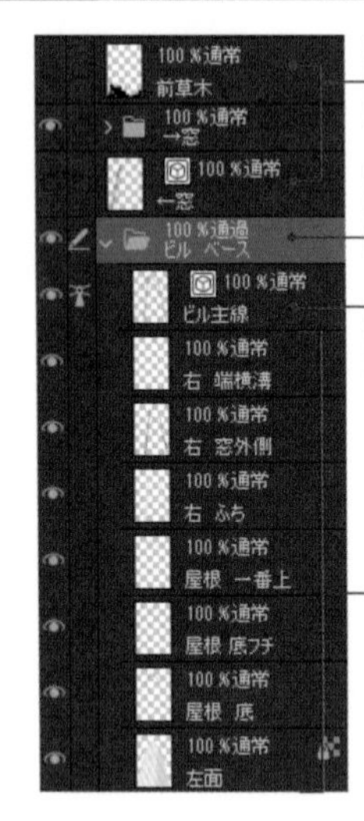

木々と左窓の線画は非表示にする

数が多いのでフォルダーにまとめる

線画は参照レイヤーにする

パーツごとにベースを作成する

MEMO

レイヤー分けや塗り方は人物のベース塗りのときとほぼ同じです（→P.224）。今回はベクターレイヤーで隙間のない綺麗な線画を描いたおかげで、塗り残しやはみ出る箇所はほぼ出ないと思ったので、ベース色はハッキリとした色ではなく実際の色味に近い色にしました。

2 左側の窓のベースを作成する

左側の窓の線画を再表示して［参照レイヤーに設定］で参照レイヤーにし、手順❶と同様にレイヤーを分けながらベースを作成しましょう。なお、左側の窓とビル外観はお互いに切り離したいため、左側の窓のベースは「右側の窓の線画レイヤー」と「ビル外枠の線画レイヤー」の間に作成していきます。

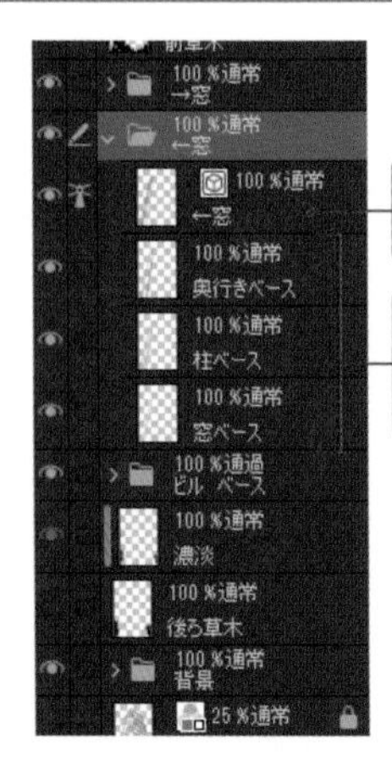

線画は再表示&参照レイヤーに設定

ビル全体のベースと同じようにレイヤー分け

MEMO

今回はベクターレイヤーで隙間のない線画を描いたので調整は必要ありませんでしたが、［塗りつぶし］ツールの使用が難しい部分は、ブラシで描画するか［ツールプロパティ］パレットの設定をカスタマイズして塗りましょう（→P.118）。

3 右側の面に濃淡を付ける

ベース塗りが完了したので、右側の面から濃淡を付けていきます。まずそれぞれのベースレイヤーに［透明ピクセルをロック］を設定し、［エアブラシ］タブ→［柔らか］を［不透明度：30〜50］［硬さ：パネル1］に設定します。右上から夕日が当たっているイメージで、夕焼けのオレンジ色に近い描画色で、下側は暗い色、上側は明るい色になるようグラデーションを付けます。

4 頂上に濃淡を付ける

同じ方法で頂上にも濃淡を付けていきます。頂上の底は暗めのオレンジ色、頂上は空の色がまじったグレーで濃淡を付けます。濃淡を塗り終えたら［柔らか］を［不透明度：100］［硬さ：パネル5］に変更して、頂上の右端に明るい色の斜めラインを少し追加します。これによって、頂上も光を反射するような硬めの素材に見えるようにします。

5 左側の面に濃淡を付ける

ビル外枠の左面ベースレイヤーを［合成モード：焼き込みカラー］に変更し、あわせてベースの入ったフォルダーを［合成モード：通過］にします。次に、Ctrlキーを押しながら左面ベースレイヤーのレイヤーサムネイルを選択して選択範囲を取得し、上に［新規ラスターレイヤー］を作成→［レイヤーマスクを作成］で左面のマスクを設定します。このレイヤーに対して、［不透明度：30〜50］［硬さ：パネル1］の［柔らか］で、夕焼け色をベースにしたグラデーションを付けていきます。このとき、後ろにある雲や夕空が若干透けるくらいの濃淡にするのがポイントです。

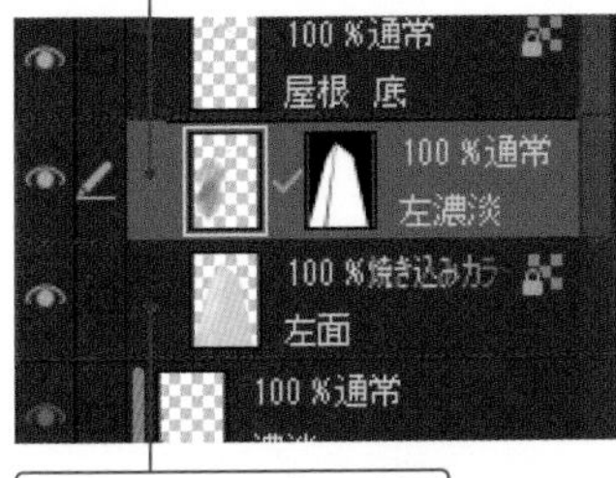

MEMO ビルのようなメタル素材は、周辺物が写り込む質感をしています。今回はベースレイヤーを［焼き込みカラー］モードにして背景の雲を少し透けさせたことで、空がビルに写り込んでいるような表現にしてみました。

6 左側の窓に濃淡を付ける

左側の窓部分に濃淡を付けていきます。それぞれのベースレイヤーに［透明ピクセルをロック］を設定し、［エアブラシ］タブ→［柔らか］の［不透明度：30〜50］［硬さ：パネル1〜3］で、先ほどと同じようにオレンジ系のグラデーションを塗っていきます。部分的に青色を混ぜると変化が出てオススメです。なお、左側はあとで影をのせるため、光の方向はあまり意識せず、上と下は暗めに、真ん中は明るめになるように大まかに塗ります。

7 柱のフチにハイライトを入れる

両方の柱のフチにハイライトを入れます。柱のベースの上に［新規ラスターレイヤー］を作成してクリッピングします。三点透視のパース定規を再表示し、［オブジェクト］ツールで選択して［ツールプロパティ］パレットの［グリッド］をOFFにします。［柔らか］を［ブラシサイズ：20〜30］［不透明度100］［硬さ：パネル5］に設定したら、柱の端に白の縦ラインを描きます。遠近があるので、手前は太めで奥は細めのラインにしましょう。ラインが追加できたら、［透明ピクセルをロック］にしてラインに少しだけ濃淡を付けておきます。

MEMO パース定規を表示中のグリッドは、非表示にしたほうが見やすいです。

8 窓に格子を付ける

窓の部分に格子線を描きます。真ん中の窓ベースの上に［新規ラスターレイヤー］を作成してクリッピングします。ブラシを［ガッシュ細筆］にし、［ブラシサイズ：20〜50］［不透明度：60〜100］［絵の具量：100］［絵の具濃度：55］［色延び：70］で、太さや色濃度を変えながらランダムに斜めの格子線を追加していきます。手順6と同様に、下と上の方は濃いめの色で、真ん中は薄めの色にしています。

9 ビルの選択範囲を作成する

最後にビル全体に光と影を追加するため、まずはビルの選択範囲のマスクが付いたレイヤーを3枚作成します。ビルのレイヤーが入ったフォルダーをすべて選択し、［メニュー表示］→［レイヤーから選択範囲］→［選択範囲を作成］でビルの選択範囲を取得します。次に［新規ラスターレイヤー］を作成し、［レイヤーマスクを作成］でビル選択範囲のマスクが付いたレイヤーを作成したら、［レイヤーを複製］で同じものをさらに2枚作成します。そのうち一番下にある［マスクサムネイル］を選択し、［不透明度：100］の［Gペン］で、ビル左面だけに色が表示されるようにマスクの右側の範囲を塗りつぶします。このレイヤーには影を付け、残りの2つにはハイライトの光を付けていきます。

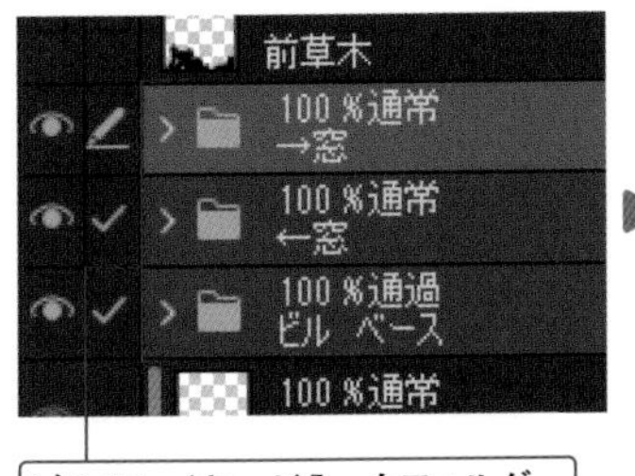

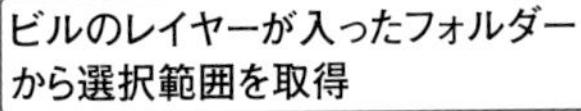

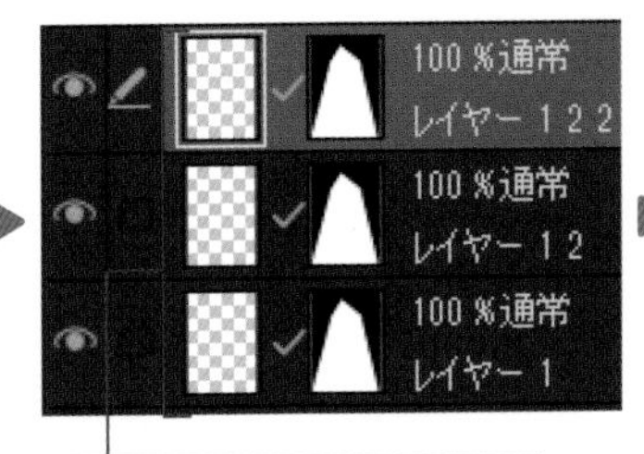

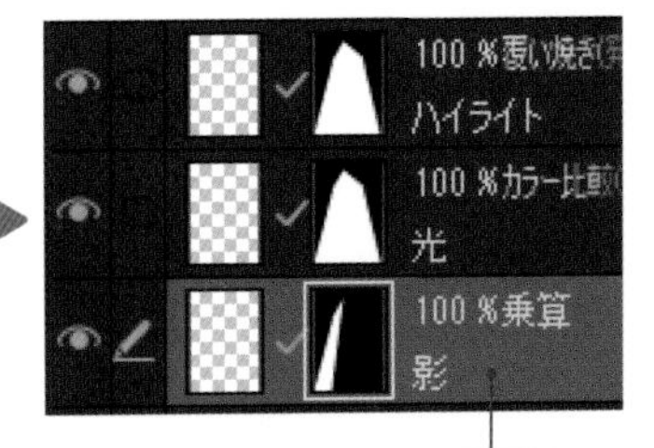

MEMO
影用のマスクの範囲をブラシで修正する際、三点透視のパース定規にスナップさせながら境界線を塗ると、境目を綺麗に区切ることができるのでオススメです。

10 左側の面に影を追加する

三点透視のパース定規を非表示にしておきます。左面にだけマスクを設定したレイヤーを選択し、［合成モード：乗算］に変更します。［エアブラシ］タブ→［柔らか］を［不透明度：100］［硬さ：パネル3］にし、まず左面全体に青色を追加します。さらに［不透明度：30～50］にして上部分に赤色の濃淡を追加。その後、［消しゴム］→［消しゴム］タブ→［軟らかめ］を［ブラシサイズ：1200前後］［不透明度：30］にして、上から真ん中付近を少しだけ薄くします。

11 ビル全体に光を追加する

残りの2枚のマスク付きレイヤーに光を追加します。真ん中のレイヤーを［合成モード：カラー比較（明）］に変更して、［エアブラシ］→［エアブラシ］タブ→［柔らか］を選択します。［ブラシサイズ：1000～1200］［不透明度：50～100］にして、右上を中心にオレンジ色のぼかしを多めに追加します。次に、一番上のレイヤーを選択して［合成モード：覆い焼き（発光）］に変更したら、［不透明度：50～100］［硬さ：パネル3］にして、右側の頂上／フチ／窓の右上の一部に黄色の明るいハイライトを追加します。ハイライトは全体的には入れず、ポイント的に強めに入れます。最後に非表示にしていた木々を再表示すれば、夕日を浴びたビルが完成です。

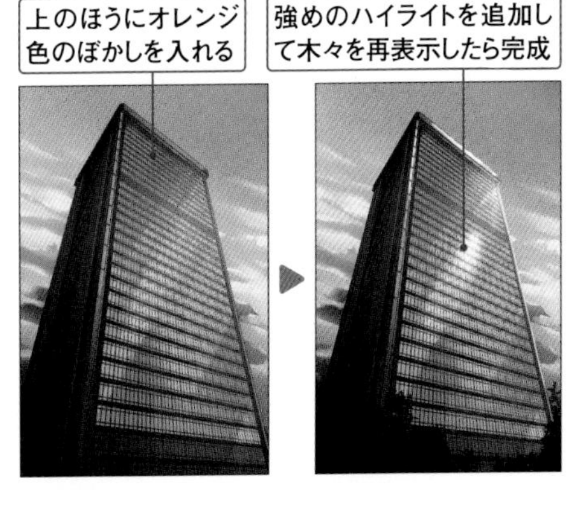

著者オススメのショートカットキー

著者がイラストを描くときによく使う、オススメのショートカットキーをご紹介します。ショートカットキーはP.34の方法で変更できるので、慣れてきたら自分の使いやすいようにカスタマイズするとよいでしょう。

●メインメニュー：ファイル

保存	Ctrl + S
別名で保存	Ctrl + Shift + S

●メインメニュー：編集

取り消し	Ctrl + Z
やり直し	Ctrl + Y
コピー	Ctrl + C
切り取り	Ctrl + X
貼り付け	Ctrl + V
消去	Delete ／ Back Space
拡大・縮小・回転	Ctrl + T

●メインメニュー：選択範囲

すべてを選択	Ctrl + A
選択を解除	Ctrl + D
クイックマスク	Ctrl + 5 ＊1

●メインメニュー：表示

全体表示	Ctrl + 0 ＊2
ズームイン	Ctrl + + ＊2
ズームアウト	Ctrl + − ＊2
左右反転	H ＊1
回転・反転をリセット	F2 ＊1
定規にスナップ	Ctrl + 1
特殊定規にスナップ	Ctrl + 2

●ツール

[ペン] ツール	P ＊3
[鉛筆] ツール	P ＊3
[筆] ツール	B ＊3
[エアブラシ] ツール	B ＊3
[デコレーション] ツール	B

[消しゴム] ツール	E
[テキスト] ツール	T
[投げなわ選択] ツール	L *1
[回転] ツール	R
[レイヤー移動] ツール	K
[オブジェクト] ツール	O ／ Ctrl を押し続ける（修飾キー）
[スポイト] ツール	Alt を押し続ける（修飾キー）
[手のひら] ツール	Space を押し続ける（修飾キー）

●オプション：ツールプロパティパレット

不透明度を10%にする	1 *1
不透明度を20%にする	2 *1
不透明度を30%にする	3 *1
不透明度を40%にする	4 *1
不透明度を50%にする	5 *1
不透明度を60%にする	6 *1
不透明度を70%にする	7 *1
不透明度を80%にする	8 *1
不透明度を90%にする	9 *1
不透明度を100%にする	0 *1

●レイヤーパネルのショートカットキー

レイヤーを個別に複数選択	Ctrl キーを押しながらレイヤーをクリック
レイヤーをまとめて複数選択	Shift キーを押しながらレイヤーをクリック
レイヤーを複製	Alt キーを押しながらレイヤーを上下にドラッグ
下のレイヤーと結合	Ctrl ＋ E
下のレイヤーでクリッピング	Ctrl ＋ Alt ＋ G
レイヤーから選択範囲を新規選択	Ctrl キーを押しながらレイヤー（またはマスク）サムネイルをクリック
レイヤーから選択範囲を追加選択	Ctrl ＋ Shift キーを押しながらレイヤー（またはマスク）サムネイルをクリック
レイヤーから選択範囲を部分解除	Ctrl ＋ Alt キーを押しながらレイヤー（またはマスク）サムネイルをクリック
マスクを有効化／無効化	Shift キーを押しながらマスクサムネイルをクリック
マスク範囲を色で表示／非表示	レイヤーを選択した状態で、Alt キーを押しながらマスクサムネイルをクリック
定規を表示／非表示	Shift キーを押しながら定規アイコンをクリック

＊1　任意のキーにショートカット登録が必要。記載のキーは著者の設定

＊2　使いやすい任意のキーに変更することが多い

＊3　著者の場合、[ペン] [鉛筆] [筆] [エアブラシ] を B キーにまとめている（→P.212）

INDEX

記号・数字・英字

.bmp …… 38
.jpg …… 38
.png …… 38
.psd …… 38, 205
3D素材 …… 174, 178
3Dデッサン人形 …… 174
3Dプリミティブ …… 178
CLIP STUDIO …… 18
CLIP STUDIO PAINT …… 18, 20
CMYK …… 40
CMYKカラーで表示 …… 206
CMYK形式で書き出し …… 205
HLS …… 106
HSV …… 106
RGB …… 40

あ行

明るさ・コントラスト …… 151
[厚塗り]ツール …… 136
アナログイラストの読み込み …… 62
アニメーションコントローラー …… 176
アンチエイリアス …… 73, 119
移動 …… 51, 82
入り …… 72
色の誤差([塗りつぶし]ツール) …… 118
色の選択 …… 106～115
色延び …… 136
[色混ぜ]ツール …… 148
[色混ぜ]パレット …… 110
印刷 …… 39
[エアブラシ]ツール …… 140
絵の具濃度 …… 136
絵の具量 …… 136
[鉛筆]ツール …… 55
[オートアクション]パレット …… 172
[オブジェクト]ツール …… 82, 96
オリジナルブラシの作成 …… 190
[折れ線選択]ツール …… 79
[折れ線]ツール …… 181

か行

解像度 …… 23
解像度の変更 …… 29
回転 …… 92
回転表示 …… 26
書き出し(CMYK) …… 205
拡大・縮小・回転 …… 81, 91
拡大表示 …… 24
[囲って塗る]ツール …… 124
カスタムサブツールの作成 …… 79
画像形式 …… 38
画像を統合して書き出し …… 37
カラーアイコン …… 20, 106
[カラーサークル]パレット …… 106
[カラースライダー]パレット …… 107
[カラーセット]パレット …… 112, 113
[カラーヒストリー]パレット …… 112
カラープロファイル …… 206
[カラー]モード …… 65
環境設定 …… 36
輝度 …… 106
起動 …… 18
輝度を透明度に変換 …… 65
キャンバスウィンドウ …… 20
キャンバスサイズの設定 …… 23
キャンバスサイズの変更 …… 28
キャンバスの作成 …… 22
キャンバスの向きの変更 …… 29
境界効果 …… 202
境界をぼかす …… 130
[曲線]ツール …… 182
切り取り+貼り付け …… 81, 83
[近似色]パレット …… 109
[クイックアクセス]パレット …… 20, 168
クイックマスク …… 128

[グラデーション]ツール……141
グラデーションレイヤー……46, 145
グリッド(キャンバス)……268
グリッド(パース定規)……267
クリッピング……133
[グレー]モード……63, 191
[消しゴム]ツール……58
結合……53
合成モード(ブラシ)……156
合成モード(レイヤー)……48, 155
[コピースタンプ]ツール……149
コピー+貼り付け……81, 83
コマンドバー……20, 21
[ごみ選択]ツール……65
[ごみ取り]ツール……64
コンパニオンモード……208

さ行

彩度……106
削除……58, 84
サブカラー……106
[サブツール詳細]パレット……72, 104
サブツールのコピーを作成……144, 192
[サブツール]パレット……20
[サブビュー]パレット……114
参照しないレイヤー([塗りつぶし]ツール)…122
参照レイヤー……120
色域選択……127
色相……106
色相・彩度・明度……85
色調補正……85
色調補正レイヤー……46, 150
下描きレイヤー……66, 122
[質感残しなじませ]ツール……149
[自動選択]ツール……126
自動バックアップ……31
終了……19
縮小……91
縮小表示……24
[シュリンク選択]ツール……79
[定規]ツール……184
定規にスナップ……185
定規の表示範囲を設定……48, 184
ショートカットキーの設定……34
新規キャンバスの作成……22
新規ベクターレイヤー……95
新規ラスターレイヤー……49
[水彩]ツール……135
隙間閉じ([塗りつぶし]ツール)……118
スキャナ……62
[図形定規]ツール……184
[図形]ツール……181
[スポイト]ツール……108
[墨]ツール……137
[制御点]ツール……97
制御点の移動……96
制御点の追加/削除……97
設定のロック……57
[繊維にじみなじませ]ツール……149
全体表示……25
[選択消し]ツール……79
選択範囲……76, 78
選択範囲外を消去……84
選択範囲からマスクを作成……86
[選択範囲]ツール……78
選択範囲の追加/削除……80
選択範囲の保存……90
選択範囲ランチャー……81
選択範囲をストック……90
選択範囲をフチ取り……203
選択範囲をブラシで指定……129
選択範囲をぼかす……130
選択範囲をレイヤーから取得……81
[選択ペン]ツール……79
選択を解除……78, 81
線の入り抜き……72

線の濃さ……57
線の太さ……56
[線幅修正]ツール……100
操作の自動化……172
素材登録……191
[素材]パレット……20, 166, 175

た行

[対称定規]ツール……186, 238
タイムラプス……210
[楕円選択]ツール……78
[多角形]ツール……182
[中間色]パレット……109
[長方形選択]ツール……78
[長方形]ツール……182
[直線]ツール……181
ツール配置の変更……33
[ツール]パレット……20
[ツールプロパティ]パレット……20, 57
[テキスト]ツール……198
テキストレイヤー……47
テクスチャ……161, 236
[デコレーション]ツール……188
[手のひら]ツール……25
手ブレ補正……74
デュアルブラシ……196
天球……180
[等高線塗り]ツール……146
透視図法……262
透明色……106, 195
透明ピクセルをロック……132, 133
特殊定規にスナップ……185
取り消し……60

な行

[投げなわ選択]ツール……78
[ナビゲーター]パレット……20, 24
抜き……72
[塗りつぶし]ツール……116
[塗り残し埋め]ツール……65
[塗り残し部分に塗る]ツール……125

は行

パース定規……264, 268
[パース定規]ツール……268
[パステル]ツール……139
パレットカラーを変更……48, 224
パレットの切り離し／格納……32
パレットの表示／非表示……32
反転……92
反転表示……27
ハンドセットアップ……177
ピクセル……23
[ヒストリー]パレット……61
筆圧設定(ブラシ個別)……75
筆圧設定(ブラシ全体)……36
ファイルの書き出し……37
フィルター……85, 204
フォルダーの作成……54
複数参照……123
複製……52
フチ取り……202
[筆なじませ]ツール……149
不透明度([塗りつぶし]ツール)……119
不透明度([ペン]ツール)……71
不透明度(レイヤー)……48, 68
ブラシサイズ影響元設定……75
[ブラシサイズ]パレット……20, 56
ブラシ全体の筆圧設定……36
ブラシ先端……194
ブラシ濃度([鉛筆]ツール)……57, 71
ブラシの複製……192
[ベクター線描き直し]ツール……98
[ベクター線単純化]ツール……97
[ベクター線つなぎ]ツール……99
[ベクター線つまみ]ツール……98

ベクター線の形状 ……………………………101
ベクター線の消去 ……………………………102
ベクター線の切断 …………………………… 97
[ベクター線幅描き直し]ツール ……………100
ベクターレイヤー ………………………45, 95
[ベジェ曲線]ツール …………………………183
べた塗りレイヤー …………………………… 46
別ファイルにコピー …………………………207
別名で保存………………………………… 31
変形………………………………………… 91
[編集レイヤーのみ参照]ツール ……………116
ペンタブレットのボタンを設定 …………… 35
[ペン]ツール……………………………… 70
[ぼかし]ツール ……………………………149
[他レイヤーを参照選択]ツール ……………126
[他レイヤーを参照]ツール …………………120
保存………………………………………… 30

ま行

[マーカー]ツール……………………………138
マスク ………………………………… 47, 86
マスクサムネイル …………………………… 87
マスクの削除 ………………………………… 89
マスク範囲の可視化 ………………………… 88
マスク範囲の反転 …………………………… 87
マスク範囲の表示/非表示 ………………… 88
マスク範囲の編集 …………………………… 87
マスクを有効化 ……………………… 48, 88
マスクをレイヤーに適用 …………………… 89
マニピュレータ ……………………176, 178
明度…………………………………………106
メインカラー ………………………………106
メッシュ変形 ………………………………201
メニュー表示 ………………………………… 48

や行

やり直し …………………………………… 60
[ゆがみ]ツール……………………………164
[指先]ツール………………………………149

ら行

ラスターレイヤー ……………………… 44, 49
ラスタライズ ……………………………63, 193
領域拡縮([塗りつぶし]ツール) ……………119
隣接ピクセルをたどる([塗りつぶし]ツール)…118
レイヤー …………………………………… 42
[レイヤー移動]ツール ………………… 51, 82
レイヤーカラーを変更 ………………… 48, 67
レイヤーサムネイル ………………………… 48
レイヤーの結合 ……………………………… 53
レイヤーの削除 ……………………………… 49
レイヤーの作成 ……………………………… 49
レイヤーの順番を変更 ……………………… 51
レイヤーの選択 ……………………………… 50
レイヤーの転写 ……………………………… 52
レイヤーの複製 ……………………………… 52
レイヤーの変換 ……………………………103
レイヤーのロック …………………………… 52
[レイヤー]パレット ………………… 20, 48
レイヤー描画可/描画不可 ………………… 48
レイヤー表示/非表示 ……………………… 48
[レイヤープロパティ]パレット
……………………………… 20, 63, 67, 202
レイヤーマスク ……………………… 47, 86
レイヤー名の変更 …………………………… 49
レイヤーを2ペインで表示 ………………… 48
レース模様 …………………………………186
[連続曲線]ツール…………………………183
ロック([ツールプロパティ]パレット) ……… 57
ロック(レイヤー) …………………………… 52

わ行

ワークスペースの切り替え ………………… 33
ワークスペースの登録 ……………………… 33

著者プロフィール

isuZu（うずし）

イラストレーター。カードゲームイラストを中心に、CLIP STUDIO PAINTなどのイラストメイキング、書籍の表紙や挿絵、キャラクターデザイン、背景イラストなどを制作。著書に『「棒人間」からはじめる　キャラの描き方　超入門』（技術評論社）がある。

●装丁　宮下裕一
●本文デザイン　坂本真一郎
●DTP　BUCH+
●編集　石井亮輔
●機材協力　キヤノンマーケティングジャパン

■お問い合わせについて
本書に関するご質問については、本書に記載されている内容に関するもののみとさせていただきます。本書の内容と関係のないご質問につきましては、一切お答えできませんので、あらかじめご了承ください。また、電話でのご質問は受け付けておりませんので、FAXか書面にて下記までお送りいただくか、弊社ホームページよりお問い合わせください。

〒162-0846
東京都新宿区市谷左内町21-13
株式会社技術評論社　書籍編集部
「プロが教える！　CLIP STUDIO PAINT PROの教科書［増補改訂版］」質問係
FAX番号　03-3513-6181
URL　https://book.gihyo.jp/116

なお、ご質問の際に記載いただいた個人情報は、ご質問の返答以外の目的には使用いたしません。また、ご質問の返答後は速やかに破棄させていただきます。

プロが教える！
CLIP STUDIO PAINT PROの教科書　［増補改訂版］

2018年　6月　6日　初　版　第1刷発行
2022年　11月12日　第2版　第1刷発行

著者　isuZu
発行者　片岡 巌
発行所　株式会社技術評論社
東京都新宿区市谷左内町21-13
電話　03-3513-6150　販売促進部
03-3513-6185　書籍編集部
印刷／製本　港北メディアサービス株式会社

定価はカバーに表示してあります。

ISBN978-4-297-13134-0　C3055
Printed in Japan